普通高等教育"十二五"规划教材

建筑结构抗震设计

主　编　裴星洙　李成镐
副主编　孟丽岩　韦江萍
编　写　李　达　李晓丽
主　审　薛素铎

中国电力出版社
CHINA ELECTRIC POWER PRESS

内 容 提 要

本书是普通高等教育“十二五”规划教材。

本书是按照我国现行有关规范与规程，参考同类优秀教材，并结合我国结构抗震设计发展状况而编写的。全书共分十一章，内容包括单自由度体系自由振动、单自由度体系强迫振动、地震基础知识和抗震设计标准、单自由度体系地震反应和反应谱分析、规范地震反应谱、多自由度体系地震反应分析、结构弹塑性地震响应时程分析、多层与高层钢筋混凝土框架结构抗震设计、多层与高层钢结构房屋抗震设计、隔震结构设计、消能减震结构设计，附录中还详细介绍了 FORTRAN 77 语言知识。全书深入浅出，在强调基本概念和基本理论的基础上，力求理论联系实际。特别是介绍部分计算机源程序，为提高读者利用程序解决问题的能力提供了很好的学习资源。

本书可以作为土木工程专业全日制本科生或研究生教育的教材，也可供土木工程专业工程技术人员参考使用。

图书在版编目（CIP）数据

建筑结构抗震设计/裴星洙，李成镐主编. —北京：中国电力出版社，2012.2

普通高等教育“十二五”规划教材

ISBN 978-7-5123-2628-6

Ⅰ.①建… Ⅱ.①裴…②李… Ⅲ.①建筑结构—防震设计—高等学校—教材 Ⅳ.①TU352.104

中国版本图书馆 CIP 数据核字（2012）第 014630 号

中国电力出版社出版、发行

（北京市东城区北京站西街 19 号　100005　http://www.cepp.sgcc.com.cn）

航远印刷有限公司印刷

各地新华书店经售

*

2012 年 4 月第一版　2012 年 4 月北京第一次印刷

787 毫米×1092 毫米　16 开本　19 印张　460 千字　1 插页

定价 **34.00** 元

前　言

"卓越工程师教育培养计划"是贯彻落实《国家中长期教育改革和发展规划纲要（2010—2020年）》和《国家中长期人才发展规划纲要（2010—2020年）》的重大改革项目，对培养造就一大批创新能力强、适应经济社会发展需要的高质量各类型工程技术人才具有十分重要的示范和引导作用，而编著适应科技发展的教材更是培养学生分析和解决问题能力不可或缺的重要组成部分。2008年汶川特大地震发生之后，我国对原有的《建筑工程抗震设防分类标准》和《建筑抗震设计规范》进行了较多修订，现有教材已不适合于新的标准和规范，本书就是为适应这一改变而编写的。

本书具有以下特点：

(1) 充分反映新规范（GB 50011—2010）内容，尽力做到抗震设计理论体系的完整性和应用的可操作性。

(2) 依照我国土木工程专业本科培养方案中"抗震结构设计"课程的基本要求，注重基础理论，并结合较完整的设计实例，系统地说明了典型结构的抗震设计全过程，以便于读者自学和参考。

(3) 结合作者多年的教学和科研实践，以拓宽学者知识点为目的，吸收了国内外的一些最新研究成果。

(4) 在关键知识点处增加了相应的计算机程序，鼓励学者积极主动上机操作，提高计算机操作能力和动手能力，并通过实际体验，掌握最基本的高层建筑动力时程分析基础知识，为运用结构分析通用程序打下良好的基础。

本书第一、二章由黑龙江科技学院孟丽岩编写；第三章由广东白云学院韦江萍编写；第四、七章由江苏科技大学李成镐编写；第五、六章由东北石油大学李晓丽编写；第八、九章由太原理工大学阳泉学院李达编写；第十、十一章和附录由江苏科技大学裴星洙编写；全书由江苏科技大学裴星洙统稿。北京工业大学薛素铎对本书进行了认真的审读，提出许多宝贵意见，在此表示感谢！

本书在编写过程中参考了大量文献，并引用了一些学者的资料，在此对文献作者表示感谢。

本书的出版得到了江苏科技大学的大力支持，特此表示感谢。

由于编者水平有限，编写时间仓促，书中不妥及疏漏之处在所难免，敬请读者批评指正。

裴星洙

2012年1月

目　录

第一章　单自由度体系自由振动

第一节　无阻尼自由振动

当一个结构在其静平衡位置受到扰动，并做无任何外部动力激励的振动时，就称该结构做自由振动。理想的单层框架或质量—弹簧—阻尼器系统的线性单自由度体系，在外力 $p(t)$ 作用下的运动由式（1-1）控制，即

$$m\ddot{x}+c\dot{x}+kx=p(t) \tag{1-1}$$

令 $p(t)=0$，则给出控制体系自由振动的微分方程，对于无阻尼体系（$c=0$），式（1-1）化为

$$m\ddot{x}+kx=0 \tag{1-2}$$

令

$$\omega=\sqrt{\frac{k}{m}} \tag{1-3}$$

则式（1-2）可改写为

$$\ddot{x}+\omega^2x=0 \tag{1-4}$$

式（1-4）是一个齐次方程，其通解为

$$x(t)=C_1\cos\omega t+C_2\sin\omega t \tag{1-5}$$

微分得

$$\dot{x}(t)=-\omega C_1\sin\omega t+\omega C_2\cos\omega t \tag{1-6}$$

式中系数 C_1 和 C_2 可由初始条件确定。设在初始时刻 $t=0$ 时，质点有初位移 $x(0)$ 和初速度 $\dot{x}(0)$，则

$$x(t)=x(0)\cos\omega t+\frac{\dot{x}(0)}{\omega}\sin\omega t \tag{1-7}$$

将式（1-7）的曲线绘于图1-1中，可以看出，体系在其静平衡（或无变形，$x=0$）位置发生振动。每经过时间 $2\pi/\omega$s 振动重复一次，特别是质点在 t_1 和 $t_1+2\pi/\omega$ 两个时刻的状态是一致的，这种运动称为简谐运动。

位移—时间曲线的 a-b-c-d-e 部分描述了体系自由振动的一个循环，从它的静平衡位置 a 开始，质点向右运动，在 b 点达到正的最大位移值 A，这时的速度为零；然后位移开始减少，质点又返回到平衡位置 c，此时的速度最大；从此处质点继续向左运动，在 d 点达到位移的最小值 $-A$，这时速度重新为零；位移开始重新减小，质点返回到平衡位置 e。在时刻 e，即时刻 a 后的 $2\pi/\omega$ 时段内，质量的状态（位移

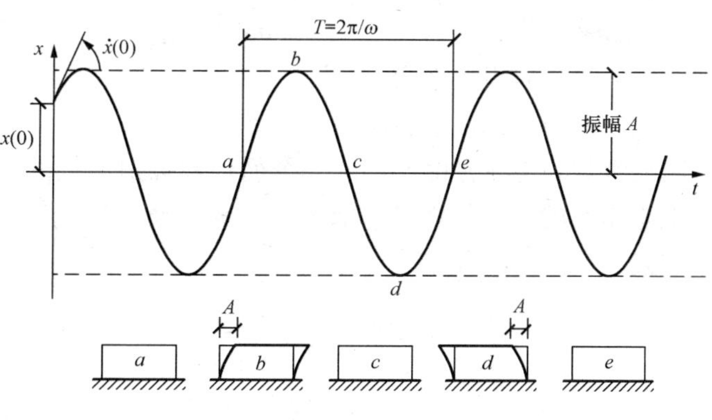

图1-1　无阻尼体系的自由振动

和速度）与其在时刻 a 的状态相同，质点又开始另一个循环的振动。

无阻尼体系完成一个循环的自由振动所需要的时间称为体系的固有振动周期，用 T 表示，单位是 s。它与固有振动圆频率 ω（rad/s）有关，即

$$T=\frac{2\pi}{\omega} \tag{1-8}$$

体系在 1s 内完成 $1/T$ 个循环，这个固有振动循环频率用 f(Hz) 表示，即

$$f=\frac{1}{T} \tag{1-9}$$

显然，f 和 ω 有以下关系，即

$$f=\frac{\omega}{2\pi} \tag{1-10}$$

固有振动特性 ω、T 和 f 仅依赖于结构的质量和刚度，具有相同质量的两个单自由度体系，刚度较大的那一个具有较高的固有频率和较短的固有周期。类似的，具有相同刚度的两个单自由度体系，质量较大的那个体系具有较低的固有频率和较长的固有周期，即它们都是体系在做无任何外部激励的自由振动时所固有的特性。因为体系是线性的，所以这些振动特性与初始位移和速度无关。

无阻尼体系在最大位移 A 和最小位移 $-A$ 之间往复振荡，这两个位移的大小 A 是相等的，称其为运动的振幅，由下式给出，即

$$A=\sqrt{[x(0)]^2+\left[\frac{\dot{x}(0)}{\omega}\right]^2} \tag{1-11}$$

振幅 A 取决于初始位移和速度。各次循环中振幅保持不变，也就是说，运动不衰减。

第二节　有阻尼自由振动

式（1-1）中，令 $p(t)=0$，得到有阻尼单自由度体系自由振动微分方程为

$$m\ddot{x}+c\dot{x}+kx=0 \tag{1-12}$$

式（1-12）除以 m 后可得

$$\ddot{x}+2\zeta\omega\dot{x}+\omega^2x=0 \tag{1-13}$$

$$\omega=\sqrt{\frac{k}{m}} \qquad \zeta=\frac{c}{2m\omega}=\frac{c}{c_{cr}} \qquad c_{cr}=2m\omega=2\sqrt{km}=\frac{2k}{\omega} \tag{1-14}$$

式中　c_{cr}——临界阻尼系数；

ζ——阻尼比或临界阻尼百分率。

阻尼常数 c 是在自由振动的一个循环或强迫谐振的一个循环中能量耗散的一种测度。阻尼比也是体系的一种特性，它取决于体系的质量和刚度。

解式（1-13），得

$$x(t)=e^{-\zeta\omega t}\left[x(0)\cos\omega_D t+\frac{\dot{x}(0)+\zeta\omega x(0)}{\omega_D}\sin\omega_D t\right] \tag{1-15}$$

$$\omega_D=\omega\sqrt{1-\zeta^2}$$

式中　ω_D——考虑阻尼后的圆频率。

一、阻尼的特性

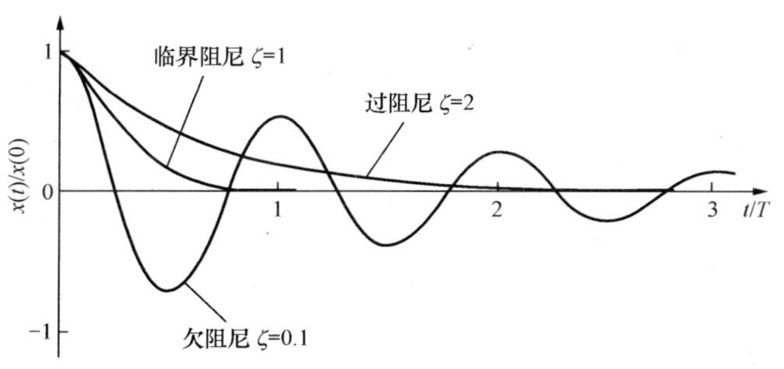

图 1-2 欠阻尼、临界阻尼和过阻尼体系的自由振动

对于 ζ 的三个值，图 1-2 中显示了由初位移所引起的运动 $x(t)$ 的曲线。如果 $c=c_{cr}$或$\zeta=1$，则体系返回到其平衡位置而不振荡；如果 $c>c_{cr}$或 $\zeta>1$，与 $\zeta=1$ 的情况一样，体系还是不振荡，并以更缓慢的速率回到其平衡位置；如果 $c<c_{cr}$或 $\zeta<1$，则体系在其平衡位置附近振荡，振幅逐渐减小。

阻尼系数 c_{cr}之所以被称为临界阻尼系数，是因为它是完全抑制振荡的最小阻尼值，象征着振荡与不能振荡之间的分界线。

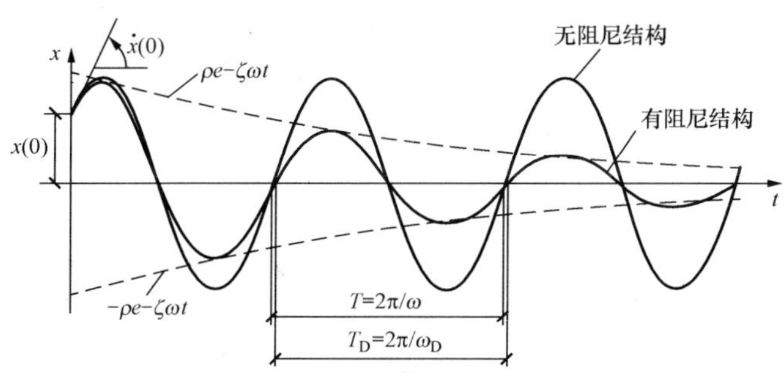

图 1-3 阻尼对自由振动的影响

1. 欠阻尼体系

楼宇建筑、桥梁、水坝、核电站等，$c<c_{cr}$属于欠阻尼体系，其阻尼比一般小于 0.10。

当 $c<c_{cr}$或 $\zeta<1$ 时，阻尼对自由振动的影响如图 1-3 所示。

无阻尼体系在所有振动周期内的位移振幅都是相同的，而有阻尼体系则随每个振动周期振荡振幅衰减。包络线$\pm\rho e^{-\zeta\omega t}$ 与位移时程曲线的相切点位于峰值靠右侧处，这里

$$\rho=\sqrt{[x(0)]^2+\left[\frac{\dot{x}(0)+\zeta\omega x(0)}{\omega_D}\right]^2} \tag{1-16}$$

阻尼的影响是对自由振动衰减速率的影响。这一点如图 1-4 所示，图中给出了具有相同固定周期 T，但阻尼比分别为 2%、5%、10%和 20%，都由初位移 $x(0)$ 引起的四种体系自由振动。

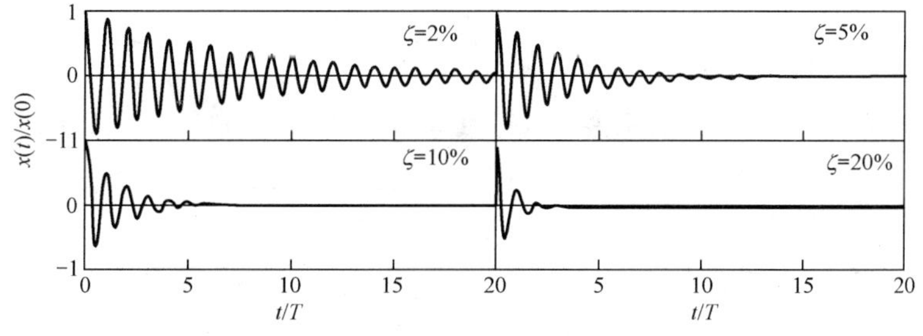

图 1-4 四种阻尼水平体系的自由振动

2. 运动的衰减

这里介绍有阻尼自由振动两个连续峰值之比与阻尼比之间的关系。时刻 t 的位移与经过一个完整周期 T_D 后位移的比值与 t 无关，这个比值为

$$\frac{x(t)}{x(t+T_{\mathrm{D}})}=\exp(\zeta\omega T_{\mathrm{D}})=\exp\left(\frac{2\pi\zeta}{\sqrt{1-\zeta^2}}\right) \tag{1-17}$$

由于这些峰值之间相隔一个周期 T_{D}，因此图 1-5 所示连续峰值的比值 x_i/x_{i+1} 为

$$\frac{x_i}{x_{i+1}}=\exp\left(\frac{2\pi\zeta}{\sqrt{1-\zeta^2}}\right) \tag{1-18}$$

这个比值的自然对数称为对数衰减率，用 δ 表示，即

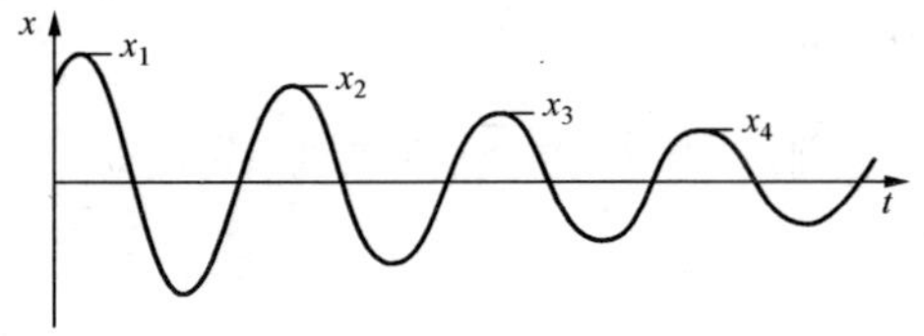

图 1-5 运动的衰减

$$\delta=\ln\frac{x_i}{x_{i+1}}=\frac{2\pi\zeta}{\sqrt{1-\zeta^2}} \tag{1-19}$$

如果 ζ 很小，$\sqrt{1-\zeta^2}\approx 1$，则可给出一个近似式，即

$$\delta\approx 2\pi\zeta \tag{1-20}$$

如果运动衰减是缓慢的，则需要通过以相距若干周期的两个振幅的比值取代相邻两振幅的比值，来建立与阻尼比的关系。经 j 个周期运动从 x_1 减少到 x_{j+1}，这个比值为

$$\frac{x_1}{x_{j+1}}=\frac{x_1}{x_2}\frac{x_2}{x_3}\frac{x_3}{x_4}\cdots\frac{x_j}{x_{j+1}}=\mathrm{e}^{j\delta}$$

因此

$$\delta=\frac{1}{j}\ln\frac{x_1}{x_{j+1}}\approx 2\pi\zeta \tag{1-21}$$

为了确定位移振幅下降 50%所经历的循环数，可获得下面的关系，即

$$j_{50\%}=\ln\frac{2}{\delta}=\ln\frac{2\sqrt{1-\zeta^2}}{2\pi\zeta}\approx\ln\frac{2(1-\zeta^2/2)}{2\pi\zeta}\approx\frac{0.11}{\zeta}$$

二、阻尼的实测方法

对于实际结构，解析确定阻尼比 ζ 是不可能的，所以这个难以理解的特性将由试验来确定。阻尼比可由下式确定，即

$$\zeta=\frac{1}{2\pi j}\ln\frac{u_i}{u_{i+j}} \tag{1-22}$$

或由以比位移更容易测量的加速度表示的类似公式确定，即

$$\zeta=\frac{1}{2\pi j}\ln\frac{\ddot{u}_i}{\ddot{u}_{i+j}} \tag{1-23}$$

对弱阻尼体系可以证明它是有效的。

体系的固有周期 T_{D} 也可通过测量自由振动完成一个振动循环所需的时间来确定。将其与利用理想化体系的刚度和质量计算得到的固有周期进行比较，可以知道这些特性的计算精度以及理想化体系与实际结构的相近程度。

【例 1-1】 用自由振动法研究一单层框架结构的性质，试验中用钢索给结构的屋面施加 $P=37\mathrm{kN}$ 的水平力，使框架结构产生 $\Delta_{\mathrm{st}}=5.0\mathrm{cm}$ 的水平位移，然后突然切断钢索，让结构自由振动，经过 2.0s，结构振动完成了 4 周循环，振幅变为 2.5cm。从以上数据计算：①阻尼比 ζ；②无阻尼自振周期 T；③等效刚度 k；④等效质量 m；⑤阻尼系数 c；⑥位移振幅衰减到 0.5cm 时所需的振动周数。

解 (1) $\zeta=\frac{1}{2\pi j}\ln\frac{x_i}{x_{i+j}}$

将 $x_i=5.0\text{cm}$、$x_{i+j}=2.5\text{cm}$、$j=4$ 代入有

$$\zeta=\frac{1}{2\pi j}\ln\frac{x_i}{x_{i+j}}=\frac{1}{8\pi}\ln\frac{5.0}{2.5}=0.0276$$

因此该体系为小阻尼。

（2）有阻尼自振周期 $T_D=\frac{2.0}{4}=0.5$（s），因为体系是小阻尼，则有 $T\approx T_D=0.5\text{s}$。

（3）刚度 $k=P/\Delta_{st}=\frac{73}{0.05}=1460$（kN/m）

（4）自振频率 $\omega=\frac{2\pi}{T}=\frac{2\pi}{0.5}=12.57$（rad/s）

$$m=\frac{k}{\omega^2}=\frac{1460}{(12.57)^2}=9.24(\text{t})$$

（5）阻尼系数 $c=\zeta(2\sqrt{km})=0.0276\times2\times\sqrt{1460\times9.24}=6.41$（kN·s/m）

（6）由 $\zeta=\frac{1}{2\pi j}\ln\frac{x_i}{x_{i+j}}$ 得

$$j=\frac{1}{2\pi\zeta}\ln\frac{x_i}{x_{i+j}}=\frac{1}{2\pi\times0.0276}\times\ln\frac{5}{0.5}=13.28\approx13(\text{周})$$

思　考　题

1. 怎样区别动力荷载与静力荷载？
2. 动力荷载与静力荷载计算的主要差别是什么？
3. 何谓结构的振动自由度？它与机动分析中的自由度、结构稳定计算中的自由度有何异同？
4. 建立振动微分方程有哪两种基本方法？每种方法所建立的方程代表什么条件？
5. 为何说结构的自振频率和周期是结构的固有性质？怎样改变它们？
6. 阻尼对结构的自振频率和振幅有什么影响？何谓临界阻尼情况？

习　　题

1. 单自由度建筑物的重量为 900kN，在位移为 3.1cm($t=0$) 时突然释放，使建筑产生自由振动。如果往复振动的最大位移为 2.2cm($t=0.64\text{s}$)，试求：①建筑物的刚度 k；②阻尼比 ζ；③阻尼系数 c。

2. 单自由度体系的质量 $m=875\text{t}$，刚度 $k=3500\text{kN/m}$，且不考虑阻尼。如果初始位移为 $x(0)=4.6\text{cm}$，而 $t=1.2\text{s}$ 时的位移仍为 4.6cm，试求：①$t=2.4\text{s}$ 时的位移；②自由振动的振幅 u_0。

第二章　单自由度体系强迫振动

第一节　无阻尼体系的简谐振动

单自由度体系对简谐荷载的反应是结构动力学的一个经典课题，不仅因为这种荷载在工程系统中会经常遇到（例如不平衡转动机器所产生的力），而且理解结构在简谐荷载下的反应后，会增强对体系在其他类型荷载下反应的洞察力。无阻尼单自由度体系的简谐振动（见图 2 - 1）方程为

$$m\ddot{x}+kx=p(t) \tag{2-1}$$

$$p(t)=p_0\sin\omega_{\mathrm{p}}t(\text{或 }p_0\cos\omega_{\mathrm{p}}t)$$

$$T_{\mathrm{p}}=\frac{2\pi}{\omega_{\mathrm{p}}}$$

式中　$p(t)$——谐振力；

p_0——力的幅值（或最大值）；

ω_{p}——激励频率（或扰动频率）；

T_{p}——激励周期（或扰动周期）。

求解式（2 - 1）可以获得初始条件下的位移和速度，即

$$x=x(0)\quad \dot{x}=\dot{x}(0) \tag{2-2}$$

线性二阶微分方程式（2 - 1）的特解有以下形式，即

$$x_{\mathrm{p}}(t)=C\sin\omega_{\mathrm{p}}t \tag{2-3}$$

微分两次，得

$$\ddot{x}_{\mathrm{p}}(t)=-\omega^2C\sin\omega_{\mathrm{p}}t \tag{2-4}$$

将式（2 - 3）、式（2 - 4）代入式（2 - 1）中，得到 C 的解为

$$C=\frac{p_0}{k}\frac{1}{1-(\omega_{\mathrm{p}}/\omega)^2} \tag{2-5}$$

将式（2 - 5）与式（2 - 3）联合，可得到特解式（2 - 6），即

$$x_{\mathrm{p}}(t)=\frac{p_0}{k}\frac{1}{1-(\omega_{\mathrm{p}}/\omega)^2}\sin\omega_{\mathrm{p}}t\quad \omega\neq\omega_{\mathrm{p}} \tag{2-6}$$

方程的补解为

$$x_{\mathrm{c}}(t)=C_1\cos\omega t+C_2\sin\omega t \tag{2-7}$$

全解为补解与特解之和，即

$$x(t)=C_1\cos\omega t+C_2\sin\omega t+\frac{p_0}{k}\frac{1}{1-(\omega_{\mathrm{p}}/\omega)^2}\sin\omega_{\mathrm{p}}t \tag{2-8}$$

为了确定式（2 - 8）中的常数 C_1 和 C_2，对其微分得

$$\dot{x}(t)=-\omega C_1\sin\omega t+\omega C_2\cos\omega t+\frac{p_0}{k}\frac{\omega_{\mathrm{p}}}{1-(\omega_{\mathrm{p}}/\omega)^2}\cos\omega_{\mathrm{p}}t \tag{2-9}$$

求式（2 - 8）和式（2 - 9）在 $t=0$ 时的值，给出

$$x(0)=C_1\quad \dot{x}(0)=\omega C_2+\frac{p_0}{k}\frac{\omega_{\mathrm{p}}}{1-(\omega_{\mathrm{p}}/\omega)^2}$$

由这两个式子得到

$$C_1 = x(0) \quad C_2 = \frac{\dot{x}(0)}{\omega} - \frac{p_0}{k}\frac{\omega_p/\omega}{1-(\omega_p/\omega)^2}$$

将 C_1 和 C_2 代入式（2－8）中，即可得到

$$x(t) = x(0)\cos\omega t + \left[\frac{\dot{x}(0)}{\omega} - \frac{p_0}{k}\frac{\omega_p/\omega}{1-(\omega_p/\omega)^2}\right]\sin\omega t + \frac{p_0}{k}\frac{1}{1-(\omega_p/\omega)^2}\sin\omega_p t \tag{2-10}$$

将式（2－10）对 $\omega_p/\omega=0.2$、$x(0)=0$ 和 $\dot{x}(0)=\omega p_0/k$ 的图形用实线绘于图 2－1 中，式（2－10）中 $\sin\omega_p t$ 是特解，以虚线画出。

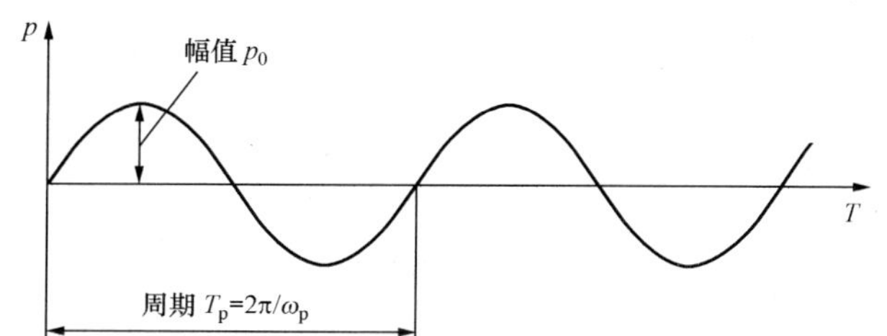

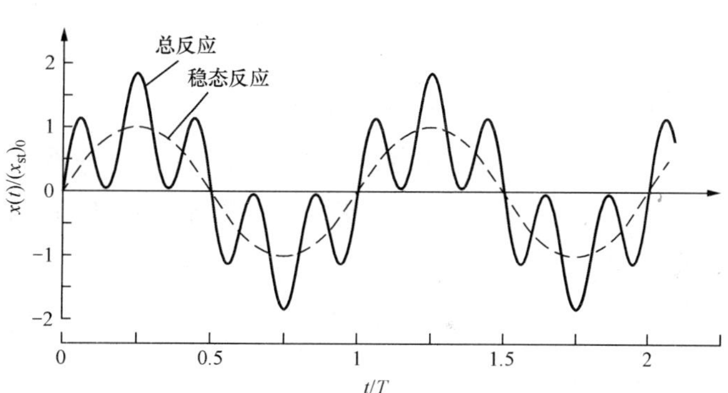

图 2－1　简谐荷载和无阻尼体系对简谐荷载的反应

式（2－10）和图 2－1 说明 $x(t)$ 包含两个截然不同的振动成分：$\sin\omega_p t$ 项，给出以强迫频率或激励频率进行的振荡；$\sin\omega t$ 和 $\cos\omega t$ 项，给出以体系固有频率进行的振荡。前者是强迫振动或稳态振动，它的存在是因为有作用力而与初始条件无关；后者为瞬态振动，它取决于初始位移和速度，即使 $x(0)=\dot{x}(0)=0$，它也存在，在这种情况下，式（2－10）成为

$$x(t) = \frac{p_0}{k}\frac{1}{1-(\omega_p/\omega)^2}\left(\sin\omega_p t - \frac{\omega_p}{\omega}\sin\omega t\right) \tag{2-11}$$

瞬态分量在图 2－1 中为实线与虚线之间的差，表面上连续不断，但这仅是理论上的，因为在实际结构中，阻尼是不可避免存在的，使得自由振动随时间衰减，所以这个分量被称为瞬态振动。

按扰动频率作正弦振荡的稳态动力反应可以表达为

$$x(t) = (x_{st})_0\left(\frac{1}{1-\omega_p/\omega}\right)\sin\omega_p t \tag{2-12}$$

在式（2－1）中忽略加速度项所表示的动力效应，得到每一瞬时的静变形（用下标“st”表示），即

$$x_{st}(t) = \frac{p_0}{k}\sin\omega_p t \tag{2-13}$$

静变形的最大值为

$$(x_{st})_0 = \frac{p_0}{k} \tag{2-14}$$

可以将式（2－14）理解为由力的幅值 p_0 引起的静变形，为了方便起见，简称 $(x_{st})_0$ 为

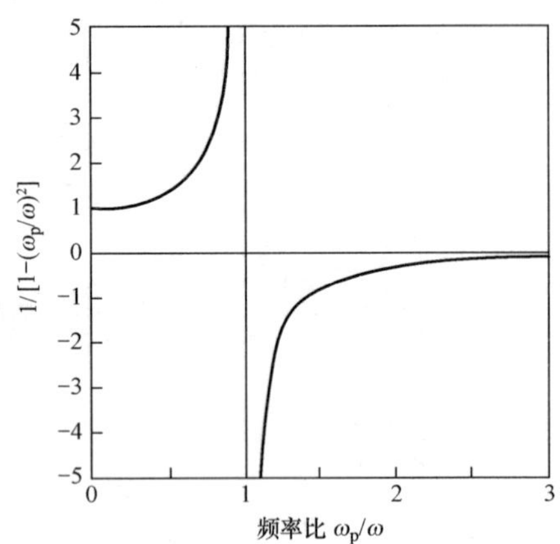

图 2 - 2　扰动频率与固有频率的比值关系

静变形。式（2 - 12）中括号内的系数对扰动频率与固有频率的比值 ω_p/ω 的关系曲线绘于图 2 - 2 中。对于 $\omega_p/\omega<1$ 或 $\omega_p<\omega$，这个系数是正的，说明 $x(t)$ 和 $p(t)$ 有相同的代数符号（即当图 2 - 2 中力向右作用时，体系也向右移动），这时位移与作用力同相位；对于 $\omega_p/\omega>1$ 或 $\omega_p>\omega$，这个系数是负的，说明 $x(t)$ 和 $p(t)$ 有相反的代数符号（即当力向右作用时，体系将向左移动），这时位移与作用力异相位。

为了从数学角度描述相位这个概念，根据振动位移 $x(t)$ 的幅值 A 和相位角 ϕ 将式（2 - 12）重写为

$$x(t)=A\sin(\omega t-\phi)=(x_{st})_0R_d\sin(\omega t-\phi) \tag{2 - 15}$$

其中

$$R_d=\frac{A}{(x_{st})_0}=\frac{1}{|1-(\omega_p/\omega)^2|}$$

$$\phi=\begin{cases}0^\circ & \omega_p<\omega\\ 180^\circ & \omega_p>\omega\end{cases}$$

对于 $\omega_p<\omega$，$\phi=0°$，这意味着位移随 $\sin\omega_p t$ 变化，与作用力同相位；对于 $\omega_p>\omega$，$\phi=180°$，标志着位移随 $-\sin\omega_p t$ 变化，与作用力异相位。作为频率比 ω_p/ω 的函数的相位角 ϕ，其图形如图 2 - 3 所示。

变形（或位移）反应系数 R_d 是动力（或振动）变形振幅 A 与静变形 $(x_{st})_0$ 的比值。作为频率比 ω_p/ω 的函数的 R_d，其图形绘于图 2 - 3中。

从图 2 - 3 中可看到以下几点：

如果 ω_p/ω 的值很小（即力是缓慢变化的），则 R_d 仅比 1 稍为大一点，动变形的幅值基本上与静变形相同。

如果 $\omega_p/\omega>\sqrt{2}$，则 $R_d<1$，动变形幅值比静变形小。

当 ω_p/ω 超过$\sqrt{2}$后，随 ω_p/ω 增加，R_d 变得更小；随 $\omega_p/\omega\to\infty$，R_d 趋于零，意味着由于力的“迅速变化”，振动变形非常微小。

如果 ω_p/ω 靠近 1，则 R_d 比 1 大许多倍，意味着变形幅值比静变形大许多。

将 R_d 发生最大值的扰动频率定义为共振频率。对于无阻尼体系，共振频率为 ω，它使得 R_d 无限大。然而，就像下面所证明的，动变形不是立即到达无限大的，而是逐渐变大。

如果 $\omega_p=\omega$，则

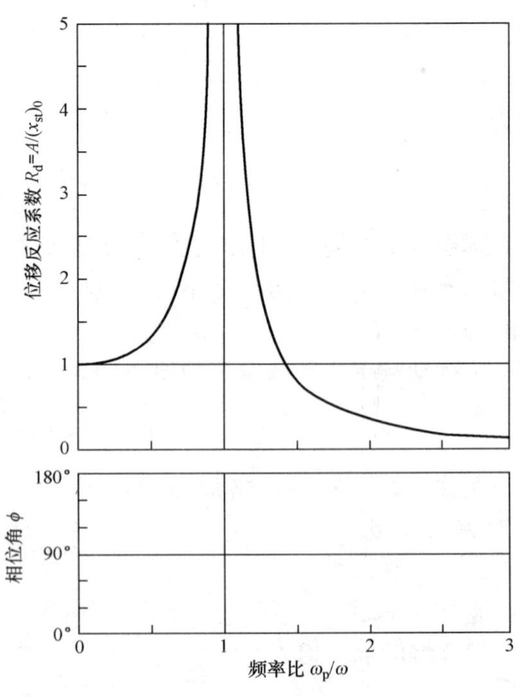

图 2 - 3　无阻尼体系受简谐荷载作用时的位移反应系数和相位角

$$x(t) = -\frac{1}{2}\frac{p_0}{k}(\omega t\cos\omega t - \sin\omega t) \quad (2-16)$$

或

$$\frac{x(t)}{(x_{st})_0} = \frac{1}{2}\left(\frac{2\pi t}{T}\cos\frac{2\pi t}{T} - \sin\frac{2\pi t}{T}\right) \quad (2-17)$$

将上述结果绘于图 2 - 4 中，它说明完成一个循环所需的时间为 T。发生在 $t=j$（$T/2$）时刻 $x(t)$ 的局部最大值为 $\pi(j-1/2)(x_{st})0$，$j=1$，2，3，…；而发生在 $t=jT$ 时刻 $x(t)$ 的局部最小值为 $-\pi j(x_{st})_0$，$j=1$，2，3，…。

每个循环变形振幅增加

$$|x_{j+1}| - |x_j| = (x_{st})_0[\pi(j+1) - \pi j] = \frac{\pi p_0}{k}$$

变形振幅无限地增长，当时间趋于无限时，它趋于无穷大。这是一个理论结果，对于实际结构需要给出恰当的解释。一方面，如果体系是脆性的，则随着变形的持续增长，在某时刻体系会失效。另一方面，如果体系是延性的，则它会屈服，其刚度会下降，固有频率就不再等于扰动频率，图 2 - 4 就不再有效了。

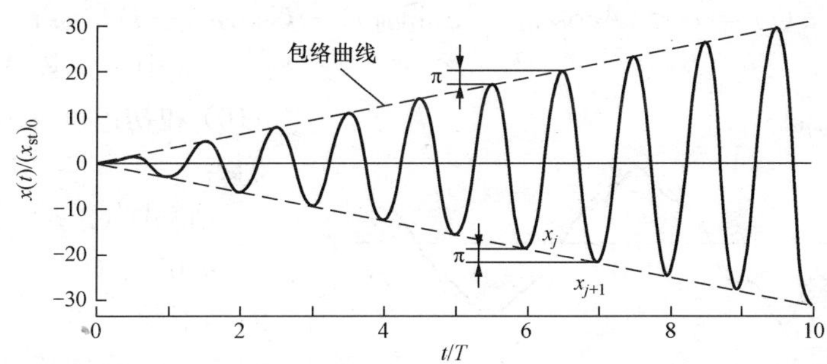

图 2 - 4　$x(0)=\dot{x}(0)=0$ 时，无阻尼体系对频率为 $\omega_p=\omega$ 的正弦荷载的反应

第二节　具有黏滞阻尼的简谐振动

一、稳态和瞬态反应

具有黏滞阻尼的单自由度体系在简谐荷载作用下的运动控制微分方程为

$$m\ddot{x} + c\dot{x} + kx = p_0\sin\omega_p t \quad (2-18)$$

初始条件为

$$x = x(0) \qquad \dot{x} = \dot{x}(0) \quad (2-19)$$

将式（2 - 19）除以 m，得

$$\ddot{x} + 2\zeta\omega\dot{x} + \omega^2 x = \frac{p_0}{m}\sin\omega_p t \quad (2-20)$$

式（2 - 20）的特解有以下形式，即

$$x_p(t) = C\sin\omega_p t + D\cos\omega_p t \quad (2-21)$$

将式（2 - 21）及它的一阶和二阶导数代入式（2 - 20），得

$$[(\omega^2-\omega_p^2)C - 2\zeta\omega\omega_p D]\sin\omega_p t + [2\zeta\omega\omega_p C + (\omega^2-\omega_p^2)D]\cos\omega_p t = \frac{p_0}{m}\sin\omega_p t \quad (2-22)$$

因为式（2 - 22）对所有 t 均有效，所以等式两边正弦项和余弦项的系数必须相等。由

此得到 C 和 D 的两个等式，等式两边同除以 ω^2 后，并利用关系 $k=\omega^2 m$，得到

$$\left[1-\left(\frac{\omega_p}{\omega}\right)^2\right]C-\left(2\zeta\frac{\omega_p}{\omega}\right)D=\frac{p_0}{k}$$

$$\left(2\zeta\frac{\omega_p}{\omega}\right)C+\left[1-\left(\frac{\omega_p}{\omega}\right)^2\right]D=0$$

求解这两个代数方程，即可得到系数 C 和 D，即

$$C=\frac{p_0}{k}\frac{1-(\omega_p/\omega)^2}{[1-(\omega_p/\omega)^2]^2+(2\zeta\omega_p/\omega)^2}$$

$$D=\frac{p_0}{k}\frac{-2\zeta\omega_p/\omega}{[1-(\omega_p/\omega)^2]^2+(2\zeta\omega_p/\omega)^2}$$

式（2 - 18）的余解是自由振动反应，即

$$x_c(t)=e^{-\zeta\omega t}(A\cos\omega_D t+B\sin\omega_D t)$$

式中 $$\omega_D=\omega\sqrt{1-\zeta^2}$$

式（2 - 18）的全解为

$$x(t)=e^{-\zeta\omega t}(A\cos\omega_D t+B\sin\omega_D t)+C\sin\omega_p t+D\cos\omega_p t \tag{2 - 23}$$

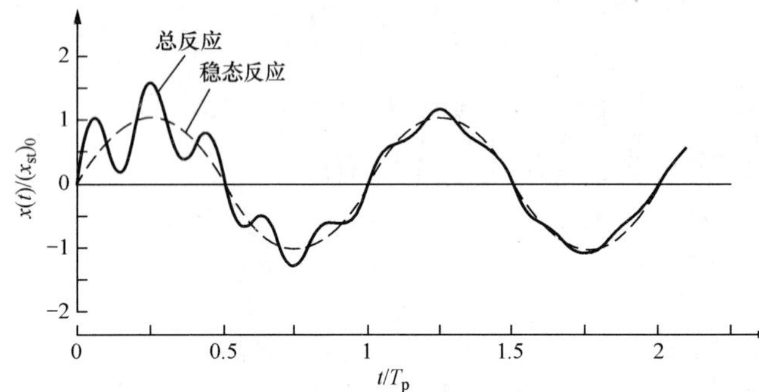

图 2 - 5　有阻尼体系对简谐荷载的反应

式中，常数 A 和 B 根据初位移 $u(0)$ 和初速度 $\dot{u}(0)$，可由标准方法确定。

将式（2 - 23）对 $\omega_p/\omega=0.2$、$\zeta=0.05$、$x(0)=0$ 和 $\dot{x}(0)=\omega p_0/k$ 的图形绘于图 2 - 5 中，总反应以实线表示，稳态反应以虚线表示，两者之差为瞬态反应，将其与图 2 - 1 中的无阻尼体系无衰减的瞬态反应进行比较，可见反应随时间按指数衰减，衰减的速度取决于 ω_p/ω 和 ζ。片刻以后，只有强迫反应会保留下来，因此称其为稳态反应。然而，有一点可以明确，最大的变形峰值发生在体系达到稳定状态之前。

二、对 $\omega_p=\omega$ 的反应

扰动频率与固有频率相同时，阻尼对达到稳态反应的速度和限制稳态反应大小有一定的影响。对于 $\omega_p=\omega$，$C=0$ 和 $D=-(x_{st})_0/2\zeta$；对于 $\omega_p=\omega$ 和零初始条件，A 和 B 可确定为 $A=(x_{st})_0/2\zeta$ 和 $B=(x_{st})_0/2\sqrt{(1-\zeta^2)}$。由这些 A、B、C 和 D 的解答，式（2 - 23）成为

$$x(t)=(x_{st})_0\frac{1}{2\zeta}\left[e^{-\zeta\omega t}\left(\cos\omega_D t+\frac{\zeta}{1-\zeta^2}\sin\omega_D t\right)-\cos\omega t\right] \tag{2 - 24}$$

对于 $\zeta=0.05$ 的体系，这个结果绘于图 2 - 6 中。比较图 2 - 6 的有阻尼体系和图 2 - 4 的无阻尼体系，可见阻尼使每个峰值降低，并限制反应，使其成为有界值，即

$$x_0=\frac{(x_{st})_0}{2\zeta} \tag{2 - 25}$$

对于弱阻尼体系，式（2 - 24）中的正弦值是很微小的，并且 $\omega_D\approx\omega$，因此

$$x(t)\approx(x_{st})_0\frac{1}{2\zeta}(e^{-\zeta\omega t}-1)\cos\omega t \tag{2 - 26}$$

变形随时间按余弦函数变化，其振幅依照包络函数随时间增加，包络函数在图 2-6 中用虚线画出。

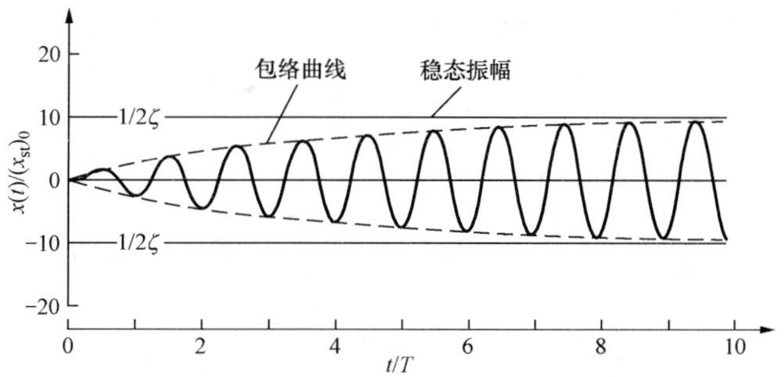

图 2-6　$\zeta=0.05$ 的有阻尼体系在频率为 $\omega_p=\omega$ 时对正弦荷载的反应

在频率为 $\omega_p=\omega$ 的简谐荷载作用下，阻尼对体系的稳态变形振幅和达到稳态的速率有强烈影响。阻尼比对振幅的重要影响可在图 2-7 中看到，图中给出了式（2-24）在阻尼比分别取 0.01、0.05 和 0.1 三个值时的曲线。

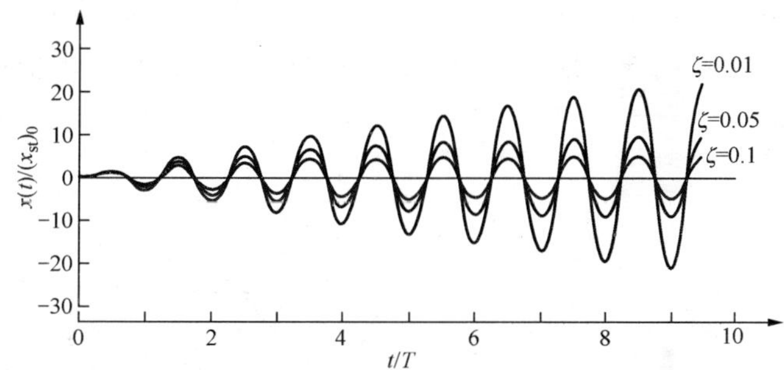

图 2-7　$\zeta=0.01$、0.05 和 0.1 的三个体系在频率为 $\omega_p=\omega$ 时对正弦荷载的反应

为了研究反应怎样增大到稳定状态，以下分析振动 j 个循环后的峰值。将 $t=jT$ 代入式（2-26）中，令 $\cos\omega t=1$，并利用式（2-25），可得到 x_j 和 j 之间的关系为

$$\frac{|x_j|}{A}=1-e^{-2\pi\zeta j} \tag{2-27}$$

式（2-27）在 $\zeta=0.01$、0.02、0.05、0.1 和 0.2 时的曲线绘于图 2-8 中。为了确定趋势，将离散点用曲线连接起来，但是仅整数值 j 是有意义的。阻尼越小，达到 A 的某一个百分率，即稳态振幅所需的周期数就越大。例如，对于 $\zeta=0.01$、0.02、0.05、0.1 和 0.2，达到 A 的 95%所需的周期数分别为 48、24、10、5 和 2。

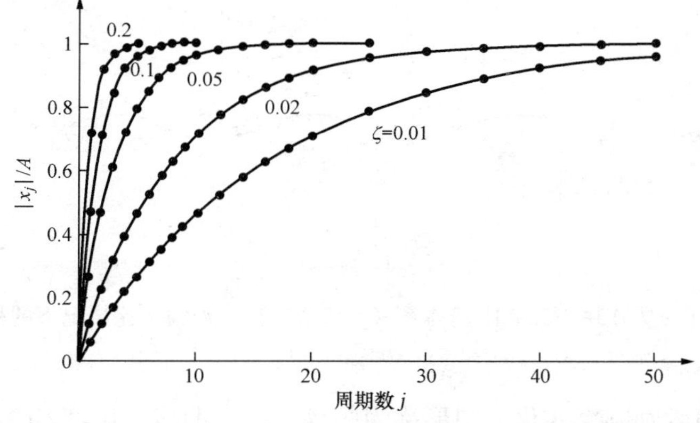

图 2-8　具有频率为 $\omega_p=\omega$ 的简谐荷载，反应幅值随周期数的变化

三、最大变形和相位滞后

在简谐荷载作用下，式（2-25）所描述的体系的稳态变形可改写为

$$x(t)=A\sin(\omega_{p}t-\phi)=(x_{st})_{0}R_{d}\sin(\omega_{p}t-\phi) \tag{2-28}$$

式中
$$A=\sqrt{(C^{2}+D^{2})} \qquad \phi=\arctan\left(\frac{D}{C}\right)$$

将 C 和 D 代入，得

$$R_{d}=\frac{A}{x_{st}}=\frac{1}{\sqrt{[1-(\omega_{p}/\omega)^{2}]^{2}+[2\zeta(\omega_{p}/\omega)]^{2}}} \tag{2-29}$$

$$\phi=\arctan\frac{2\zeta(\omega_{p}/\omega)}{1-(\omega_{p}/\omega)^{2}} \tag{2-30}$$

将式（2-28）对一个固定值 $\zeta=0.02$ 和三个 ω_{p}/ω 值的图形绘于图 2-9 中，由式（2-29）和式（2-30）计算的 R_{d} 和 ϕ 也标注于图中。图 2-9 中还用虚线绘出了 $p(t)$ 引起的静变形，除了常数 k 是不变的外，该曲线随时间的变化就像作用力一样。可以看出稳态运动发生在扰动周期 $T_{p}=2\pi/\omega_{p}$ 的时刻，但具有时间滞后 $\phi/2\pi$，其中 ϕ 称为相位角（或相位滞后）。

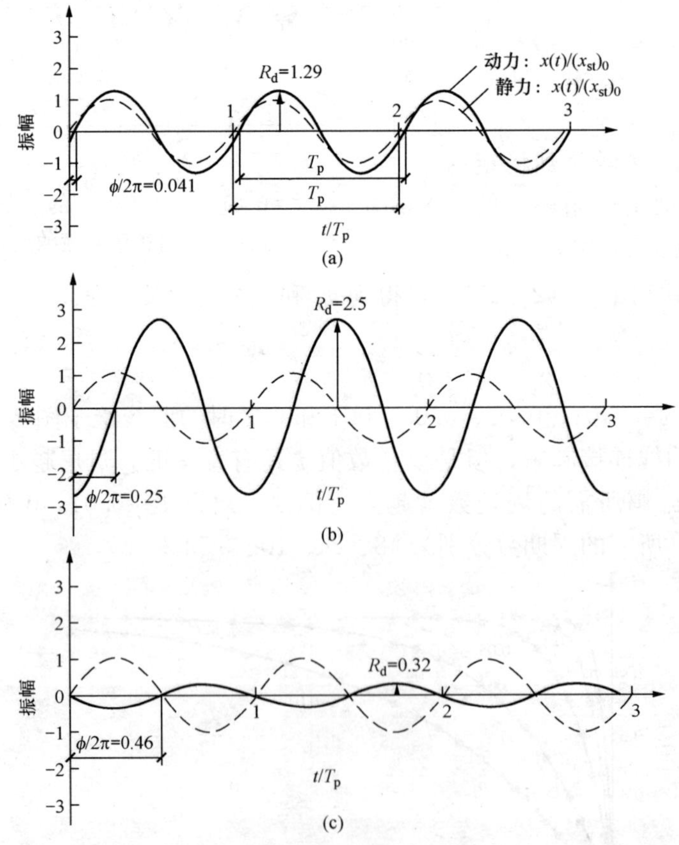

图 2-9 正弦力作用下，有阻尼体系（$\zeta=0.2$）在三种频率比情况下的稳态反应

(a) $\omega_{p}/\omega=0.5$；(b) $\omega_{p}/\omega=1$；(c) $\omega_{p}/\omega=2$

反应量的幅值随激励频率变化的图形称为频率—反应曲线。图 2-10 给出了变形 x 的频

响曲线，其中对 ζ 的几种情况绘出了位移反应系数 R_d 作为 ω_p/ω 函数的曲线；图 2-3 中，所有的曲线均位于 $\zeta=0$ 曲线的下方。因此，阻尼降低了 R_d 以及所有频率下的变形幅值，降低的量值在很大程度上依赖于激励频率。

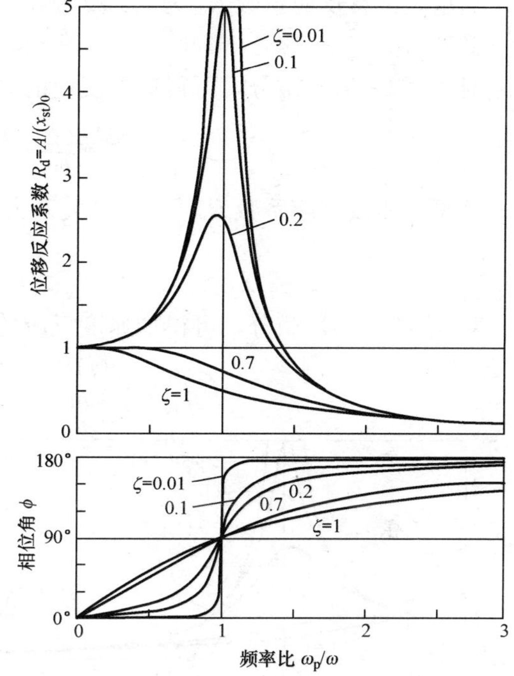

图 2-10　简谐荷载作用下有阻尼体系的位移反应系数和相位角

激励频率标度的三个区域如下：

(1) 如果频率比 $\omega_p/\omega \ll 1$（即 $T_p \gg T$，意味着力是缓慢变化的），则 R_d 比 1 稍大一点，基本上与阻尼无关，因而

$$A \approx (x_{st})_0 = \frac{p_0}{k} \tag{2-31}$$

此结果意味着动力反应的幅值基本上与静态变形相同，由体系的刚度控制。

(2) 如果 $\omega_p/\omega \gg 1$（即 $T_p \ll T$，意味着力是迅速变化的），则随着 ω_p/ω 的增加，R_d 趋于零，基本不受阻尼影响。对 ω_p/ω 的较大值，$(\omega_p/\omega)^4$ 项在式（2-29）中占主导地位，可用下式近似为

$$A \approx (x_{st})_0 \frac{\omega^2}{\omega_p^2} = \frac{p_0}{m\omega_p^2} \tag{2-32}$$

这个结果意味着反应由体系的质量控制。

(3) 如果 $\omega_p/\omega \approx 1$（即扰动频率接近于体系的固有频率），则 R_d 对阻尼非常敏感，对于较小的阻尼值，R_d 可以是 1 的若干倍，意味着动力反应的幅值比静变形大许多。如果 $\omega_p=\omega$，则式（2-29）化为

$$A = \frac{(x_{st})_0}{2\zeta} = \frac{p_0}{c\omega} \tag{2-33}$$

这个结果意味着反应由体系的阻尼控制。

相位角 ϕ 定义了反应滞后于荷载的时间，它随 ω_p/ω 的变化示于图 2-10 中。接下来研究激励频率标度的三个相同区域：

(1) 如果频率比 $\omega_p/\omega \ll 1$（即力是缓慢变化的），则 ϕ 接近于 0°，位移基本上与作用力同相位，如图 2-9（a）所示。

(2) 如果 $\omega_p/\omega \gg 1$（即力变化迅速），则 ϕ 接近于 180°，位移基本上与作用力异相位，如图 2-9（c）所示。

(3) 如果 $\omega_p/\omega=1$（即扰动频率等于固有频率），则对所有的 ζ 值，$\phi=90°$，当力通过零点时，唯一达到其峰值，如图 2-9（b）所示。

四、动力反应系数

这里介绍无量纲的变形（或位移）、速度和加速度反应系数，并定义这三个反应量的幅值。为方便起见，将式（2-28）的稳态位移再次写出，即

$$\frac{x(t)}{p_0/k} = R_d \sin(\omega_p t - \phi) \tag{2-34}$$

这里，位移反应系数 R_d 为动力（或振动）变形幅值 A 与静态变形 $(x_{st})_0$ 的比值，见式（2－33）。

对式（2－34）微分，可得速度反应的表达式为

$$\frac{\dot{x}(t)}{p_0/\sqrt{km}}=R_v\cos(\omega_p t-\phi) \tag{2-35}$$

这里，速度反应系数 R_v 与 R_d 的关系为

$$R_v=\frac{\omega_p}{\omega}R_d \tag{2-36}$$

对式（2－35）微分，可得加速度反应的表达式为

$$\frac{\ddot{x}(t)}{p_0/m}=-R_a\sin(\omega_p t-\phi) \tag{2-37}$$

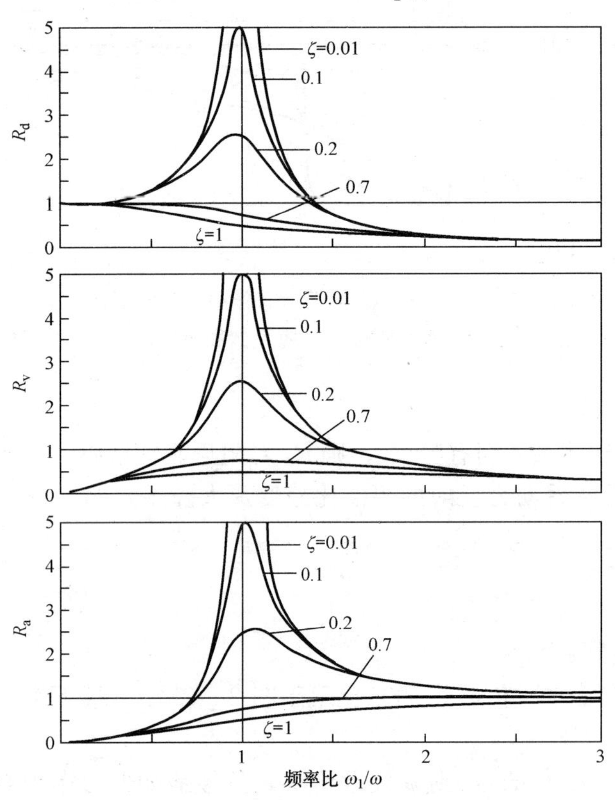

图 2－11 简谐荷载作用下有阻尼体系位移、速度和加速度反应系数

这里，加速度反应系数 R_a 与 R_d 的关系为

$$R_a=\left(\frac{\omega_p}{\omega}\right)^2 R_d \tag{2-38}$$

从式（2－35）可以看出，R_a 是振动加速度幅值与作用在质点上的力 p_0 所引起的加速度之比值。

动力反应系数 R_d、R_v 和 R_a 作为 ω_p/ω 的函数，其曲线绘于图 2－11 中。

R_v 和 R_a 的图形是新的，而 R_d 的图形则与图 2－10 相同。位移反应系数 R_d 在 $\omega_p/\omega=0$ 时为 1，在 $\omega_p/\omega<1$ 时达到峰值，随 $\omega_p/\omega\to\infty$ 而趋于零；速度反应系数 R_v 在 $\omega_p/\omega=0$ 时为零，在 $\omega_p/\omega=1$ 时达到峰值，随 $\omega_p/\omega\to\infty$ 而趋于零；加速度反应系数 R_a 在 $\omega_p/\omega=0$ 时为零，在 $\omega_p/\omega>1$ 达到峰值，随 $\omega_p/\omega\to\infty$ 而趋于 1。

当 $\zeta>1/\sqrt{2}$ 时，R_d 和 R_v 无峰值发生。

动力反应系数之间的简单关系为

$$\frac{R_a}{\omega_p/\omega}=R_v=\frac{\omega_p}{\omega}R_d \tag{2-39}$$

五、共振频率和共振反应

共振频率定义为发生最大反应振幅时的扰动频率。从图 2－11 可见，在位移、速度和加速度的频率—反应曲线中发生峰值的频率稍有不同。这些共振频率可由令 R_d、R_v 和 R_a 对 ω_p/ω 的一阶导数为零来确定，当 $\zeta>1/\sqrt{2}$时，它们是：

（1）位移共振频率：$\omega\sqrt{1-\zeta^2}$。

（2）速度共振频率：ω。

（3）加速度共振频率：$\omega/\sqrt{1-\zeta^2}$。

对于无阻尼体系，三个共振频率相同，等于体系的固有频率 ω。可能凭直觉会认为有阻尼体系的共振频率应该是它的固有频率 $\omega_D=\omega\sqrt{1-\zeta^2}$，但事实并非如此，只是差别很小。因为通常包含在结构中的典型阻尼程度低于 20%，因此三个共振频率和固有频率之间的差别可以忽略不计。

三个动力反应系数在他们各自共振频率下的值为

$$R_d=\frac{1}{2\zeta\sqrt{1-\zeta^2}}\qquad R_v=\frac{1}{2\zeta}\qquad R_a=\frac{1}{2\zeta\sqrt{1-\zeta^2}} \tag{2-40}$$

思　考　题

1. 何谓振动微分方程的特解、补解和全解？如何确定？

2. 何谓强迫振动、瞬态振动？它们取决于哪些因素？

3. 何谓变形（或位移）反应系数？简谐荷载下动力系数与哪些因素有关？在何种情况下位移动力系数与内力动力系数是相同的？

4. 何谓频率—反应曲线？

5. 何谓动力反应系数？具体如何表示？

6. 何谓共振频率？

习　　题

1. 单自由度结构受正弦力激振而发生共振时，结构的位移振幅为 5.0cm，当激振力的频率变为共振频率的 1/10 时，位移振幅为 0.5cm，试求结构的阻尼比。

2. 质量为 545kg 的空调机固定于两平行简支钢梁的中部，梁的跨度为 2.4m，每根梁截面的惯性矩为 $4.16\times10^{-6}\,m^4$，钢材的弹性模量为 $2.06\times10^8\,kN/m^2$，空调机的转速为 300r/min，产生 0.267kN 的不平衡力，假设体系的阻尼比为 1%，并忽略钢梁的自重，试求空调机的竖向位移振幅和加速度振幅。

第三章　地震基础知识及抗震设计标准

第一节　地震与地震动

地震是地球内部发生急剧破裂而产生的震波在一定范围内引起地面振动的现象，就像海啸、龙卷风、冰冻灾害一样，是地球上经常发生的一种自然灾害。大地震动是地震最直观、最普遍的表现；在海底或滨海地区发生的强烈地震能引起巨大的波浪，称为海啸。

地震是极其频繁的，全球每年发生地震约550万次，常常造成严重的人员伤亡，能引起火灾、水灾、有毒气体泄漏、细菌及放射性物质扩散，还可能造成海啸、滑坡、崩塌、地裂缝等次生灾害。为了抵御与减轻地震灾害，有必要进行工程结构的抗震分析与抗震设计。

一、地球的构造

地球内部结构是指地球内部的分层结构。根据地震波在地下不同深度传播速度的变化，一般将地球内部分为三个同心球层，即地核、地幔和地壳，如图3-1所示。中心层是地核；中间层是地幔；外层是地壳。地震一般发生在地壳之中。地壳内部在不停地变化，由此而产生力的作用，使地壳岩层变形、断裂、错动，于是便发生地震。

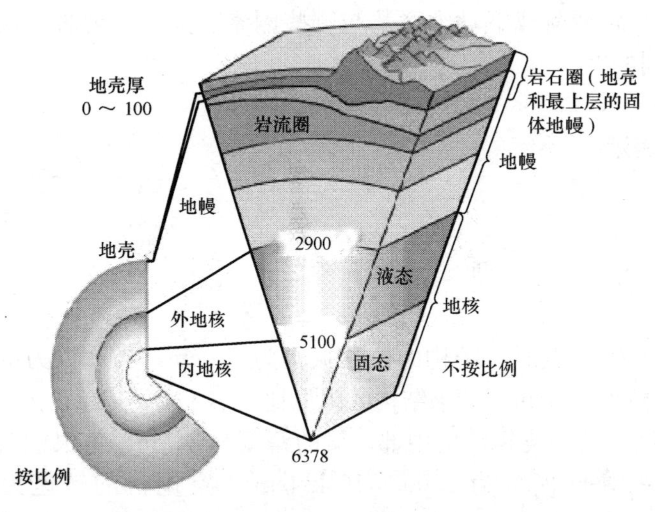

图3-1　地球构造示意图（单位：km）

1. 地壳

地壳是地球的表面层，也是人类生存和从事各种生产活动的场所。地壳实际上是由多组断裂且大小不等的块体组成的，其外部呈现出高低起伏的形态，因而地壳的厚度并不均匀。大陆下的地壳平均厚度约为35km，我国青藏高原的地壳厚度达65km以上；海洋下的地壳厚度仅为5～10km。整个地壳的平均厚度约为17km，这与地球平均半径6371km相比，仅是薄薄的一层。地壳表面主要有花岗岩层和玄武岩层，海洋下面的地壳一般只有玄武岩层。

2. 地幔

地壳下面是地球的中间层，叫做地幔，厚度约为2865km，主要由致密的造岩物质构成，这是地球内部体积最大、质量最大的一层。地幔又可分成上地幔和下地幔两层。一般认为上地幔顶部存在一个软流层，推测是由于放射元素大量集中，蜕变放热，将岩石熔融后形成的，可能是岩浆的发源地。软流层以上的地幔部分和地壳共同组成了岩石圈。下地幔温度、压力和密度均增大，物质呈可塑性固态。

3. 地核

地幔下面是地核，地核的平均厚度约为3400km。地核可分为外地核、过渡层和内地核三层。外地核厚度约为 2080km，物质大致成液态，可流动；过渡层的厚度约为 140km；内地核是一个半径为 1250km 的球体，物质大概是固态的，主要由铁、镍等金属元素构成。

地球各部分的密度随深度的增加而增大，内部的温度随深度增加而升高。地球内部压力强度在地幔上部约为 883MPa（9×10^3kg/cm^2），地核中心达36 284MPa（37×10^3kg/cm^2）。

二、地震发生过程

地震就是地球内某处岩层突然破裂，或因局部岩层塌陷、火山爆发等发生了振动，并以波的形式传到地表引起地面的颠簸和摇晃，从而引起了地面的运动。发生地震的地方叫震源。震源是有一定范围的，但地震学里常常把它当做一个点来处理，这是因为地震学考虑的是大范围的问题，震源相对来说很小，可以当做一个点。震源在地表的投影称为震中；震源至地面的垂直距离称为震源深度。通常把震源深度在 60km 以内的地震称为浅源地震；60～300km 以内的称为中源地震；300km 以上的称为深源地震。地面某处至震中的水平距离称为震中距。

世界上绝大部分地震是浅源地震，震源深度集中在 5～20km 范围内，中源地震比较少，而深源地震为数更少。我国东北吉林省东部地区曾发生过深源地震。一般来说，对于同样大小的地震，当震源较浅时，波及范围较小，而破坏程度较大；当震源较深时，波及范围则较大，而破坏程度相对较小，深度超过 100km 的地震在地面上不致引起灾害。

三、地震类型与成因

地震分为天然地震和人工地震两大类。此外，某些特殊情况下也会产生地震，如大陨石冲击地面（陨石冲击地震）等。引起地球表层振动的原因很多，根据地震的成因，可以把地震分为以下几种。

1. 构造地震

由于地下深处岩石破裂、错动，把长期积累起来的能量急剧释放出来，以地震波的形式向四面八方传播出去，引起地面房摇地动的现象，称为构造地震。这类地震发生的次数最多，破坏力也最大，占全世界地震的 90%以上。

构造地震的特点是活动频繁、延续时间较长、影响范围最广、破坏性最大，因此是地震研究的主要对象。构造地震的成因和震源机制研究是地震理论中最核心的问题。

对于构造地震，可以从宏观背景和局部机制两个层次上解释其成因。从宏观背景上考察，通常认为地球最外层是由一些巨大的板块所组成（见图 3 - 2），板块向下延伸的深度为 70～100km。由于地幔物质的对流，这些板块一直在缓慢地相互运动。板块的构造运动，是构造地震产生的根本原因。从局部机制上分析，地球板块在运动过程中，板块之间的相互作用力会使地壳中的岩层发生变形，见图 3 - 3（b）。当这种变形积聚到超过岩石所能承受的程度时，该处岩体就会发生突然断裂或错动，从而引起地震，见图 3 - 3（c）。

2. 火山地震

由于火山作用，如岩浆活动、气体爆炸等引起的地震称为火山地震。只有在火山活动区才可能发生火山地震，这类地震只占全世界地震的 7%左右。

3. 塌陷地震

由于地下岩洞或矿井顶部塌陷而引起的地震称为塌陷地震。这类地震的规模比较小，次数也很少，即使有，也往往发生在溶洞密布的石灰岩地区或大规模地下开采的矿区。

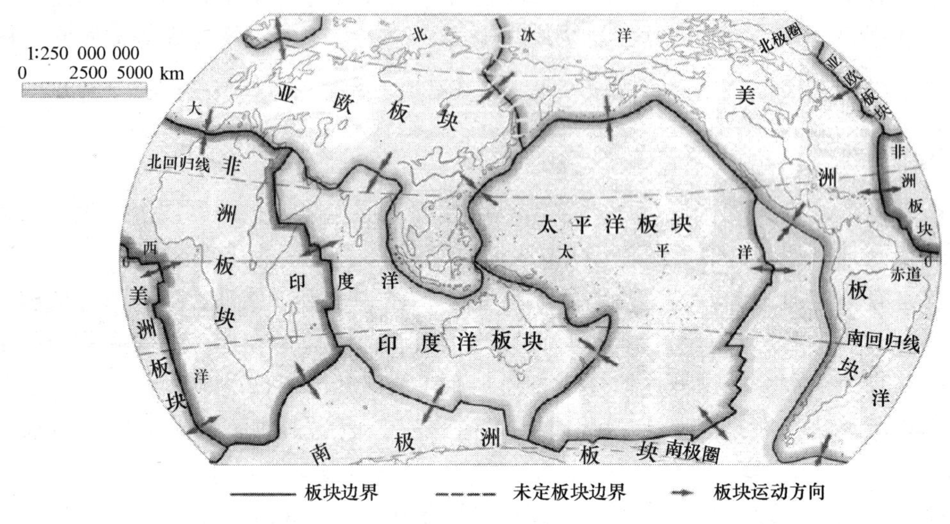

图 3 - 2　世界地震板块分布图

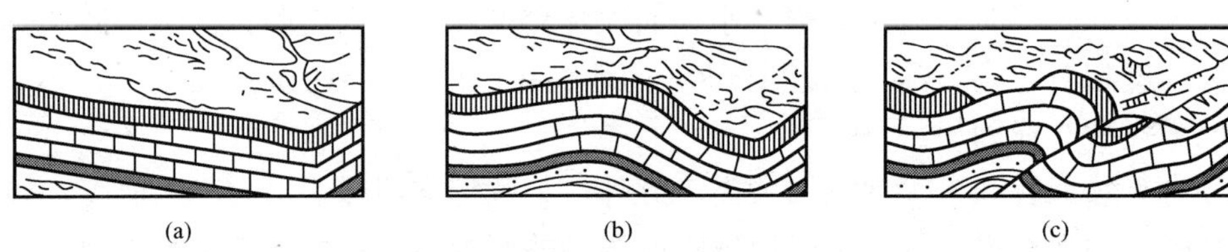

图 3 - 3　岩层的变形与破裂

(a) 岩层的原始状态；(b) 受力发生弯曲；(c) 岩层破裂发生振动

4. 诱发地震

由于水库蓄水、油田注水等活动而引发的地震称为诱发地震。这类地震仅在某些特定的水库库区或油田地区发生。

5. 人工地震

地下核爆炸、炸药爆破等人为引起的地面振动称为人工地震。人工地震是由人为活动引起的地震。如工业爆破、地下核爆炸造成的振动；在深井中进行高压注水以及大水库蓄水后增加了地壳的压力，有时也会诱发地震。

四、地震波

地震波是由天然地震或通过人工激发的地震而产生的弹性振动波，由地球介质的质点依次向外围传播的形式。地震发生时，震源区的介质发生急速的破裂和运动，这种扰动构成一个波源。由于地球介质的连续性，这种波动就向地球内部及表层各处传播开去，形成了连续介质中的弹性波。

地震波一般分为体波和面波两种。

1. 体波

体波是指通过地球本体传播的波，包含纵波与横波两种。

(1) 纵波是由震源向外传递的压缩波，质点的振动方向与波的前进方向一致（见图 3 - 4），在地壳中传播速度为 5.5～7km/s，最先到达震中，又称 P 波。它一般表现为周期短、振幅小的特点，使地面发生上下振动，破坏性较弱。纵波的传播是介质质点间弹性压缩与张拉变形相间出现、周而复始的过程，因此它在固体、液体里都能传播。

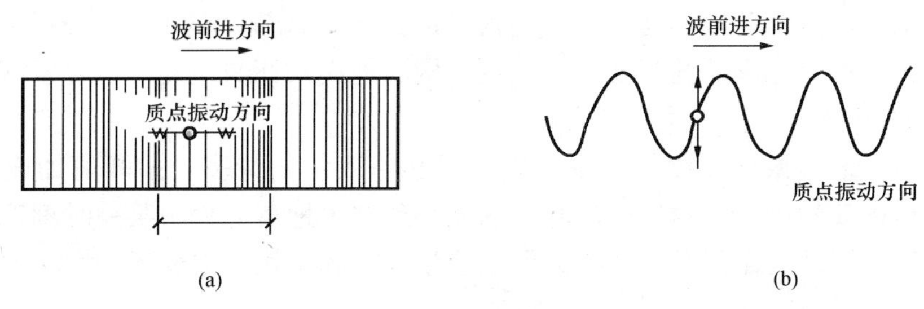

图 3－4　体波质点振动形式

（a）压缩波；（b）剪切波

（2）横波是由震源向外传递的剪切波，质点振动方向与波的前进方向垂直，在地壳中的传播速度为 3.2～4.0km/s，第二个到达震中，又称 S 波。它一般表现为周期长、振幅大的特点，使地面发生前后、左右抖动，破坏性较强。横波的传播是介质质点不断受剪变形的过程，因此它只能在固体介质中传播。

2. 面波

面波又称 L 波，是指沿介质表面（或地球地面）及其附近传播的波，一般可以认为是体波经地层界面多次反射形成的次生波，其波长大、振幅强，只能沿地表面传播，是造成建筑物强烈破坏的主要因素。面波包含瑞雷波和乐甫波两种。

（1）瑞雷波是纵波 P 和横波 S 在固体层中沿界面传播相互叠加的结果。它传播时，质点在波的传播方向与地表面法向组成的平面内作逆进椭圆运动，见图 3－5（a）。瑞雷波在震中附近并不出现，要离开震中一段距离后才形成，而且其振幅沿径向按指数规律衰减。

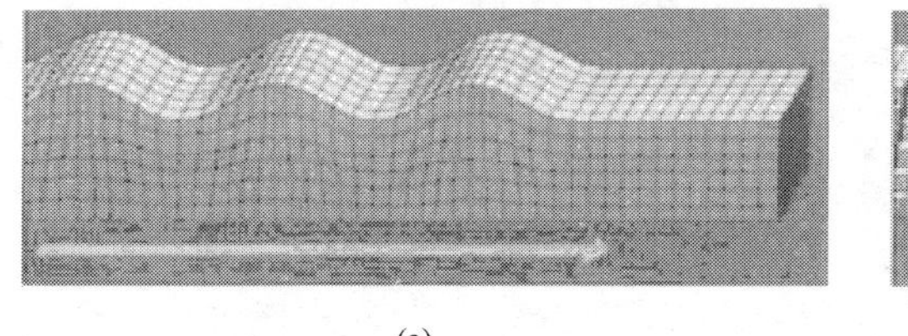

(a)

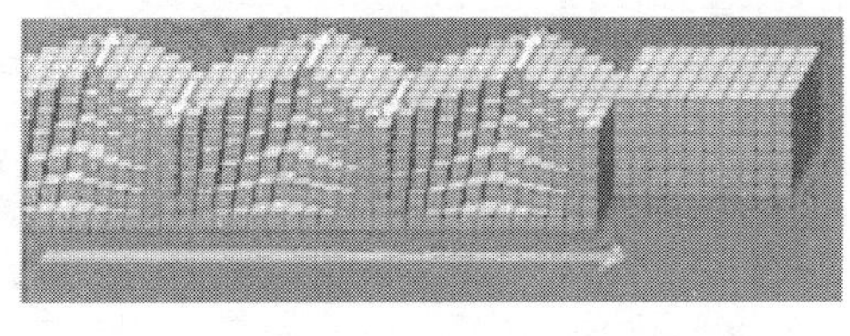

(b)

图 3－5　面波传播示意图

（a）瑞雷波；（b）乐甫波

（2）乐甫波的形成与波在自由表面的反射和波在两种不同介质界面上的反射、折射有关。它的传播类似于蛇形运动，质点在与波传播方向相垂直的水平方向作剪切型运动，见图 3－5（b）。乐甫波的重要特点是质点在水平方向的振动与波进行方向耦合后会产生水平扭转分量。

五、地震动

由地震波传播所引发的地面振动，通常称为地震动。其中，在震中区附近的地震动称为近场地震动。对于近场地震动，人们一般通过记录地面运动的加速度来了解地震动的特征。对加速度记录进行积分，可以得到地面运动的速度与位移。一般来说，地震动空间上具有 3 个平动方向的分量和 3 个转动方向的分量。

从前面对于地震波的介绍可知，地面上任一点的振动过程实际上包括了各种类型地震波的综合作用。因此，地震动记录的最明显表征是其不规则性。从工程应用角度考察，可以采用有限的几个要素反映不规则的地震波。例如，通过最大振幅，可以定量反映地震动的强度特性；通过对地震动记录的频谱分析，可以揭示地震动的周期分布特征；通过对强震持续时间的定义和测量，可以考察地震动循环作用程度的强弱。地震动的峰值（最大振幅）、频谱和持续时间，通常称为地震动的三要素。工程结构的地震破坏与地震动三要素密切相关。

1. 峰值（最大振幅）

地震动幅值是地震振动强度的表示，通常以峰值表示的最多，如峰值加速度、峰值速度。峰值是指地震动的最大值。地震动峰值的大小反映了地震过程中某一时刻地震动的最大强度，它直接反映了地震作用及其产生的振动能量和引起结构地震变形的大小，是衡量地震对结构影响大小的尺度。

2. 频谱特性

对时域的地震加速度波形进行变换，就可以了解这种波形的频谱特性。频谱特性可以用功率谱、反应谱和傅里埃谱来表示。

图 3 - 6、图 3 - 7 是根据日本一批强地震记录求得的功率谱，它们是同一地震、震中距近似相同而地基类型不同的情况，显示出硬土、软土的功率谱成分有很大不同。软土地基上地震加速度波形中长周期分量比较显著，硬土地基上地震加速度波形则包含着多种频谱成分，一般情况下短周期的分量比较显著。

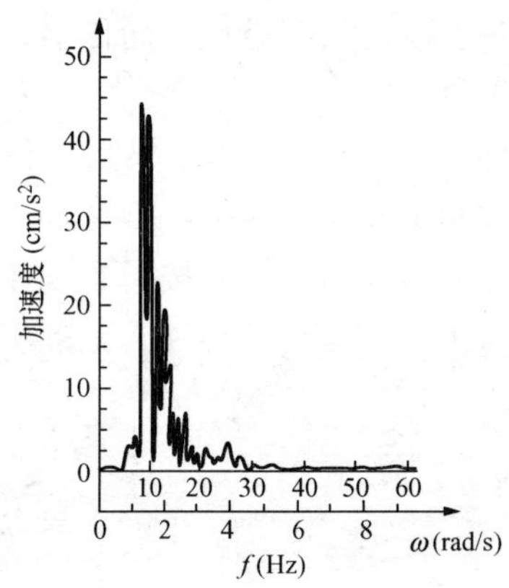

图 3 - 6 软土地基功率谱示意图

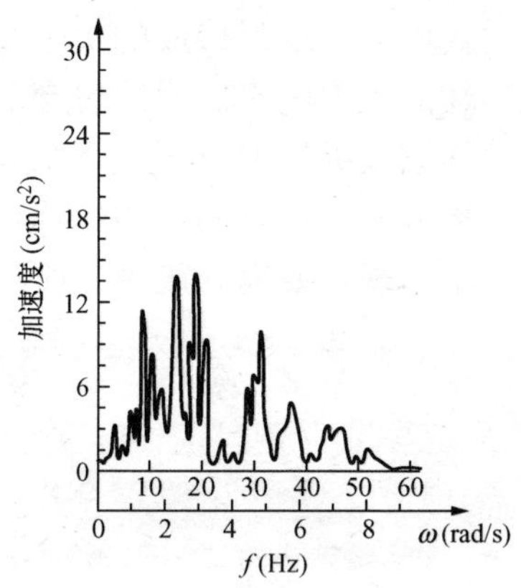

图 3 - 7 硬土地基功率谱示意图

震害经验表明：小震近震坚硬场地上的地震动容易使刚性结构产生震害，而大震远震软厚场地上的地震动容易使高柔结构产生震害。

3. 持续时间

人们很早就从震害经验中认识到了强震持续时间对结构破坏的重要影响，以及这种影响主要表现在结构开裂以后的阶段。在地震时地面运动的作用下，结构从开裂到全部倒塌一般是有一个过程的，如果结构在开裂后又遇到了一个加速度峰值很大的地震脉冲，则结构就会产生很大的变形反应。结构从开裂到倒塌，往往要经历几次、几十次，甚至几百次的反复振动过程，在某一振动过程中，即使结构最大变形反应没有达到静力试验条件下的最大变形，结构也可能由于长时间的振动和反复变形而发生倒塌破坏。可见，在结构已发生开裂时，连续振动的时间越长，则结构倒塌的可能性就越大。

第二节　地震震级与地震烈度

一、地震震级

地震震级是指按地震时所释放出的能量大小确定的等级标准。它是地震的基本参数之一，是地震预报和其他有关地震工程学研究中的一个重要参数。

震级一般有三种定义：一是近震震级 M_L；二是面波震级 M_S；三是体波震级 M_B。

近震震级的定义最早由美国的里克特（C. F. Richter）给出，计算震级 M_L 的公式为

$$M_L = \lg A - \lg A_0 \tag{3-1}$$

式中　A——地震记录的最大幅值；

A_0——标准地震在同一震中距上的最大振幅。

如果 $A=A_0$，则 $M_L=0$。里克特规定：用标准地震仪（周期为 0.8s，阻尼系数为 0.8，放大倍率为 2800 倍），在震中距为 100m 处，记录最大振幅的地动位移为 10^{-3}mm（1μm），相应的震级为零级。$-\lg A_0$ 是震中距的函数，是零级地震在不同震中距的振幅对数值，称为起算函数或标定函数。

我国的李善邦将近震震级的定义发展为采用一般的近震记录，建议按下式确定震级，即

$$M_L = \lg A_\mu + R(\Delta) \tag{3-2}$$

$$R(\Delta) = \lg V_0(T) - \lg A_0 - 3 \tag{3-3}$$

式中　A_μ——近震记录的最大地动位移，取两水平向分量的算术平均值，μm（两水平向分量不必追踪同一时间的振幅）；

$V_0(T)$——标准地震仪在最大震相周期 T 时的放大倍数。

我国规定面波震级 M_S 按下式确定，即

$$M_S = \lg\left(\frac{A}{T}\right) + \sigma(\Delta) + C \tag{3-4}$$

式中　A——面波最大地动位移，取两水平向分量的矢量和，μm；

T——相应于 A 的周期；

$\sigma(\Delta)$——起算函数；

C——台站校正值。

由于随着震源深度的加大，面波迅速减弱，因此深源地震时难以用面波测定震级。为了测定深源地震的震级，古登堡推广为使用体波。对于体波震级，我国目前仍采用古登堡和里克特的方法，按下式计算，即

$$M_B = \lg\left(\frac{A}{T}\right) + Q + S \tag{3-5}$$

式中　A——地震体波波组的最大振幅，对水平向分量则采用两水平向分量的向量和，μm；

T——周期；

Q——体波起算函数；

S——台站校正值。

以上介绍了三种计算震级的方法，理论上同一地震中得到的 M_L、M_S 和 M_B 值应该相同，但实际观测结果表明各种震级间有系统偏差。根据国内外资料求得经验公式为

$$M_S = 1.13M_L - 1.08 \tag{3-6}$$

$$M_B = 0.63M_S + 2.5 \tag{3-7}$$

我国地震部门为统一起见，规定全部用面波所计算的震级 M_S 上报。

由于地震震级本身只反映地震某些方面的参数，再加上震源与观测台之间的地震波经过的介质有差异，近震震级、面波震级、体波震级之间的折算也有差异，因此同一地震所报的震级存在一定差异也是正常的。

我国目前使用的震级标准是国际上通用的里氏分级表，共分 9 个等级。在实际测量中，震级则是根据地震仪对地震波所作的记录计算出来的。地震作用越大，震级的数字也越大，震级每差一级，通过地震被释放的能量约差 32 倍。通常把小于 2.5 级的地震称为微震；2.5～4.7 级的称为有感地震；大于 4.7 级的称为破坏性地震，其中震级不小于 8 级的又称为巨大地震。

二、地震烈度

1. 基本定义

地震烈度表示地震对地表及工程建筑物影响的强弱程度（或地震影响和破坏的程度），是在没有仪器记录的情况下，根据地震时人们的感觉或地震发生后器物反应的程度、工程建筑物的损坏或破坏程度、地表的变化状况而定的一种宏观尺度。因此，烈度的鉴定主要依靠对上述几个方面的宏观考察和定性描述。

2. 等烈度线

具有相同烈度的各个地点的外包络线，称为等烈度线。一次地震发生后，根据建筑物破坏的程度和地表面变化的状况，评定距震中不同地区的地震烈度，绘出等烈度线，作为对该次地震破坏程度的描述。一般情况下，等烈度线的度数随震中距的增大而递减，但有时由于局部地形或地质的影响，也会在某一烈度区内出现小块高 1 度或低 1 度的异常区，称为烈度异常。利用历史地震的等烈度线资料，可以针对不同地区建立宏观的地震烈度衰减规律关系式。如图 3-8 所示的 2008 年汶川地震等烈度线示意图。

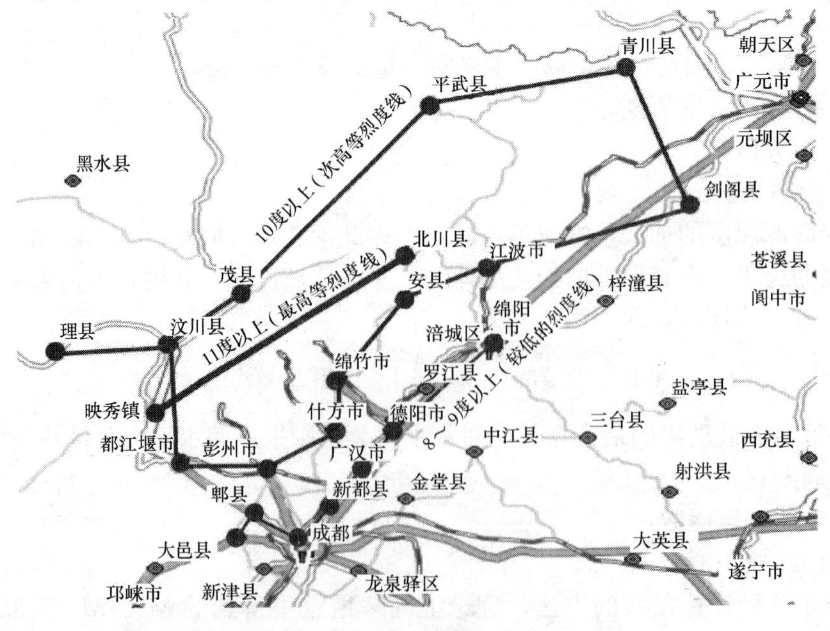

图 3-8 汶川地震等烈度线示意图

3. 地震烈度的划分

地震烈度主要是说明已经发生的地震影响的程度。一个地区的烈度不仅与这次地震的释放能量（即震级）、震源深度、距离震中的远近有关，还与地震波传播途径中的工程地质条件和工程建筑物的特性有关。地震的烈度在不同方向有所不同，如在覆盖土层浅的山区衰减快，而在覆盖土层厚的平原地区衰减慢。烈度还用于地震区域的划分，表示将来一定期限内可能发生在某一区域内的最大烈度，估计一个建设地区可能发生的地震影响大小。对新建工程来说，工程设计采用的烈度则是一种设计指标，据此进行结构的抗震计算和采取不同的抗震措施。

按照地震时人的感觉，地震所造成自然环境的变化和建筑物的破坏程度，区分为几大类，以描述地震烈度的高低，作为判断地震强烈程度的一种宏观判据，称为地震烈度表，见表 3 - 1。有了这个判据，就可以调查研究评定已经发生的地震，包括历史上发生的地震和新近发生的地震影响区的烈度高低。

表 3 - 1　　我国地震烈度表

烈度（度）	地面上人的感觉	房屋震害程度		其他震害现象	水平向地面运动	
		震害现象	平均震害指数		峰值加速度（m/s^2）	峰值速度（m/s）
1	无感					
2	室内个别静止中人有感觉					
3	室内少数静止中人有感觉	门、窗轻微作响		悬挂物微动		
4	室内多数人、室外少数人有感觉，少数人从梦中惊醒	门、窗作响		悬挂物明显摆动，器皿作响		
5	室内普遍、室外多数人有感觉，多数人从梦中惊醒	门窗、屋顶、屋架颤动作响，灰土掉落，抹灰出现微细裂缝，有檐瓦掉落，个别屋顶烟囱掉砖		不稳定器物摇动或翻倒	0.31（0.22～0.44）	0.03（0.02～0.04）
6	多数人站立不稳，少数人惊逃户外	墙体出现裂缝，檐瓦掉落，少数屋顶烟囱出现裂缝、掉砖	0～0.10	河岸和松软土地上出现裂缝；饱和砂层出现喷砂、冒水；有的独立砖烟囱出现轻度裂缝	0.63（0.45～0.89）	0.06（0.05～0.09）
7	大多数人惊逃户外，骑自行车的人有感觉，行驶中的汽车驾乘人员有感觉	轻度破坏—局部破坏，开裂，小修或不需要修理可继续使用	0.11～0.30	河岸出现塌方；饱和砂层常见喷砂、冒水；松软土地上裂缝较多；大多数独立砖烟囱中等破坏	1.25（0.90～1.77）	0.13（0.10～0.18）
8	多数人摇晃颠簸，行走困难	中等破坏—结构破坏，需要修复才能使用	0.31～0.50	干硬土地上出现裂缝；大多数独立砖烟囱严重破坏；树梢折断；房屋破坏导致人畜伤亡	2.50（1.78～3.53）	0.25（0.19～0.35）

续表

烈度（度）	地面上人的感觉	房屋震害程度		其他震害现象	水平向地面运动	
		震害现象	平均震害指数		峰值加速度（m/s^2）	峰值速度（m/s）
9	行动的人摔倒	严重破坏—结构严重破坏，局部倒塌，修复困难	0.51～0.70	干硬土地上出现裂缝；基岩可能出现裂缝、错动；滑坡塌方常见；独立砖烟囱倒塌	5.00（3.54～7.07）	0.50（0.36～0.71）
10	骑自行车的人会摔倒，处不稳状态的人会摔离原地，有抛起感	大多数倒塌	0.71～0.90	山崩和地震断裂出现；基岩上拱桥破坏；大多数独立砖烟囱从根部破坏或倒毁	10.00（7.08～4.14）	1.00（0.72～1.41）
11		普遍倒塌	0.91～1.00	地震断裂延续很长；大量山崩滑坡		
12				地面剧烈变化，山河改观		

注 1 1～5 度以地面上人的感觉为主；6～10 度以房屋震害为主，人的感觉仅供参考；11、12 度以地面现象为主。对 11、12 度的评定，需要专门研究。

2 一般房屋包括采用木构架和土、石、砖墙构造的旧式房屋和单层或数层且未经抗震设计的新式砖房。对于质量特别或特别好的房屋，可根据具体情况，对表中各烈度的震害程度和震害指数予以提高或降低。

3 震害指数以房屋“完好”为 0，“毁灭”为 1，中间按表列震害程度分级。平均震害指数是对所有房屋的震害指数的总平均值而言，可以用普查或抽查的方法进行确定。

4 使用本表时，可根据地区具体情况做出临时的补充规定。

5 在农村可以自然村为单位，城镇可以分区进行烈度的评定，但面积以 1km^2 左右为宜。

6 烟囱指工业或取暖用的锅炉房烟囱。

7 表中数量词的说明：个别为 10%以下；少数为 10%～50%；多数为 50%～70%；大多数为 70%～90%；普遍为 90%以上。

4. 震中烈度与震级

地震震级和地震烈度是完全不同的两个概念。地震震级近似表示一次地震所释放能量的大小；地震烈度则是对经受一次地震后，一定地区内地震影响强弱程度的总评价。如果把地震比做一次炸弹爆炸，则炸弹的药量就好比震级；炸弹对不同地点的破坏程度就好比是烈度。一次地震只有一个震级，然而烈度则随地而异。

震中区的地震烈度称为震中烈度。依据震级粗略地估算震中烈度的方法为

$$l_0 = 1.5(M-1) \tag{3-8}$$

式中 l_0——震中烈度；

M——震级。

三、基本烈度与地震区划

1. 基本烈度

当以地震烈度为指标，按照某一原则，对全国进行地震烈度区划，编制成地震烈度区划图，并作为建设工程抗震设防依据时，区划图可标志烈度便被称为地震基本烈度，是指未来 50 年内在一般场地条件下可能遭遇的超越概率为 10%的地震烈度值。

2. 地震区划

地震区划是按地震危险性的程度将土地划分成若干区，对不同的区规定不同的抗震设防标准。《中国地震烈度区划图（1990）》是用基本烈度表征地震危险性，将全国划分为<6、6、7、8、≥9度五类地区，如图3-9所示。各地震烈度分区的总面积和所占百分比如表3-2所示。

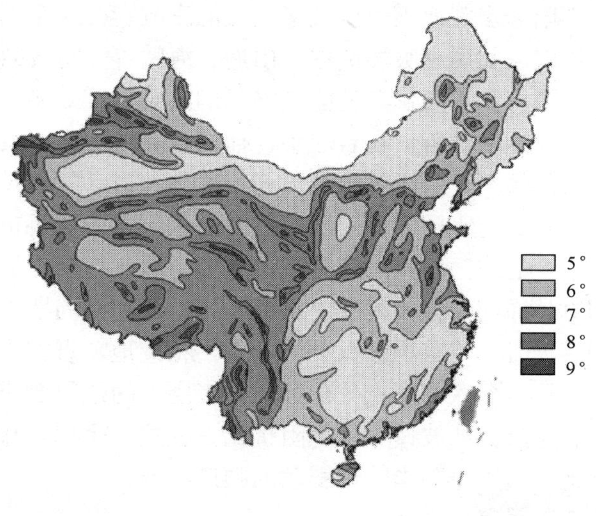

图3-9　中国地震烈度区划图（1990年）

我国地处欧亚板块的东南部，受环太平洋地震带和欧亚地震带的影响，是个多地震的国家。79%的国土面积需按国家标准《建筑抗震设计规范》（GB 50011—2010）进行抗震设防（烈度≥6度）；8%的国土面积处于较高烈度设防区（烈度≥8度）。高烈度区（烈度≥9度）全国共有34个，主要分布在西部，其中24个分布在华南、内蒙北部、东北、西北等地区。

表3-2　我国地震烈度分区总面积及百分比

地震烈度分区（度）	<6	6	7	8	≥9	总计
总面积（$\times 10^4 km^2$）	201	361	320	68	9.5	959.5
所占百分比（%）	21	38	33	7	1	100

第三节　中国规范场地的划分

一、场地及其地震效应

1. 场地

场地是指建筑物所在地，其范围大体相当于厂区、居民点和自然村的范围。历史震害资料表明，建筑物震害除与地震类型、结构类型等有关外，还与其下卧层的构成、覆盖层厚度密切相关。图3-10是1967年委内瑞拉加拉加斯地震的震害调查统计结果。在土层厚度为50m左右的场地上，3～5层的建筑物破坏相对较多；而在厚度为150～300m的冲积层上，10～24层的建筑物震害最为严重。对我国1975年海城地震、1976年唐山地震等大地震的宏观震害调查资料的分析也表明了类似的规律：房屋倒塌率随土层厚度的增加而加大；比较而言，软弱场地上的建筑物震害一般重于坚硬场地。

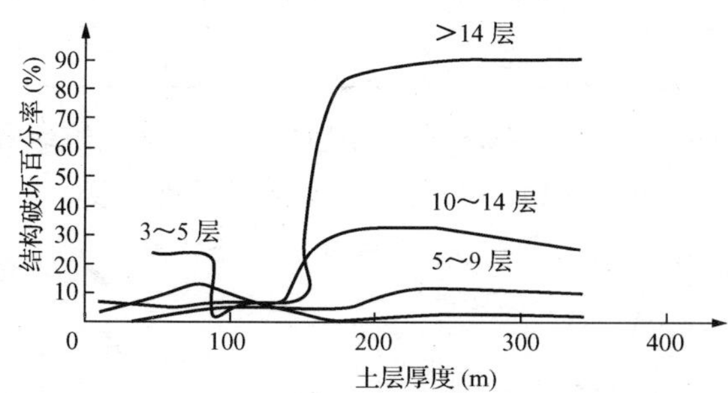

图3-10　结构破坏百分率与土层厚度的关系

2. 地震效应

地震效应是指地震产生的影响，包括：①原生的影响，如岩石断裂位移、地面隆起及下陷等宏观地震效应直接造成的影响；②次生的影响，主要是地震传播时地面振动所产生的影响，如房屋破坏倒塌、山崩、海啸等。地震效应进一步分为需用仪器才能观测到的微观地震效应和不用仪器就能观察到的宏观地震效应。

从原理上分析，在岩层中传播的地震波本来就具有多种频率成分，其中，在振幅谱中幅值最大的频率分量所对应的周期，称为地震动的卓越周期。在地震波通过覆盖土层传向地表的过程中，与土层固有周期一致的一些频率波群将被放大，而另一些频率波群将被衰减，甚至被完全过滤。这样，地震波通过土层后，由于土层的过滤特性与选择放大作用，地表地震动的卓越周期在很大程度上取决于场地的固有周期。当建筑物的固有周期与地震动的卓越周期相接近时，建筑物的振动会加大，相应地，震害也会加重。

进一步深入的理论分析证明，多层土的地震效应主要取决于三个基本因素，即覆盖土层厚度、土层剪切波速、岩土阻抗比。在这三个因素中，岩土阻抗比主要影响共振放大效应，而其他两项则主要影响地震动的频谱特性。

二、覆盖土层厚度

覆盖土层厚度的原意是指从地表面至地下基岩面的距离。从地震波传播的观点看，基岩界面是地震波传波途径中一个强烈的折射与反射面，此界面以下的岩层振动刚度要比上部土层的相应值大很多。根据这一背景，工程上常这样判定：当下部土层的剪切波速达到上部土层剪切波速的2.5倍，且下部土层中没有剪切波速小于400m/s的岩土层时，该下部土层就可以近似看做基岩。由于工程地质勘察手段往往难以取得深部土层的剪切波速数据，为了实际应用时的方便，我国建筑抗震设计规范进一步采用土层的绝对刚度定义覆盖层厚度，即地下基岩或剪切波速大于500m/s的坚硬土层至地表面的距离，称为覆盖层厚度。

三、场地的类别

前已述及，不同场地上的地震动，其频谱特征有明显的差别。为了反映这一特点，我国建筑设计规范将建筑场地划分为4个不同的类别，见表3-3。

表3-3　各类建筑场地的覆盖层厚度　(m)

岩石的剪切波速或土层等效剪切波速（m/s）	场地类别				
	Ⅰ$_0$	Ⅰ$_1$	Ⅱ	Ⅲ	Ⅳ
$V_{se}>800$	0				
$800\geqslant V_{se}>500$		0			
$500\geqslant V_{se}>250$		<5	≥5		
$250\geqslant V_{se}>150$		<3	3～50	>50	
$V_{se}\leqslant 150$		<3	3～15	15～50	>80

从表3-3可见，场地类别是根据土层等效剪切波速和场地覆盖层厚度两个指标综合确定的。场地覆盖层厚度已于上文作了解释，土层等效剪切波速V_{se}则应按下式计算，即

$$V_{se}=\frac{d_0}{\sum_{i=1}^{n}(d_i/V_{si})} \tag{3-9}$$

式中　d_0——计算深度，取覆盖层厚度和20m两者中的较小值；

n——计算深度范围内土层的分层数；

V_{si}——第 i 层土的剪切波速；

d_i——第 i 层土的厚度。

对于10层和高度30m以下的丙类建筑及丁类建筑，当无实测剪切波速时，也可以根据岩土性状按表3-4划分土的类型，并利用当地经验在该表所示的波速范围内估计各土层的剪切波速。

表3-4　土的类型划分和剪切波速范围

土的类型	岩土名称和性状	土层剪切波速范围（m/s）
岩石	坚硬、较硬且完整的岩石	$V_s>800$
坚硬土或软质岩石	破碎和较破碎的岩石或软和较软的岩石，密实的碎石土	$800\geqslant V_s>500$
中硬土	中密、稍密的碎石土，密实、中密的砾、粗、中砂，$f_{ak}>150$kPa的黏性土和粉土，坚硬黄土	$500\geqslant V_s>250$
中软土	稍密的砾、粗、中砂，除松散外的细、粉砂，$f_{ak}\leqslant150$kPa的黏性土和粉土，$f_{ak}>130$kPa的填土，可塑新黄土	$250\geqslant V_s>150$
软弱土	淤泥和淤泥质土，松散的砂，新近沉积的黏性土和粉土，$f_{ak}\leqslant130$kPa的填土，流塑黄土	$V_s\leqslant150$

注　f_{ak}为由载荷试验等方法得到的地基承载力特征值；V_s为岩土剪切波速。

表3-4的分类标准主要适用于剪切波速随深度递增的一般情况。在实际工程中，层状土夹层的影响比较复杂，很难用单一指标反映。地震反应分析的研究结果表明，硬土夹层的影响相对比较小，而埋藏深、厚度较大的软弱土夹层，虽能抑制基岩输入地震波的高频成分，但能显著放大输入地震波中的低频成分。因此，当计算深度以下有明显的软弱土夹层时，一般应适当提高场地类别。

【例3-1】　已知某建筑场地的钻孔地质资料如表3-5所示，试确定该场地的类别。

表3-5　钻　孔　资　料

土层底部深度（m）	土层厚度（m）	岩土名称	土层剪切波速（m/s）	土层底部深度（m）	土层厚度（m）	岩土名称	土层剪切波速（m/s）
1.5	1.5	杂填土	180	7.5	4.0	细砂	310
3.5	2.0	粉土	240	15.5	8.0	砾砂	520

解　（1）确定覆盖层厚度。

因为地表下7.5m以下土层的$V_s=520\text{m/s}>500\text{m/s}$，故$d_0=7.5\text{m}$。

（2）计算等效剪切波速，按式（3-9）有

$$V_{se}=\frac{7.5}{1.5/180+2.0/240+4.0/310}=253.6(\text{m/s})$$

查表3-3，V_{se}位于250～500m/s之间，且$d_0>5\text{m}$，故属于Ⅱ类场地。

四、场地区划

对于中等规模以上的城市，我国建筑抗震设计规范允许采用经过批准的抗震设防区划进行抗震设防，这就牵涉到了场地设计地震动的区域划分问题。这种区域划分一般给出城区范围内的场地类别区域划分（又称场地小区划）、设防地震动参数区划和场地地面破坏潜势区

划等结果。这里，仅简单介绍场地小区划的基本内容。

场地区划的基本方法与过程是：

（1）收集城区范围内的工程地质、水文地质、地震地质资料。

（2）依据上述资料作出所考虑区域的控制地质剖面图，确立场地小区划的平面控制点。

（3）视具体情况适当进行补充的工程地质勘探和剪切波速测试工作。

（4）按照工程地质资料统计给出不同类别土的剪切波速随深度变化的经验关系。

（5）依据控制地质剖面图、剪切波速经验关系，计算各平面控制点的浅层岩土（地表下20m）等效剪切波速，并决定各控制点的覆盖层厚度。

（6）根据等效剪切波速和覆盖层厚度按规定对城区范围内的场地作出小区划分。

工作深入的场地区划还可以作出场地等效剪切波速等值线和场地固有周期等值线。场地固有周期T可按照剪切波重复反射理论按下式计算，即

$$T=\sum_{i=1}^{n}\frac{4d_i}{V_{si}} \tag{3-10}$$

式中符号说明同式（3-9）。

细致的场地区划工作可以起到降低投入、一劳永逸的效果。建筑抗震设计人员应注意向当地抗震主管部门咨询有关资料，视具体情况应用于设计中。

第四节 工程抗震设防

一、抗震设防的目的和要求

1. 抗震设防的目的

工程抗震设防的基本目的是在一定的经济条件下，最大限度地限制和减轻建筑物的地震破坏，保障人民生命财产的安全。为了实现这一目的，近年来，许多国家的抗震设计规范都趋向于以“小震不坏、中震可修、大震不倒”作为建筑抗震设计的基本准则。

我国对小震、中震、大震规定了具体的超越概率水准。根据对我国几个主要地震区的地震危险性分析结果，认为我国地震烈度1度的概率分布基本符合极值Ⅲ型分布，其概率密度函数的基本形式为

$$f(I)=\frac{k(\omega-I)^{k-1}}{(\omega-\varepsilon)^k}e^{-\left(\frac{\omega-I}{\omega-\varepsilon}\right)^k} \tag{3-11}$$

式中 I——地震烈度；

k——形状参数，取决于一个地区地震背景的复杂性；

ω——地震烈度上限值，取12；

ε——烈度概率密度曲线上峰值所对应的强度。

地震烈度概率密度函数曲线的基本形状见图3-11，其具体形状参数取决于设定的分析年限和具体地点。

从概率意义上说，小震就是发生机会较多的地震。根据分析，当分析年限取为50年时，上述概率密度曲线的峰值烈度所对应的被超越概率为63.2%（重现期为50年），因此可以将这一峰值烈度定义为小震烈度，又称多遇地震烈度；而全国地震区划图所规定的各地的基

本烈度可取为中震对应的烈度。多遇地震烈度在 50 年内的超越概率一般为 10%（重现期为 475 年）。大震是罕遇的地震，其所对应的地震烈度在 50 年内的超越概率为3%～2%（重现期为 1600～2500 年），这个烈度又可称为罕遇地震烈度。通过对我国 45 个城镇的地震危险性分析结果的统计分析得到：基本烈度较多遇烈度约高 1.55 度，而较罕遇烈度约低 1 度（见图 3－11）。

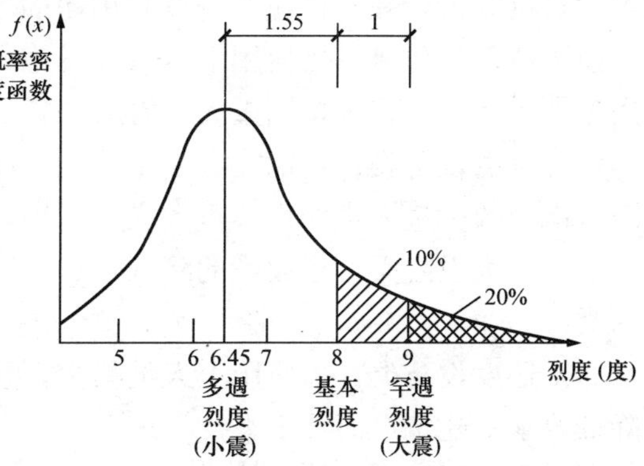

图 3－11　地震烈度概率密度函数曲线的基本形状

2. 抗震设防的要求

对应于前述设计准则，我国建筑抗震设计规范（GB 50011—2010）明确提出了三个水准的抗震设防要求：

第一水准：当遭受低于本地区抗震设防烈度的多遇地震影响时，主体结构不受损坏或不需修理可继续使用。

第二水准：当遭受相当于本地区抗震设防烈度的设防地震影响时，可能发生损坏，但经一般性修理仍可继续使用。

第三水准：当遭受高于本地区抗震设防烈度的罕遇地震影响时，不致倒塌或发生危及生命的严重破坏。

在一般情况下，上述设防烈度采用基本烈度，但对进行过抗震设防区划工作并经主管部门批准的城市，按批准的抗震设防区划确立设防烈度或设计地震动参数。我国建筑抗震设计规范（GB 50011—2010）对主要城镇中心地区的抗震设防烈度、设计地震加速度值给出了具体规定。在这些规定中，还同时指出了所在城镇的设计地震分组，这主要是为了反映潜在震源远近的影响。一般而言，潜在震源远，地震时传来的地震波长周期分量较显著。为反映这一影响，对各城镇在规定抗震设防烈度、抗震设计地震动加速度值的同时，还给出了设计地震分组，从而使对地震作用的计算更为细致。

我国采取 6 度起设防的方针，根据这一方针，我国地震设防区面积约占国土面积的 60%。

二、抗震设计方法

在进行建筑抗震设计时，原则上应满足上述三个水准的抗震设防要求。在具体做法上，我国建筑抗震设计规范采用了简化的两阶段设计方法，具体如下：

第一阶段设计：按多遇地震烈度对应的地震作用效应和其他荷载效应的组合验算结构构件的承载能力和结构的弹性变形。

第二阶段设计：按罕遇地震烈度对应的地震作用效应验算结构的弹塑性变形。

第一阶段的设计，保证了第一水准的强度要求和变形要求；第二阶段的设计，则旨在保证结构满足第三水准的抗震设防要求，如何保证第二水准的抗震设防要求目前还在研究之中。一般认为，良好的抗震构造措施有助于第二水准要求的实现。

三、建筑物重要性分类与设防标准

对于不同使用性质的建筑物，地震破坏所造成后果的严重性是不一样的。因此，对于不同用途建筑物的抗震设防，不宜采用同一标准，而应根据其破坏后果加以区别对待。为此，我国建筑抗震设计规范将建筑物按其用途的重要性分为以下四类：

（1）特殊设防类：指使用上有特殊设施，涉及国家公共安全的重大建筑工程和地震时可能发生严重次生灾害等特别重大灾害后果，需要进行特殊设防的建筑，简称甲类。

（2）重点设防类：指地震时使用功能不能中断或需尽快恢复的生命线相关建筑，以及地震时可能导致大量人员伤亡等重大灾害后果，需要提高设防标准的建筑，简称乙类。

（3）标准设防类：指大量的除（1）、（2）、（4）项以外按标准要求进行设防的建筑，简称丙类。

（4）适度设防类：指使用上人员稀少，且震损不致产生次生灾害，允许在一定条件下适度降低要求的建筑，简称丁类。

各抗震设防类别建筑的抗震设防标准应符合下列要求：

（1）标准设防类：应按本地区抗震设防烈度确定其抗震措施和地震作用，严格控制施工质量，达到在遭遇高于当地抗震设防烈度的预估罕遇地震作用时不致倒塌或发生危及生命安全的严重破坏的抗震设防目标。

（2）重点设防类：应按高于本地区抗震设防烈度 1 度的要求加强其抗震措施；但 9 度设防时，仅应按比 9 度更高的要求采取抗震措施；地基基础的抗震措施应符合有关规定。同时，应按本地区抗震设防烈度确定其地震作用。

（3）特殊设防类：应按高于本地区抗震设防烈度 1 度的要求加强其抗震措施；但 9 度设防时，仅应按比 9 度更高的要求采取抗震措施。同时，应按批准的地震安全性评价的结果，且高于本地区抗震设防烈度的要求确定其地震作用。

（4）适度设防类：允许在本地区抗震设防烈度要求的基础上适当降低其抗震措施，但抗震设防烈度为 6 度时不应降低。一般情况下，仍应按本地区抗震设防烈度确定其地震作用。

注：对于使用功能属于重点设防类而规模很小的工业建筑，当改用抗震性能较好的材料，且符合抗震设计规范对结构体系的要求时，允许按标准设防类设防。

第五节　抗震设计的总体要求

一般来说，建筑抗震设计包括三个层次的内容与要求，即概念设计、抗震计算与构造措施。概念设计在总体上把握抗震设计的基本原则；抗震计算为建筑抗震设计提供定量手段；构造措施则可以在保证结构整体性、加强局部薄弱环节等意义上保证抗震计算结果的有效性。抗震设计上述三个层次的内容是一个不可割裂的整体，忽略任何一部分，都可能造成抗震设计的失败。关于抗震计算与抗震构造措施将在后续各章中逐步深入论述，这里先讨论抗震概念设计的问题。

建筑抗震设计在总体上要求把握的基本原则可以概括为：注意场地选择，把握建筑体型，利用结构延性，设置多道防线，重视非结构因素。

一、注意场地选择

建筑场地的地质条件与地形、地貌对建筑物震害有显著影响，这已为大量的震害实例所证实。从建筑抗震概念设计的角度考察，应注意建筑场地的选择。简单地说，地震区的建筑宜选择有利地段、避开不利地段、不在危险地段建设。各类地段划分原则见表3－6。

表 3-6　有利、一般、不利和危险地段的划分

地段类别	地质、地形、地貌
有利地段	稳定基岩，坚硬土，开阔、平坦、密实、均匀的中硬土等
一般地段	不属于有利、不利和危险的地段
不利地段	软弱土，液化土，条状且突出的山嘴，高耸、孤立的山丘，陡坡，陡坎，河岸和边坡的边缘，平面分布上岩性、状态明显不均匀的土层（含故河道、疏松的断层破碎带、暗埋的塘浜沟谷和半填半挖地基），高含水量的可塑黄土，地表存在结构性裂缝等
危险地段	地震时可能发生滑坡、崩塌、地陷、地裂、混石流等及发震断裂带上可能发生地表位错的部位

当确实需要在不利地段或危险地段进行工程建设时，应遵循建筑抗震设计的有关要求进行详细的场地评价，并采取必要的抗震措施。

二、把握建筑体型

建筑物平、立面布置的基本原则是对称、规则、质量与刚度变化均匀。

结构对称有利于减轻结构的地震扭转效应；形状规则的建筑物在地震时，结构各部分的振动易于协调一致，应力集中现象较少，因而有利于抗震。质量与刚度变化均匀有两方面的含义：其一是在结构平面方向应尽量使结构刚度中心与质量中心相一致，否则扭转效应将使远离刚度中心的构件产生较严重的震害；其二是沿结构高度方向结构质量与刚度不宜有悬殊的变化，竖向抗侧力构件的截面尺寸和材料强度宜自上而下逐渐减小。地震震害实例和大量理论分析均表明：结构刚度有突然削弱的薄弱层，在地震中会造成变形集中，从而加速结构的倒塌破坏过程；在结构上部刚度较小时，会形成地震反应的“鞭梢效应”，即变形在结构顶部集中的现象。

表 3-7 和表 3-8 分别列举了平面不规则和竖向不规则的建筑类型。对于因建筑或工艺要求形成的体型复杂的结构物，可以设置抗震缝，将结构物分成规则的结构单元；但对高层建筑，要注意使设缝后形成的结构单元的自振周期避开场地土的卓越周期；对于不宜设置抗震缝的体型复杂的建筑，则应进行较精细的结构抗震分析。

表 3-7　平面不规则的类型

不规则类型	定　义
扭转不规则	楼层的最大弹性水平位移（或层间位移）大于该楼层两端弹性水平位移（或层间位移）平均值的 1.2 倍
凹凸不规则	结构平面凹进的一侧尺寸大于相应投影方向总尺寸的 30%
楼板局部不连续	楼板的尺寸和平面刚度急剧变化，例如有效楼板宽度小于该层楼板典型宽度的 50%，或开洞面积大于该层楼面面积的 30%，或较大的楼层错层

表 3-8　竖向不规则的类型

不规则类型	定　义
侧向刚度不规则	该层的侧向刚度小于相邻上一层的 70%，或小于其上相邻三个楼层侧向刚度平均值的 80%；除顶层外，局部收进的水平向尺寸均大于相邻下一层的 25%
竖向抗侧力构件不连续	竖向抗侧力构件（柱、抗震墙、抗震支撑）的内力由水平转换构件（梁、桁架等）向下传递
楼层承载力突变	抗侧力结构的层间受剪承载力小于相邻上一楼层的 80%

三、利用结构延性

仅利用结构的弹性性能抗御强烈地震是不明智的，正确的做法是同时利用结构弹塑性阶段的性能，通过结构一定限度内的塑性变形来消耗地震时输入结构的能量。

在设计中，可以通过各种各样的构造措施和耗能手段来增强结构与构件的延性。例如，对于钢筋混凝土结构，可以采用强剪弱弯、强节点弱构件的设计策略，促使梁以弯曲形式产生较大变形；对于砌体结构，可以采用墙体配筋、构造柱和圈梁体系等措施来增加结构的延性。

四、重视非结构因素

非结构因素含义较为宽泛，其中最主要的是非结构构件的处理。

非结构构件的存在会影响主体结构的动力特性（如结构阻尼、结构振动周期等），并且一些非结构构件（如玻璃幕墙、吊顶、室内设备等）在地震中往往会先期破坏。因此，在结构抗震概念设计中，应特别注意非结构构件与主体结构之间要有可靠的连接或锚固。同时，对可能对主体结构振动造成影响的非结构构件，如围护墙、隔墙等，应注意分析或估计其对主体结构可能带来的影响，并采取相应的抗震措施。

思 考 题

1. 地震按其成因分为哪几种类型？按其震源的深浅又分为哪几种类型？
2. 何谓地震波？地震波包含了哪几种波？
3. 何谓地震震级、地震烈度、抗震设防烈度？
4. 何谓多遇地震、罕遇地震？
5. 建筑的抗震设防类别分为哪几类？分类的作用是什么？
6. 何谓建筑抗震概念设计？
7. 在建筑抗震设计中如何实现“三水准”设防要求？
8. 何谓“两个阶段设计方法”？
9. 常见的地震震害包括哪几类？它们主要与哪些因数有关？
10. 场地土分为哪几类？它们是如何划分的？
11. 何谓场地？怎样划分建筑场地的类别？
12. 场地覆盖层厚度如何确定？
13. 如何计算等效剪切波速？
14. 何谓“概念设计”？“概念设计”与计算设计有何不同？
15. 建筑平立面布置的基本原则是什么？为何要控制房屋的高宽比？
16. 抗震结构体系在结构平面布置与竖向布置中应注意哪些问题？
17. 何种建筑属于不规则类型建筑？
18. 为何要限制各种结构体系的最大高度及宽度比？

习 题

某场地钻孔地质资料表 3 - 9，试确定该场地类别。

表 3-9　某场地钻孔地质资料

土层底部深度（m）	土层厚度（m）	岩土名称	土层剪切波速（m/s）	土层底部深度（m）	土层厚度（m）	岩土名称	土层剪切波速（m/s）
2.5	2.5	杂填土	160	19.0	13.5	细砂	243
5.5	3.0	粉土	210	27.5	8.5	砾砂	350

第四章　单自由度体系地震反应和反应谱分析

第一节　基于冲击力的振动分析

大小为 p 的荷载在极短时间 Δt 内作用于静止状态的单质点有阻尼体系时，把力和力的作用时间的乘积叫做冲量（impulse）。当力可以随时间发生变化时，冲量定义可表示为

$$I=\int p(t)\mathrm{d}t$$

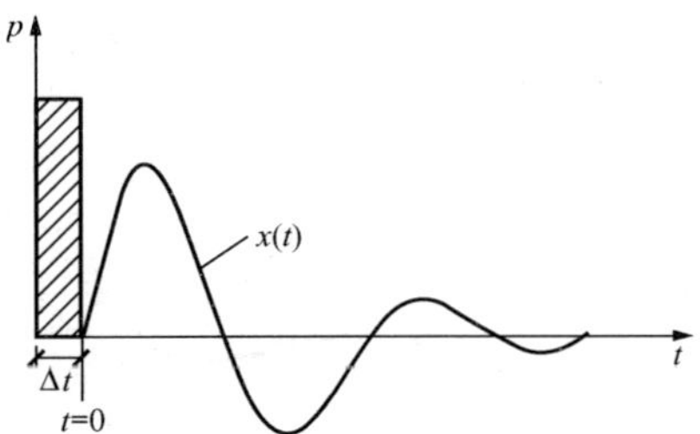

图 4 - 1　冲击力产生的位移

另外，把作用时间很短的力叫做冲击力（impulsive force）。如图 4 - 1 所示，假设在很短的时间 Δt 内冲击力 p 为常量，在冲量作用结束的一刹那，把时间设为 $t=0$，则

$$I=p\Delta t \tag{4-1}$$

当质量为 m 的质点，最初处于静止状态（即速度为零），在时间经过 Δt 后，其速度达到 $\dot{x}_0$，则根据动量守恒定律，有

$$m\dot{x}_0=p\Delta t \tag{4-2}$$

因此，$t=0$ 时刻的质点速度为

$$\dot{x}_0=\frac{p\Delta t}{m} \tag{4-3}$$

或者，根据式（4 - 1），得

$$\dot{x}_0=\frac{I}{m} \tag{4-4}$$

因为 Δt 是一个无穷小量，对式（4 - 3）进行积分，得

$$x_0=\frac{1}{2}\frac{p}{m}(\Delta t)^2 \tag{4-5}$$

x_0 是无穷小量的乘方，与速度 $\dot{x}_0$ 相比，可以忽略不计。

因此，单质点有阻尼体系质点在受到冲量 I 后，会像图 4 - 1 所示那样在时间 $t=0$ 后，做初始条件为

$$x(0)=0\quad \dot{x}(0)=\frac{I}{m} \tag{4-6}$$

的自由振动。

由式（4 - 6）和公式 $x/(\dot{x}_0/\omega_\mathrm{d})=\mathrm{e}^{-\zeta\omega t}\sin\omega_\mathrm{d}t$，可得

$$x(t)=\frac{I}{m\omega_\mathrm{d}}\mathrm{e}^{-\zeta\omega t}\sin\omega_\mathrm{d}t \tag{4-7}$$

通过对式（4 - 7）求导，得到速度和加速度为

$$\dot{x}(t)=\frac{I}{m}\mathrm{e}^{-\zeta\omega t}\left(\cos\omega_\mathrm{d}t-\frac{\zeta}{\sqrt{1-\zeta^2}}\sin\omega_\mathrm{d}t\right) \tag{4-8}$$

$$\ddot{x}(t) = -\frac{I\omega_d}{m} e^{-\zeta\omega t}\left[\left(1-\frac{\zeta^2}{1-\zeta^2}\right)\sin\omega_d t + \frac{2\zeta}{\sqrt{1-\zeta^2}}\cos\omega_d t\right] \quad (4-9)$$

第二节　杜哈美（Duhamel）积分

根据第一节得到的单个冲击力作用下的振动分析结果，接下来讨论在随时间发生变化的载荷 $p(t)$ 作用下的单质点有阻尼体系的振动问题。也就是说，可以把前面的方法作为求解微分方程

$$m\ddot{x}(t) + c\dot{x}(t) + kx = p(t) \quad (4-10)$$

的一种解析方法。

图 4－2 表示任意力的时程曲线。将这一不规则的荷载转化为无穷多个连续作用的冲击力，并考虑在每一个冲量作用下体系发生的自由振动，任意时刻体系的反应是每一个冲量产生的反应之和。在图 4－2 中，用斜线表示任意单个冲量产生的质点位移，将 $I = p(\tau)\mathrm{d}\tau$ 代入式（4－7）中，得到

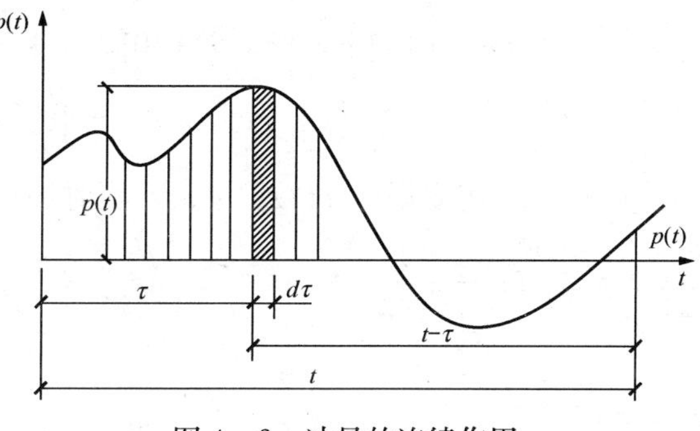

图 4－2　冲量的连续作用

$$\mathrm{d}x(t) = \frac{p(\tau)\mathrm{d}\tau}{m\omega_d} e^{-\zeta\omega(t-\tau)}\sin\omega_d(t-\tau) \quad (4-11)$$

式中　t——要求出反应值的那一时刻；

τ——冲量作用的时刻；

$(t-\tau)$——冲量作用后经过的时间。

t 时刻的实际反应是，从时刻 $\tau=0$ 到 $\tau=t$，整个冲量产生的反应之总和。因此，对式（4－11）从 0～t 进行积分，得到

$$x(t) = \frac{1}{m\omega_d}\int_0^t p(\tau) e^{-\zeta\omega(t-\tau)}\sin\omega_d(t-\tau)\mathrm{d}\tau \quad (4-12)$$

这种积分叫做杜哈美积分。速度反应表示为

$$\dot{x}(t) = \frac{1}{m}\int_0^t p(\tau) e^{-\zeta\omega(t-\tau)}\left[\cos\omega_d(t-\tau) - \frac{\zeta}{\sqrt{1-\zeta^2}}\sin\omega_d(t-\tau)\right]\mathrm{d}\tau \quad (4-13)$$

第三节　基于地震动的反应分析

一、杜哈美积分

设地震动产生的地基位移为 $x_g(t)$，质点相对基础的相对位移为 $x(t)$，则体系的运动方程为

$$m\ddot{x}(t) + c\dot{x}(t) + kx = -m\ddot{x}_g(t) \quad (4-14)$$

体系无阻尼固有圆频率设为 ω，阻尼比设为 ζ，则

$$\ddot{x}(t) + 2\zeta\omega\dot{x}(t) + \omega^2 x = -\ddot{x}_g(t) \quad (4-15)$$

式（4－15）也改写为

$$\ddot{x}(t) + \ddot{x}_g(t) = -2\zeta\omega\dot{x}(t) - \omega^2 x \quad (4-16)$$

式（4-14）与式（4-10）比较，得到当

$$p(t)=-m\ddot{x}_{\mathrm{g}} \tag{4-17}$$

时两个式子相等，$-m\ddot{x}_{\mathrm{g}}$ 是等价激振力。式（4-12）和式（4-13）是式（4-10）的解。将式（4-17）代入式（4-12）和式（4-13），得到对应任意地震动加速度时程 $\ddot{x}_{\mathrm{g}}(t)$ 的相对位移反应和相对速度反应，即

$$x(t)=\frac{1}{\omega_{\mathrm{d}}}\int_{0}^{t}\ddot{x}_{\mathrm{g}}(\tau)\mathrm{e}^{-\zeta\omega(t-\tau)}\sin\omega_{\mathrm{d}}(t-\tau)\mathrm{d}\tau \tag{4-18}$$

$$\dot{x}(t)=-\int_{0}^{t}\ddot{x}_{\mathrm{g}}(\tau)\mathrm{e}^{-\zeta\omega(t-\tau)}\left[\cos\omega_{\mathrm{d}}(t-\tau)-\frac{\zeta}{\sqrt{1-\zeta^{2}}}\sin\omega_{\mathrm{d}}(t-\tau)\right]\mathrm{d}\tau \tag{4-19}$$

式（4-19）对时间 t 求导，并利用以下积分公式

$$\frac{\mathrm{d}}{\mathrm{d}t}=\int_{0}^{t}f(\tau,t)\mathrm{d}\tau=\int_{0}^{t}\frac{\partial f(\tau,t)}{\partial t}\mathrm{d}\tau+f(\tau,t)_{\tau=t}$$

可以计算相对加速度反应 $\ddot{x}(t)$。因此，绝对加速度反应为

$$\ddot{x}(t)+\ddot{x}_{\mathrm{g}}(t)=\omega_{\mathrm{d}}\int_{0}^{t}\ddot{x}_{\mathrm{g}}(\tau)\mathrm{e}^{-\zeta\omega(t-\tau)}\left[\left(1-\frac{\zeta^{2}}{1-\zeta^{2}}\right)\sin\omega_{\mathrm{d}}(t-\tau)+\frac{2\zeta}{\sqrt{1-\zeta^{2}}}\cos\omega_{\mathrm{d}}(t-\tau)\right]\mathrm{d}\tau \tag{4-20}$$

式中

$$\omega_{\mathrm{d}}=\omega\sqrt{1-\zeta^{2}}$$

将式（4-20）代入式（4-16）的左边，将式（4-18）和式（4-19）代入右边，因为方程是成立的，所以可以证明式（4-18）是微分运动方程式（4-14）的解。

把对地震动加速度的反应公式（4-18）～式（4-20）写在一起，则杜哈美积分形式为

$$\left.\begin{aligned}
x(t)&=\frac{1}{\omega_{\mathrm{d}}}\int_{0}^{t}\ddot{x}_{\mathrm{g}}(\tau)\mathrm{e}^{-\zeta\omega(t-\tau)}\sin\omega_{\mathrm{d}}(t-\tau)\mathrm{d}\tau\\
\dot{x}(t)&=-\int_{0}^{t}\ddot{x}_{\mathrm{g}}(\tau)\mathrm{e}^{-\zeta\omega(t-\tau)}\left[\cos\omega_{\mathrm{d}}(t-\tau)-\frac{\zeta}{\sqrt{1-\zeta^{2}}}\sin\omega_{\mathrm{d}}(t-\tau)\right]\mathrm{d}\tau\\
\ddot{x}(t)+\ddot{y}(t)&=\omega_{\mathrm{d}}\int_{0}^{t}\ddot{x}_{\mathrm{g}}(\tau)\mathrm{e}^{-\zeta\omega(t-\tau)}\left[\left(1-\frac{\zeta^{2}}{1-\zeta^{2}}\right)\sin\omega_{\mathrm{d}}(t-\tau)+\frac{2\zeta}{\sqrt{1-\zeta^{2}}}\cos\omega_{\mathrm{d}}(t-\tau)\right]\mathrm{d}\tau
\end{aligned}\right\} \tag{4-21}$$

二、直接积分法

通常直接积分法又叫做时程分析法。进行这种数值计算时，需要分两步走：首先，进行离散化，把微分方程变换为代数方程；其次，求解计算代数方程。其中第一步是关键。

单质点有阻尼体系运动方程的表达式为

$$\ddot{x}(t)+2\zeta\omega\dot{x}(t)+\omega^{2}x(t)=-\ddot{x}_{\mathrm{g}}(t) \tag{4-22}$$

式（4-21）等号右边的 $\ddot{x}_{\mathrm{g}}(t)$ 是作为离散数据给出的输入地震动加速度时程。

直接积分法在微分方程式的解题方法当中，属于初始值问题，其计算步骤表示如下：

（1）确定或计算 t 时刻的反应值 $x(t)$、$\dot{x}(t)$、$\ddot{x}(t)$。

（2）基于 t 时刻的反应值 $x(t)$、$\dot{x}(t)$、$\ddot{x}(t)$ 和 $t+\Delta t$ 时刻的地震动加速度数据 $\ddot{x}_{\mathrm{g}}(t+\Delta t)$，再计算 $t+\Delta t$ 时刻的反应值 $x(t+\Delta t)$、$\dot{x}(t+\Delta t)$、$\ddot{x}(t+\Delta t)$。

（3）反复进行这几步运算，以便得到对应整个输入地震动加速度时程的反应值。

设 t 时刻的地震动加速度为 $\ddot{x}_{\mathrm{g}(t)}$，位移反应和速度反应为 x_{t} 和 $\dot{x}_{t}$，$t+\Delta t$ 时刻的地动加

速度为 $\ddot{x}_{g(t+\Delta t)}$，位移反应和速度反应为 $x_{t+\Delta t}$ 和 $\dot{x}_{t+\Delta t}$，则

$$\left.\begin{aligned}x_{t+\Delta t}&=A_{11}x_t+A_{12}\dot{x}_t+B_{11}\ddot{x}_{g(t)}+B_{12}\ddot{x}_{g(t+\Delta t)}\\ \dot{x}_{t+\Delta t}&=A_{21}x_t+A_{22}\dot{x}_t+B_{21}\ddot{x}_{g(t)}+B_{22}\ddot{x}_{g(t+\Delta t)}\end{aligned}\right\} \tag{4-23}$$

利用矩阵和向量形式，式（4 - 22）可表达为

$$\begin{Bmatrix}x_{t+\Delta t}\\ \dot{x}_{t+\Delta t}\end{Bmatrix}=[A]\begin{Bmatrix}x\\ \dot{x}\end{Bmatrix}+[B]\begin{Bmatrix}\ddot{x}_{g(t)}\\ \ddot{x}_{g(t+\Delta t)}\end{Bmatrix} \tag{4-24}$$

式中
$$[A]=\begin{bmatrix}A_{11} & A_{12}\\ A_{21} & A_{22}\end{bmatrix}\quad [B]=\begin{bmatrix}B_{11} & B_{12}\\ B_{21} & B_{22}\end{bmatrix}$$

由式（4 - 23）或式（4 - 24）求出 $x_{t+\Delta t}$ 和 $\dot{x}_{t+\Delta t}$ 后，可以利用 $t+\Delta t$ 时刻的运动方程

$$\ddot{x}_{t+\Delta t}+2\zeta\omega\dot{x}_{t+\Delta t}+\omega^2x_{t+\Delta t}=-\ddot{x}_{g(t+\Delta t)} \tag{4-25}$$

来计算相对加速度反应 $\ddot{x}_{t+\Delta t}$ 或绝对加速度反应 $\ddot{x}_{t+\Delta t}+\ddot{x}_{g(t+\Delta t)}$。

系数[A]和[B]的求解有以下四种方法：

（1）Taylor 展开法。

（2）Nigam 法。

（3）Runge - Kutta 方法。

（4）多阶方法。

由于篇幅有限，这里仅介绍 Nigam 法。

在直接积分中，利用解析的方法求出式（4 - 22）中系数的计算方法叫做 Nigam 法。在前面介绍的方法中，均假设反应值是线性的；而在这个方法中，采用已经给出的地震加速度的离散值，进行线性插值。当该插值在允许的范围内时，结果是运动方程的解，并且保持稳定。

受到地震加速度 $\ddot{x}_g(t)$ 作用的单质点体系的运动方程为

$$\ddot{x}+2\zeta\omega\dot{x}+\omega^2x=-\ddot{x}_g \tag{4-26}$$

如图 4 - 3 所示，本方法是在 $\ddot{x}_gt$ 和 $\ddot{x}_{g(t+\Delta t)}$ 之间进行线性插值。Δt 表示以离散值给出的地震加速度 $\ddot{y}(t)$ 的时间间隔；τ 表示以时刻 t 为原点的局部时间。

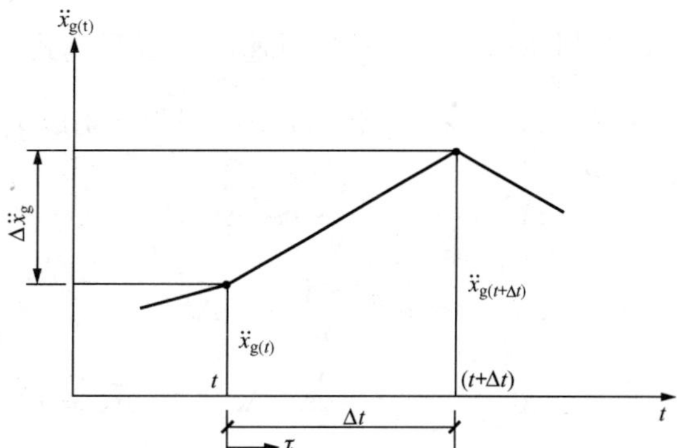

图 4 - 3　地震加速度时程曲线线形插入

另外，由于 $\Delta\ddot{x}_g=\ddot{x}_{g(t+\Delta t)}-\ddot{x}_{g(t)}$，则

$$\ddot{x}_g(\tau)=\frac{\Delta\ddot{x}_g}{\Delta t}\tau+\ddot{x}_{g(t)}\quad(0\leqslant\tau\leqslant\Delta t) \tag{4-27}$$

利用式（4 - 27），可以将式（4 - 26）写成

$$\ddot{x}(\tau)+2\zeta\omega\dot{x}(\tau)+\omega^2x(\tau)=-\frac{\Delta\ddot{x}_g}{\Delta t}\tau-\ddot{x}_{g(t)}\quad(0\leqslant\tau\leqslant\Delta t) \tag{4-28}$$

因为式（4 - 28）是非齐次方程，所以其一般解由通解 x_c 和特解 x_p 两部分组成，即

$$x(t)=x_c+x_p$$

利用有阻尼固有圆频率 ω_d，则通解可表示为

$$x_c = e^{-\zeta\omega t}(A\cos\omega_d\tau + B\sin\omega_d\tau)$$

特解为

$$x_p = -\frac{\ddot{x}_{g(t)}}{\omega^2} + \frac{2\zeta\Delta\ddot{x}_g}{\omega^3\Delta t} - \frac{\Delta\ddot{x}_g}{\omega^2\Delta t}\tau$$

可以把它们代入方程来验证其是否为式（4-28）的解。

利用通解 x_c 和特解 x_p，可以把式（4-28）的一般解写为

$$x(t) = x_c + x_p = e^{-\zeta\omega t}(A\cos\omega_d\tau + B\sin\omega_d\tau) - \frac{\ddot{x}_{g(t)}}{\omega^2} + \frac{2\zeta\Delta\ddot{x}_g}{\omega^3\Delta t} - \frac{\Delta\ddot{x}_g}{\omega^2\Delta t}\tau \quad (4-29)$$

$$\dot{x} = e^{-\zeta\omega t}(-A\omega_d\sin\omega_d\tau + B\omega_d\cos\omega_d\tau - A\zeta\omega\cos\omega_d\tau - B\zeta\omega\sin\omega_d\tau) - \frac{\Delta\ddot{x}_g}{\omega^2\Delta t} \quad (4-30)$$

式（4-29）和式（4-30）中的 A、B 是积分常数，$\tau=0$（t 时刻）的初始条件是

$$\tau = 0：x = x_t，\dot{x} = \dot{x}_t$$

将初始条件代入式（4-29）和式（4-30）中，得

$$x_t = A - \frac{\ddot{x}_{g(t)}}{\omega^2} + \frac{2\zeta\Delta\ddot{x}_g}{\omega^3\Delta t}$$

$$\dot{x}_t = B\omega_d - A\zeta\omega - \frac{\Delta\ddot{x}_g}{\omega^2\Delta t}$$

求解此联立方程，可得到积分常数 A 和 B 为

$$\left.\begin{aligned} A &= x_t + \frac{1}{\omega^2}\ddot{x}_{g(t)} - \frac{2\zeta}{\omega^3}\frac{\Delta\ddot{x}_g}{\Delta t} \\ B &= \frac{1}{\omega_d}\left(\zeta\omega x_t + \dot{x}_t - \frac{2\zeta^2-1}{\omega^2}\frac{\Delta\ddot{x}_g}{\Delta t} + \frac{\zeta}{\omega}\ddot{x}_{g(t)}\right) \end{aligned}\right\} \quad (4-31)$$

将式（4-31）代入式（4-29）和式（4-30）中，以 Δt 代替 τ，则经过 Δt 时间后，$t+\Delta t$ 时刻的相对位移和相对速度可以利用式（4-23）的形式表示为

$$\left.\begin{aligned} A_{11} &= e^{-\zeta\omega\Delta t}\left(\cos\omega_d\Delta t + \frac{\zeta\omega}{\omega_d}\sin\omega_d\Delta t\right) \\ A_{12} &= e^{-\zeta\omega\Delta t}\frac{1}{\omega_d}\sin\omega_d\Delta t \\ A_{21} &= -e^{-\zeta\omega\Delta t}\frac{\omega^2}{\omega_d}\sin\omega_d\Delta t \\ A_{22} &= e^{-\zeta\omega\Delta t}\left(\cos\omega_d\Delta t - \frac{\zeta\omega}{\omega_d}\sin\omega_d\Delta t\right) \\ B_{11} &= e^{-\zeta\omega\Delta t}\left[\left(\frac{1}{\omega^2} + \frac{2\zeta}{\omega^3\Delta t}\right)\cos\omega_d\Delta t + \left(\frac{\zeta}{\omega\omega_d} - \frac{1-2\zeta^2}{\omega^2\omega_d\Delta t}\right)\sin\omega_d\Delta t\right] - \frac{2\zeta}{\omega^3\Delta t} \\ B_{12} &= e^{-\zeta\omega\Delta t}\left(-\frac{2\zeta}{\omega^3\Delta t}\cos\omega_d\Delta t + \frac{1-2\zeta^2}{\omega^2\omega_d\Delta t}\sin\omega_d\Delta t\right) - \frac{1}{\omega^2} + \frac{2\zeta}{\omega^3\Delta t} \\ B_{21} &= e^{-\zeta\omega\Delta t}\left[-\frac{1}{\omega^2\Delta t}\cos\omega_d\Delta t - \left(\frac{\zeta}{\omega\omega_d\Delta t} + \frac{1}{\omega_d}\right)\sin\omega_d\Delta t\right] + \frac{1}{\omega^2\Delta t} \\ B_{22} &= e^{-\zeta\omega\Delta t}\left(\frac{1}{\omega^2\Delta t}\cos\omega_d\Delta t + \frac{\zeta}{\omega\omega_d\Delta t}\sin\omega_d\Delta t\right) - \frac{1}{\omega^2\Delta t} \end{aligned}\right\} \quad (4-32)$$

从式（4-21）中，可以知道 $t=0$ 时刻的初始条件为

$$\left.\begin{aligned} x_0 &= 0 \\ \dot{x}_0 &= -\ddot{x}_{g0}\Delta t \\ (\ddot{x}+\ddot{x}_g)_0 &= 2\zeta\omega\ddot{x}_{g0}\Delta t \end{aligned}\right\} \tag{4-33}$$

就这样，从式（4－33）开始，利用式（4－23）和式（4－25）进行循环计算，就可以得到绝对加速度和相对速度以及相对位移的反应时程曲线。

根据 Nigam 本人的计算结果表明，此方法比 Taylor 级数展开法和 Runge－Kutta 方法具有精度更高、计算速度更快等优点。

下面介绍分析单质点体系地震反应的子程序 SDOF(response of single－degree－of－freedom system)。为便于说明，在程序中引入了以下变量，即

$$e = e^{-\zeta\omega\Delta t}$$

$$\left.\begin{aligned} ss &= -\zeta\omega\sin\omega_d\Delta t - \omega_d\cos\omega_d\Delta t \\ cc &= -\zeta\omega\cos\omega_d\Delta t + \omega_d\sin\omega_d\Delta t \end{aligned}\right\}$$

$$\left.\begin{aligned} s_1 &= (e \cdot ss + \omega_d)/\omega^2 \\ c_1 &= (e \cdot cc + \zeta\omega_d)/\omega^2 \end{aligned}\right\}$$

$$\left.\begin{aligned} s_2 &= (e\Delta t \cdot ss + h\omega \cdot s_1 + \omega_d c_1)/\omega^2 \\ c_2 &= (e\Delta t \cdot cc + h\omega \cdot c_1 - \omega_d \cdot s_1)/\omega^2 \end{aligned}\right\}$$

$$\left.\begin{aligned} s_3 &= \Delta t s_1 - s_2 \\ c_3 &= \Delta t c_1 - c_2 \end{aligned}\right\}$$

【程序主要功能】

已知地震动加速度时程数据、体系固有圆频率以及阻尼比，直接用 Nigam 方法对运动微分方程进行积分计算，可以得到单质点有阻尼体系的绝对加速度、相对速度和相对位移，并求解出它们的最大值。

【使用方法】

调用方法：

CALL　SDOF（H，W，DT，NN，DDY，ACC，VEL，DIS，ND，SA，SV，SD）

其具体参数说明见表 4－1。

表 4－1　　参数说明

参数	类型	调用程序时内容	返回值内容
H	R	阻尼比	不变
W	R	固有圆频率（单位：rad/s）	不变
DT	R	地震动加速度时程的时间间隔（单位：s）	不变
NN	I	地震动加速度时程数据总数	不变
DDY	R(ND)	地震动加速度（单位：*g*）	不变
ACC	R(ND)	可以不输入	绝对加速度反应（单位：cm/s^2）
VEL	R(ND)	可以不输入	相对速度反应（单位：cm/s）
DIS	R(ND)	可以不输入	相对位移反应（单位：cm）
ND	I	主程序中 DDY、ACC、VEL、DIS 的维数	不变
SA	R	可以不输入	最大绝对加速度反应（单位：g）
SV	R	可以不输入	最大相对速度反应（单位：kine）
SD	R	可以不输入	最大相对位移反应（单位：cm）

【程序一览表】

```
SUBROUTINE SDOF(H,W,DT,NN,DDY,ACC,VEL,DIS,ND,SA,SV,SD,TIM)
DIMENSION DDY(ND),ACC(ND),VEL(ND),DIS(ND),TIM(ND)
W2=W*W
HW=H*W
WD=W*SQRT(1.-H*H)
WDT=WD*DT
E=EXP(-HW*DT)
CWDT=COS(WDT)
SWDT=SIN(WDT)
A11=E*(CWDT+HW*SWDT/WD)
A12=E*SWDT/WD
A21=-E*W2*SWDT/WD
A22=E*(CWDT-HW*SWDT/WD)
SS=-HW*SWDT-WD*CWDT
CC=-HW*CWDT+WD*SWDT
S1=(E*SS+WD)/W2
C1=(E*CC+HW)/W2
S2=(E*DT*SS+HW*S1+WD*C1)/W2
C2=(E*DT*CC+HW*C1-WD*S1)/W2
S3=DT*S1-S2
C3=DT*C1-C2
B11=-S2/WDT
B12=-S3/WDT
B21=(HW*S2-WD*C2)/WDT
B22=(HW*S3-WD*C3)/WDT
ACC(1)=2.*HW*DDY(1)*DT
VEL(1)=-DDY(1)*DT
DIS(1)=0.0
DX=VEL(1)
X=0.0
SA=0.0
SV=0.0
SD=0.0
DO 110 M=2,NN
TIM(M)=M*DT
DXF=DX
```

```
      XF=X
      DDYM=DDY(M)
      DDYF=DDY(M-1)
      X=A12*DXF+A11*XF+B12*DDYM+B11*DDYF
      DX=A22*DXF+A21*XF+B22*DDYM+B21*DDYF
      DDX=-2.*HW*DX-W2*X
      ACC(M)=DDX
      VEL(M)=DX
      DIS(M)=X
      SA=AMAX1(SA,ABS(DDX))
      SV=AMAX1(SV,ABS(DX))
      SD=AMAX1(SD,ABS(X))
110   CONTINUE
      RETURN
      END
```

【例 4-1】　已知单质点体系的固有周期 $T=0.3$s，阻尼比 $\zeta=0.05$，试讨论其地震反应。设地震动为埃尔森特罗地震波南北分量，其加速度最大值为 341.7g，作用时间间隔$\Delta t=0.02$s。

解　(1) 主程序如下：

```
      DIMENSION DDY(10000),ACC(10000),VEL(10000),DIS(10000),TIM(10000)
      OPEN(1,FILE='SDOF.DAT',STATUS='OLD')
      READ(1,*)DT,NN,ND,H,T
      OPEN(2,FILE='EL-02.DAT',STATUS='OLD')
      READ(2,*)(DDY(I),I=1,NN)
      OPEN(3,FILE='SDOF-结果·DAT',ACTION='WRITE')
      CLOSE(1,STATUS='KEEP')
      CLOSE(2,STATUS='KEEP')
      W-6.283185/T
      CALL SDOF(H,W,DT,NN,DDY,ACC,VEL,DIS,ND,SA,SV,SD,TIM)
      DO 20 M=1,NN
      WRITE(3,8)TIM(M),ACC(M),VEL(M),DIS(M)
20    CONTINUE
      WRITE(6,*)'SA=',SA,'SV=',SV,'SD=',SD
8     FORMAT (1X,E10.4,2X,E10.4,2X,E10.4,2X,E10.4,2X)
      STOP
      END
```

(2) 计算结果。

1）绝对加速度与时间关系曲线见图 4-4。

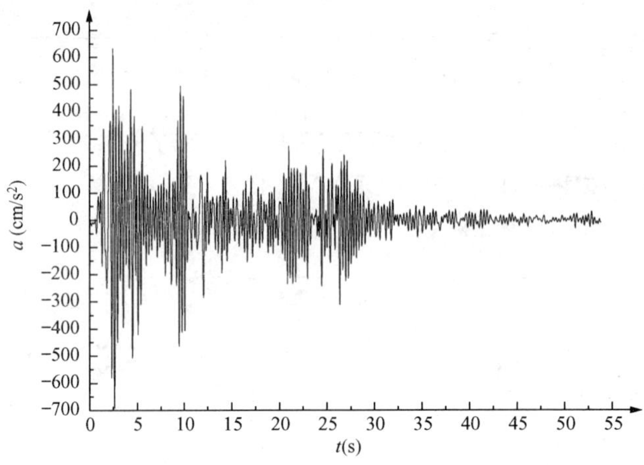

图 4-4 绝对加速度与时间关系曲线

2）相对速度与时间关系曲线见图 4-5。

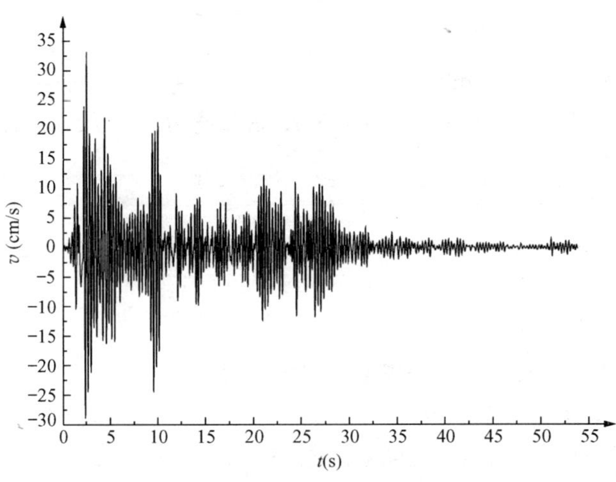

图 4-5 相对速度与时间关系曲线

3）相对位移与时间关系曲线见图 4-6。

4）地震反应最大值。加速度最大值 $a_{\max}=691.01\text{cm/s}^2$，速度最大值 $v_{\max}=34.92\text{cm/s}$，位移最大值 $d_{\max}=1.58\text{cm}$。

第四节 地 震 反 应 谱

一、反应谱

单质点体系对地震动加速度的反应是体系的阻尼比 ζ 和无阻尼固有周期 T 的函数，时刻会发生变化，但若从抗震设计的角度考虑，则地震反应的最大值比反应的时刻变化具有更重要的意义。对应于已知地震动加速度的最大反应值，也是 ζ 和 T 函数。现在，将单质点体系的最大相对位移反应、最大相对速度反应、最大绝对加速度反应分别设为 $S_d(\zeta, T)$、

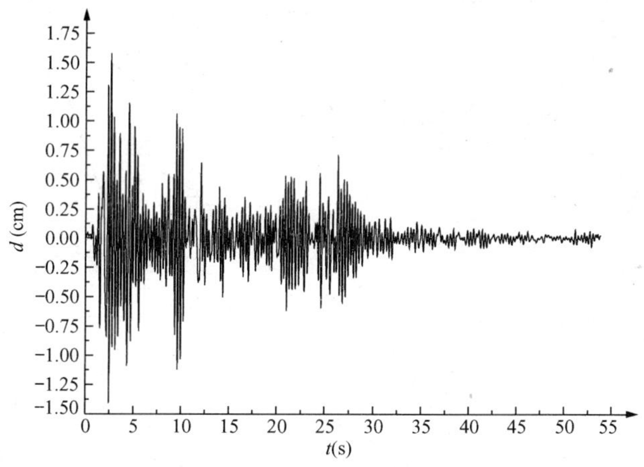

图 4－6　相对位移与时间关系曲线

$S_v(\zeta,\ T)$、$S_a(\zeta,\ T)$，则从式（4－21），得到

$$\left.\begin{aligned}S_d(\zeta,\ T)&=\frac{1}{\omega_{\mathrm{d}}}\left|\int_0^t \ddot{x}_{\mathrm{g}}(\tau)\mathrm{e}^{-\zeta\omega(t-\tau)}\sin\omega_{\mathrm{d}}(t-\tau)\mathrm{d}\tau\right|_{\max}\\S_v(\zeta,\ T)&=\left|\int_0^t \ddot{x}_{\mathrm{g}}(\tau)\mathrm{e}^{-\zeta\omega(t-\tau)}\left[\cos\omega_{\mathrm{d}}(t-\tau)-\frac{\zeta}{\sqrt{1-\zeta^2}}\sin\omega_{\mathrm{d}}(t-\tau)\right]\mathrm{d}\tau\right|_{\max}\\S_a(\zeta,\ T)&=\omega_{\mathrm{d}}\left|\int_0^t \ddot{x}_{\mathrm{g}}(\tau)\mathrm{e}^{-\zeta\omega(t-\tau)}\left[\left(1-\frac{\zeta^2}{1-\zeta^2}\right)\sin\omega_{\mathrm{d}}(t-\tau)+\frac{2\zeta}{\sqrt{1-\zeta^2}}\cos\omega_{\mathrm{d}}(t-\tau)\right]\mathrm{d}\tau\right|_{\max}\end{aligned}\right\}\tag{4-34}$$

通常把 $S_{\mathrm{d}}(\zeta,\ T)$、$S_v(\zeta,\ T)$ 以及 $S_a(\zeta,\ T)$ 与体系无阻尼固有周期 T 的关系分别定义为相对位移反应谱、相对速度反应谱和绝对加速度反应谱，总称为地震反应谱（earthquake response spectrum）。

下面利用图 4－7 来说明地震反应谱概念。

如图 4－7（b）所示，把阻尼比 ζ_1 相同、无阻尼固有周期 T 不同的单质点有阻尼体系，固定在一块刚体平板上。图中有三个单质点体系，其无阻尼固有周期大小为 $T_1<T_2<T_3$；如图 4－7（a）所示的地震动作用于刚体，使体系发生振动，我们可以得到每一个单质点体系的地震反应。图 4－7（c）给出其中的地震加速度反应时程曲线。显然，因为无阻尼固有周期 T 不同，所以其加速度反应时程曲线也不一样。在每一条加速度反应时程曲线中找出最大值，分别设为 $(S_a)_1$、$(S_a)_2$、$(S_a)_3$。图 4－7（d）的横轴表示无阻尼固有周期 T，纵轴表示加速度反应最大值。在这个坐标系中，可以找到与 T_1、T_2、T_3 对应的加速度反应最大值 $(S_a)_1$、$(S_a)_2$、$(S_a)_3$，连接这 3 个点，可以得到一条曲线段。如果刚体平板上有很多相差不大的无阻尼固有周期 T 的单质点有阻尼体系，则能够得到图 4－7（d）中的粗黑曲线，这就是阻尼比为 ζ_1 的加速度地震反应谱。同理，对于 ζ_2 也同样可以得到另一条加速度地震反应谱。

按此方法也可以得到速度地震反应谱和位移地震反应谱。

二、计算机程序设计

【程序主要功能】

在已知阻尼比的条件下，输入加速度时程后，能够求解绝对加速度反应谱、相对速度反应谱和相对位移反应谱，同时也可以求解输入地震动的最大加速度、最大速度以及最大位移。

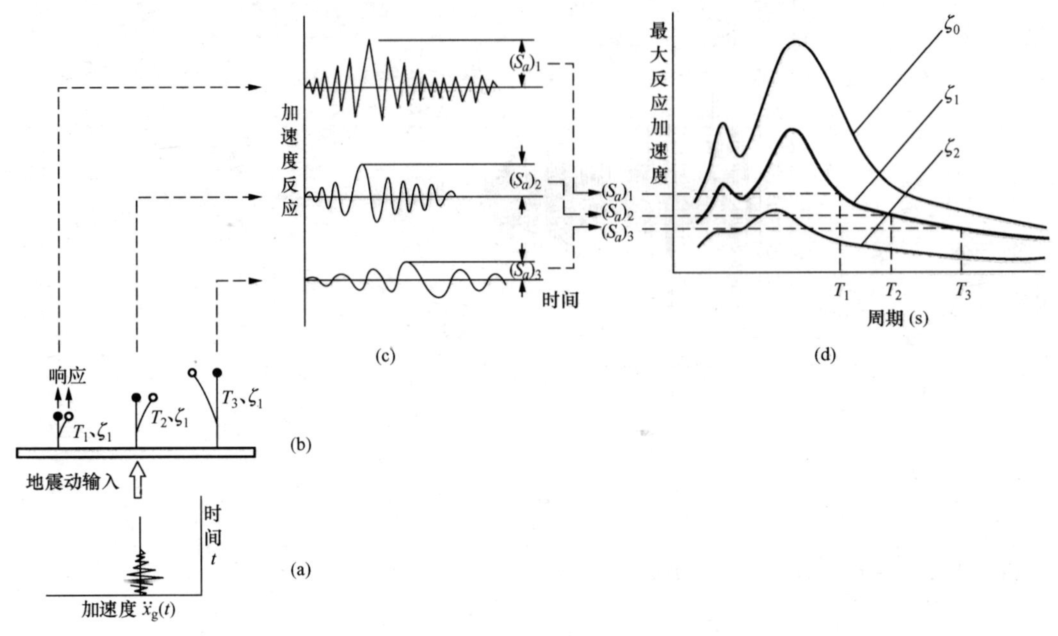

图 4-7 地震反应谱概念图

(a) 输入地震动；(b) 阻尼比一定、固有周期不同的单质点振动体系；(c) 反应时程曲线；(d) 反应谱

【使用方法】

调用方法：

CALL ERES(NH,H,ND1,NT,T,ND2,DT,NN,DDY,ND3,IND,QMAX,RES)

其具体参数说明见表 4-2。

表 4-2 参数说明

参数	类型	调用程序时的内容	返回值内容
NH	I	阻尼比的总数	不变
H	R 一维数组 (ND1)	阻尼比（无量纲小数）	
ND1	I	主程序中 H，RES 的维数 ND1≥NH	
NT	I	计算反应的周期总数	
T	R 一维数组 (ND2)	计算反应的周期	
ND2	I	主程序中 T，RES 的维数 ND2≥NT	
DT	R	加速度时程的时间间隔（单位：s）	
NN	I	加速度时程数据总数	
DDY	R 一维数组 (ND3)	地震动加速度（单位：gal）	
ND3	I	DDY 的维数 ND3≥NN	

续表

参数	类型	调用程序时的内容	返回值内容
IND	I	1：计算绝对加速度反应谱 2：计算相对速度反应谱 3：计算相对位移反应谱	不变
QMAX	R	可以不输入	IND=1 时：输入最大加速度（单位：cm/s^2） IND=2 时：输入最大速度（单位：cm/s） IND=3 时：输入最大位移（单位：cm）
RES	R 二维数组（ND2、ND1）	可以不输入	IND=1 时：绝对加速度反应谱（单位：gal） IND=2 时：相对速度反应谱（单位：kine） IND=3 时：相对位移反应谱（单位：cm）

【程序一览表】

```
      SUBROUTINE ERES(DT,NN,NH,H,DDY,IND,QMAX,RES)
      DIMENSION T(1000),DDY(10000),RES(1000),H(5)
      DIMENSION EMAX(3),RMAX(3)
      PARAMETER (P2=6.283185)
C     MAXIMA OF INPUT MOTION
      EMAX(1)=ABS(DDY(1))
      EMAX(2)=0.
      EMAX(3)=0.
      DDYF=DDY(1)
      DYF=0.
      YF=0.
      DO 110 M=2,NN
      DDYM=DDY(M)
      DY=DYF+(DDYF+DDYM)*DT/2.
      Y=YF+DYF*DT+(DDYF/3.+DDYM/6.)*DT**2
      EMAX(1)=AMAX1(EMAX(1),ABS(DDYM))
      EMAX(2)=AMAX1(EMAX(2),ABS(DY))
      EMAX(3)=AMAX1(EMAX(3),ABS(Y))
      DDYF=DDYM
      DYF=DY
      YF=Y
110   CONTINUE
      QMAX=EMAX(IND)
C     RESPONS COMPUTATION
      DO 150 L=1,NH
      DO 140 K=1,1000
```

```
T(K)=0.01*K
IF(T(K).EQ.0.)GO TO 130
W=P2/T(K)
W2=W*W
HW=H(L)*W
WD=W*SQRT(1.-H(L)**2)
WDT=WD*DT
E=EXP(-HW*DT)
CWDT=COS(WDT)
SWDT=SIN(WDT)
A11=E*(CWDT+HW*SWDT/WD)
A12=E*SWDT/WD
A21=-E*W2*SWDT/WD
A22=E*(CWDT-HW*SWDT/WD)
SS=-HW*SWDT-WD*CWDT
CC=-HW*CWDT+WD*SWDT
S1=(E*SS+WD)/W2
C1=(E*CC+HW)/W2
S2=(E*DT*SS+HW*S1+WD*C1)/W2
C2=(E*DT*CC+HW*C1-WD*S1)/W2
S3=DT*S1-S2
C3=DT*C1-C2
B11=-S2/WDT
B12=-S3/WDT
B21=(HW*S2-WD*C2)/WDT
B22=(HW*S3-WD*C3)/WDT
RMAX(1)=2.*HW*ABS(DDY(1))*DT
RMAX(2)=ABS(DDY(1))*DT
RMAX(3)=0.
DXF=-DDY(1)*DT
XF=0.
DO 120 M=2,NN
DDYM=DDY(M)
DDYF=DDY(M-1)
X=A12*DXF+A11*XF+B12*DDYM+B11*DDYF
DX=A22*DXF+A21*XF+B22*DDYM+B21*DDYF
DDX=-2.*HW*DX-W2*X
```

```
      RMAX(1)=AMAX1(RMAX(1),ABS(DDX))
      RMAX(2)=AMAX1(RMAX(2),ABS(DX))
      RMAX(3)=AMAX1(RMAX(3),ABS(X))
      DXF=DX
      XF=X
120   CONTINUE
      RES(K)=RMAX(IND)
      GO TO 140
130   RES(K)=0.
      IF(IND.EQ.1)RES(K)=EMAX(1)
140   CONTINUE
      WRITE(3,30)(T(K),RES(K),K=1,1000)
150   CONTINUE
30    FORMAT (1X,E10.4,2X,E10.4,2X)
      RETURN
      END
```

【例 4-2】　利用加速度作用时间间隔 $\Delta t=0.02$s 的埃尔森特罗地震波南北分量（加速度最大值 341.7cm/s^2），求出地震反应谱（设阻尼比 ξ 分别为 0.0、0.05、0.1）。

解　（1）主程序如下：

```
      DIMENSION T(1000),DDY(10000),RES(1000),H(5)
      OPEN(1,FILE='ERES.DAT',STATUS='OLD')
      READ(1,*)DT,NN,ND,NH,IND
      READ(1,*)(H(I),I=1,NH)
      OPEN(2,FILE='EL-02.DAT',STATUS='OLD') L
      READ(2,*)(DDY(I),I=1,NN)
      OPEN(3,FILE='ERES-结果·DAT',ACTION='WRITE')
      CLOSE(1,STATUS='KEEP')
      CLOSE(2,STATUS='KEEP')
      WRITE(6,*)'IND=1(加速度谱) IND=2(速度谱) IND=3(位移谱)'
      WRITE(6,*)'IND=',IND
      CALL ERES(DT,NN,NH,H,DDY,IND,QMAX,RES)
      STOP
      END
```

（2）计算结果。

1）加速度谱曲线见图 4-8。

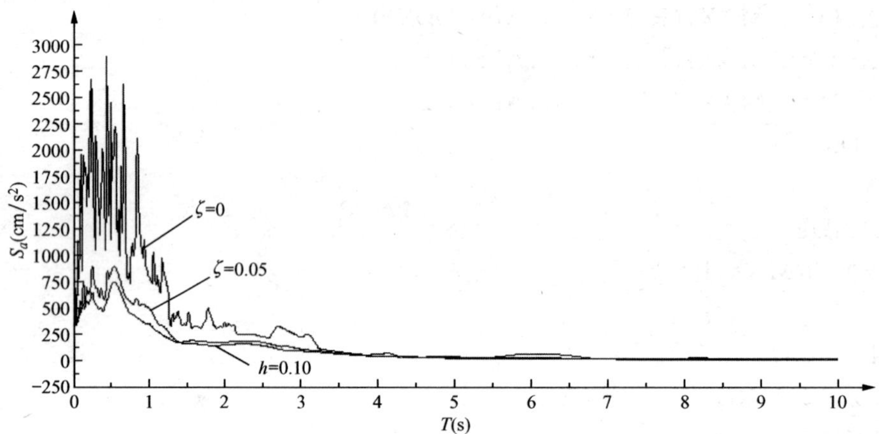

图 4 - 8 加速度谱曲线

2）速度谱曲线见图 4 - 9。

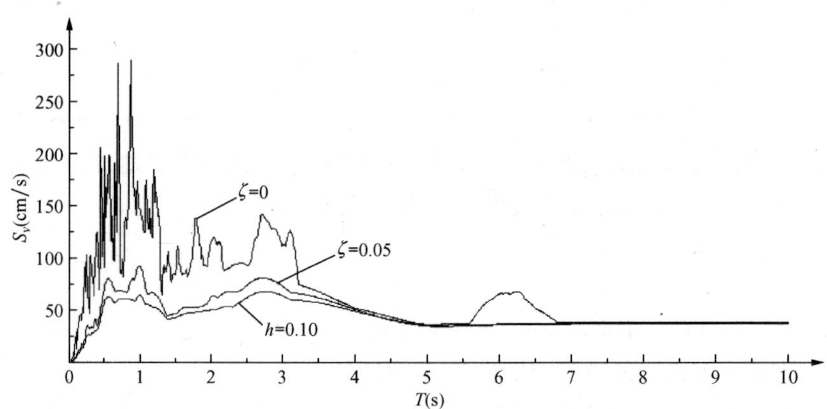

图 4 - 9 速度谱曲线

3）位移谱曲线见图 4 - 10。

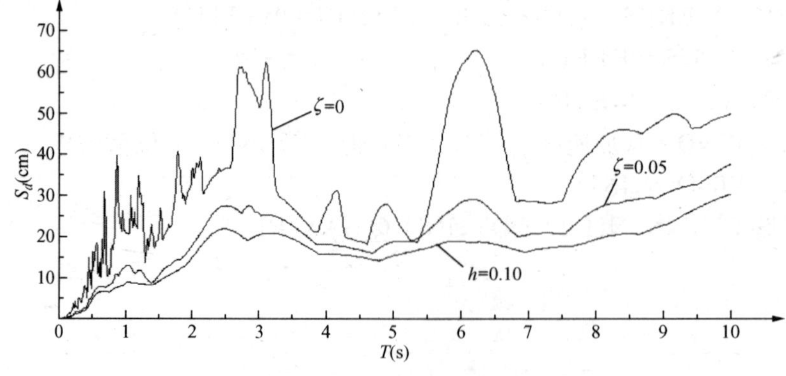

图 4 - 10 位移谱曲线

三、近似反应谱

一般的建筑结构物的阻尼比 ζ 比 1 小得多，因此可以近似地认为 $\zeta^2 \cong 0$，$\sqrt{1-\zeta^2} \cong 1$，得 $\omega_d \cong \omega = 2\pi/T$。将这些关系代入式（4-34），得

$$\left.\begin{aligned} S_{pd}(\zeta,\ T) &= \frac{1}{\omega}\left|\int_0^t \ddot{x}_g(\tau)e^{-\zeta\omega(t-\tau)}[\sin\omega_d(t-\tau)]d\tau\right|_{max} \\ S_{pv}(\zeta,\ T) &= \left|\int_0^t \ddot{x}_g(\tau)e^{-\zeta\omega(t-\tau)}[\cos\omega_d(t-\tau)]d\tau\right|_{max} \\ S_{pa}(\zeta,\ T) &= \omega\left|\int_0^t \ddot{x}_g(\tau)e^{-\zeta\omega(t-\tau)}[\sin\omega_d(t-\tau)]d\tau\right|_{max} \end{aligned}\right\} \tag{4-35}$$

式（4-35）中，第一式和第三式之间的关系为

$$\frac{S_{pa}}{S_{pd}} = \omega^2 = \left(\frac{2\pi}{T}\right)^2 \tag{4-36}$$

当输入加速度的成分中不包括高频率成分，并且 $\ddot{x}_g$ 对时间的变化比较缓慢时，可以近似地用正弦函数来代替式（4-35）第二式中的余弦函数，式（4-36）可改为

$$\left.\begin{aligned} S_{pd}(\zeta,\ T) &= \frac{1}{\omega}\left|\int_0^t \ddot{x}_g(\tau)e^{-\zeta\omega(t-\tau)}[\sin\omega_d(t-\tau)]d\tau\right|_{max} \\ S_{pv}(\zeta,\ T) &= \left|\int_0^t \ddot{x}_g(\tau)e^{-\zeta\omega(t-\tau)}[\sin\omega_d(t-\tau)]d\tau\right|_{max} \\ S_{pa}(\zeta, T) &= \omega\left|\int_0^t \ddot{x}_g(\tau)e^{-\zeta\omega(t-\tau)}[\sin\omega_d(t-\tau)]d\tau\right|_{max} \end{aligned}\right\} \tag{4-37}$$

利用近似方法得到的 $S_{pd}(\zeta,\ T)$、$S_{pv}(\zeta,\ T)$ 以及 $S_{pa}(\zeta,\ T)$，分别叫做近似位移反应谱、近似速度反应谱和近似加速度反应谱，总称近似反应谱（pseudo response spectrum）。

由式（4-35）可以知道

$$\omega S_{pd} = S_{pv} = \frac{1}{\omega}S_{pa}$$

或者

$$\frac{2\pi}{T}S_{pd} = S_{pv} = \frac{T}{2\pi}S_{pa}$$

因此，可以认为利用式（4-34）定义的反应谱之间有以下近似关系成立，即

$$\omega S_d \cong S_v \cong \frac{1}{\omega}S_a \tag{4-38}$$

或者

$$\frac{2\pi}{T}S_d \cong S_v \cong \frac{T}{2\pi}S_a \tag{4-39}$$

式（4-38）和式（4-39）中，加速度和位移反应值之间的关系为

$$\frac{S_a}{S_d} \cong \left(\frac{2\pi}{T}\right)^2 \tag{4-40}$$

式（4-40）是精度较好的一种近似公式。当阻尼比 $\zeta=0$ 时，这个关系是严格成立的。

具有一定固有周期和阻尼比的体系，其 S_a 和 S_d 分别表示反应值中的绝对加速度和相对位移的最大值，即

$$S_a = (\ddot{x} + \ddot{x}_g)_{max} \quad S_d = x_{max} \tag{4-41}$$

将式（4-41）代入式（4-40）中，得

$$\frac{(\ddot{x}+\ddot{x}_g)_{max}}{x_{max}}=\left(\frac{2\pi}{T}\right)^2=\omega^2 \tag{4-42}$$

式（4-42）具有良好的精度。

思考题

1. 何谓杜哈美积分？
2. 时程分析法的基本步骤是什么？
3. 何谓地震反应谱？
4. 地震反应时程曲线与地震反应谱有何区别？
5. 加速度、速度和位移反应谱各具有哪些特征？
6. 加速度、速度和位移反应谱之间的关系如何？

习题

1. 已知单质点体系的固有周期为 $T=0.45$s，阻尼比为 $\zeta=0.05$。采用 HACHINOHE 1968 EW 地震动（加速度最大值为 392.62cm/s^2，时间间隔为 $\Delta t=0.01$s），利用子程序 SDOF讨论其地震反应。

2. 利用子程序 ERES，绘制 HACHINOHE 1968 EW 地震动（加速度最大值为 392.62cm/s^2，时间间隔为 $\Delta t=0.01$s）加速度、速度和位移反应谱。设阻尼比分别为 $\zeta=$ 0.0、0.05、0.1。

第五章　规范地震反应谱

第一节　反应谱的意义与影响因素

在第四章第四节中介绍了地震作用下加速度反应谱、速度反应谱、位移反应谱的概念。我国规范为便于求解地震作用，将地震最大绝对加速度反应与其自振周期 T 的关系，即地震加速度反应谱定义为地震反应谱，记为 $S_a(T)$。

本章介绍地震（加速度）反应谱的影响因素、我国规范设计反应谱以及地震作用的计算方法。地震（加速度）反应谱可理解为一个确定的地面运动，通过一组阻尼比相同，但自振周期各不相同的单自由度体系，所引起的各体系最大加速度反应与相应体系自振周期间的关系曲线，如图 5－1 所示。

影响地震反应谱的因素有两个，即体系阻尼比和地震动。

一般体系阻尼比越小，体系地震加速度反应越大，因此地震反应谱值就越大，如图5－2所示。

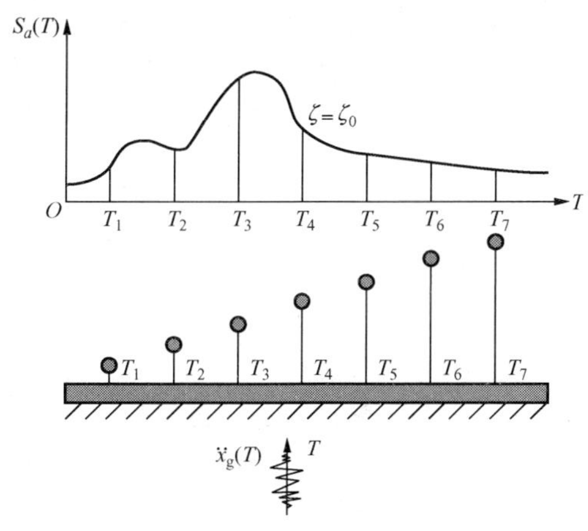

图 5－1　地震反应谱的确定

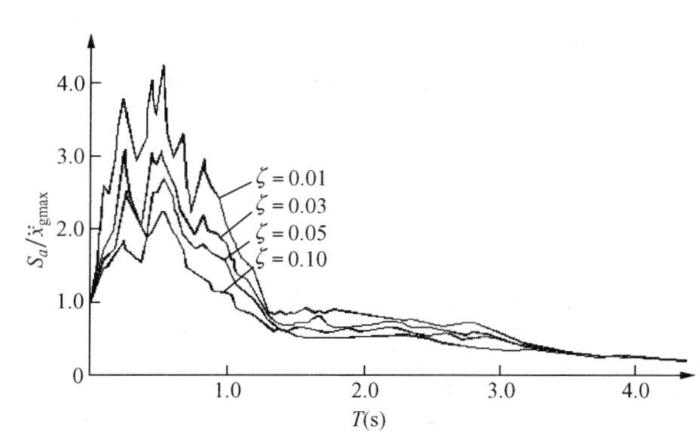

图 5－2　阻尼比对地震反应谱的影响

地震动记录不同，显然地震反应谱也将不同，即不同的地震动将有不同的地震反应谱，或地震反应谱总是与一定的地震动相对应。因此，影响地震动的各种因素也将影响地震反应谱。

表征地震动特性的三要素为振幅、频谱和持时。由于单自由度体系振动系统为线性系统，地震动振幅对地震反应谱的影响将是线性的，即地震动振幅越大，地震反应谱值也越大，且它们之间呈线性比例关系，因此地震动振幅仅对地震反应谱值的大小有影响。

地震动频谱反映地震动不同频率简谐运动的构成，由共振原理可知，地震反应谱的"峰"将分布在震动的主要频率成分段上。因此地震动的频谱不同，地震反应谱的"峰"的位置也将不同。图 5－3、图 5－4 分别是不同场地地震动和不同震中距地震动的反应谱，反映了场地越软和震中距越大，地震动主要频率成分越小（或主要周期成分越长），因而地震反应谱的"峰"所对应的周期也越长的特性。可见，地震动频谱对地震反应谱的形状有影响。因而影响地震动频谱的各种因素，如场地条件、震中距等，均对地震反应谱有影响。

地震动持续时间影响单自由度体系地震反应的循环往复次数，一般对最大反应或地震反应谱影响不大。

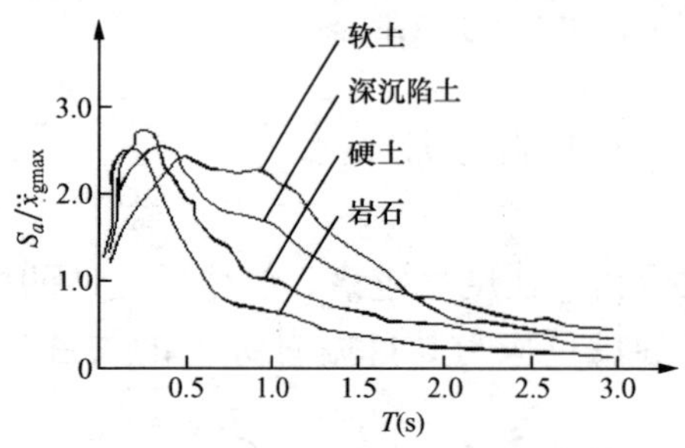

图 5 - 3　不同场地条件下的平均反应谱

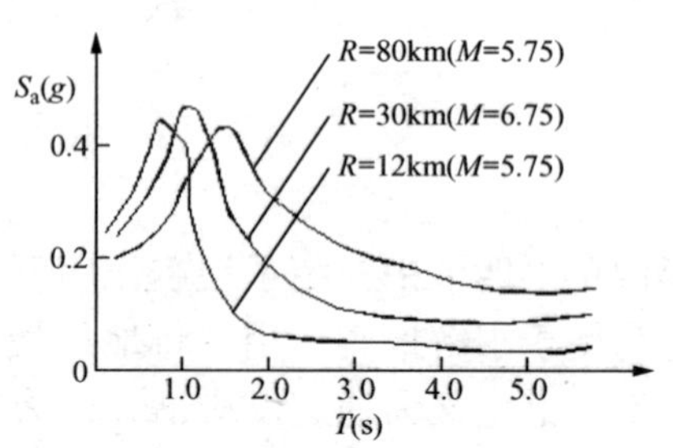

图 5 - 4　不同震中距条件下的平均反应谱
（R—震中距，M—震级）

第二节　中国规范设计反应谱

由地震反应谱可方便地计算单自由度体系水平地震作用为

$$F = mS_a(T) \tag{5-1}$$

然而，地震反应谱除受体系阻尼比的影响外，还受地震动的振幅、频谱等的影响，不同的地震动记录，地震反应谱也不同。当进行结构抗震设计时，由于无法确知今后发生地震的地震动时程，因此无法确定相应的地震反应谱。可见，地震反应谱直接用于结构的抗震设计有一定的困难，而需专门研究可供结构抗震设计用的反应谱，称为设计反应谱。

为此，将式（5 - 1）改写为

$$F = mg\frac{|\ddot{x}_g|_{max}}{g}\frac{S_a(T)}{|\ddot{x}_g|_{max}} = Gk\beta(T) \tag{5-2}$$

式中　G——体系的重量；

k——地震系数；

$\beta(T)$——动力系数。

下面介绍地震系数与动力系数的确定方法。

一、地震系数

地震系数的定义为

$$k = \frac{|\ddot{x}_g|_{max}}{g} \tag{5-3}$$

通过地震系数可将地震动振幅对地震反应谱的影响分离出来。通常，地面运动加速度峰值越大，地震烈度越大，即地震系数与地震烈度之间有一定的对应关系。根据统计分析，烈度每增加 1 度，地震系数大致增加 1 倍。表 5 - 1 是我国《建筑抗震设计规范》（GB 50011—2010）采用的地震系数与基本烈度的对应关系。

表 5 - 1　地震系数 k 与基本烈度的关系

基本烈度	6	7	8	9
地震系数 k	0.05	0.10（0.15）	0.20（0.30）	0.40

注　括号中数值分别用于设计基本地震加速度为 0.15g 和 0.30g 的地区。

二、动力系数

动力系数 $\beta(T)$ 为

$$\beta(T)=\frac{S_a(T)}{|\ddot{x}_g|_{max}} \tag{5-4}$$

$\beta(T)$ 是单质点最大绝对加速度反应谱与地面最大加速度之比，表示由于动力效应，质点的最大绝对加速度比地面最大加速度放大了多少倍。

$\beta(T)$ 实质为规则化的地震反应谱。不同的地震动记录的 $|\ddot{x}_g|_{max}$ 不同时，$S_a(T)$ 不具有可比性，但 $\beta(T)$ 却具有可比性。

为使动力系数能用于结构抗震设计，需采取以下措施：

(1) 取确定的阻尼比 $\zeta=0.05$，因为大多数实际建筑结构的阻尼比在 0.05 左右。

(2) 按场地、震中距将地震动记录分类。

(3) 计算每一类地震动记录动力系数的平均值，即

$$\bar{\beta}(T)=\frac{\sum_{i=1}^{n}\beta_i(T)\big|_{\zeta=0.05}}{n} \tag{5-5}$$

式中 $\beta_i(T)$——第 i 条地震动记录计算所得的动力系数。

上述措施 (1) 考虑了阻尼比对地震反应谱的影响，措施 (2) 考虑了地震动频谱的主要影响因素，措施 (3) 考虑了类别相同的、地震动记录不同的地震反应谱的变异性。由此得到的 $\bar{\beta}(T)$ 经平滑处理后如图 5-5 所示，可供结构抗震设计采用。

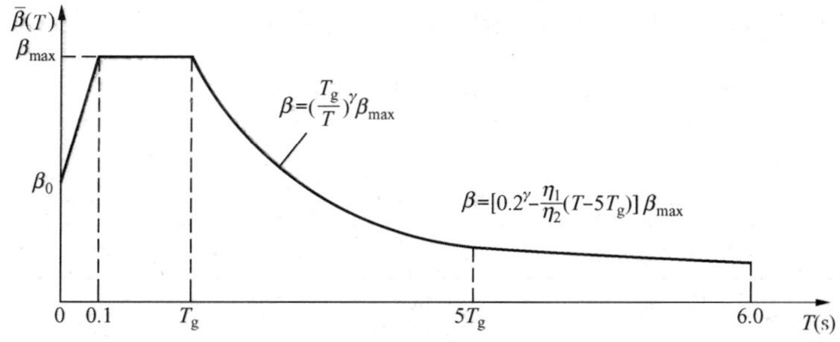

图 5-5 动力系数谱曲线

在图 5-5 中，$\beta_{max}=2.25$，$\beta_0=1=0.45\beta_{max}/\eta_2$。$T_g$ 为特征周期，与场地条件和设计地震分组有关，按表 5-2 确定。T 为结构自振周期。γ 为曲线下降段的衰减指数，取 0.9；η_1 为直线下降段斜率调整系数，取 0.02；η_2 为阻尼调整系数，取 1.0。

表 5-2 特征周期值 T_g (s)

设计地震分组	场地类别				
	I_0	I_1	Ⅱ	Ⅲ	Ⅳ
第一组	0.20	0.25	0.35	0.45	0.65
第二组	0.25	0.30	0.40	0.55	0.75
第三组	0.30	0.35	0.45	0.65	0.90

三、地震影响系数

为应用方便，令

$$\alpha(T)=k\bar{\beta}(T) \tag{5-6}$$

式中 $\alpha(T)$——地震影响系数。

由于 $\alpha(T)$ 与 $\bar{\beta}(T)$ 仅相差一常数（地震系数），因此 $\alpha(T)$ 的物理意义与 $\bar{\beta}(T)$ 相同，是一设计反应谱。同时，$\alpha(T)$ 的形状与 $\bar{\beta}(T)$ 相同，如图 5-6 所示。

图中

$$\alpha_{\max}=k\beta_{\max} \tag{5-7}$$

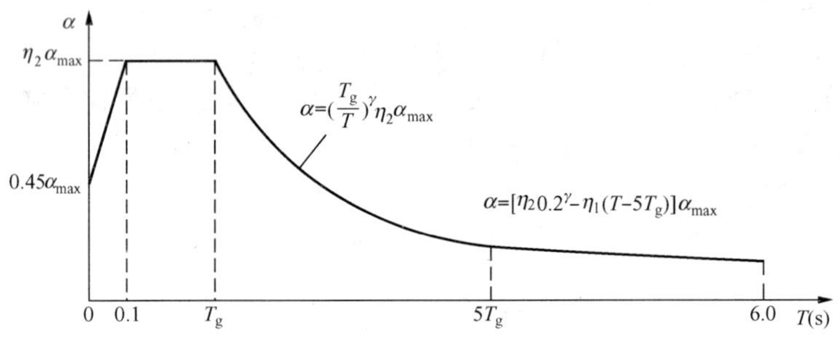

图 5-6 地震影响系数谱曲线

目前，我国建筑抗震采用两阶段设计：第一阶段是进行结构强度与弹性变形验算时采用多遇地震烈度，其 k 值相当于基本烈度的 1/3；第二阶段是进行结构弹塑性变形验算时采用罕遇地震烈度，其 k 值相当于基本烈度的 1.5～2 倍（烈度越高，k 值越小）。由此，由表 5-1及式（5-7）可得各设计阶段的 $\alpha_{\max}$ 值，如表 5-3 所示。

表 5-3 水平地震影响系数最大值 $\alpha_{\max}$

地震影响	6 度	7 度	8 度	9 度
多遇地震	0.04	0.08（0.12）	0.16（0.24）	0.32
罕遇地震	0.28	0.50（0.72）	0.90（1.20）	1.40

注 括号中数值分别用于设计基本地震加速度取 0.15g 和 0.30g 的地区。

四、阻尼对地震影响系数的影响

当建筑结构阻尼比按有关规定不等于 0.05 时，其水平地震影响系数曲线仍按图 5-6 确定，但形状参数应作调整。

（1）曲线下降段衰减指数的调整，即

$$\gamma=0.9+\frac{0.05-\zeta}{0.3+6\zeta} \tag{5-8}$$

（2）直线下降段斜率的调整，即

$$\eta_1=0.02+\frac{0.05-\zeta}{4+32\zeta} \tag{5-9}$$

（3）$\alpha_{\max}$ 的调整。

表 5-3 中的 $\alpha_{\max}$ 值应乘以下列阻尼调整系数，即

$$\eta_2=1+\frac{0.05-\zeta}{0.08+1.6\zeta} \tag{5-10}$$

当 $\eta_2<0.55$ 时，取 $\eta_2=0.55$。

五、地震作用计算

由式（5－2）、式（5－6），可得抗震设计时单自由度体系水平地震作用计算公式为

$$F = \alpha G \tag{5-11}$$

对比式（5－1）、式（5－11）可知，地震影响系数与地震反应谱的关系为

$$\alpha(T) = \frac{mS_a(T)}{G} = \frac{S_a(T)}{g} \tag{5-12}$$

第三节　地震作用的计算方法

根据抗震设计反应谱，可以比较容易地确定结构所受的地震作用，计算步骤如下：

（1）根据计算简图确定结构的重力荷载代表值 G 和自振周期 T。

（2）根据结构所在地区的设防烈度、场地类别及设计地震分组，按表 5－2 和表 5－3 确定特征周期 T_g 和反应谱的水平地震影响系数最大值 α_{max}。

（3）根据结构的自振周期，按图 5－6 中相应的区段确定地震影响系数 α。

（4）按式（5－11）计算出水平地震作用 F 的值。

【例 5－1】　某单层单跨框架，如图 5－7 所示。屋盖刚度为无穷大，质量集中于屋盖处。已知该框架地处设防烈度为 8 度，设计地震分组为二组，Ⅰ类场地。屋盖处的重力荷载代表值 $G=700$kN，框架柱线刚度 $i_c=EI_c/h=2.6\times10^4$kN·m，阻尼比 $\zeta=0.05$。试求该结构在多遇地震作用下质点上产生的水平地震作用。

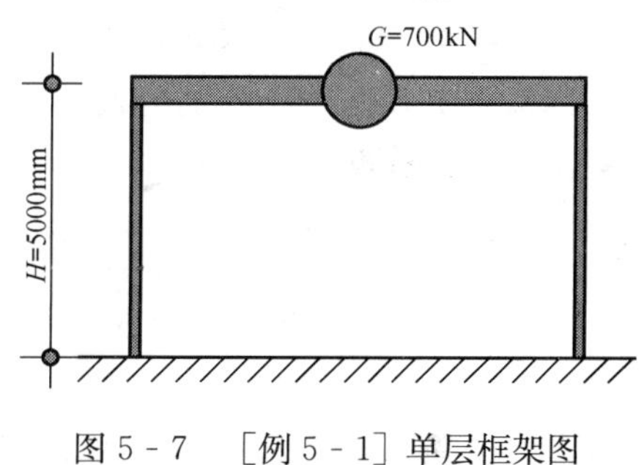

图 5－7　［例 5－1］单层框架图

解　（1）求结构体系的自振周期。

$$K = 2\times\frac{12i_c}{h^2} = 2\times 12\,480 = 24\,960(\text{kN/m})$$

$$m = \frac{G}{g} = \frac{700}{9.8} = 71.4(\text{t})$$

$$T = 2\pi\sqrt{\frac{m}{K}} = 2\pi\sqrt{\frac{71.4}{249\,60}} = 0.336(\text{s})$$

（2）求水平地震影响系数 α。

查表 5－3，$\alpha_{max}=0.16$；查表 5－2，$T_g=0.3$s。所以，$T_g<T<5T_g$，应考虑阻尼比对地震影响系数形状的调整。

$$\gamma = 0.9+\frac{0.05-\zeta}{0.3+6\zeta} = 0.9$$

$$\eta_2 = 1+\frac{0.05-\zeta}{0.08+1.6\zeta} = 1$$

$$\alpha = \left(\frac{T_g}{T}\right)^{\gamma}\eta_2\alpha_{max} = \left(\frac{0.3}{0.336}\right)^{0.9}\times 1\times 0.16 = 0.144$$

（3）计算结构水平地震作用（见图 5－8）。

$$F = \alpha G = 0.144\times 700 = 100.8(\text{kN})$$

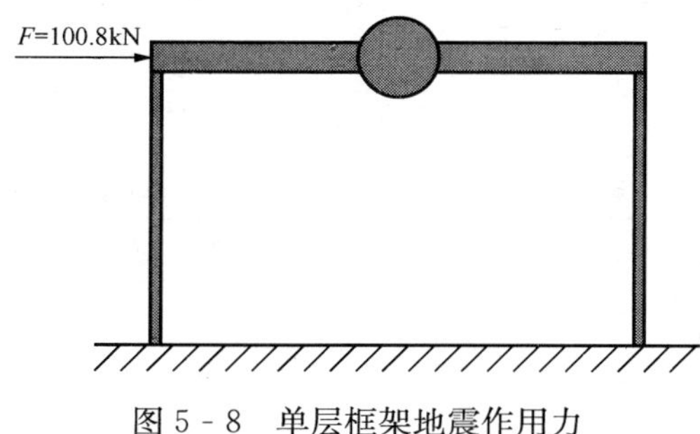

图 5－8　单层框架地震作用力

第四节　美国 IBC2003 规范设计反应谱

美国 IBC2003 规范采用单一设防水准，设计重现期为 2500 年。地震力大小取为重现期内最大地震荷载值的 2/3。IBC2003 设计反应谱曲线如图 5 - 9 所示。

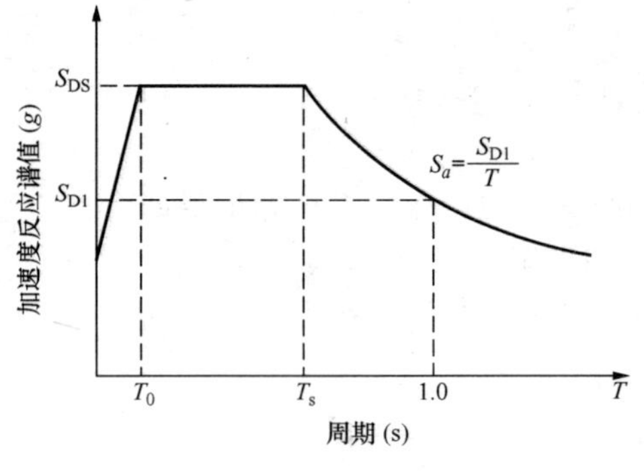

图 5 - 9　设计加速度反应谱(美国)

$$S_a=\begin{cases}0.6\dfrac{S_{DS}}{T_0}T+0.4S_{DS} & T\leqslant T_0\\ S_{DS} & T_0\leqslant T\leqslant T_s\\ \dfrac{S_{D1}}{T} & T\leqslant T_0\end{cases} \tag{5 - 13}$$

式中　S_a——加速度反应谱值；

T——建筑固有周期，s；

S_{DS}——短周期设计谱反应加速度；

S_{D1}——周期为 1s 的设计谱反应加速度。

图 5 - 9 中 S_{DS}、S_{D1} 分别由式（5 - 14）和式（5 - 15）计算，T_0、T_s 分别由式（5 - 16）和式（5 - 17）计算，即

$$S_{DS}=\frac{2}{3}S_{MS}=\frac{2}{3}F_aS_S \tag{5 - 14}$$

$$S_{D1}=\frac{2}{3}S_{M1}=\frac{2}{3}F_vS_1 \tag{5 - 15}$$

$$T_0=0.2S_{D1}/S_{DS} \tag{5 - 16}$$

$$T_s=S_{D1}/S_{DS} \tag{5 - 17}$$

式中　F_a、F_v——场地系数，分别列在表 5 - 4 和表 5 - 5 中；

S_S、S_1——短周期和 1s 周期的变换谱加速度。

S_S、S_1 通过震害分析方法获得，可以查美国震害图（http：//eqhazmaps. usgs. gov/）。例如，在洛杉矶 $S_S=1.55g$，$S_1=0.623g$。

表 5 - 4　　场地系数值 F_a 和短周期变换谱加速度

场地分类	短周期变换谱加速度				
	$S_S\leqslant0.25$	$S_S=0.50$	$S_S=0.75$	$S_S=1.00$	$S_S\geqslant1.25$
A	0.8	0.8	0.8	0.8	0.8
B	1.0	1.0	1.0	1.0	1.0
C	1.2	1.2	1.1	1.0	1.0
D	1.6	1.4	1.2	1.1	1.0
E	2.6	1.7	1.2	0.9	0.9
F	Note b	Note b	Note b	Note b	Note b

注　1　对处于短周期变换谱加速度中间的值采用直线内插法。

2　应进行具体的场地调查和动力反应分析。

表 5-5　**场地系数值 F_v 和 1s 周期变换谱加速度**

场地分类	1s 周期变换谱加速度				
	$S_1 \leqslant 0.1$	$S_1 \leqslant 0.2$	$S_1 = 0.3$	$S_1 = 0.5$	$S_1 \geqslant 0.25$
A	0.8	0.8	0.8	0.8	0.8
B	1.0	1.0	1.0	1.0	1.0
C	1.7	1.6	1.5	1.4	1.3
D	2.4	2.0	1.8	1.6	1.5
E	3.5	3.2	2.8	2.4	2.4
F	Note b	Note b	Note b	Note b	Note b

注　1　对处于短周期变换谱加速度中间的值采用直线内插法。
　　2　应进行具体的场地调查和动力反应分析。

水平地震作用力可用式（5-18）计算，即

$$F = C_S W \tag{5-18}$$

$$C_S = \frac{S_a}{\left(\dfrac{R}{I_E}\right)} \tag{5-19}$$

式中　R——与结构抗震特性相关的地震反应修正系数；
　　I_E——建筑物重要性系数。

思　考　题

1. 何谓规范设计反应谱？
2. 何谓地震作用？怎样确定结构的地震作用？
3. 何谓建筑结构重力荷载代表值？
4. 何谓动力系数 β？
5. 何谓特征周期？
6. 何谓地震系数和地震影响系数？
7. 何谓加速度反应谱曲线？影响 α - T 曲线形状的因数有哪些？质点的水平地震作用与哪些因数有关？

习　　题

1. 单质点体系结构自振周期为 $T=0.5$s，质点重量为 $G=200$kN，位于设防烈度为 8 度的Ⅱ类场地上，该地区的设计基本地震加速度为 0.30g，设计地震分组为第一组。试计算结构在多遇和罕遇地震作用下的水平地震作用。

2. 结构同习题 1，位于设防烈度为 8 度的Ⅳ类场地上，该地区的设计基本地震加速度为 0.20g，设计地震分组为第二组。试计算结构在多遇和罕遇地震作用下的水平地震作用，并与习题 1 的结果进行比较。

第六章　多自由度体系地震反应分析

第一节　多自由度体系振动特性

在前几章中对单质点体系的地震反应进行了分析，从中学习到结构地震反应以及结构地震作用计算的基本概念。但在实际的建筑结构抗震设计中，除了少数结构可以简化为单质点体系外，绝大多数的建筑结构（如多层工业与民用建筑、多跨不等高单层工业厂房）质量比较分散，则应简化为多质点体系来分析。

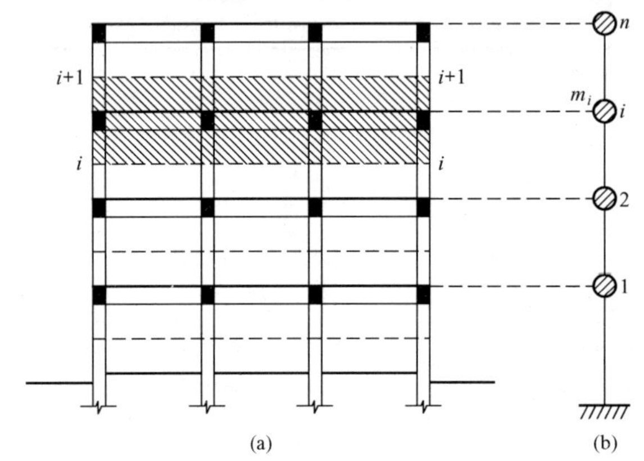

图 6-1　多质点体系简化模型（一）
（a）原结构；（b）质点系模型

多层房屋，通常将楼面的使用荷载以及上、下两相邻层（i 和 $i+1$ 层）之间的结构自重（即图 6-1 中的阴影部分）集中于第 i 层的楼面标高处，形成一个多质点体系，如图 6-1 所示。烟囱根据计算要求将其分为若干段，然后将各段折算成质点；多跨不等高的单层厂房可以把质量集中到各个屋盖，形成一个多质点体系，如图 6-2 所示。一般来说，在单一方向水平地震作用下，一个 n 个质点的结构体系有 n 个自由度。

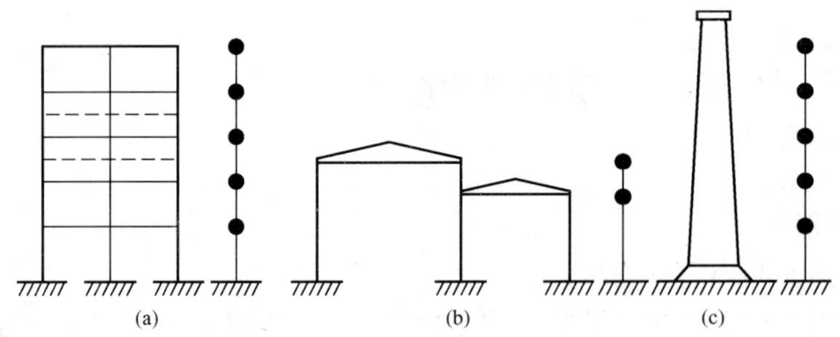

图 6-2　多质点体系简化模型（二）
（a）框架结构；（b）单层厂房；（c）烟囱

一、基本概念

1. 运动方程

以两层的钢筋混凝土框架为例，先分析两自由度体系在地震作用下的运动方程，进而推广到多自由度体系。两层框架结构的计算模型如图 6-3 所示。假设地面运动加速度为 $\ddot{x}_g(t)$，质点 i 在时刻 t 相对于基底的位移取为 $x_i(t)$，其速度为 $\dot{x}_i(t)$，相对加速度为 $\ddot{x}_i(t)$，则质点 i 的绝对加速度为 $\ddot{x}_i(t)+\ddot{x}_g(t)$，分别取质点 1、质点 2 作为隔离体，如图 6-4 所示。

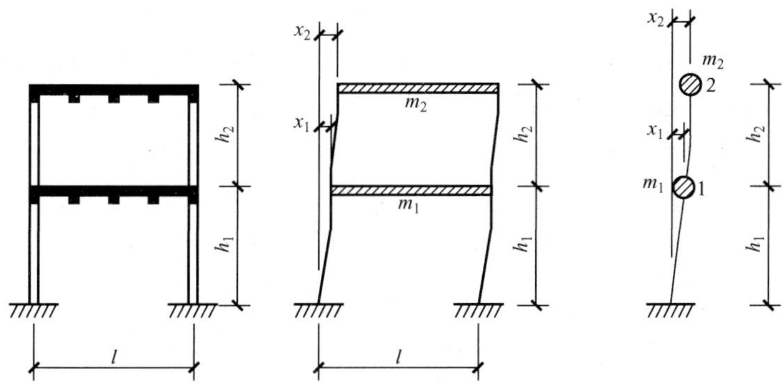

图 6-3　两层框架的计算模型

作用质点 1 上的惯性力为　$f_{I1}=-m_1[\ddot{x}_g(t)+\ddot{x}_1(t)]$

弹性恢复力为　$f_{I1}=-[k_{11}x_1(t)+k_{12}x_2(t)]$

阻尼力为　$R_1=-[c_{11}\dot{x}_1(t)+c_{12}\dot{x}_2(t)]$

作用质点 2 上的惯性力为　$f_{I2}=-m_2[\ddot{x}_g(t)+\ddot{x}_2(t)]$

弹性恢复力为　$f_{I2}=-[k_{22}x_2(t)+k_{21}x_1(t)]$

阻尼力为　$R_2=-[c_{22}\dot{x}_2(t)+c_{21}\dot{x}_1(t)]$

式中　k_{11}——质点 2 不动，为使质点 1 产生单位位移而在质点 1 处所施加的水平力；

k_{21}——质点 2 不动，由于质点 1 产生单位位移而在质点 2 处所引起的弹性反力；

k_{22}——质点 1 不动，为使质点 2 产生单位位移而在质点 2 处所施加的水平力；

k_{12}——质点 1 不动，由于质点 2 产生单位位移而在质点 1 处所引起的弹性反力。

上述系数 k_{ij} 为刚度系数。对于剪切型结构，如横梁刚度为无限大的框架，如图 6-5 所示，设其底层与 2 层的层间剪切刚度（即产生单位层间位移时需要作用的层间剪力）分别为 k_1 及 k_2，由各质点上作用力的平衡，可求得刚度系数如下：

$$\left.\begin{aligned}k_{11}&=k_1+k_2\\k_{12}&=k_{21}=-k_2\\k_{22}&=k_2\end{aligned}\right\}\tag{6-1}$$

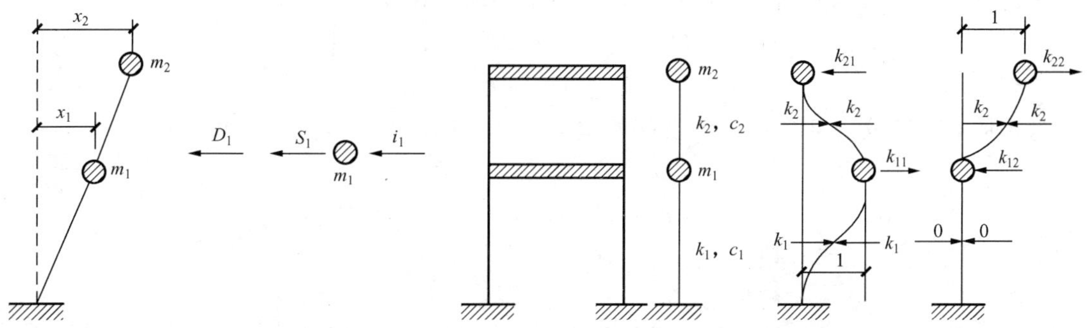

图 6-4　二自由度体系的瞬时动力平衡　　图 6-5　刚度系数

同理 c_{ij} 为阻尼系数，其中 $c_{11}=c_1+c_2$；$c_{12}=c_{21}=-c_2$；$c_{22}=c_2$。

根据质点 1、质点 2 的具体受力情况，应用达朗贝尔原理写出下列微分方程组，即

$$\left.\begin{aligned}m_1\ddot{x}_1(t)+c_{11}\dot{x}_1(t)+c_{12}\dot{x}_2(t)+k_{11}x_1(t)+k_{12}x_2(t)&=-m_1\ddot{x}_g(t)\\m_2\ddot{x}_2(t)+c_{21}\dot{x}_1(t)+c_{22}\dot{x}_2(t)+k_{21}x_1(t)+k_{22}x_2(t)&=-m_2\ddot{x}_g(t)\end{aligned}\right\}\quad(6-2)$$

将式（6－2）用矩阵形式表示为

$$[m]\{\ddot{x}(t)\}+[c]\{\dot{x}(t)\}+[k]\{x(t)\}=-[m]\{I\}\ddot{x}_g(t)\quad \{I\}=\{1\quad 1\}^T\quad(6-3)$$

$$[k]=\begin{bmatrix}k_{11}&k_{12}\\k_{21}&k_{22}\end{bmatrix}\qquad [m]=\begin{bmatrix}m_1&0\\0&m_2\end{bmatrix}$$

$$[c]=\begin{bmatrix}c_{11}&c_{12}\\c_{21}&c_{22}\end{bmatrix}\qquad \{\ddot{x}(t)\}=\begin{Bmatrix}\ddot{x}_1(t)\\\ddot{x}_2(t)\end{Bmatrix}$$

$$\{\dot{x}(t)\}=\begin{Bmatrix}\dot{x}_1(t)\\\dot{x}_2(t)\end{Bmatrix}\qquad \{x(t)\}=\begin{Bmatrix}x_1(t)\\x_2(t)\end{Bmatrix}$$

式中 $[k]$——刚度矩阵；

$[m]$——质量矩阵；

$[c]$——阻尼矩阵；

$\{\ddot{x}(t)\}$——加速度矢量；

$\{\dot{x}(t)\}$——速度矢量；

$\{x(t)\}$——位移矢量。

由两自由度体系推广到多自由度体系，则式（6－3）中各项为

$$[m]=\begin{bmatrix}m_1&&&0\\&m_2&&\\&&\ddots&\\0&&&m_n\end{bmatrix}\qquad [c]=\begin{bmatrix}c_{11}&c_{12}&\cdots&c_{1n}\\c_{21}&c_{22}&\cdots&c_{2n}\\\cdots&\cdots&\cdots&\cdots\\c_{n1}&c_{n2}&\cdots&c_{nn}\end{bmatrix}$$

$$[k]=\begin{bmatrix}k_{11}&k_{12}&\cdots&k_{1n}\\k_{21}&k_{22}&\cdots&k_{2n}\\\cdots&\cdots&\cdots&\cdots\\k_{n1}&k_{n2}&\cdots&k_{nn}\end{bmatrix}\quad \{x\}=\begin{Bmatrix}x_1(t)\\x_2(t)\\\vdots\\x_n(t)\end{Bmatrix}\quad \dot{x}=\begin{Bmatrix}\dot{x}_1(t)\\\dot{x}_2(t)\\\vdots\\\dot{x}_n(t)\end{Bmatrix}\quad \{\ddot{x}\}=\begin{Bmatrix}\ddot{x}_1(t)\\\ddot{x}_2(t)\\\vdots\\\ddot{x}_n(t)\end{Bmatrix}$$

2. 自振频率

考虑一无阻尼影响的两自由度体系，其自由振动方程为

$$\left.\begin{aligned}m_1\ddot{x}_1(t)+k_{11}x_1(t)+k_{12}x_2(t)&=0\\m_2\ddot{x}_2(t)+k_{21}x_1(t)+k_{22}x_2(t)&=0\end{aligned}\right\}\quad(6-4)$$

考虑质点 1 和质点 2 作同频率及同相位的简谐振动，解得

$$\left.\begin{aligned}x_1&=X_1\sin(\omega t+\varphi)\\x_2&=X_2\sin(\omega t+\varphi)\end{aligned}\right\}\quad(6-5)$$

式中 ω——频率；

φ——初相角；

$\{X\}=(X_1\quad X_2)^T$——体系的振动振幅向量，即振型。

将式（6－5）对 t 求两次导数得

$$\left.\begin{aligned}\ddot{x}_1(t)&=-X_1\omega^2\sin(\omega t+\varphi)\\\ddot{x}_2(t)&=-X_2\omega^2\sin(\omega t+\varphi)\end{aligned}\right\}\quad(6-6)$$

将式（6-5）、式（6-6）代入式（6-4）中，并各项同除以 $\sin(\omega t+\varphi)$，整理得

$$\left.\begin{aligned}(k_{11}-m_1\omega^2)X_1+k_{12}X_2=0\\ k_{21}X_1+(k_{22}-m_2\omega^2)X_2=0\end{aligned}\right\} \tag{6-7}$$

式（6-7）为振幅方程，如用矩阵形式表示，则为

$$([k]-\omega^2[m])\{X\}=0 \tag{6-8}$$

若要产生自由振动，则体系中的两个振幅 X_1 和 X_2 不可能同时为零。因此，要使式（6-7）成立，就必须使展开式中的系数行列式为零，即

$$[k]-\omega^2[m]=\begin{vmatrix}k_{11}-m_1\omega^2 & k_{12}\\ k_{21} & k_{22}-m_2\omega^2\end{vmatrix}=0 \tag{6-9}$$

即

$$(k_{11}-m_1\omega^2)(k_{22}-m_2\omega^2)-k_{12}k_{21}=0 \tag{6-10}$$

式（6-10）称为频率方程，将其展开，得到关于 w^2 的二次方程为

$$(\omega^2)^2-\left(\frac{k_1+k_2}{m_1}+\frac{k_2}{m_2}\right)\omega^2+\frac{k_1k_2}{m_1m_2}=0 \tag{6-11}$$

解之可得 w^2 的两个正实根，为

$$\omega_{1,2}^2=\frac{1}{2m_1m_2}\left[m_1k_{22}+m_2k_{11}\pm\sqrt{(m_1k_{22}+m_2k_{11})^2-4m_1m_2(k_{11}k_{22}-k_{12}k_{21})}\right] \tag{6-12}$$

式（6-12），较小的 ω_1 称为第一自振圆频率或基本自振圆频率，较大的 ω_2 称为第二自振圆频率。体系有多少个自由度，就有多少个自振频率。对于 n 个自由度体系，各频率之间的关系为 $\omega_1<\omega_2<\cdots<\omega_n$。由 n 个 ω 值可以求得 n 个自振周期 T_i，即 $T_i=2\pi/\omega_i$，则各周期之间的关系为 $T_1>T_2>\cdots>T_n$。

多自由度体系的振幅方程矩阵形式与两自由度体系的振幅方程矩阵形式类似，故式（6-8）可以表示多自由度体系的振幅方程矩阵形式，即

$$[m]=\begin{bmatrix}m_1 & & & 0\\ & m_2 & & \\ & & \ddots & \\ 0 & & & m_n\end{bmatrix}\quad [k]=\begin{bmatrix}k_{11} & k_{12} & \cdots & k_{1n}\\ k_{21} & k_{22} & \cdots & k_{2n}\\ \cdots & \cdots & \cdots & \cdots\\ k_{n1} & k_{n2} & \cdots & k_{nn}\end{bmatrix}\quad [x]=\begin{Bmatrix}x_1\\ x_2\\ \vdots\\ x_n\end{Bmatrix}$$

其频率方程为

$$|[k]-\omega^2[m]|=0 \tag{6-13}$$

3. 主振型

对于两个自由度体系，我们将求出自振频率 ω_1 和 ω_2，代入式（6-8），求解质点 1、质点 2 的位移幅值 X_1 和 X_2。X_{11} 和 X_{12} 分别为 $\omega=\omega_1$ 在质点 1、质点 2 处的位移幅值，X_{21} 和 X_{22} 分别为 $\omega=\omega_2$ 在质点 1、质点 2 处的位移幅值。

由式（6-7）得

$$\frac{X_2}{X_1}=-\frac{(k_{11}-m_1\omega^2)}{k_{12}}=\frac{-k_{21}}{(k_{22}-m_2\omega^2)} \tag{6-14}$$

为了进一步阐明这一特性，令 $\omega=\omega_1$ 时，质点 1 与质点 2 的振幅之比 X_{11}/X_{12} 为 λ_{11}；$\omega=\omega_2$ 时，质点 1 与质点 2 的振幅之比 X_{21}/X_{22} 为 λ_{21}。这样式（6-14）成为

$$\left.\begin{aligned}\lambda_{11}=\frac{X_{11}}{X_{12}}=\frac{k_{12}}{-(k_{11}-m_1\omega_1^2)}=\frac{(k_{22}-m_2\omega_1^2)}{-k_{21}}\\ \lambda_{21}=\frac{X_{21}}{X_{22}}=\frac{k_{12}}{-(k_{11}-m_1\omega_2^2)}=\frac{(k_{22}-m_2\omega_2^2)}{-k_{21}}\end{aligned}\right\} \tag{6-15}$$

而当体系分别按第一自振频率或第二自振频率振动时，两质点的位移比值为

$$\frac{x_{11}(t)}{x_{12}(t)}=\frac{X_{11}}{X_{12}}=\frac{k_{12}}{-(k_{11}-m_1\omega_1^2)}=\frac{(k_{22}-m_2\omega_1^2)}{-k_{21}}=\lambda_{11}\quad（当\ \omega=\omega_1\ 时）$$

$$\frac{x_{21}(t)}{x_{22}(t)}=\frac{X_{21}}{X_{22}}=\frac{k_{12}}{-(k_{11}-m_1\omega_2^2)}=\frac{(k_{22}-m_2\omega_2^2)}{-k_{21}}=\lambda_{21}\quad（当\ \omega=\omega_2\ 时）$$

可见，上述比值与时间无关，且为常数。当结构体系发生自由振动时，振幅比将只随该体系的自振频率变化。对某一特定频率而言，当体系按其振动时，两个质点的位移比值始终保持不变，这就说明，对应各个自振频率，结构体系将按某一弹性曲线的形状发生振动，通常称之为主振型，或简称振型。对应第一自振频率 ω_1 的，就称为第一主振型或基本振型；对应于第二自振频率 ω_2 的，就称为第二主振型。图 6 - 6 即为两个自由度体系的振型。

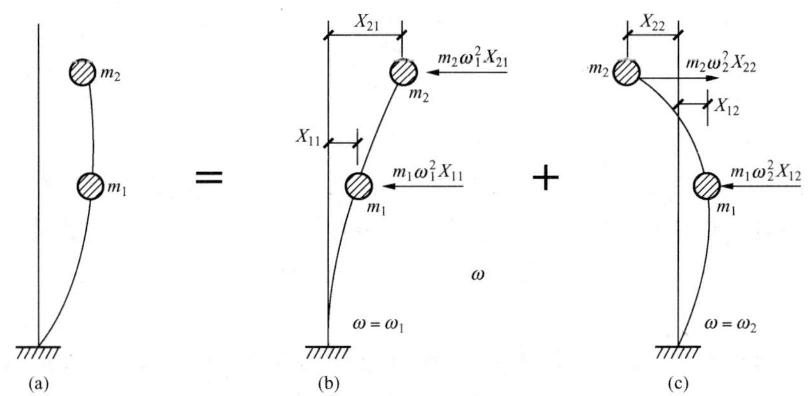

图 6 - 6 两个自由度体系的主振型及其叠加

（a）振动体系；（b）第一振型；（c）第二振型

一般情况下，体系有多少个自由度，就有多少个自振频率，也就有多少个振型，它们是体系的固有特性。就每一振型而言，只有在特定的初始条件下，体系才会按这一振型振动。如前所述，体系如按某一振型振动时，其质点位移将保持一定的比值，其速度也将保持这一比值，因此只有各质点初位移的比值和各质点初速度的比值与该主振型的这些比值相同时，也就是在这样特定的初始条件下，才能出现这种振型的振动形式。在一般初始条件下，体系的振动曲线将包含全部振型，这一情况由运动方程组的通解可见。这里设质点振动时的位移为 $x_1(t)$ 和 $x_2(t)$，则微分方程组式（6 - 4）的全解为

$$\left.\begin{aligned}x_1(t)=X_{11}\sin(\omega_1 t+\varphi_1)+X_{12}\sin(\omega_2 t+\varphi_2)\\ x_2(t)=X_{21}\sin(\omega_1 t+\varphi_1)+X_{22}\sin(\omega_2 t+\varphi_2)\end{aligned}\right\} \tag{6-16}$$

由式（6 - 16）可见，在一般初始条件下，任一质点的振动都是由主振型的简谐振动叠加而成的复合振动，也就是说这种振动曲线常可分解为若干个主振型曲线的叠加。需要指出的是，试验结构表明，振型越高，阻尼作用所造成的衰减越快，所以通常高振型只在振动初始才比较明显，以后则逐渐衰减。

4. 主振型的正交性

多自由度弹性体系如图 6-7 所示，自由振动时，各振型对应的频率各不相等，任意两个不同的振型之间存在着正交性。利用振型的正交性原理，可以大大简化多自由弹性体系运动微分方程组的求解，在体系振动计算中经常利用这一特性。

(1) 振型关于质量矩阵的正交性。

振型关于质量矩阵正交性的表达式为

$$\{X\}_j^T[m]\{X\}_k = 0 \quad (j \neq k) \tag{6-17}$$

$$\{X\}_j^T = \{X_{j1} \quad X_{j2} \quad \cdots \quad X_{jn}\}$$

$$\{X\}_k = \begin{Bmatrix} X_{k1} \\ X_{k2} \\ \vdots \\ X_{kn} \end{Bmatrix} \quad [m] = \begin{bmatrix} m_1 & & & 0 \\ & m_2 & & \\ & & \ddots & \\ 0 & & & m_n \end{bmatrix}$$

式中　$\{X\}_j^T$ ——第 j 振型振幅列向量的转置向量；

$\{X\}_k$ ——第 k 振型振幅列向量；

$\{m\}$ ——质量矩阵。

结构在任一瞬间的位移等于惯性力所产生的静力位移，故上述主振型的变形曲线可看做是体系按某一频率振动时，其上相应惯性荷载所引起的静力变形曲线。以前面介绍的两自由度体系为例，来证明质量矩阵的正交性，如图 6-7 所示。

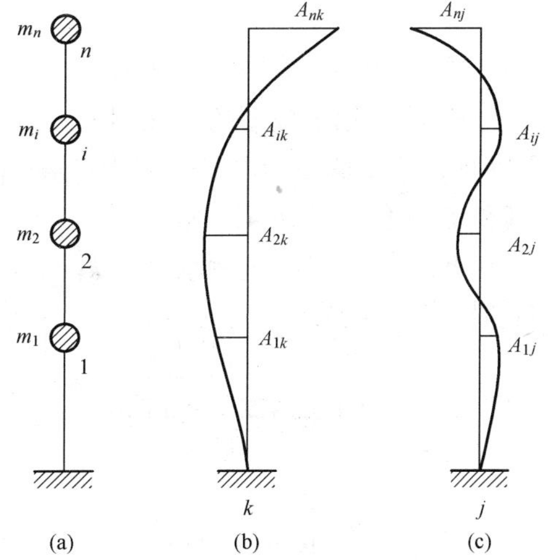

图 6-7　振型的正交性

(a) 多质点体系；(b) 第 k 振型；(c) 第 j 振型

第一振型各质点的惯性力在第二振型相应质点的位移上所做的功为

$$T_{21} = m_2\omega_1^2 X_{21} X_{22} + m_1\omega_1^2 X_{11} X_{12} \tag{6-18}$$

第二振型各质点的惯性力在第一振型相应质点的位移上所做的功为

$$T_{12} = m_2\omega_2^2 X_{22} X_{21} + m_1\omega_2^2 X_{12} X_{11} \tag{6-19}$$

根据功的互等定理，即第一状态的力在第二状态的位移上所做的功等于第二状态的力在第一状态的位移上所做的功，即 $T_{21} = T_{12}$，得

$$\omega_1^2(m_2 X_{21} X_{22} + m_1 X_{11} X_{12}) = \omega_2^2(m_2 X_{21} X_{22} + m_1 X_{11} X_{12})$$

整理得

$$(\omega_1^2 - \omega_2^2)(m_2 X_{21} X_{22} + m_1 X_{11} X_{12}) = 0 \tag{6-20}$$

因为 $\omega_1 \neq \omega_2$，若上式成立，必有

$$m_2 X_{21} X_{22} + m_1 X_{11} X_{12} = 0 \tag{6-21}$$

将式 (6-21) 代入式 (6-18)、式 (6-19) 中，则有 $T_{21} = T_{12} = 0$。说明某一振型的惯性力在另一振型上所做的功均为零，通常称之为主振型的正交性。

从而推广到两个以上的多自由度体系，任意两个振型 j 与 k 之间也有上述的正交特性，可以表示为

$$m_1 X_{j1} X_{k1} + m_2 X_{j2} X_{k2} + \cdots + m_n X_{jn} X_{kn} = 0 \tag{6-22}$$

用矩阵形式表示即为式（6-17）。其物理意义是：某一振型在振动过程中所引起的惯性力不在其他振型上做功，这说明某一个振型的动能不会转移到其他振型上，也就是体系按某一振型作自由振动时，不会激起该体系其他振型的振动。

（2）振型关于刚度矩阵的正交性。

振型关于刚度矩阵正交性的表达式为

$$\{X\}_j^T[k]\{X\}_k = 0 \quad (j \neq k) \tag{6-23}$$

因为 $([k]-\omega_k^2[m])\{X\}_j = 0$，在式（6-23）等号左端乘 $\{X\}_j^T$，得

$$\{X\}_j^T([k]-\omega_k^2[m])\{X\}_j = 0$$

即

$$\{X\}_j^T[k]\{X\}_j = \omega_k^2\{X\}_j^T[m]\{X\}_j \tag{6-24}$$

根据振型关于质量矩阵正交性原理，当 $j \neq k$ 时，式（6-24）等号右边等于零。由此，即可得出刚度矩阵的正交性，即式（6-23）。其表示该体系按 k 振型振动引起的弹性恢复力在第 j 振型位移上所做的功之和等于零，也就是体系按某一振型振动时，其位能不会转移到其他振型上。

对于 $j=k$ 的情形，令

$$\overline{M}_j = \{X\}_j^T[m]\{X\}_j \tag{6-25}$$

$$\overline{K}_j = \{X\}_j^T[k]\{X\}_j \tag{6-26}$$

式中 $\overline{M}_j$——第 j 振型的广义质量；

$\overline{K}_j$——第 j 振型的广义刚度。

同样，第 j 振型的广义阻尼为 $\overline{C}_j = \{X\}_j^T[c]\{X\}_j$。

【例 6-1】 已知两层框架结构，横梁刚度无限大，集中于楼面和屋面的质量分别为 $m_1=100\text{t}$，$m_2=60\text{t}$，抗侧刚度为 $k_1=5\times10^4\text{kN/m}$，$k_2=3\times10^4\text{kN/m}$。试求该体系的自振周期和振型，并验证振型的正交性。

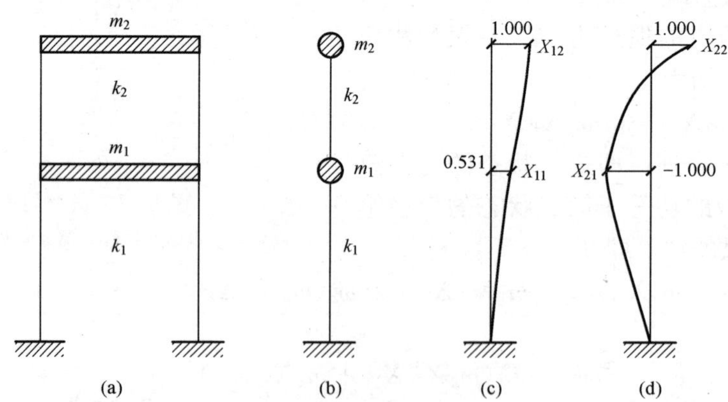

图 6-8 振型的正交性

（a）二层框架；（b）计算简图；（c）第一振型；（d）第二振型

解 将结构简化为图 6-8（b）所示的两自由度弹性体系。

（1）求自振周期。

结构的质量矩阵为

$$[m] = \begin{bmatrix} m_1 & 0 \\ 0 & m_2 \end{bmatrix} = \begin{bmatrix} 100 & 0 \\ 0 & 60 \end{bmatrix}(\text{t})$$

$$k_{11} = k_1 + k_2 = 8 \times 10^4 (\text{kN/m})$$

$$k_{12} = k_{21} = -k_2 = -3 \times 10^4 \text{kN/m}$$

$$k_{22} = k_2 = 3 \times 10^4 \text{kN/m}$$

于是刚度矩阵为

$$[k] = \begin{bmatrix} k_{11} & k_{12} \\ k_{21} & k_{22} \end{bmatrix} = \begin{bmatrix} 8 & -3 \\ -3 & 3 \end{bmatrix} \times 10^4 (\text{kN/m})$$

由式（6-13）得频率方程为

$$\begin{vmatrix} 8 \times 10^4 - 100\omega^2 & -3 \times 10^4 \\ -3 \times 10^4 & 3 \times 10^4 - 60\omega^2 \end{vmatrix} = 0$$

将上式展开得

$$\omega^4 - 1300\omega^2 + 25 \times 10^4 = 0$$

解该方程式得

$$\omega_1^2 = 234.67 \quad \omega_1 = 15.32\text{rad/s}$$

$$\omega_2^2 = 1065.33 \quad \omega_2 = 32.64\text{rad/s}$$

$$T_1 = \frac{2\pi}{\omega_1} = \frac{2 \times 3.14}{15.32} = 0.410(\text{s}) \quad T_2 = \frac{2\pi}{\omega_2} = \frac{2 \times 3.14}{32.64} = 0.192(\text{s})$$

（2）求振型。

当 $\omega = \omega_1$ 时，由式（6-8）可得

$$\begin{bmatrix} k_{11} - m_1\omega_1^2 & k_{12} \\ k_{21} & k_{22} - m_2\omega_1^2 \end{bmatrix} \begin{Bmatrix} X_{11} \\ X_{12} \end{Bmatrix} = 0$$

由上式得第一振型幅值的相对比值为

$$\frac{X_{12}}{X_{11}} = \frac{m_1\omega_1^2 - k_{11}}{k_{12}} = \frac{100 \times 234.67 - 8 \times 10^4}{-3 \times 10^4} = 1.884$$

当 $\omega = \omega_2$ 时，同理可得第二振型幅值的相对比值为

$$\frac{X_{22}}{X_{21}} = \frac{m_1\omega_2^2 - k_{11}}{k_{12}} = \frac{100 \times 1065.33 - 8 \times 10^4}{-3 \times 10^4} = -0.884$$

因此，第一振型为

$$\{X\}_1 = \begin{Bmatrix} X_{11} \\ X_{12} \end{Bmatrix} = \begin{Bmatrix} 1.000 \\ 1.884 \end{Bmatrix} = \begin{Bmatrix} 0.531 \\ 1.000 \end{Bmatrix}$$

第二振型为

$$\{X\}_2 = \begin{Bmatrix} X_{21} \\ X_{22} \end{Bmatrix} = \begin{Bmatrix} 1.000 \\ -0.884 \end{Bmatrix} = \begin{Bmatrix} -1.131 \\ 1.000 \end{Bmatrix}$$

（3）验证正交性。

质量矩阵 $\{X\}_1^T[M]\{X\}_2 = \begin{Bmatrix} 0.531 \\ 1.000 \end{Bmatrix}^T \begin{bmatrix} 100 & 0 \\ 0 & 60 \end{bmatrix} \begin{Bmatrix} -1.131 \\ 1.000 \end{Bmatrix} = 0$

刚度矩阵 $\{X\}_1^T[k]\{X\}_2 = \begin{Bmatrix} 0.531 \\ 1.000 \end{Bmatrix}^T \begin{bmatrix} 8 \times 10^4 & -3 \times 10^4 \\ -3 \times 10^4 & 3 \times 10^4 \end{bmatrix} \begin{Bmatrix} -1.131 \\ 1.000 \end{Bmatrix} = 0$

二、自振频率及振型的实用计算

通过频率方程式（6-13）可以求得自振频率及振型，但当体系自由度较多时，行列式的展开相当麻烦，进行手算将过于繁复。因此目前在实际工程计算时，一般均采用计算机程序进行计算，或采用一些近似方法。下面将介绍几种近似计算方法，以供手算时采用。

1. 能量法

这里主要介绍用能量法计算多质点弹性体系基本频率的瑞雷法（Rayleigh 法）。它是根据体系在振动过程中能量守恒的原理导出的，即一个无阻尼的弹性体系作自由振动时，体系在任何时刻的总能量（变形位能与动能之和）应当保持不变，$T_{max}=U_{max}$。

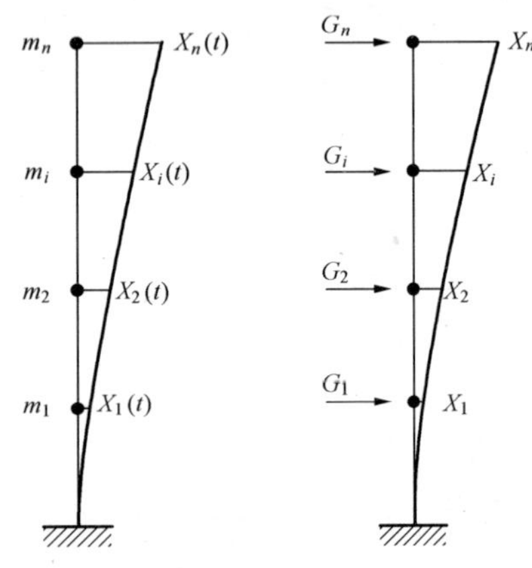

图 6-9 按能量法计算基本周期的计算简图

设一 n 质点弹性体系，如图 6-9 所示，质点 i 的质量为 m_i，相应的重力荷载为 $G_i=m_ig$，g 为重力加速度。将重力荷载 G_i 水平作用于相应质点 m_i 上所产生的弹性变形曲线为基本振型，图 6-9 中 X_i 为质点 i 的水平位移。

于是，在振动过程中，质点 i 的瞬间水平位移为和其瞬时速度为

$$x_i(t)=X_i\sin(\omega_1 t+\varphi) \tag{6-27}$$

$$\dot{x}_i(t)=\omega_1 X_i\cos(\omega_1 t+\varphi) \tag{6-28}$$

当体系经过静平衡位置时，变形位能为零，体系动能达到最大值 T_{max}，即

$$T_{max}=\frac{1}{2}\sum_{i=1}^{n}m_i(\omega_1 X_i)^2=\frac{\omega_1{}^2}{2g}\sum_{i=1}^{n}G_iX_i^2 \tag{6-29}$$

当体系在振动过程中各质点位移同时达到最大时，动能为零，而变形位能达到最大值 U_{max}，即

$$U_{max}=\frac{1}{2}\sum_{i=1}^{n}G_iX_i=\frac{1}{2}g\sum_{i=1}^{n}m_iX_i \tag{6-30}$$

根据 $T_{max}=U_{max}$，得到体系基本频率的近似计算公式为

$$\omega_1=\sqrt{\frac{g\sum_{i=1}^{n}m_iX_i}{\sum_{i=1}^{n}m_iX_i^2}} \tag{6-31}$$

体系的基本周期为

$$T_1=\frac{2\pi}{\omega_1}=2\pi\sqrt{\frac{\sum_{i=1}^{n}m_iX_i^2}{g\sum_{i=1}^{n}m_iX_i}}\approx 2\sqrt{\frac{\sum_{i=1}^{n}G_iX_i^2}{\sum_{i=1}^{n}G_iX_i}} \tag{6-32}$$

式中 G_i ——质点 i 的重力荷载；

X_i ——在各假想水平荷载 G_i 的共同作用下，质点 i 的水平弹性位移，m。

2. 顶点位移法

顶点位移法是最常用的一种求基本周期的近似方法。它的基本原理是：根据结构质量分

布的情况，将结构简化成有限个质点或无限个质点的悬臂直杆，求出以结构顶点位移Δ表示的结构基本频率的计算公式，只要知道结构体系的顶点位移，就可以计算出结构体系的基本频率或基本自振周期。

考虑一质量均匀的悬臂直杆，如图6-10所示，杆单位长度的质量为$\overline{m}$，相应重力荷载为$q=\overline{m}g$。

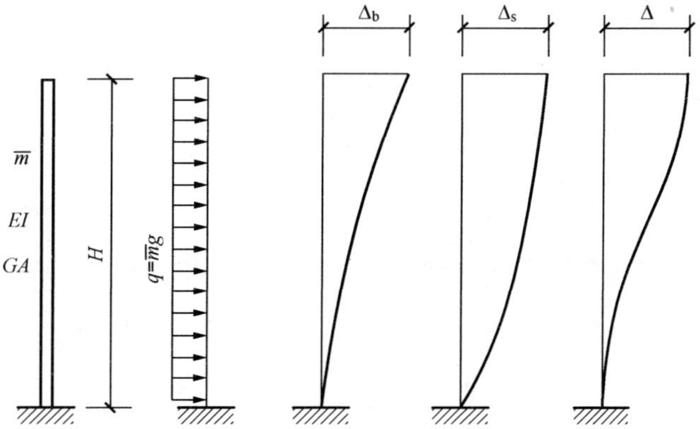

当杆为弯曲型振动时，基本周期可按式（6-33）计算，即

$$T_b = 1.78\sqrt{\frac{qH^4}{gEI}} \tag{6-33}$$

当杆为剪切型振动时，基本周期为

$$T_s = 1.28\sqrt{\frac{\zeta qH^2}{GA}} \tag{6-34}$$

图6-10　顶点位移法计算基本周期

式中　EI——杆的弯曲刚度；

GA——杆的剪切刚度；

ζ——切应力分布不均匀系数。

悬臂直杆在均布重力荷载q水平作用下（见图6-10）弯曲变形时的顶点位移为

$$\Delta_b = \frac{qH^4}{8EI} \tag{6-35}$$

将式（6-35）代入式（6-33）得杆按弯曲振动时用顶点位移表示的基本周期计算公式为

$$T_b = 1.6\sqrt{\Delta_b} \tag{6-36}$$

悬臂直杆在均布重力荷载q水平作用下，剪切变形时的顶点位移为

$$\Delta_s = \frac{\zeta qH^2}{2GA} \tag{6-37}$$

将式（6-37）代入式（6-35）得杆按剪切振动时的基本周期公式为

$$T_s = 1.8\sqrt{\Delta_s} \tag{6-38}$$

若杆按弯曲剪切振动时，顶点位移为Δ，则基本周期可按下列公式计算，即

$$T = 1.7\sqrt{\Delta} \tag{6-39}$$

由上述各公式可见，只要求得框架在集中楼（屋）盖的重力荷载水平作用时的顶点位移（m），即可求出其基本周期（s）。

3. 等效质量法（Dunkeley法）

等效质量法又称折算质量法，其基本原理是在计算多质点体系基本频率时，用一个单自由度体系来替代原来的多质点体系，使得这个单质点体系的自振频率与原来多质点体系的基本自振频率相等或非常接近。这个单质点体系的质量就称为折算质量，以M_{eq}表示。在进行等效时，要求这个单质点体系的约束条件和刚度应与原体系的完全相同。

折算质量M_{eq}与其所在体系的位置有关，如果它在体系上的位置一经确定，则对应的M_{eq}也就随之确定了。根据经验，如将折算质量放在体系振动时产生最大水平位移处，则计

算比较方便，如图 6 - 11 所示。可以根据两个体系动能相等的原理求得。根据两者按第一振型振动时最大动能相等，得

多质点体系的最大动能为

$$U_{1\max} = \frac{1}{2}\sum_{i=1}^{n} m_i(\omega_1 x_i)^2$$

替代的单质点体系的最大动能为

$$U_{2\max} = \frac{1}{2}M_{\mathrm{eq}}(\omega_1 x_m)^2$$

这两个体系的动能相等，即可求得单质点体系的折算质量 M_{eq}。

$$M_{\mathrm{eq}} = \frac{\sum_{i=1}^{n} m_i x_i^2}{x_m^2} \tag{6 - 40}$$

式中 x_m ——体系按第一振型振动时，相应于折算质点处的最大位移（对图 6 - 11 而言，$x_m = x_n$）；

x_i ——质点 m_i 处的最大位移。

在计算单层单跨和单层等高多跨厂房的自振周期时，常简化为一单质点体系，把厂房中柱、纵墙沿高度分布的质量集中于屋盖处，这就要运用动能等效原理计算其换算系数。图 6 - 12所示均质悬臂杆（相当于单层厂房中的柱和纵墙）的高度为 l，抗弯刚度为 EI，单位长度上的均布重力荷载为 $q = mg$。假设直杆均布重力荷载 g 沿水平方向作用产生的弹性曲线为体系第一振型的振型曲线（见图 6 - 12），即

$$x(u) = \frac{q}{24EI}(u^4 - 4lu^3 + 6l^2u^2) \tag{6 - 41}$$

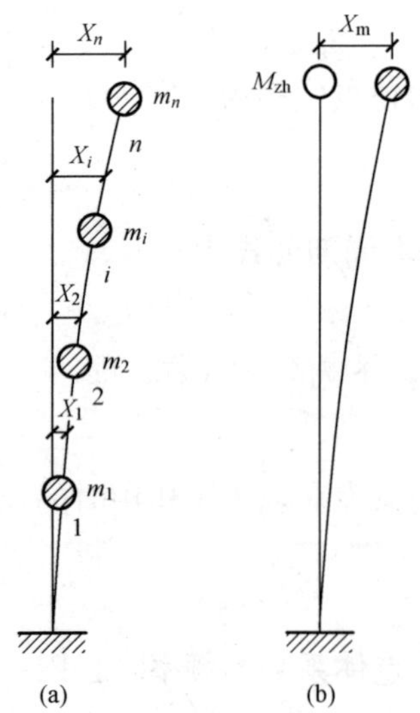

图 6 - 11 等效质量法

(a) 多质点体系第一振型；

(b) 等效成单质点体系

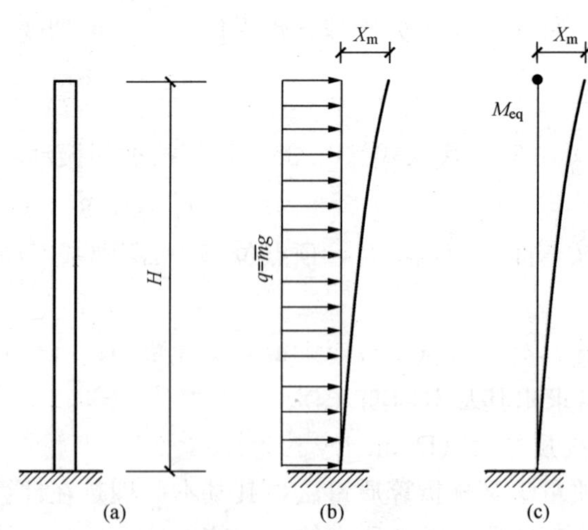

图 6 - 12 等效质量法

(a) 匀质悬臂杆；(b) 均布重量作为水平力作用下产生的位移；(c) 等效的单质点体系

若 $u = l$，顶点位移 $x_m = x(l) = \dfrac{ql^4}{8EI}$，参考式 (6 - 40)，可以求得折算 M_{eq} 为

$$M_{eq}=\frac{m\int_0^l x^2(u)\mathrm{d}u}{x_m^2}=\frac{m\left(\frac{q}{24EI}\right)^2\int_0^l(u^4-4lu^3+6l^2u^2)^2\mathrm{d}u}{\left(\frac{ql^4}{8EI}\right)^2}=0.25ml \tag{6-42}$$

式中的 0.25 就是把沿高度均匀分布的柱和纵墙的自重集中到屋盖处的换算系数。

有了替代单质点体系的折算质量 M_{eq}，就可按单质点体系来计算体系的基本频率和基本周期，即

$$\omega_1=\sqrt{\frac{1}{M_{eq}\delta}} \tag{6-43}$$

$$T_1=2\pi\sqrt{M_{eq}\delta} \tag{6-44}$$

式中　δ——单位水平力作用下悬臂杆顶点位移。

第二节　多自由度体系地震反应的振型分解法

由前面的介绍可知，多自由度弹性体系在水平地震作用下的运动方程为一组相互耦联的微分方程，联立求解非常困难。这时可以根据结构动力学知识，利用振型的正交性，采用振型分解法。振型分解法是求解多自由度弹性体系地震反应时的重要方法，是以体系的振型作为基底，而以另一函数 $q(t)$ 作为坐标，将原来耦联的多自由度微分方程组，变成几个彼此独立的单自由度微分方程，每个方程中只包含一个未知项。这样就可以分别得出各个独立方程的解，然后再将各个独立解进行组合叠加，从而求得多自由度弹性体系的地震反应。

由于主振型关于质量矩阵和刚度矩阵具有正交的性质，为了利用正交性简化所分析的问题，一般均采用瑞利阻尼假定，即假定阻尼矩阵 C 可表示为

$$[c]=a[m]+b[k] \tag{6-45}$$

式中　a、b——与体系有关的比例常数。

为了避免各方程间的耦联，我们采用坐标变换的方法，即采用一种新的坐标系统 $q_i(t)$，一般称为广义坐标，来代替原来的几何坐标 $x_i(t)$。由于体系的振型是唯一确定的，因此当 $q_i(t)$ 确定后，质点的位移 $x_i(t)$ 也将随之确定。

以两自由度体系为例，将质点 m_1、m_2 在地震作用下任一时刻的位移 $x_1(t)$、$x_2(t)$ 用其两个振型的线性组合表示，即

$$\left.\begin{aligned}x_1(t)&=q_1(t)X_{11}+q_2(t)X_{21}\\x_2(t)&=q_1(t)X_{12}+q_2(t)X_{22}\end{aligned}\right\} \tag{6-46}$$

从式（6-46）可以看出，体系的位移可看做是由各振型分别乘以相应的组合系数 $q_1(t)$ 和 $q_2(t)$ 后叠加而成。当体系为多自由度体系时，式（6-46）可写成矩阵形式，即

$$\{x_i(t)\}=[X]\{q_i(t)\} \tag{6-47}$$

$$[X]=[\{X\}_1,\{X\}_2,\cdots,\{X\}_n]=\begin{bmatrix}X_{11}&X_{21}&\cdots&X_{n1}\\X_{12}&X_{22}&\cdots&X_{n2}\\\vdots&\vdots&&\vdots\\X_{1n}&X_{2n}&\cdots&X_{nn}\end{bmatrix} \tag{6-48}$$

$$\{x(t)\}=\begin{Bmatrix}x_1(t)\\x_2(t)\\\vdots\\x_i(t)\\\vdots\\x_n(t)\end{Bmatrix}\qquad\{q(t)\}=\begin{Bmatrix}q_1(t)\\q_2(t)\\\vdots\\q_i(t)\\\vdots\\q_n(t)\end{Bmatrix}$$

式中　$[X]$——振型矩阵，是由 n 个彼此正交的主振型矢量组成的方阵；

$\{x(t)\}$——位移矢量；

$\{q(t)\}$——广义坐标矢量。

将式（6-47）代入式（6-3）中，这样在地面运动的作用下，体系的运动方程可表达为

$$[m][X]\{\ddot{q}(t)\}+(a[m]+b[k])[X]\{\dot{q}(t)\}+[k][X]\{q(t)\}=-[m]\{I\}\ddot{x}_g(t) \tag{6-49}$$

将式（6-49）等号两边均乘以 $\{X\}_j^T$，得

$$\{X\}_j^T[m][X]\{\ddot{q}(t)\}+\{X_j\}^T(a[m]+b[k])[X]\{\dot{q}(t)\}+\{X\}_j{}^T[k][X]\{q(t)\}=-\{X\}_j^T[m]\{I\}\ddot{x}_g(t) \tag{6-50}$$

式中

$$\begin{aligned}\{X\}_j^T[m][X]\{\ddot{q}(t)\}&=\{X\}_j{}^T[m][\{X\}_1,\{X\}_2,\cdots,\{X\}_j,\cdots,\{X\}_n]\begin{Bmatrix}\ddot{q}_1(t)\\\ddot{q}_2(t)\\\vdots\\\ddot{q}_j(t)\\\vdots\\\ddot{q}_n(t)\end{Bmatrix}\\&=\{X\}_j^T[m]\{X\}_1\ddot{q}_1(t)+\cdots+\{X\}_j^T[m]\{X\}_i\ddot{q}_i(t)+\cdots\\&\quad+\{X\}_j^T[m]\{X\}_n\ddot{q}_n(t)=\{X\}_j^T[m]\{X\}_j\ddot{q}_j(t)\end{aligned} \tag{6-51}$$

同理，有

$$\{X\}_j^T[k][X]\{\dot{q}(t)\}=\{X\}_j^T[k]\{X\}_j\dot{q}_j(t)=\omega_j^2\{X\}_j^T[m]\{X\}_j\dot{q}_j(t) \tag{6-52}$$

$$\{X\}_j^T[m][X]\{\dot{q}(t)\}=\{X\}_j^T[m]\{X\}_j\dot{q}_j(t)=\omega_j^2\{X\}_j^T[m]\{X\}_j\dot{q}_j(t) \tag{6-53}$$

$$\{X\}_j^T[k][X]\{q(t)\}=\{X\}_j^T[k]\{X\}_jq_j(t)=\omega_j^2\{X\}_j^T[m]\{X\}_jq_j(t) \tag{6-54}$$

将式（6-51）～式（6-54）代入式（6-50）中，并除以系数 $\{X\}_j^T[m]\{X\}_j$，得

$$\ddot{q}_j(t)+(a+b\omega_j^2)\dot{q}_j(t)+\omega_j^2q_j(t)=-\frac{\{X\}_j^T[m]\{I\}}{\{X\}_j^T[M]\{X\}_j}\ddot{x}_g(t)\quad(j=1,2,\cdots,n) \tag{6-55}$$

$$\gamma_j=\frac{\{X\}_j^T[m]\{I\}}{\{X\}_j^T[M]\{X\}_j}=\frac{\sum_{i=1}^{n}m_iX_{ji}}{\sum_{i=1}^{n}m_iX_{ji}^2} \tag{6-56}$$

式中　r_j——j 振型的振型参与系数。

令

$$2\zeta_j = \frac{a + b\omega_j^2}{\omega_j} \tag{6-57}$$

为了确定 a 和 b，可以使实际运动体系按第一和第二振型分别振动，用单自由度体系确定阻尼比的试验方法，得到相应振型的阻尼比值 ζ_1 和 ζ_2；或参照同一类型结构关于阻尼比的资料选定。然后将阻尼比和相应频率值，分别代入

$$2\zeta_1 = \frac{a + b\omega_1^2}{\omega_1}$$

$$2\zeta_2 = \frac{a + b\omega_2^2}{\omega_2}$$

联立求解得

$$\left.\begin{aligned} a &= \frac{2\omega_1\omega_2(\zeta_1\omega_2 - \zeta_2\omega_1)}{\omega_2^2 - \omega_1^2} \\ b &= \frac{2(\zeta_2\omega_2 - \zeta_1\omega_1)}{\omega_2^2 - \omega_1^2} \end{aligned}\right\} \tag{6-58}$$

将式（6-56）、式（6-57）代入式（6-55）中得

$$\ddot{q}_j(t) + 2\zeta_j\omega_j\dot{q}_j(t) + \omega_j^2 q_j(t) = -\gamma_j\ddot{x}_g(t) \quad (j = 1,2,\cdots,n) \tag{6-59}$$

这样，经过变换，便将原来运动微分方程组分解成 n 个以 $q(t)$ 为广义坐标的独立微分方程了。式（6-59）与单质点体系在地震作用下的运动微分方程基本相同，不同的只是符号发生了变化，并在等号右边多了一个系数 γ_j。上述的变换及化简处理，把式（6-3）化为了一组以 n 个广义坐标 $q_j(t)$ 为未知量的独立方程，其中每一个方程都对应一个振型，大大简化了多自由度弹性体系运动微分方程组的求解。运用单自由度体系的求解方法，求得 $q_1(t)$，$q_2(t)$，…，$q_n(t)$，即

$$q_j(t) = -\frac{\gamma_j}{\omega_j}\int_0^t \ddot{x}_g(\tau)e^{-\zeta_j\omega_j(t-\tau)}\sin\omega_j(t-\tau)d\tau = \gamma_j\Delta_j(t) \tag{6-60}$$

将求得的各广义坐标 $q_j(t)(j = 1,2,\cdots,n)$ 代入式（6-47）中，可求得各质点的位移 $x_i(t)(i = 1,2,\cdots,n)$。

令 $\Delta_j(t)$ 为阻尼比为 ζ_j、自振频率为 ω_j 的单自由度体系的位移反应，即

$$\Delta_j(t) = -\frac{1}{\omega_j}\int_0^t \ddot{x}_0(\tau)e^{-\zeta_j\omega_j(t-\tau)}\sin\omega_j(t-\tau)d\tau \tag{6-61}$$

对比式（6-48），可知第 j 振型的解 $q_j(t) = \gamma_j\Delta_j(t)$，而 i 质点的位移反应为

$$x_i(t) = \sum_{j=1}^n q_j(t)X_{ji} = \sum_{j=1}^n \gamma_j\Delta_j(t)X_{ji} \tag{6-62}$$

振型的振型参与系数 γ_j 满足下面的关系式，即

$$\sum_{j=1}^n \gamma_j X_{ji} = 1 \tag{6-63}$$

式中　γ_j——体系在地震反应中第 j 振型的振型参与系数，实际是当各质点位移等于 1 时的 q_j 值。

以下以两自由度体系为例，来证明式（6-63）。

令

$$\begin{aligned} x_1(t) &= X_{11}q_1(t) + X_{21}q_2(t) = 1 \\ x_2(t) &= X_{12}q_1(t) + X_{22}q_2(t) = 1 \end{aligned} \tag{6-64}$$

式（6-64）中的第一式乘以m_1X_{11}，第二式乘以m_2X_{12}，得

$$m_1X_{11}^2q_1(t)+m_1X_{11}X_{21}q_2(t)=m_1X_{11}$$
$$m_2X_{12}^2q_1(t)+m_2X_{12}X_{22}q_2(t)=m_2X_{12} \quad (6-65)$$

将式（6-65）中的两式相加，得

$$m_1X_{11}^2q_1(t)+m_1X_{11}X_{21}q_2(t)+m_2X_{12}^2q_1(t)+m_2X_{12}X_{22}q_2(t)=m_1X_{11}+m_2X_{12} \quad (6-66)$$

由振型的正交性可知

$$m_1X_{11}X_{21}+m_2X_{12}X_{22}=0$$

对式（6-66）进行简化，得

$$q_1(t)=\frac{m_1X_{11}+m_2X_{12}}{m_1X_{11}^2+m_2X_{11}^2}=\gamma_1$$

同理得到

$$q_2(t)=\frac{m_1X_{21}+m_2X_{22}}{m_1X_{21}^2+m_2X_{22}^2}=\gamma_2$$

将$q_1(t)$、$q_2(t)$代入式（6-64）中可得

$$\gamma_1X_{11}+\gamma_2X_{21}=1 \quad (6-67)$$
$$\gamma_1X_{12}+\gamma_2X_{22}=1 \quad (6-68)$$

由此可以推广到两个以上的多自由度体系，得到下列的一般关系式，即

$$\sum_{j=1}^{n}\gamma_jX_{ji}=1 \quad (j=1,2,\cdots,n) \quad (6-69)$$

多自由度弹性体系的水平地震作用可用各质点所受到的惯性力来代表。因此，若不考虑扭转耦联，则质点i上的地震作用为

$$F_i(t)=-m_i[\ddot{x}_g(t)+\ddot{x}_i(t)] \quad (6-70)$$

根据$\sum_{j=1}^{n}\gamma_jX_{ji}=1$，$\ddot{x}_g(t)$可写成

$$\ddot{x}_g(t)=\sum_{j=1}^{n}\gamma_j\ddot{x}_g(t)X_{ji} \quad (6-71)$$

由式（6-63）可知

$$\ddot{x}_i(t)=\sum_{j=1}^{n}\gamma_j\ddot{\Delta}_j(t)X_{ji} \quad (6-72)$$

将式（6-71）和式（6-72）代入式（6-70）中，得

$$\begin{aligned}F_i(t)&=-m_i[\ddot{x}_g(t)+\ddot{x}_i(t)]=-m_i[\sum_{j=1}^{n}\gamma_j\ddot{\Delta}_j(t)X_{ji}+\sum_{j=1}^{n}\gamma_jX_{ji}\ddot{x}_g(t)]\\&=-m_i\sum_{j=1}^{n}\gamma_jX_{ji}[\ddot{\Delta}_j(t)+\ddot{x}_g(t)] \quad (6-73)\\&=\sum_{j=1}^{n}F_{ji}(t)\end{aligned}$$

由式（6-73）可知，地震作用是随时间变化的，我们在实际工程设计中需要知道的是作用在第j振型第i质点上的水平地震作用绝对最大标准值，即

$$F_{ji}=m_i\gamma_jX_{ji}[\ddot{x}_g(t)+\ddot{\Delta}_j(t)]_{\max}(i=1,2,\cdots,n;j=1,2,\cdots,m) \quad (6-74)$$

式中　n——质点数；

m——振型数。

令

$$\alpha_j=\frac{|\ddot{x}_0(t)+\ddot{\Delta}_j(t)|_{\max}}{g}\quad G_i=m_ig$$

则式（6-74）成为

$$F_{ji}=\alpha_j\gamma_jX_{ji}G_i \tag{6-75}$$

式中　γ_j——j 振型的振型参数系数；

α_j——相应于第 j 振型自振周期 $T_j=2\pi/\omega_j$ 的单自由度体系的地震影响系数，可按单自由度体系的地震影响系数确定；

X_{ji}——j 振型 i 质点的水平相对位移，即振型位移；

G_i——集中于 i 质点的重力荷载代表值；

F_{ji}——第 i 质点第 j 振型的地震作用。

按上述方法求出相应于各振型 j 各质点 i 的水平地震作用 F_{ji} 后，即可用一般结构力学方法计算相应于各振型时结构的弯矩、剪力、轴向力和变形，这些统称为地震作用效应，用 S_j 表示第 j 振型的作用效应。应该注意到，各振型作用效应的最大值并不出现在同一时刻，因此用叠加各振型所产生的作用效应绝对值的方法来求得地震作用的总作用效应，显然数值过大，过于保守。结构地震作用的最大值并不等于各振型地震作用之和，如果要利用对应于各振型的最大地震作用效应来求结构总的地震作用效应，将存在各振型最大反应如何组合的问题。《建筑抗震设计规范》（GB 50011—2010）规定了两种组合方法：一种是完全二次项组合法（CQC 法）；另一种是平方和开方法（SRSS 法）。其中完全二次项组合法是考虑扭转影响时的组合；对于不考虑扭转影响的平移振动多质点弹性体系，往往采用平方和开方法（SRSS 法）进行组合。

（1）完全二次项组合法（CQC 法）。《建筑抗震设计规范》（GB 50011—2010）规定，当考虑扭转的地震作用效应时，工程结构总的地震作用效应 S 与各振型的地震作用效应 S_j 的关系可用式（6-76）近似描述（振型组合公式），称为完全二次项组合法，简称（CQC 法），即

$$S=\sqrt{\sum_{i=1}^{m}\sum_{j=1}^{m}\rho_{ij}S_iS_j} \tag{6-76}$$

式中　S——水平地震作用效应；

m——参与振型组合的振型数，可取 2～3，当基本自振周期 $T_1>1.5$s 或房屋高宽比大于 5 时，其值可适当增加，个；

ρ_{ij}——振型互相关系数。

（2）平方和开方法（SRSS 法）。根据随机振动理论，如果假定地震时地面运动为平稳随机过程，对于各平动振型产生的

$$S=\sqrt{\sum_{j=1}^{n}S_j^2} \tag{6-77}$$

式中　S——水平地震作用标准值的效应；

S_j——j 振型水平地震作用标准值的效应，可只取前 2～3 个振型，当基本自振周期 $T>1.5$s 或房屋高宽比大于 5 时，振型个数应适当增加。

必须注意，将各振型的地震作用效应以平方和开方法求得结构地震作用效应，与将各振型的地震作用先以平方和开方法进行组合，随后计算其作用效应，两者的结果是不同的。因为在高振型中地震作用有正、有负，经平方后，全为正值，若采用后一方法，则将夸大结构所受的地震效应。

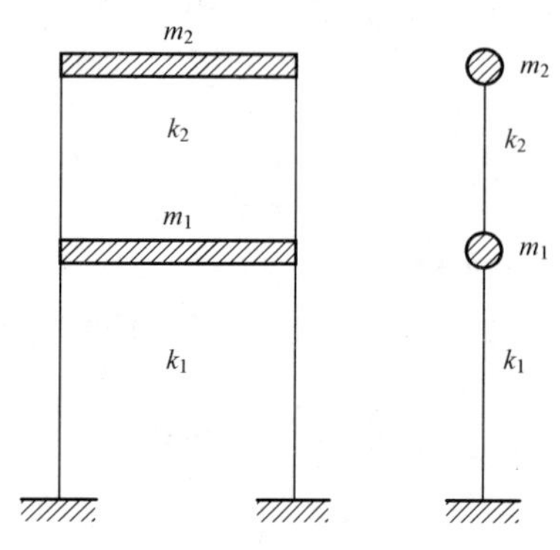

图 6-13 两层框架计算模型

【例 6-2】 如图 6-13 所示的两层框架结构，横梁刚度无限大，集中于楼面和屋面的质量分别为 $m_1 = m_2 = 80\text{t}$，层间抗侧刚度均为 $k = 4 \times 10^4 \text{kN/m}$，层高为 4.8m，跨度为 6m，结构的阻尼比为 $\zeta=0.05$，设计基本地震加速度为 0.30g，设计地震分组为第二组，Ⅱ类场地，抗震设防烈度为 8 度。试用振型分解反应谱法计算该结构多遇地震时的层间地震剪力。

解 （1）求自振频率和周期。

质量矩阵为

$$[M]-\begin{bmatrix} m_1 & \\ & m_2 \end{bmatrix}=\begin{bmatrix} 80 & 0 \\ 0 & 80 \end{bmatrix}(\text{t})$$

$$k_{11} = k_1 + k_2 = 8 \times 10^4 (\text{kN/m})$$

$$k_{12} = k_{21} =- k_2 =- 4 \times 10^4 \text{kN/m}$$

$$k_{22} = k_2 = 4 \times 10^4 \text{kN/m}$$

于是刚度矩阵为

$$[k]=\begin{bmatrix} k_{11} & k_{12} \\ k_{21} & k_{22} \end{bmatrix}=\begin{bmatrix} 8 & -4 \\ -4 & 4 \end{bmatrix}\times 10^4 (\text{kN/m})$$

由式（6-13）得频率方程为

$$\begin{vmatrix} 8 \times 10^4 - 80\omega^2 & -4 \times 10^4 \\ -4 \times 10^4 & 4 \times 10^4 - 80\omega^2 \end{vmatrix} = 0$$

解上列方程式得，$\omega_1 = 13.82\text{rad/s}$，$\omega_2 = 36.18\text{rad/s}$。

当 $\omega = \omega_1$ 时，由式（6-8）可得

$$\begin{bmatrix} k_{11} - m_1\omega_1^2 & k_{12} \\ k_{21} & k_{22} - m_2\omega_1^2 \end{bmatrix}\begin{Bmatrix} X_{11} \\ X_{12} \end{Bmatrix}= 0$$

由上式得第一振型幅值的相对比值为

$$\frac{X_{12}}{X_{11}} = \frac{m_1\omega_1^2 - k_{11}}{k_{12}} = \frac{80 \times 191 - 8 \times 10^4}{-4 \times 10^4} = 1.618$$

当 $\omega = \omega_2$ 时，同理可得第二振型幅值的相对比值为

$$\frac{X_{22}}{X_{21}} = \frac{m_1\omega_2^2 - k_{11}}{k_{12}} = \frac{80 \times 1309 - 8 \times 10^4}{-4 \times 10^4} =- 0.618$$

因此，第一振型为

$$\{X\}_1 = \begin{Bmatrix} X_{11} \\ X_{12} \end{Bmatrix}= \begin{Bmatrix} 1.000 \\ 1.618 \end{Bmatrix} = \begin{Bmatrix} 0.618 \\ 1.000 \end{Bmatrix}$$

第二振型为

$$\{X\}_2=\begin{Bmatrix}X_{21}\\X_{22}\end{Bmatrix}=\begin{Bmatrix}1.000\\-0.618\end{Bmatrix}=\begin{Bmatrix}-1.618\\1.000\end{Bmatrix}$$

$$T_1=\frac{2\pi}{\omega_1}=0.454\text{s}\quad T_2=\frac{2\pi}{\omega_2}=0.174\text{s}$$

（2）计算振型参与系数。

由式（6－56）可得到两个振型参与系数值，分别为

$$\gamma_1=\frac{\sum_{i=1}^{n}m_iX_{1i}}{\sum_{i=1}^{n}m_iX_{1i}^2}=\frac{80\times0.618+80\times1}{80\times0.618^2+80\times1^2}=1.171$$

$$\gamma_2=\frac{\sum_{i=1}^{n}m_iX_{2i}}{\sum_{i=1}^{n}m_iX_{2i}^2}=\frac{80\times(-1.618)+80\times1}{80\times(-1.618)^2+80\times1^2}=-0.171$$

（3）计算各振型的地震影响系数 α_j。

第一振型的地震影响系数 α_1：

查表得 $T_g=0.40\text{s}$，$\alpha_{max}=0.24$；计算得 $\gamma=0.9$，$\eta_2=1$。

因此

$$\alpha_1=\left(\frac{T_g}{T_1}\right)^{\gamma}\eta_2\alpha_{max}=\left(\frac{0.40}{0.454}\right)^{0.9}\times1\times0.24=0.2141$$

第二振型的地震影响系数 α_2：

因为 $0.1\text{s}<T_2=0.174<T_g=0.40\text{s}$，$\eta_2=1+\frac{0.05-\zeta}{0.08+1.6\zeta}=1$ 因此 $\alpha_2=\eta_2\alpha_{max}=0.24$。

（4）水平地震作用计算。

第一振型的水平地震作用：由式（6－75）得

$$F_{11}=\alpha_1\gamma_1X_{11}G_1=\alpha_1\gamma_1X_{11}m_1g$$
$$=0.2141\times1.171\times0.618\times80\times9.8=121.47(\text{kN})$$
$$F_{12}=\alpha_1\gamma_1X_{12}G_2=\alpha_1\gamma_1X_{12}m_2g$$
$$=0.2141\times1.171\times1\times80\times9.8=196.56(\text{kN})$$

第二振型的水平地震作用：由式（6－75）得

$$F_{21}=\alpha_2\gamma_2X_{21}G_1=\alpha_2\gamma_2X_{21}m_1g$$
$$=0.24\times(-0.171)\times(-1.618)\times80\times9.8=52.06(\text{kN})$$
$$F_{22}=\alpha_2\gamma_2X_{21}G_1=\alpha_2\gamma_2X_{22}m_2g$$
$$=0.24\times(-0.171)\times1\times80\times9.8=-32.18(\text{kN})$$

（5）层间地震剪力。

按平方和开方法（SRSS法），则可求得底层及二层的层间地震剪力为

$$V_1=\sqrt{(318.03)^2+(19.88)^2}=318.65(\text{kN})$$
$$V_2=\sqrt{(196.56)^2+(32.18)^2}=199.18(\text{kN})$$

对应于第一、第二振型的地震剪力如图6－14所示。

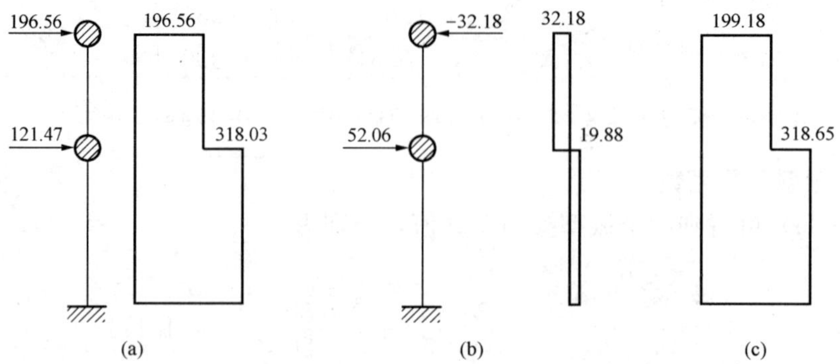

图 6 - 14 地震剪力（kN）
（a）第一振型地震剪力；（b）第二振型地震剪力；（c）组合后的各层地震剪力

第三节 多自由度体系地震反应的底部剪力法

底部剪力法是一种近似地计算结构地震反应的方法，是先计算出作用于结构底部的总水平地震作用，也就是作用于结构底部的剪力，然后将总水平地震作用按照一定的规律再分配到各个质点上。

底部剪力法的适用范围是对于高度不超过 40m，以剪切变形为主，且质量和刚度沿高度分布均匀的结构，以及近似于单质点体系的结构。

一、结构底部剪力

满足上述条件的结构在地震运动作用下的反应通常以第一振型为主，且第一振型接近直线，如图 6 - 15 所示。

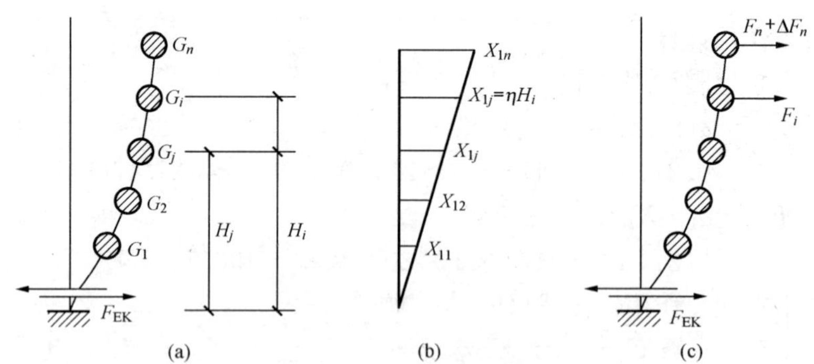

图 6 - 15 水平地震作用的简化计算
（a）计算简图；（b）简化的第一振型；（c）质点地震作用

按振型分解反应谱法，j 振型结构底部的总剪力为

$$S_j = \sum_{i=1}^{n} F_{ji} = \sum_{i=1}^{n} \alpha_j \gamma_j X_{ji} G_i = \alpha_1 G_E \left(\sum_{i=1}^{n} \frac{\alpha_j}{\alpha_1} \gamma_j X_{ji} \frac{G_i}{G_E} \right) \tag{6-78}$$

$$G_E = \sum_{i=1}^{n} G_i$$

式中 α_1 ——相对于结构基本自振周期的水平地震影响系数；

G_E——结构总的重力荷载代表值；

G_i——质点 i 的重力荷载代表值。

按照 SRSS 法的振型组合原则，结构总的底部剪力（或总水平地震作用）为

$$F_{Ek}=S=\sqrt{\sum_{j=1}^{n}S_{jE}^{2}}=\alpha_1 G_E\sqrt{\sum_{j=1}^{n}\left(\sum_{i=1}^{n}\frac{\alpha_j}{\alpha_1}\gamma_j X_{ji}\frac{G_i}{G_E}\right)^2}=\alpha_1 G_E q \tag{6-79}$$

$$q=\sqrt{\sum_{j=1}^{n}\left(\sum_{i=1}^{n}\frac{\alpha_j}{\alpha_1}\gamma_j X_{ji}\frac{G_i}{G_E}\right)^2}$$

式中　q——高振型影响系数，又称等效重力荷载系数。

《建筑抗震设计规范》(GB 50011—2010) 规定，对单质点体系应取总重力荷载代表值，即 $q=1$；对多质点体系，可取总重力荷载代表值的 85%，即 $q=0.85$。

于是，结构总水平地震作用标准值最后的计算公式可写成

$$F_{Ek}=\alpha_1 G_{eq} \tag{6-80}$$

$$G_{eq}=qG_E=q\sum_{i=1}^{n}G_i$$

式中　α_1——相应于结构基本自振周期的水平地震影响系数，对于多层砌体房屋、底部框架，可取水平地震影响系数最大值；

G_{eq}——结构等效总重力荷载；

G_i——集中于质点 i 的重力荷载代表值。

二、各质点上的地震作用

在求得结构的总水平地震作用后，就可将它分配于各个质点，以求得各质点上的地震作用。分析表明，对于质量和刚度沿高度分布比较均匀、高度不大，并以剪切变形为主的结构，地震反应将已基本振型为主，而其振型接近于倒三角形，如图 6-15 所示。按此假定将总水平地震作用进行分配，因此体系振动时质点 i 处的振幅与该质点距地面的高度成正比，即

$$X_{1i}=\eta H_i \tag{6-81}$$

式中　η——比例常数；

H_i——质点 i 的计算高度。

将式 (6-81) 代入式 (6-75)，得

$$F_i=\alpha_1\gamma_1\eta H_i G_i \tag{6-82}$$

结构总水平地震作用标准值为

$$F_{Ek}=\sum_{i=1}^{n}F_i=\alpha_1\gamma_1\eta\sum_{i=1}^{n}G_i H_i \tag{6-83}$$

整理得

$$\alpha_1\gamma_1\eta=\frac{F_{Ek}}{\sum_{i=1}^{n}G_i H_i} \tag{6-84}$$

将式 (6-84) 代入式 (6-82) 中，得出计算 F_i 的表达式为

$$F_i=\frac{G_i H_i}{\sum_{j=1}^{n}G_j H_j}F_{Ek} \tag{6-85}$$

式中 F_i ——质点 i 的水平地震作用标准值；

i ——所求水平地震作用的质点序号。

三、房屋建筑顶部附加地震作用

按照式（6-85）计算得到的各质点的水平地震作用可较好地反映刚度较大的结构，如砌体结构的地震作用；但当结构的基本周期较长，场地的特征周期 T_g 较小时，由于高振型的影响，可按式（6-85）计算出的结构顶部地震作用偏小。为减小这一误差，《建筑抗震设计规范》中采取调整地震作用的办法，使顶层地震剪力有所增加，当房屋建筑结构的基本周期 $T_1>1.4T_g$ 时，在顶部附加水平地震作用，取

$$\Delta F_n = \delta_n F_{Ek} \tag{6-86}$$

式中 ΔF_n ——顶部附加水平地震作用；

δ_n ——顶部附加地震作用系数，多层钢筋混凝土房屋可按表 6-1 采用，多层内框架砖房可采用 0.2，其他房屋可不考虑。

而将余下的水平地震作用 $(1-\delta_n)F_{Ek}$ 按下列公式分配给各质点，即

$$F_i = \frac{G_iH_i}{\sum_{j=1}^{n}G_jH_j}F_{Ek}(1-\delta_n) \tag{6-87}$$

此时，结构顶部的水平地震作用为按式（6-87）计算的 F_n 与按式（6-86）计算的 ΔF_n 之和，如图 6-15 所示。

表 6-1　顶部附加地震作用系数 δ_n

T_g(s)	$T_1>1.4T_g$	$T_1\leqslant 1.4T_g$
$T_g\leqslant 0.35$	$0.08T_1+0.07$	0
$0.35<T_g\leqslant 0.55$	$0.08T_1+0.01$	
$T_g>0.55$	$0.08T_1-0.02$	

注　T_1 为结构基本自振周期。

突出屋面的屋顶间、女儿墙、烟囱等附属结构的质量和刚度比下层小很多，震害表明，这部分结构破坏比下面主体结构严重，这种由于突出屋面的建筑质量和刚度比下部小很多而使顶部振幅急剧加大、结构破坏严重的现象称为鞭端效应。因此，《建筑抗震设计规范》规定，采用底部剪力法时，对这些结构的地震作用效应宜乘以增大系数 3，此增大部分不应往下传递。

【例 6-3】 试用底部剪力法计算［例 6-2］框架结构多遇地震时的层间地震剪力。

解 （1）结构总水平地震作用。

地震影响系数：$\alpha_1=0.2141$。

等效总重力荷载代表值为

$$G_{eq} = 0.85\sum_{i=1}^{n}m_ig = 0.85\times(80+80)\times 9.8 = 1332.8(\text{kN})$$

代入式（6-80）中得结构总水平地震作用为

$$F_{Ek} = \alpha_1 G_{eq} = 0.2141\times 1332.8 = 285.35(\text{kN})$$

（2）各质点上的地震作用。

因 $T_1=0.454\text{s}<1.4T_g=1.4\times 0.4=5.6$，故 $\delta_n=0$。

$$F_1 = \frac{G_1H_1}{\sum_{j=1}^{2}G_jH_j}F_{Ek}(1-\delta_n) = \frac{80\times 9.8\times 4.8}{80\times 9.8\times 4.8+80\times 9.8\times 9.6}\times 285.35\times(1-0)$$

$$=95.12(\text{kN})$$

$$F_2 = \frac{G_2 H_2}{\sum_{j=1}^{2} G_j H_j} F_{\mathrm{Ek}}(1-\delta_n) = \frac{80\times 9.8\times 9.6}{80\times 9.8\times 4.8 + 80\times 9.8\times 9.6}\times 285.35\times(1-0)$$

$$=190.23(\mathrm{kN})$$

顶部附加的集中水平地震作用为

$$\Delta F_n = \delta_n F_{\mathrm{Ek}} = 0$$

(3) 各层层间剪力为

$$V_1 = F_1 + F_2 + \Delta F$$
$$=95.12 + 190.23 + 0$$
$$=285.35(\mathrm{kN})$$
$$V_2 = F_2 + \Delta F$$
$$=190.23 + 0$$
$$=190.23(\mathrm{kN})$$

上述结果与［例 6-2］用振型分解反应谱法的结果非常接近。楼层水平地震作用及层间剪力如图 6-16 所示。

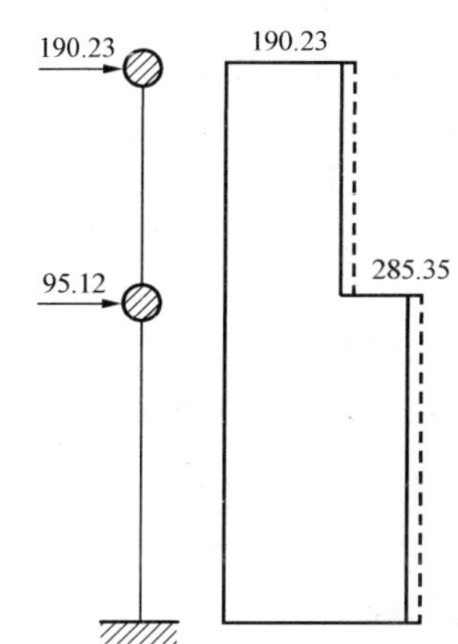

注：虚线为振型分解反应谱法，实线为底部剪力法。

图 6-16　水平地震作用及层间剪力（kN）

第四节　多自由度体系地震反应时程分析法

时程分析法也称直接动力法，又称动态分析法，是用数值积分求解运动微分方程的一种方法，是一种比较合理的设计方法。它是根据选定的地震动和结构振动模型以及构件恢复力特性曲线，采用逐步积分的方法，对运动微分方程进行直接积分，来求得在地面加速度随时间变化期间结构的内力和变形状态随时间变化的全过程，从而观察到结构在强震作用时，在弹性和非弹性阶段的内力变化以及结构开裂、损坏，直至结构倒塌破坏的全过程，并以此进行结构构件的截面抗震承载力验算和变形验算。

一、地震波的选用

采用时程分析法计算结构的地震反应时，就是把地面运动的加速度数值直接输入动力方程，作为结构受迫振动时所受到的地震作用。研究表明，工程结构的地震反应对输入的地震运动特性十分敏感，因此正确选择输入地震波是采用时程分析法进行工程结构抗震设计的关键。

1. 地震波的种类

拟建场地上实际的强震记录是最理想、最符合实际情况的地震波。常用的强震记录有埃尔森特罗波、塔夫特波、天津波等。表 6-2 为常用的国内外几个强震记录的最大加速度、主要周期以及适用的场地。

模拟地震波又叫人工地震波，是在计算机上用数学方法创造出一些符合地面运动加速度峰值、或频谱特性、或震动持续时间、或地震能量等条件的地面运动过程，通过限定一定的条件，使模拟产生的这组模拟地震波既符合了一定的地震通性，又有其各自的特点，使之能够符合地震运动的随机性质。这些从大量实际地震记录的统计特征出发，模拟产生的人工地震波非常具有代表性。按照拟建场地的地基和建筑物状况、设防烈度的要求，选用这种人造地震波，也是较合理的途径和较常用的手段。

表 6-2 常用的国内外几个地震波的特性

地震波名	加速度峰值 (cm/s^2)	主要周期 (s)	适用场地
天津	105.6	1.0	软弱
	146.7	0.9	
埃尔森特罗	341.7	0.55	中软
	210.1	0.5	
塔夫特	152.7	0.30	中硬
	175.9	0.44	
滦县	165.8	0.1	坚硬
	180.5	0.15	

2. 地震波的选用方法

多组时程曲线的平均地震影响系数曲线应与振型分解反应谱法所采用的地震影响系数曲线在统计意义上相符，其加速度时程的最大值可按表 6-3 采用。这可通过将所选用的地震波的峰值加速度乘以调整系数来实现。各条地震波所对应的弹性反应谱的特征周期，总体上要与结构所处场地的《建筑抗震设计规范》反应谱的特征周期协调。在选择地震波时，主要挑选同样场地条件的地震波，且每条地震波的特征周期要有所差异。对于强震持续时间，原则上应采用持续时间较长的波，因为持续时间长时，地震波能量大，结构反应较强烈，而且当结构的变形超过弹性范围时，持续时间越长，结构在振动过程中屈服的次数就越多，从而易使结构塑性变形积累而破坏，只要其对应的反应谱形状与《建筑抗震设计规范》中反应谱协调即可。

《建筑抗震设计规范》要求采用时程分析法时，应按建筑场地类别和设计地震分组选用实际强震记录和人工模拟的加速度时程曲线，其中实际强震记录的数值不应少于总数的2/3。在采用时程分析法进行多遇地震下的补充计算时，当取 3 组加速度时程曲线输入时，计算结果宜取时程法的包络值和振型分解反应谱的较大值；当取 7 组及 7 组以上的时程曲线时，计算结果可取时程法的平均值和振型分解反应谱法的较大值。

实际地震记录必须加以数字化才能在计算中应用。所谓数字化，就是把用曲线表示的加速度波形转换成一定时间间隔内的加速度数值。

表 6-3 时程分析所用地震加速度时程的最大值 (cm/s^2)

地震影响	6 度	7 度	8 度	9 度
多遇地震	18	35 (55)	70 (110)	140
罕遇地震	125	220 (310)	400 (510)	620

注 括号内数值分别用于设计基本地震加速度为 $0.15g$ 和 $0.30g$ 的地区。

二、威尔逊 θ 法 (wilson θ 法)

1. 基本思路

如图 6-17 所示，设时刻 t 与 $t+\theta\Delta t$ 之间，每一个质点的相对响应加速度和地震动加速度为线形变化，在以 t 为原点的区间内，时间设为 $\tau(0\leqslant\tau\leqslant\theta\Delta t)$，则线性假定可表示为

$$\{\ddot{x}(\tau)\}=\frac{\{\ddot{x}\}_{t+\theta\Delta t}-\{\ddot{x}\}_t}{\theta\Delta t}\tau+\{\ddot{x}\}_t \tag{6-88}$$

而在 t 和 $t+\theta\Delta t$ 时刻，运动微分方程可以写成

$$[m]\{\ddot{x}\}_t+[c]\{\dot{x}\}_t+[k]\{x\}_t=-\ddot{x}_{gt}[m]\{1\} \tag{6-89}$$

$$[m]\{\ddot{x}\}_{t+\theta\Delta t}+[c]\{\dot{x}\}_{t+\theta\Delta t}+[k]\{x\}_{t+\theta\Delta t}=-\ddot{x}_{gt+\theta\Delta t}[m]\{1\} \tag{6-90}$$

在式（6-88）中，设 $\tau=\Delta t$，可以得到

$$\{\ddot{x}\}_{t+\theta\Delta t}=(1-\theta)\{\ddot{x}\}_t+\theta\{\ddot{x}\}_{t+\Delta t} \tag{6-91}$$

同理，地震加速度也可以表示为

$$\ddot{y}_{t+\theta\Delta t}=(1-\theta)\ddot{y}_t+\theta\ddot{y}_{t+\Delta t} \tag{6-92}$$

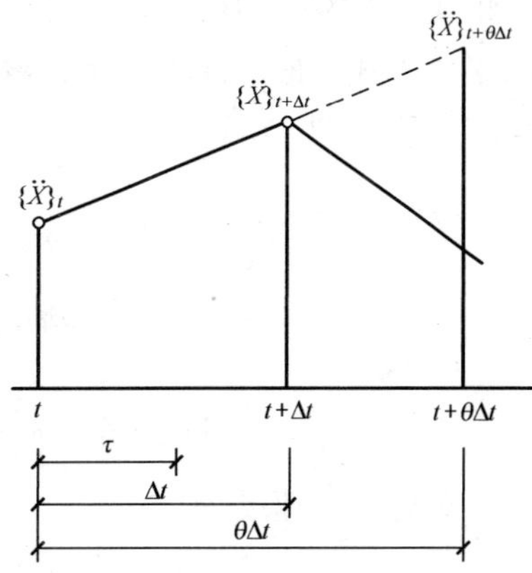

图 6-17　wilson θ 法（多质点体系）

将式（6-91）改写为

$$\{\ddot{x}\}_{t+\Delta t}=\frac{1}{\theta}\{\ddot{x}\}_{t+\theta\Delta t}+\left(1-\frac{1}{\theta}\right)\{\ddot{x}\}_t \tag{6-93}$$

对式（6-88）进行积分，得到

$$\left.\begin{aligned}\{\dot{x}(\tau)\}&=\{\dot{x}\}_t+\{\ddot{x}\}_t\tau+(\{\ddot{x}\}_{t+\theta\Delta t}-\{\ddot{x}\}_t)\frac{\tau^2}{2\theta\Delta t}\\ \{x(\tau)\}&=\{x\}_t+\{\dot{x}\}_t\tau+\{\ddot{x}\}_t\frac{\tau^2}{2}+(\{\ddot{x}\}_{t+\theta\Delta t}-\{\ddot{x}\}_t)\frac{\tau^3}{6\theta\Delta t}\end{aligned}\right\} \tag{6-94}$$

设 $\tau=\theta\Delta t$，则

$$\left.\begin{aligned}\{\dot{x}\}_{t+\theta\Delta t}&=\{\dot{x}\}_t+(\{\ddot{x}\}_t+\{\ddot{x}\}_{t+\theta\Delta t})\frac{\theta\Delta t}{2}\\ \{x\}_{t+\theta\Delta t}&=\{x\}_t+\{\dot{x}\}_t(\theta\Delta t)+(2\{\ddot{x}\}_t+\{\ddot{x}\}_{t+\theta\Delta t})\frac{(\theta\Delta t)^2}{6}\end{aligned}\right\} \tag{6-95}$$

此外，设 $\tau=\Delta t$，则

$$\left.\begin{aligned}\{\dot{x}\}_{t+\Delta t}&=\{\dot{x}\}_t+\left(\frac{1}{2\theta}\{\ddot{x}\}_{t+\theta\Delta t}+\left(1-\frac{1}{2\theta}\right)\{\ddot{x}\}_t\right)\Delta t\\ \{x\}_{t+\Delta t}&=\{x\}_t+\{\dot{x}\}_t\Delta t+\left(\frac{1}{3\theta}\{\ddot{x}\}_{t+\theta\Delta t}+\left(1-\frac{1}{3\theta}\right)\{\ddot{x}\}_t\right)\frac{(\Delta t)^2}{2}\end{aligned}\right\} \tag{6-96}$$

在式（6-95）中，以 $\{x\}_{t+\theta\Delta t}$ 为变量来表示 $\{\ddot{x}\}_{t+\theta\Delta t}$ 和 $\{\dot{x}\}_{t+\theta\Delta t}$，则可以得到

$$\left.\begin{aligned}\{\ddot{x}\}_{t+\theta\Delta t}&=\frac{6}{(\theta\Delta t)^2}(\{x\}_{t+\theta\Delta t}-\{x\}_t)-\frac{6}{\theta\Delta t}\{\dot{x}\}_t-2\{\ddot{x}\}\\ \{\dot{x}\}_{t+\theta\Delta t}&=\frac{3}{\theta\Delta t}(\{x\}_{t+\theta\Delta t}-\{x\}_t)-2\{\dot{x}\}_t-\frac{\theta\Delta t}{2}\{\ddot{x}\}\end{aligned}\right\} \tag{6-97}$$

将式（6-97）和式（6-92）代入式（6-90）中，就得到有关未知变量 $\{x\}_{t+\theta\Delta t}$ 的方程为

$$\begin{aligned}&\left(\frac{6}{(\theta\Delta t)^2}[m]+\frac{3}{\theta\Delta t}[c]+[k]\right)\{x\}_{t+\theta\Delta t}\\ &=-((1-\theta)\ddot{x}_{gt}+\theta\ddot{x}_{gt+\Delta t})[m]\{1\}+[m]\left(\frac{6}{(\theta\Delta t)^2}\{x\}_t+\frac{6}{\theta\Delta t}\{\dot{x}\}_t+2\{\ddot{x}\}_t\right)\\ &=+[c]\left(\frac{3}{\theta\Delta t}\{x\}_t+2\{\dot{x}\}_t+\frac{\theta\Delta t}{2}\{\ddot{x}\}_t\right)\end{aligned} \tag{6-98}$$

求解此方程就可以得到 $\{x\}_{t+\theta\Delta t}$。

将式（6-97）中的第一式代入式（6-93）以后，可以利用 $\{x\}_{t+\theta\Delta t}$ 表示 $\{x\}_{t+\Delta t}$，并且将此结果代入式（6-96）中，则得到 $t+\Delta t$ 时刻各质点的相对响应加速度、相对响应速度和相对响应位移，即

$$\left.\begin{aligned}\{\ddot{x}\}_{t+\Delta t}&=\frac{6}{\theta(\theta\Delta t)^2}(\{x\}_{t+\Delta t}-\{x\}_t)-\frac{6}{\theta^2\Delta t}\{\dot{x}\}_t+\left(1-\frac{3}{\theta}\right)\{\ddot{x}\}\\ \{\dot{x}\}_{t+\Delta t}&=\dot{x}_t+(\{\ddot{x}\}_{t+\Delta t}+\{\ddot{x}\}_t)\frac{\Delta t}{2}\\ \{x\}_{t+\Delta t}&=\{x\}_t+\{\dot{x}\}_t\Delta t+(\{\ddot{x}\}_{t+\Delta t}+2\{\ddot{x}\}_t)\frac{(\Delta t)^2}{6}\end{aligned}\right\}\tag{6-99}$$

绝对响应加速度为

$$\{\ddot{x}+\ddot{x}_g\}_{t+\Delta t}=\{\ddot{x}\}_{t+\Delta t}+\ddot{x}_{g\,t+\Delta t}\{1\}\tag{6-100}$$

式（6-99）中的 $\{\ddot{x}\}_t$、$\{\dot{x}\}_t$ 以及 $\{x\}_t$ 是在前一个循环中已算出的结果，是已知量。

这样一来，采用逐次循环的方法，一旦给出初始值，就总可以计算出每一个质点每一个时刻的响应值。

2. 计算机程序设计

【程序主要功能】

在已知地震动加速度时程数据的条件下，利用 wilson θ 法计算多质点有阻尼体系中各质点的绝对加速度、相对速度和相对位移响应时程曲线。

【使用方法】

(1) 调用方法：

CALL MDOW（N，EM，EC，EK，NN，DT，DDY，ACC，VEL，DIS，ND1，ND2，VW1，VW2，VW3）

其具体参数说明见表 6-4。

表 6-4　　参数说明

参数	类型	调用程序时的内容	返回值内容
N	I	自由度	不变
EM	R 二维数组（ND1，ND1）	质量矩阵（kg）	不变
EC	R 二维数组（ND1，ND1）	阻尼矩阵（N·s/m）	不变
EK	R 二维数组（ND1，D1）	刚度矩阵（N/m）	不变
NN	I	地震动加速度时程数据总数	不变
DT	R	地震动加速度时程时间间隔（s）	不变
DDY	R 一维数组（D2）	地震动加速度时程数据（m/s²）	不变
ACC	R 二维数组（ND1，D2）	不输入也可以	绝对加速度响应矩阵（m/s²）
VEL	R 二维数组（ND1，ND2）	不输入也可以	相对加速度响应矩阵（m/s）
DIS	R 二维数组（ND1，D2）	不输入也可以	相对位移反应矩阵（m）
ND1	I		不变
ND2	I		不变
VW1	R 二维数组（ND1，ND1）	不输入也可以	（工作区域）
VW2	R 一维数组（ND1）	不输入也可以	（工作区域）
VW3	R 一维数组（ND1）	不输入也可以	（工作区域）

（2）必要的子程序和函数子程序。

CHOL（cholesky's solution of linear equation）：利用 LU 三角分解法求解线性方程组 $[A]\{x\}=\{b\}$ 的子程序，见附录 3。

【程序一览表】

```
    SUBROUTINE  MDOW(N,EM,EC,EK,NN,DT,DDY,ACC,VEL,DIS,ND1,ND2,
                VW1,VW2,VW3)
    DIMENSION   EM(ND1,ND1),EC(ND1,ND1),EK(ND1,ND1),DDY(ND2),ACC
               (ND1,ND2),VEL(ND1,ND2),Dis(ND1,ND2),VW1(ND1,ND1),
               VW2(ND1),VW3(ND2)
    THETE=1.4
    DO  110 I=1,N
    ACC(I,1)=.DDY(1)
    VEL(I,1)=0.0
    DIS(I,1)=0.0
110 CONTINUE
    THDT=THETA*DT
    A0=6.0/THDT* *2
    A1=3.0/THDT
    A2=2.0*A1
    A3=THDT/2.0
    A4=A0/THETA
    A5=.A2/THETA
    A6=1.0.3.0/THETA
    A7=DT/2.0
    A8=DT*DT/6.0
    A9=1.0.THETA
    DO 130 I=1,N
    DO 120 J=1,N
    VW1(I,J)=EK(I,J)
    VW1(I,J)=VW1(I,J)+A0*EM(I,J)+A1*EC(I,J)
    120  CONTINUE
    130  CONTINUE
    DO  180 M=2,NN
    DO  140 I=1,N
    VW2(I)=A1*DIS(I,M.1)+2.0*VEL(I,M.1)+A3*ACC(I,M.1)
    VW3(I)=.A9*DDY(M.1).THETA*DDY(M)+A0*DIS(I,M.1)+A2*VEL(I,
    M.1)+2.0*ACC(I,M.1)*EM(I,I)
```

```
140 CONTINUE
    DO 160 I=1,N
    S=0.0
    DO 150 J=1,N
    S=S+EC(I,J) * VW2(J)
150 CONTINUE
    VW3(I)=VW3(I)+S
160 CONTINUE
    CALL CHOL(N,VW1,VW3,VW2,10,M.2)
    DO 170 I=1,N
    ACC(I,M)=A4 * VW2(I).DIS(I,M.1)+A5 * VEL(I,M.1)+A6 * ACC(I,M.1)
    VEL(I,M)=VEL(I,M.1)+A7 * (ACC(I,M)+ACC(I,M.1))
    DIS(I,M)=DIS(I,M.1)+DT * VEL(I,M.1)+A8 * (ACC(I,M)+2.0ACC(I,M.1))
170 CONTINUE
    WRITE(3,528)M,(DIS(I,M),I=1,N)
    WRITE(4,528)M,(VEL(I,M),I=1,N)
180 CONTINUE
    DO 200 M=1,NN
    DDYM=DDY(M)
    DO 190 I=1,N
    ACC(I,M)= ACC(I,M)+ DDYM
190 CONTINUE
    WRITE(5,500)M,(ACC(I,M),I=1,N)
200 CONTINUE
500 FORMAT(1X,I4,2X,E10.4,2X, E10.4,2X, E10.4,2X, E10.4,2X, E10.4)
    RETURN
    END
```

【例 6-4】 已知地震动为 EL CENTRO NS 加速度波，其加速度最大值为 341.7cm/s^2，时间间隔为 0.02s，采用瑞雷型阻尼，设第一阶振型和第二阶振型阻尼比均为 0.02，结构各层质量与抗侧刚度见表 6-5。试利用 wilson θ 法计算十层框架结构的地震反应。

表 6-5　　结构各层质量与抗侧刚度

层　数	1	2	3	4	5	6	7	8	9	10
质量（t）	106	106	106	102	102	102	90	90	90	80
抗侧刚度（$\times 10^8$N/m）	6.8	4.5	4.5	4.5	2.2	2.2	2.2	1.5	1.5	1.5

解　主程序为：

```
      DIMENSION EM(10,10),EC(10,10),EK(10,10),DDY(10000),
    & ACC(10,10000),VEL(10,10000),DIS(10,10000),VW1(10,10),
    & VW2(10,10),VW2(10),VW3(10),M(10),K(10),T(10),W(10),H(10),
    & U(10,10),A(10,10),S(10,10),R(10)

      REAL M,K
      OPEN(1,FILE='MDOW. DAT',STATUS='OLD')
      READ(1,*)N,DT,NN,ID,IND
      READ(1,*) (M(I),I=1,N)
      READ(1,*) (K(I),I=1,N)
      READ(1,*) (H(I),I=1,N)
      OPEN(2,FILE='EL. 02. DAT',STATUS='OLD')
      READ(2,*) (DDY(I),I=1,NN)
      OPEN(3,FILE='3. DIS. DAT',ACTION='WRITE')
      OPEN(4,FILE='4. VEL. DAT',ACTION='WRITE')
      OPEN(5,FILE='5. ACC. DAT',ACTION='WRITE')
      CLOSE(1,STATUS='KEEP')
      CLOSE(2,STATUS='KEEP')
      DO 5 I=1,N
      DO 10 J=1,N
      EM(I,J)=0.0
      EK(I,J)=0.0
10    CONTINUE
5     CONTINUE
      DO 15 I=1,N
      EM(I,I)=M(I)
15    CONTINUE
      EK(1,1)=K(1)
      DO 20 I=2,N
      EK(I,I)=K(I. 1)+K(I)
20    CONTINUE
      DO 25 I=1,N
      J=I+1
      EK(I,J)=. K(I)
      EK(J,I)=EK(I,J)
25    CONTINUE
```

```
CALL MOCH(N,EM,EK,W,U,10,ID,VW1,VW2)
CALL DAMP(N,EM,EK,H,W,U,IND,EC,10,VW1,VW2)
CALL MDOW(N,EM,EC,EK,NN,DT,DDY,ACC,VEL,DIS,10,10000,VW1,VW2,VW3)
STOP
END
```

利用程序计算的每一层最大绝对加速度响应值、最大相对速度响应值、最大相对位移响应值见图 6-18。

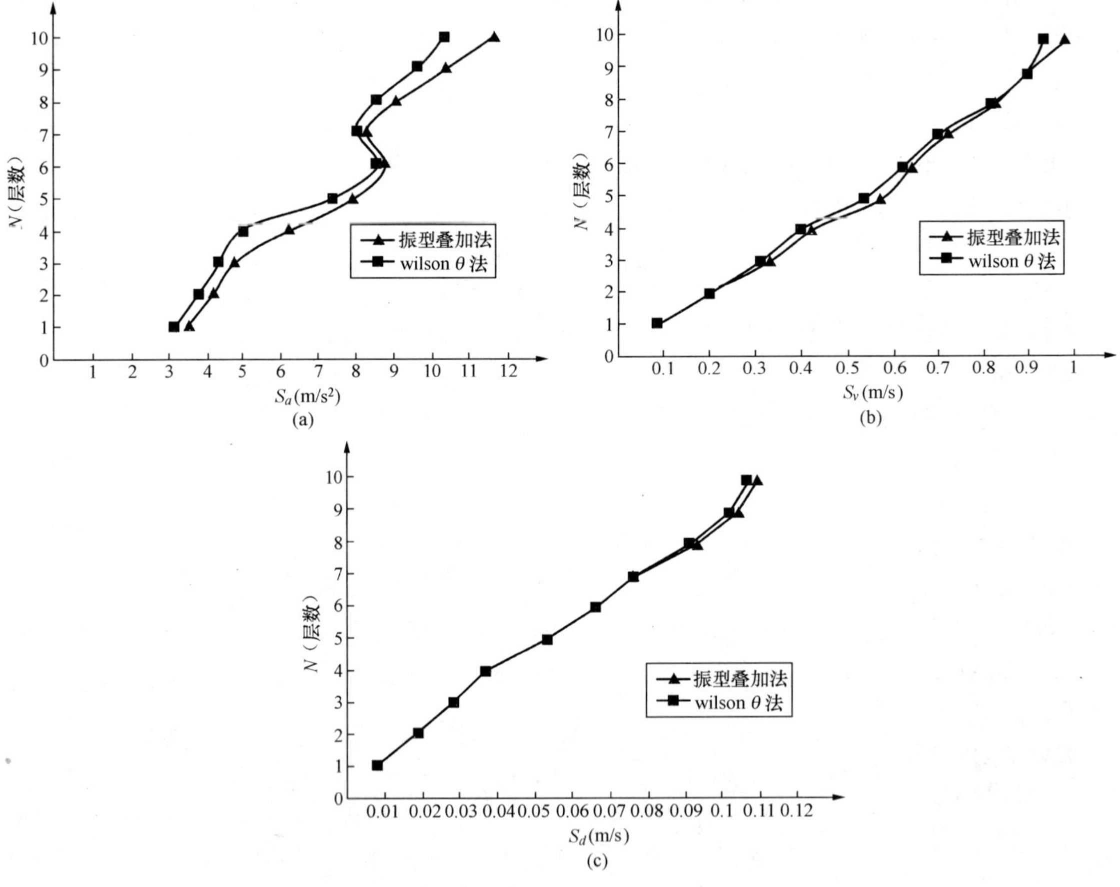

图 6-18 地震响应最大值

(a) 绝对加速度最大值；(b) 相对速度最大值；(c) 相对位移最大值

三、振型叠加法

1. 基本思路

众所周知，多质点体系受到地震波作用时，其运动微分方程为

$$[m]\{\ddot{x}\}+[c]\{\dot{x}\}+[k]\{x\}=-\ddot{x}_g[m]\{1\}$$

进行变量变换，得

$$\{x\}=[U]\{q\} \tag{6-101}$$

式中　$[U]$——振型矩阵；

$\{q\}$——广义坐标。

将式（6-101）代入运动微分方程中，并将等式两边均乘以 $[U]^T$，则得到

$$[U]^T[m][U]\{\ddot{q}\}+[U]^T[c][U]\{\dot{q}\}+[U^T][k][U]\{q\}=-\ddot{x}_g[U]^T[m]\{1\} \tag{6-102}$$

式中　$[U]^T[m][U]$——广义质量；

$[U]^T[k][U]$——广义刚度；

$[U]^T[c][U]$——广义阻尼；

$-\ddot{x}_g[U]^T[m]\{1\}$——广义激振力。

设 $[m^{(j)}]=[U]^T[m][U]$，$[k^{(j)}]=[U]^T[k][U]$，$[c^{(j)}]=[U]^T[c][U]$，$[p^{(j)}]=-\ddot{x}_g[U]^T[m]\{1\}(j=1,2,\cdots,n)$，并分别代入式（6-102）中，得

$$[m^{(j)}]\{\ddot{q}\}+[c^{(j)}]\{\dot{q}\}+[k^{(j)}]\{q\}=[p^{(j)}] \tag{6-103}$$

基于振型矩阵对质量矩阵和刚度矩阵的正交性，以及在运动方程中阻尼项无耦合的假设，可以认为广义质量、广义刚度、广义阻尼和广义激振力均为对角线矩阵，所以它们可以表示为

$$m^{(j)}\ddot{q}^{(j)}+c^{(j)}\dot{q}^{(j)}+k^{(j)}q^{(j)}=p^{(j)}\quad (j=1,2,\cdots,n)$$

上述方程等号两端同除以 $m^{(j)}$，得

$$\ddot{q}^{(j)}+2\zeta^{(j)}\omega^{(j)}\dot{q}^{(j)}+(\omega^{(j)})^2q^{(j)}=\frac{p^{(j)}}{m^{(j)}}\quad (j=1,2,\cdots,n)$$

其中，$\omega^{(j)}=\sqrt{k^{(j)}/m^{(j)}}$；$c^{(j)}=2\zeta^{(j)}\omega^{(j)}m^{(j)}$。

因为

$$\frac{p^{(j)}}{m^{(j)}}=-\ddot{x}_g\frac{\{u^{(j)}\}^T[m]\{1\}}{\{u^{(j)}\}^T[m]\{u^{(j)}\}}=\beta^{(j)}\ddot{x}_g$$

所以

$$\ddot{q}^{(j)}+2\zeta^{(j)}\omega^{(j)}\dot{q}^{(j)}+(\omega^{(j)})^2q^{(j)}=-\beta^{(j)}\ddot{x}_g\quad (j=1,2,\cdots,n) \tag{6-104}$$

式中　$\beta^{(j)}$——振型参与系数。

当 j 取 $1\sim n$ 时，式（6-104）表示 n 个独立的方程。由此可见，上述推导实际上是将原来关于体系位移 $x^{(j)}(t)$ 的 n 阶运动方程式（6-3），经变换分解成 n 个独立的关于广义坐标 $q^{(j)}$（t）的微分方程组式（6-104）。

可以看出，在式（6-104）中，每一个微分方程仅含有一个未知量 $q^{(j)}(t)$，且与单质点体系在地震作用下的运动微分方程形式相同，只是在等号的右边多了一项系数 $\beta^{(j)}$。

在第三章中，我们讨论过

$$x(t)=-\frac{1}{\omega_d}\int_0^t\ddot{x}_g(\tau)e^{-h\omega(t-\tau)}\sin\omega_d(t-\tau)d\tau$$

是单质点运动微分方程

$$\ddot{x}(t)+2h\omega\dot{x}(t)+\omega^2x=-\ddot{x}_g(t)$$

的解。同理，式（6-104）的解也可表示为

$$q^{(j)}=-\frac{\beta^{(j)}}{\omega_d^{(j)}}\int_0^t\ddot{x}_g(\tau)e^{-h^{(j)}\omega^{(j)}(t-\tau)}\sin\omega_d^{(j)}(t-\tau)d\tau \tag{6-105}$$

现在，从式（6-105）中去掉振型参与系数 $\beta^{(j)}$，写成

$$q_0^{(j)} = -\frac{1}{\omega_d^{(j)}}\int_0^t \ddot{x}_g(\tau)\mathrm{e}^{-h^{(j)}\omega^{(j)}(t-\tau)}\sin\omega_d^{(j)}(t-\tau)\mathrm{d}\tau \tag{6-106}$$

式（6-106）中的 $q_0^{(j)}$ 相当于阻尼比为 $\zeta^{(j)}$、圆频率为 $\omega^{(j)}$ 的单质点弹性体系在地震作用下的位移响应，叫做振型基本解。显然，这个振型基本解满足以下微分方程，即

$$\ddot{q}_0^{(j)} + 2h^{(j)}\omega^{(j)}\dot{q}_0^{(j)} + (\omega^{(j)})^2 q_0^{(j)} = -\ddot{x}_g \quad (j = 1,2,\cdots,n) \tag{6-107}$$

求解式（6-107），在确定体系的全部振型基本解以后，利用与式（6-105）的关系，得

$$q^{(j)}(t) = \beta^{(j)} q_0^{(j)}(t) \tag{6-108}$$

最后，根据式（6-101）得体系的位移响应为

$$\{x\} = [U]\{q\} = [U]\{\beta^{(j)} q_0^{(j)}\}$$

即

$$\{x(t)\} = \sum_{j=1}^{n}\{\beta^{(j)} u^{(j)}\} q_0^j(t) \tag{6-109}$$

式（6-109）即为用振型叠加法分析时，多质点弹性体系在地震作用下任一质点 m_i 的位移计算公式。从中可以看出，位移是振型参与系数向量 $\beta^{(j)} u^{(j)}$ 和振型基本解 $q_0^{(j)}$ 的乘积，是按每一阶振型的叠加来表示的，这正是该方法命名为振型叠加法的理由。

根据式（6-101），质点的相对速度和相对加速度可表示为

$$\{\dot{x}\} = [U]\{\dot{q}\} \quad \{\ddot{x}\} = [U]\{\ddot{q}\} \tag{6-110}$$

2. 计算机程序设计

程序 MDOS（response of multi-degrees-of-freedom system by modal superposition）是根据振型叠加法，计算受到地面运动加速度作用的多质点有阻尼体系各质点的绝对加速度、相对速度和相对位移响应的子程序。

本程序在求解振型基本解 $q_0^{(j)}(t)$ 的过程中，使用了计算单质点有阻尼体系地震响应解的子程序 SDOF。

【程序主要功能】

利用振型叠加法计算质量矩阵、刚度矩阵和振型阻尼比为已知的多质点有阻尼体系受地面运动加速度作用时，各质点的绝对加速度、相对速度和相对位移响应以及各响应的最大值。

【使用方法】

（1）调用方法：

CALL MDOS(N,EM,EK,H,DDY,DT,NN,W,U,ND1,ND2,NMODE,ACC,VEL,DIS,SA,SV,SD,VW1,VW2,VW3,VW4,VW5)

其具体参数说明见表 6-6。

表 6-6 参数说明

参数	类 型	调用程序时的内容	返回值内容
N	I	自由度	不变
EM	R 二维数组（ND1，ND1）	质量矩阵（单位：kg）	不变
EK	R 二维数组（ND1，ND1）	刚度矩阵（单位：N/m）	不变
H	R 一维数组（ND1）	模态阻尼比（无量纲）	不变
DDY	R 一维数组（ND2）	地面运动加速度时程（单位：m/s^2）	不变

续表

参数	类　型	调用程序时的内容	返回值内容
DT	R	时程的时间间隔（单位：s）	不变
NN	I	时程数据总数	不变
W	R 一维数组（ND1）	空	固有圆频率（单位：rad/s）
U	R 二维数组（ND1，ND1）	空	振型矩阵
ND1	I	主程序中 EM、EK、H、ACC、VEL、DIS、SV、SD、VW1、VW2 的维数	不变
ND2	I	主程序中 DDY、ACC、VEL、DIS、VW3、VW4、VW5 的体积	不变
NMODE	I	要叠加的最高阶数 NMODE≤N	不变
ACC	R 二维数组（ND1，ND2）	空	绝对加速度响应矩阵（单位：m/s^2）
VEL	R 二维数组（ND1，ND2）	空	相对速度响应矩阵（单位：m/s）
DIS	R 二维数组（ND1，ND2）	空	相对位移响应矩阵（单位：m）
SA	R 一维数组（ND1）	空	最大绝对加速度响应（单位：m/s^2）
SV	R 一维数组（ND1）	空	最大相对速度响应（单位：m/s）
SD	R 一维数组（ND1）	空	最大相对位移响应（单位：m）
VW1	R 二维数组（ND1，ND1）	空	（工作区域）
VW2	R 二维数组（ND1，ND1）	空	（工作区域）
VW3	R 一维数组（ND2）	空	（工作区域）
VW4	R 一维数组（ND2）	空	（工作区域）
VW5	R 一维数组（ND2）	空	（工作区域）

（2）必要的子程序和函数子程序。

MOCH：计算多质点体系固有圆频率和周期等体系自振特性的子程序。

EIGR：是求解特征值方程 $[k]\{u\}=p^2[m]\{u\}$ 的子程序。

SDOF：利用 Nigam 方法对运动微分方程进行直接积分，计算单质点体系地震响应的子程序。

【程序一览表】

```
      SUBROUTINE MDOS(N,EM,EK,H,DDY,DT,NN,W,U,ND1,ND2,NMODE,
     &  ACC,VEL,DIS,SA,SV,SD,VW1,VW2,VW3,VW4,VW5)
      DIMENSION EM(ND1,ND1),EK(ND1,ND1),H(ND1),W(ND1),U(ND1,ND1),
     &  DDY(ND2),ACC(ND1,ND2),
     &  VEL(ND1,ND2),DIS(ND1,ND2), SA(ND1),SV(ND1),SD(ND1),VW1(ND1,ND1),
     &  VW2(ND1,ND1), VW3(ND2),VW4(ND2),VW5(ND2),T(ND1)
      DO 120 I=1,N
```

```
      ACC(I,1)=-DDY(1)
      VEL(I,1)=0.0
      DIS(I,1)=0.0
      DO 110 M=2,NN
      ACC(I,M)=0.0
      VEL(I,M)=0.0
      DIS(I,M)=0.0
110   CONTINUE
120   CONTINUE
      CALL MOCH(N,EM,EK,W,U,ND1,1,VW1,VW2)
      DO 150 J=1,NMODE
      CALL
SDOF(H(J),W(J),DT,NN,DDY,VW3,VW4,VW5,ND2,DUMMY,DUMMY,DUMMY)
      DO 140 I=1,N
      DO 130 M=1,NN
      ACC(I,M)=ACC(I,M)+U(I,J) * VW3(M)
      VEL(I,M)=VEL(I,M)+U(I,J) * VW4(M)
      DIS(I,M)=DIS(I,M)+U(I,J) * VW5(M)
130   CONTINUE
140   CONTINUE
150   CONTINUE
      DO 170 I=1,N
      SA(I)=0.0
      SV(I)=0.0
      SD(I)=0.0
      DO 160 M=1,NN
      SA(I)=AMAX1(SA(I),ABS(ACC(I,M)))
      SV(I)=AMAX1(SV(I),ABS(VEL(I,M)))
      SD(I)=AMAX1(SD(I),ABS(DIS(I,M)))
160   CONTINUE
170   CONTINUE
      RETURN
      END
```

【例 6-5】 如附图 2-1 所示某十层框架结构，已知地震动为 EL CENTRO NS 加速度波，其加速度最大值为 341.7cm/s^2，时间间隔为 0.02s，设第一阶振型到第十阶振型阻尼比均为 0.02。试利用振型叠加法计算该框架结构的地震响应。

解 主程序为：

```
      DIMENSION DDY(10000),EM(20,20),EK(20,20),H(20),W(20),U(20,20),
     & ACC(20,10000),VEL(20,10000),DIS(20,10000),SA(20),SV(20),SD(20),
      REAL M,K
      OPEN (1,FILE='MDOS. DAT',STATUS='OLD')
      READ(1,*)N,NMODE,DT,NN
      READ (1,*) (M(I),I=1,N)
      READ (1,*) (K(I),I=1,N)
      READ(1,*) (H(I),I=1,N)
      OPEN (2,FILE='EL-02. DAT',STATUS='OLD')
      READ(2,*) (DDY(I),I=1,NN)
      OPEN (3,FILE='3-DIS. DAT',ACTION='WRITE')
      OPEN (4,FILE='4-VEL. DAT',ACTION='WRITE')
      OPEN (5,FILE='5-ACC. DAT',ACTION='WRITE')
      CLOSE(1,STATUS='KEEP')
      CLOSE (2, STATUS='KEEP')
      DO 5 I=1,N
      DO 10 J=1,N
      EM(I,J)=0.0
      EK(I,J)=0.0
10    CONTINUE
5     CONTINUE
      DO 15 I=1,N
      EM(I,I)=M(I)
15    CONTINUE
      EK(1,1)=K(1)
      DO 20 I=2,N
      EK(I,I)=K(I-1)+K(I)
20    CONTINUE
      DO 25 I=1,N
      J=I+1
      EK(I,J)=-K(I)
      EK(J,I)=EK(I,J)
25    CONTINUE
      CALL MDOS(N,EM,EK,H,DDY,DT,NN,W,U,20,10000,NMODE,
     &       ACC,VEL,DIS,SA,SV,SD,VW1,VW2,VW3,VW4,VW5)
      DO 99 MM=1,NN
      TIM=MM*DT
```

```
      WRITE(3,528) TIM,(DIS(I,MM),I=1,N)
      WRITE(4,528) TIM,(VEL(I,MM),I=1,N)
      WRITE(5,528) TIM,(ACC(I,MM),I=1,N)
99    CONTINUE
      WRITE(6,*) 'SD(I)'
      WRITE(6,528) (SD(I),I=1,N)
      WRITE(6,*) 'SV(I)'
      WRITE(6,528) (SV(I),I=1,N)
      WRITE(6,*) 'SA(I)'
      WRITE(7,528) (SA(I),I=1,N)
528   FORMAT (1X,E10.4,2X,E10.4,2X,E10.4,2X,E10.4,2X,E10.4,2X,E10.4)
      STOP
      END
```

利用程序计算的每一层最大绝对加速度响应值、最大相对速度响应值、最大相对位移响应值在图 6 - 18 中表示出来。

思考题

1. 何谓质点系振动模型?
2. 何谓主振型及主振型正交性?
3. 何谓频率方程?
4. 如何计算结构自振频率?
5. 简述确定结构地震作用的振型分解反应谱方法和底部剪力法的基本原理和步骤。
6. 简述威尔逊 θ 法的基本思路。

习题

1. 计算图 6 - 19 所示两层框架结构的自振频率和振型，并验证其主振型的正交性。各层质量分别为 $m_1 = 60\text{t}$，$m_2 = 50\text{t}$。第一层层间抗侧刚度为 $k_1 = 6\times10^4\text{kN/m}$，第二层层间抗侧刚度为 $k_2 = 4\times10^4\text{kN/m}$。

2. 三层框架结构如图 6 - 20 所示，横梁刚度无限大，位于设防烈度为 8 度的Ⅱ类场地上，该地区的设计基本地震加速度为 0.30g，设计地震分组为第一组。结构各层的层间刚度分别为 $k_1 = 7.5\times10^5\text{kN/m}$，$k_2 = 9.1\times10^5\text{kN/m}$，$k_3 = 8.5\times10^5\text{kN/m}$，各质点的质量分别为 $m_1 = 2\times10^6\text{kg}$，$m_2 = 2\times10^6\text{kg}$，$m_3 = 1.5\times10^6\text{kg}$，结构的自振频率分别为 $\omega_1 = 9.62\text{rad/s}$，$\omega_2 = 26.88\text{rad/s}$，$\omega_3 = 39.70\text{rad/s}$，各振型分别为

$$\begin{Bmatrix} X_{13} \\ X_{12} \\ X_{11} \end{Bmatrix} = \begin{Bmatrix} 1.000 \\ 0.840 \\ 0.519 \end{Bmatrix} \quad \begin{Bmatrix} X_{23} \\ X_{22} \\ X_{21} \end{Bmatrix} = \begin{Bmatrix} -1.000 \\ 0.306 \\ 0.980 \end{Bmatrix} \quad \begin{Bmatrix} X_{33} \\ X_{32} \\ X_{31} \end{Bmatrix} = \begin{Bmatrix} 1.000 \\ -1.780 \\ 1.470 \end{Bmatrix}$$

试求：

（1）用振型分解反应谱法计算结构在多遇地震作用时各层的层间地震剪力。

（2）用底部剪力法计算结构在多遇地震作用时各层的层间地震剪力。

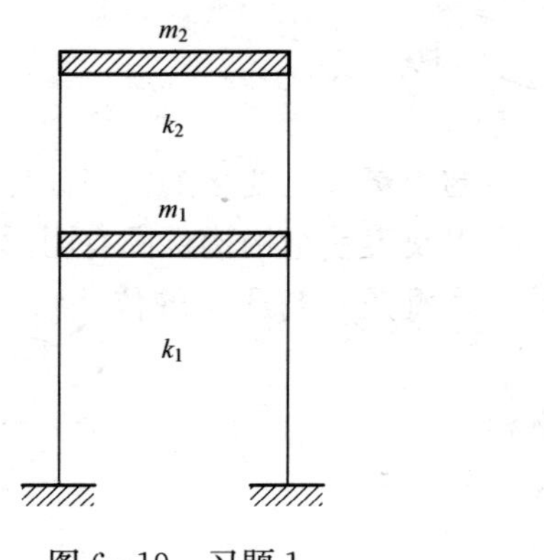

图 6-19　习题 1

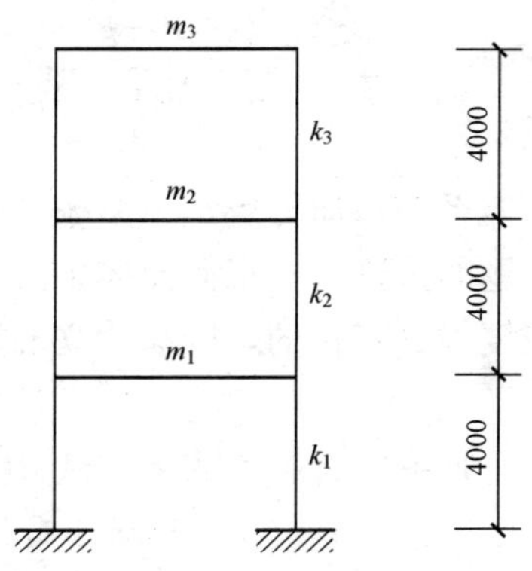

图 6-20　习题 2（单位：mm）

第七章　结构弹塑性地震响应时程分析

第一节　基　本　概　念

在非线性振动体系中，通常决定体系振动性质的因素都是变化的，例如体系的质量、阻尼等。为了便于问题的讨论，本章假设体系的质量以及表示结构构件固有阻尼特性的阻尼系数不变，而只有恢复力是变化的，因而建立的数学模型是只与质点的位移响应 $x(t)$ 和速度响应 $\dot{x}(t)$ 有关。

设恢复力为 Q，则单质点体系的运动微分方程为

$$m\ddot{x}+c\dot{x}+Q(x,\dot{x})=p(t) \tag{7-1}$$

多质点体系的运动微分方程为

$$[m]\{\ddot{x}\}+[c]\{\dot{x}\}+\{Q(\{x\},\{\dot{x}\})\}=\{p(t)\} \tag{7-2}$$

图 7-1 表示恢复力 Q 和质点位移 δ 之间的关系。图 7-1（a）表示弹性体系（elastic system）的恢复力特性，用通过原点的直线表示 Q-δ 关系，其斜率 k 始终是一个常数，即恢复力为位移的单调函数，与位移的履历没有关系。

关于结构构件非线性恢复力的模型，已经有了不少基于实验结果的模型。在数值计算中，将 Q-δ 关系分成曲线型（b）和折线型（c）两大类。这两类模型中，若位移越大，曲线或折线的斜率越小，则这种模型称为软化型（softening type）；与此相反，位移越大，曲线或折线的斜率越大的模型称为硬化型（hardening type）。在结构构件中，硬化型材料是很少的。在折线型模型中，有刚塑性模型（rigid-plastic system，d）和理想弹塑性模型（elasto-plastic system，e），它们均为具有非线性特性的模型。讨论杆系结构水平极限荷载时，常常采用刚塑性模型，而理想弹塑性模型适用于钢结构构件。

图 7-1（f）是考虑硬化的双线型模型（bilinear system），是由两条线段来表示非线性特性。表示弹性区域的 OA 范围，叫做第 1 分支；表示进入塑性区域的 AB 范围，叫做第 2 分支。各个线段的斜率利用第一刚度 k_1 和第二刚度 k_2 来表示，比值 $\gamma=k_2/k_1$，叫做塑性刚度系数。实际上，在一般情况下，根据静态非线性结构分析结果，将塑性刚度系数取为 $\gamma=1/20\sim1/10$。在理论上，与第 1 分支的顶点相对应的荷载是屈服极限。此模型可用于钢结构构件和近似地用于钢筋混凝土结构构件。

图 7-1（g）表示三线型模型（tri-linear system），经常用于钢筋混凝土结构与钢结构和钢筋混凝土混合结构的动态分析。在理论上，与 A 点对应的力是混凝土出现裂纹时的荷载，与 B 点对应的力是钢筋或钢骨架的屈服荷载。在一般情况下，将塑性刚度系数取为 $k_2/k_1=1/5\sim1/2$，$k_3/k_1=1/100\sim1/20$。

非线性的 Q-δ 曲线，在一般情况下，加载（loading）时和卸载（unloading）时，其路径不一样，画出环形线。这样，当荷载的大小发生变化时，对于同一个位移 δ，就有加载（$\dot{\delta}>0$）时的 Q_1 和卸载（$\dot{\delta}<0$）时的 Q_2，其值不同，见图 7-1（h）。换句话说，Q 不仅是 δ 的单调函数，而且受到速度 $\dot{\delta}$ 正负号的影响。

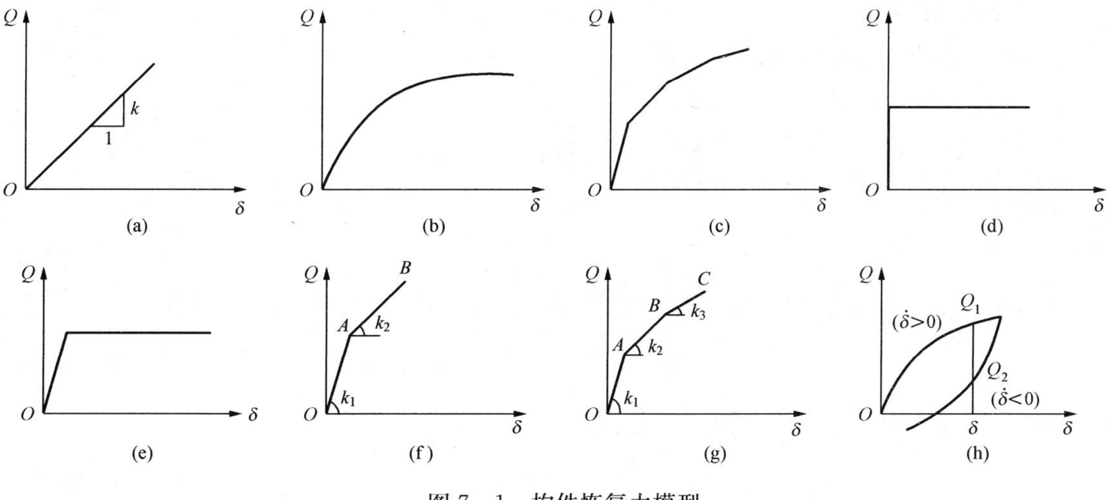

图 7-1　构件恢复力模型

(a) 弹性；(b) 曲线型；(c) 折线型；(d) 刚塑性；(e) 理想弹塑性；(f) 双线型；(g) 三线型；(h) $Q=Q(\delta, \dot{\delta})$

第二节　Masing 规　则

从非线性数值分析的角度考虑，都希望尽量简化非线性恢复力模型。从这个意义上来说，Masing 规则具有优点。本来 Masing 规则是把金属材料作为对象提出来的理论，但是可以将其推广到双线型模型和三线型模型中，应用范围很广泛。符合 Masing 规则的非线性材料的模型，叫做 Masing 模型。

为了便于讨论 Masing 模型恢复力特性，现对几个术语进行以下定义：

(1) 恢复力—位移曲线（force-displacement curve）：将体系的位移与位移对应的恢复力表示为 δ 和 Q 时，在 Q-δ 平面上的点(Q，δ)的轨迹。在一般情况下，非线性体系的恢复力—位移曲线是由骨架曲线和履历曲线来形成的。

(2) 折回点（turning point）：速度 $\dot{\delta}$ 的符号发生变化的点，在折回点上的速度等于零。

(3) 骨架曲线（skeleton curve）：位移从零开始，不产生折回点而一直单调增加（或减小）的恢复力—位移曲线。在一般情况下，对于 Q-δ 平面上的原点形成点对称。

(4) 履历曲线（hysteretic curve）：折回点出现以后的恢复力—位移曲线，当速度 $\dot{\delta}>0$ 时叫做上升曲线（loading curve），当速度 $\dot{\delta}<0$ 时叫做下降曲线（unloading curve）。

(5) 开始点（initial point）：一条履历曲线开始形成的折回点。骨架曲线的开始点是原点。

(6) 终点（terminal point）：如果不出现新的开始点，则履历曲线与骨架曲线或者自己的始点出现的前一个履历曲线相交的，这个点定义为终点。

(7) 有效分支（effective branch）：骨架曲线的原点和最初折回点之间的曲线部分和履历曲线的始点和终点之间如果出现新的折回点，则始点和这个新的折回点之间的曲线部分，都属于有效分支。

Masing 规则由以下四个部分的内容组成。

一、骨架曲线

利用以下方程来表示骨架曲线，即

$$Q=f(\delta) \tag{7-3}$$

根据骨架曲线的定义，可以知道 $f(0)=0$。

假设材料在两个相反方向的荷载作用下变形一样，则函数 $f(\delta)$ 为奇函数,对原点形成对称，故

$$f(-\delta)=-f(\delta) \tag{7-4}$$

这里，再假设函数 $f(\delta)$ 是软化型函数。如果对任何不同的 δ_1 和 δ_2，不等式

$$\frac{\mathrm{d}f(\delta_1)}{\mathrm{d}\delta}>\frac{\mathrm{d}f(\delta_2)}{\mathrm{d}\delta} \quad |\delta_1|<|\delta_2| \tag{7-5}$$

始终成立，则此函数为软化型函数。在这种情况下，曲线的斜率

$$\frac{\mathrm{d}Q}{\mathrm{d}\delta}=\frac{\mathrm{d}f(\delta)}{\mathrm{d}\delta} \tag{7-6}$$

将随着位移的增加而变小。图 7－2 就表示满足 Masing 规则的骨架曲线。

二、履历曲线

将始点位于(δ_0，Q_0)点的履历曲线用下式表示，即

$$\frac{Q-Q_0}{2}=f\left(\frac{\delta-\delta_0}{2}\right) \tag{7-7}$$

式（7－7）中的函数 f 与利用式（7－3）表示骨架曲线的函数 f 是同一个函数，利用这种函数来表示骨架曲线和履历曲线的方法是 Masing 规则的基本点。式（7－7）的几何意义是，将骨架曲线放大两倍就可以得到履历曲线，见图7－3。

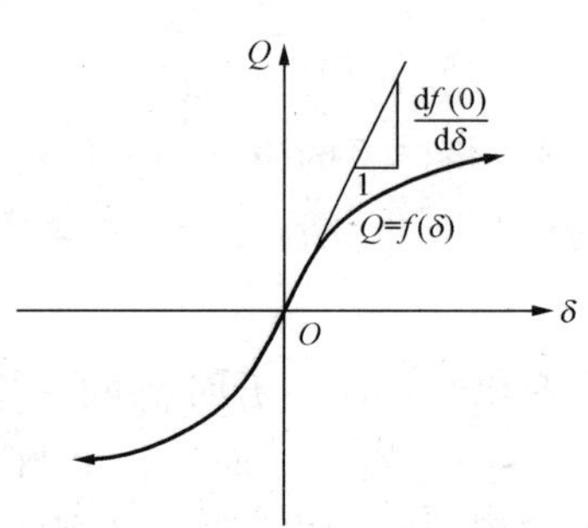

图 7－2 骨架曲线图

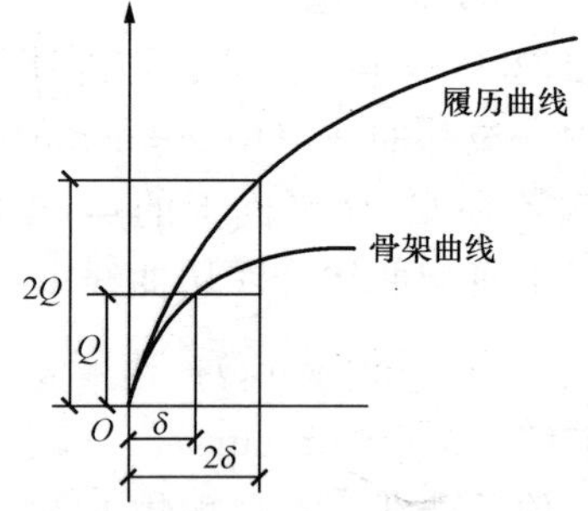

图 7－3 履历曲线和骨架曲线的关系

根据式（7－7），得

$$Q=Q_0+2f\left(\frac{\delta-\delta_0}{2}\right)$$

所以，其一阶导数为

$$\frac{\mathrm{d}Q}{\mathrm{d}\delta}=\frac{\mathrm{d}}{\mathrm{d}\delta}f\left(\frac{\delta-\delta_0}{2}\right) \tag{7-8}$$

在履历线始点的斜率表示为

$$\left(\frac{\mathrm{d}Q}{\mathrm{d}\delta}\right)_{\delta=\delta_0}=\frac{\mathrm{d}f(0)}{\mathrm{d}\delta}$$

与式（7－6）比较，可知这个斜率和骨架曲线在原点的斜率相同。

如图 7 - 4 所示，如果曲线 AB 的始点设为 $A(\delta_0, Q_0)$，则利用式（7 - 7）就可以表示这条曲线。现在假设在这个曲线的某一个点 $C(\delta_1, Q_1)$ 上出现折回点，形成另一条新的履历曲线 CD。因为 C 点位于曲线 AB 之上，故满足

$$\frac{Q_1 - Q_0}{2} = f\left(\frac{\delta_1 - \delta_0}{2}\right) \tag{7-9}$$

另外，从 Masing 规则可知，新的履历曲线由以下方程表示为

$$\frac{Q - Q_1}{2} = f\left(\frac{\delta - \delta_1}{2}\right) \tag{7-10}$$

在式（7 - 10）中，设 $\delta=\delta_0$，则有

$$\frac{Q - Q_1}{2} = f\left(\frac{\delta_0 - \delta_1}{2}\right) \tag{7-11}$$

因为函数 $f(\delta)$ 为奇函数，所以式（7 - 11）可表示为

$$\frac{Q - Q_1}{2} = -f\left(\frac{\delta_0 - \delta_1}{2}\right) \tag{7-12}$$

比较式（7 - 9）和式（7 - 12），得

$$\frac{Q - Q_1}{2} = -\frac{Q_1 - Q_0}{2} \tag{7-13}$$

即可得到 $Q=Q_0$ 的结论。

如图 7 - 4 所示，从上述结论可知，曲线 CD 通过 A 点封闭环形线。换句话说，履历曲线的终点是该履历曲线前一个履历曲线的始点。

但是，当前一个曲线不是履历曲线而是骨架曲线时，则有必要修正这种关系。也就是说，如图 7 - 5 所示，假设曲线 AB 是在骨架曲线的点 $A(\delta_0, Q_0)$ 上分支出来的履历曲线。从式（7 - 3）可以知道 $Q_0=f(\delta_0)$，且从式（7 - 4）可知

$$-Q_0 = -f(\delta_0) \tag{7-14}$$

基于式（7 - 7），履历曲线 AB 的方程可以表示为

$$\frac{Q - Q_0}{2} = f\left(\frac{\delta - \delta_0}{2}\right) \tag{7-15}$$

在这里，将 $\delta=-\delta_0$ 代入式（7 - 15），并考虑到式（7 - 11），则可以得到

$$\frac{Q - Q_0}{2} = -f(\delta_0) = -Q_0$$

也即得到 $Q=-Q_0$ 的结论。

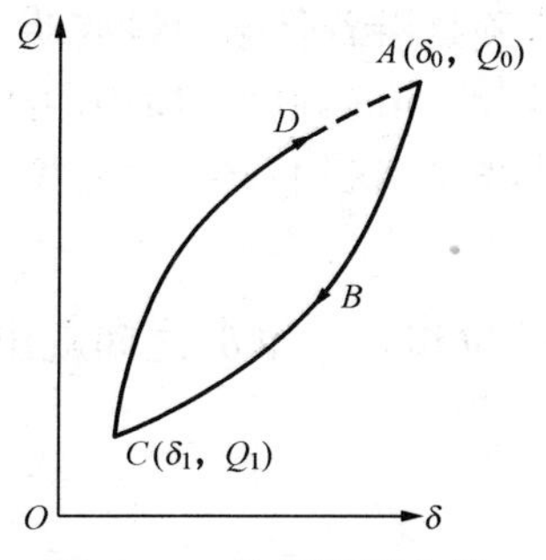

图 7 - 4　依靠履历曲线形成环形线

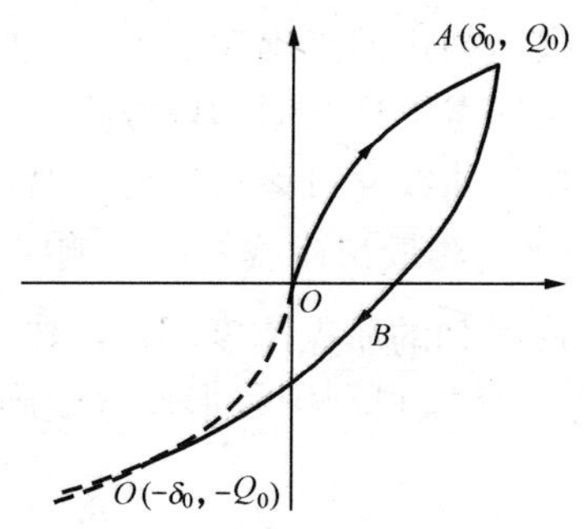

图 7 - 5　从骨架曲线分支的履历曲线

这个结论表示，履历曲线 AB 通过骨架曲线上的点 $C(-\delta_0，-Q_0)$。换句话说，始点（A 点）和骨架曲线上的履历曲线（曲线 ABC）终点（C 点）位于相对原点对称的骨架曲线上，即 A 点和 C 点对原点对称。因此，证明了履历曲线和骨架曲线共有 C 点。

另外，通过对包括 C 点以及 C 点附近的骨架和履历曲线斜率的考察，再加上利用式（7-5）所提出的软化型假设，容易看出下面两个性质：

（1）C 点是两个曲线的接点。

（2）除了 C 点以外，骨架曲线总是在比履历曲线离水平轴更近的位置。两个曲线会相接，但不互相交叉。

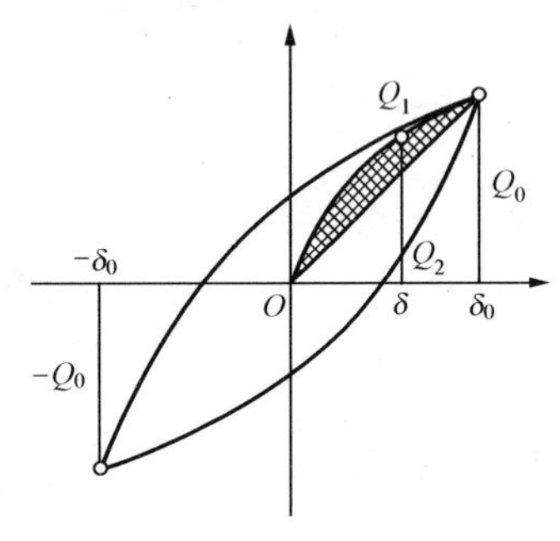

图 7-6 履历环形线

三、履历环形线所包围的面积

假设位移的大小在 $\pm\delta_0$ 之间来回往返，则 $(Q，\delta)$ 轨迹像图 7-6 那样，形成封闭履历环形图。如图 7-6 所示，因为加载曲线和卸载曲线的始点各为 $(-\delta_0，-Q_0)$ 和 $(\delta_0，Q_0)$，则两个曲线的方程分别为

$$\frac{Q_1+Q_0}{2}=f\left(\frac{\delta+\delta_0}{2}\right)$$

及

$$\frac{Q_2-Q_0}{2}=f\left(\frac{\delta-\delta_0}{2}\right)$$

环形线所包围的面积为

$$\begin{aligned}A&=\int_{-\delta_0}^{\delta_0}(Q_1-Q_2)\mathrm{d}\delta\\&=2\left[\int_{-\delta_0}^{\delta_0}f\left(\frac{\delta+\delta_0}{2}\right)\mathrm{d}\delta-\int_{-\delta_0}^{\delta_0}f\left(\frac{\delta-\delta_0}{2}\right)\mathrm{d}\delta-2\delta_0Q_0\right]\end{aligned}\tag{7-16}$$

在式（7-13）第一积分中将变量写成 $u=(\delta+\delta_0)/2$，在第二积分中将变量写成 $-u=(\delta-\delta_0)/2$，并考虑到式（7-4），则可得面积为

$$A=8\left[\int_0^{\delta_0}f(u)\mathrm{d}u-\frac{1}{2}\delta_0Q_0\right]\tag{7-17}$$

在图 7-6 中的阴影部分是骨架曲线和它的弦所包围的面积。区域的面积用式（7-17）表示，履历环形线所包围区域的面积 A 是阴影区域面积的 8 倍，这也是 Masing 模型的一个特点。

四、非线性响应的规则

关于非线性体系的响应，对恢复力—位移曲线的路径，这里设定以下 3 种基本规则：

规则 1：最初的折回点出现之前，恢复力—位移的轨迹是沿着骨架曲线移动。

规则 2：折回点出现之后的恢复力—位移曲线是满足 Masing 规则的履历曲线。

规则 3：履历曲线通过终点以后，其恢复力—位移曲线又回到上上一次的履历曲线。

规则 1 是规定对最初荷载的体系响应。

设第 i 顺序时刻的质点速度为 $\dot{\delta}$，如果 $\dot{\delta}_{i-1}\dot{\delta}<0$，则位移 δ_{i-1} 和 δ_i 之间就出现折回点。这时折回点的位移 δ_{tn} 可利用线形插值法确定为

$$\delta_{\text{tn}}=\frac{\dot{\delta}_i\delta_{i-1}-\dot{\delta}_{i-1}\delta_i}{\dot{\delta}_i-\dot{\delta}_{i-1}}\tag{7-18}$$

如果知道折回点的位移 δ_{tn}，利用式 $Q=f(\delta)$，可以确定对应的力。

规则 2 说明了利用式（7－7）来确定符合 Masing 规则履历曲线的方程。

规则 3 规定了履历曲线超过终点以后，在力和位移作用下体系的举动。设终点的位移为 δ_{end}，如果

$$(\delta_{end}-\delta_i)\,\mathrm{sign}(\dot{\delta}_i)<0 \tag{7-19}$$

则意味着履历曲线已经超过了终点。

只要有上述的 3 条规则，就完全可以合理地表示对于任意荷载作用下的非线性响应。

第三节　计算机程序设计

程序 MASG（nonlinear model of masing's type）是一个子程序。它的作用是在已知与步长 m 和 $m-1$ 相对应的位移 δ_m、δ_{m-1} 和速度 $\dot{\delta}_m$、$\dot{\delta}_{m-1}$ 的条件下，计算相应于 Masing 型非线性模型的步长 m 的恢复力 Q_m。

程序流程图如图 7－7 所示。请注意，在图和程序中用 u 表示位移，用 v 表示恢复力。其中，k 是从 1 开始使用的有效分支的通道号。对于第 k 号有效分支的开始点（即从 $k-1$ 号分支到 k 号分支的折回点）的位移 u_{tn} 和恢复力 v_{tn}，每当出现折回点时，把它作为第 k 次的元素，贮存在向量 $\{u_0\}$ 和 $\{v_0\}$ 中。对骨架曲线而言，当 $k=1$ 时，可设 $\{u_0\}_1=0$ 和 $\{v_0\}_1=0$。

对于 $k>2$ 的有效分支，终点的位移 u_{end} 与 $\{u_0\}_{k-1}$（上一次的有效分支的开始点）相同，$k=2$（上一次的有效分支是骨架曲线）时与 $-\{u_0\}_2$（对称点）相同。到达终点以后，若 $k>3$，则在 k 的值中减去 2（既恢复力—位移曲线追踪上上一次的有效分支的延长线），当 $k=2$（上一次的有效分支是骨架曲线）和 $k=3$（上上一次的有效分支为骨架曲线）时，k 的值返回到 $k=1$。

在骨架曲线和履历曲线上，由位移 u 计算恢复力 v 的计算公式为

$$v=f(u) \tag{7-20}$$

以及

$$\frac{v-v_0}{2}=f\left(\frac{u-u_0}{2}\right) \tag{7-21}$$

在程序中，利用以下公式统一了计算方法，即

$$\frac{v-\{v_0\}k}{D}=f\left(\frac{u-\{u_0\}k}{D}\right) \tag{7-22}$$

式中，当 $k=1$（骨架曲线上）时，$D-1$；当 $k\neq1$（履历曲线上）时，$D-2$。

式（7－20）～式（7－22）中的函数 f 即骨架曲线的形状，可以利用子程序 SKEL 来定义。在分析地震响应之前，使用者根据体系的恢复力特性，必须准备 SKEL 程序。这里，假设图 7－8 所示的三线形骨架曲线符合 Masing 规则的模型要求，则定义骨架曲线的子程序 SKEL 表示如下：

```
SUBROUTINE SKEL(U,UP1,UP2,SK1,SK2,SK3,V)
IF (ABS(U). GT. UP1) GO TO 110
V=SIGN(1. 0,U) * SK1 * ABS(U)
RETURN
```

```
110 QP1=SK1 * UP1
    IF (ABS(U).GT.UP2) GO TO 120
    V=SIGN(1.0,U) * (QP1+SK2 * (ABS(U)-UP1))
    RETURN
120 QP2=QP1+SK2 * (UP2-UP1)
    V=SIGN(1.0,U) * (QP2+SK3 * (ABS(U)-UP2))
    RETURN
    END
```

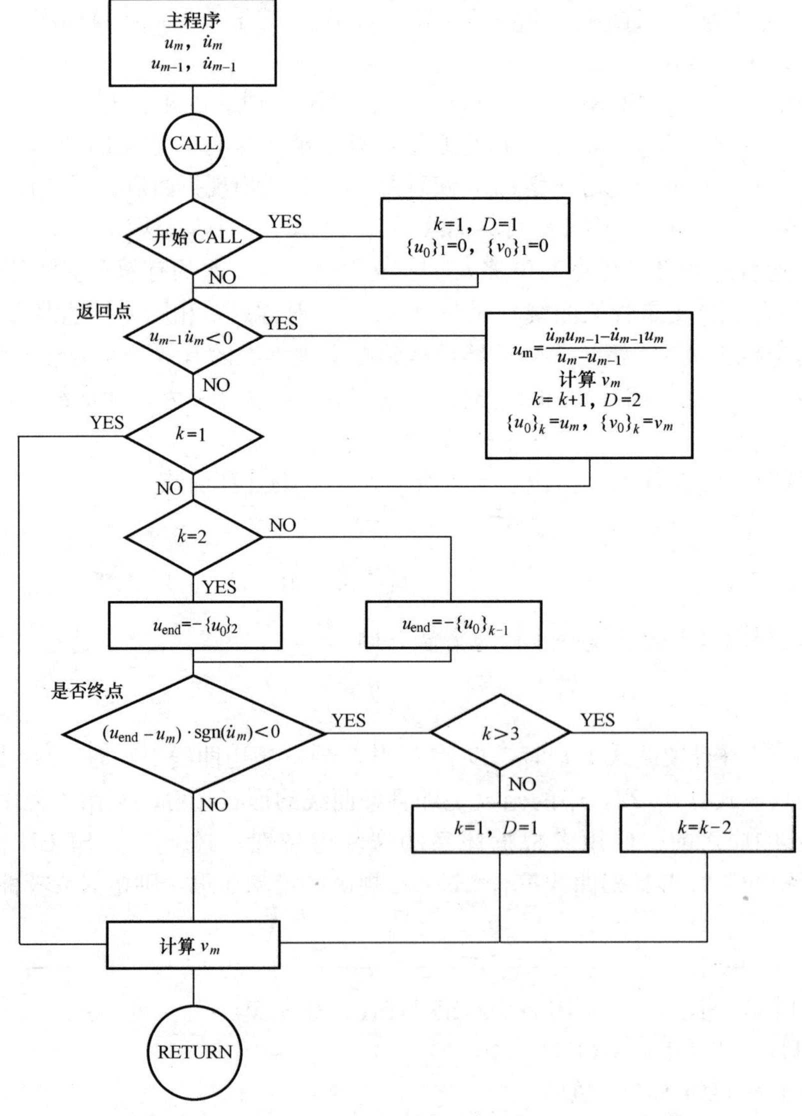

图 7-7 计算 Masing 型非线性恢复力模型的程序流程图

【程序主要功能】

在已知与步长 m 和 $m-1$ 相对应的位移 δ_m、δ_{m-1} 和速度 $\dot{\delta}_m$、$\dot{\delta}_{m-1}$ 的条件下，计算当步长为 m 时相应于 Masing 型非线性恢复力模型的恢复力 Q_m。

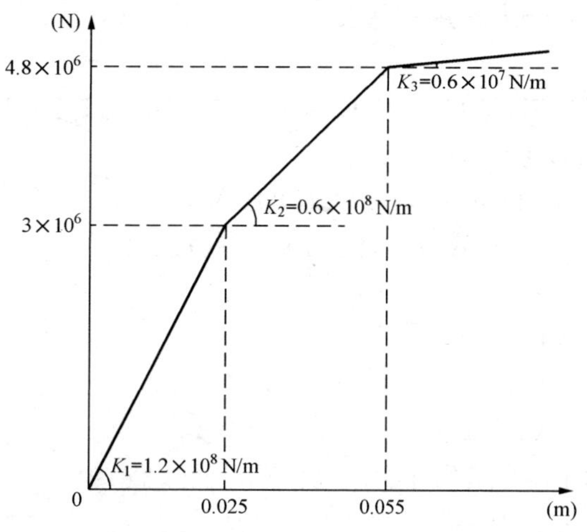

图 7-8 三线形骨架曲线

【使用方法】

(1) 调用方法：

CALL MASG（U，DU，U1，DU1，up1，up2，SKEL1，SKEL2，SKEL3，V，ICALL，K，D，U0，V0，ND）

其具体参数说明见表 7-1。

(2) 必要的子程序和函数子程序。

SKEL：定义恢复力模型骨架曲线的子程序。

(3) 注意事项：工作区域的数组 U0、V0 的大小 ND 为折回点的总数，所以一般取程序中总步长数的 1/10 就足够了。

表 7-1 参数说明

参数	类型	调用程序时的内容	返回值内容
U	R	与步长 m 相对应的位移（单位：m）	不变
DU	R	与步长 m 相对应的速度（单位：m/s）	不变
U1	R	与步长 $m-1$ 相对应的位移（单位：m）	不变
DU1	R	与步长 $m-1$ 相对应的速度（单位：m/s）	不变
SKEL1	R	确定骨架曲线形状的子程序 SKEL 的参数	不变
SKEL2			
SKEL3			
SKEL4			
SKEL5			
V	R	不输入也可以	与步长相对应的恢复力（单位：N）
ICALL	I	最初调用程序时，ICALL=1；二次以上调用程序时，ICALL≠1	不变
K	I	不输入也可以	（工作区域）
D	R	不输入也可以	（工作区域）
U0	R 一维数组（ND）	不输入也可以	（工作区域）
V0	R 一维数组（ND）	不输入也可以	（工作区域）
ND	I	主程序中 U0、V0 的维数	不变

【程序一览表】

```
      SUBROUTINE MASG(U,DU,U1,DU1,up1,up2,SKEL1,SKEL2,SKEL3,V,ICALL,
K,D,U0,V0,ND)
      DIMENSION U0(ND),V0(ND)
      IF(ICALL.NE.1) GO TO 110
      K=1
      D=1.0
      U0(1)=0.0
      V0(1)=0.0
110 IF (DU*DU1.GE.0.0) GO TO 120
      UTN=(DU*U1-DU1*U)/(DU-DU1)
      UU=(UTN-U0(K))/D
      CALL SKEL(UU,SKEL1,SKEL2,SKEL3,SKEL4,SKEL5,VV)
      VTN=D*VV+V0(K)
      K=K+1
      D=2.0
      U0(K)=UTN
      V0(K)=VTN
      GO TO 130
120 IF (K.EQ.1) GO TO 150
130 IF (K.EQ.2) UEND=-U0(2)
      IF (K.GT.2) UEND=U0(K-1)
      IF ((UEND-U)*SIGN(1.0,DU).GE.0.0) GO TO 150
      IF (K.GT.3) GO TO 140
      K=1
      D=1.0
      GO TO 150
140 K=K-2
150 UU=(U-U0(K))/D
      CALL SKEL(UU,SKEL1,SKEL2,SKEL3,SKEL4,SKEL5,VV)
      V=D*VV+V0(K)
      RETURN
      END
```

【例 7-1】 对图 7-8 所示的三线型恢复力骨架曲线模型（Masing 型），经过 18s 作用一个位移函数

$$u(t)=0.244t+(0.452t-9.036)\sin t/100 \quad (\mathrm{m})$$

试画出位移时程曲线和恢复力—位移曲线以及瞬时刚度时程曲线。

解　主程序为：

```
      DIMENSION U(1000),DU(1000),V(1000),T(1000),EK(1000),U0(100),V0(100)
      DATA NN/1000/,DT/0.02/,ESP/0.000001/
      OPEN(3,FILE='MASE—结果.DAT',STATUS='UNKNOWN')
      UP1=2.5
      UP2=5.5
      SK1=120.0
      SK2=60.0
      SK3=6.0
      DO 110 M=1,NN
      T(M)=REAL(M-1)*DT
      U(M)=0.244*T(M)+(0.452*T(M)-9.036)*SIN(T(M))
      DU(M)=0.244+0.452*SIN(T(M))+(0.452*T(M)-9.036)*COS(T(M))
110   CONTINUE
      V(1)=0.0
      EK(1)=SK1
      DO 130 M=2,NN
      CALL MASG(U(M),DU(M),U(M-1),DU(M-1),UP1,UP2,SK1,SK2,SK3,
            V(M),M-1,K,D,U0,V0,1000)
      IF(ABS(U(M)-U(M-1)).LT.ESP) GO TO 120
      EK(M)=(V(M)-V(M-1))/(U(M)-U(M-1))
      GO TO 130
120   EK(M)=EK(M-1)
130   CONTINUE
      DO 5 M=1,NN
      WRITE(3,528) T(M),U(M),V(M),EK(M)
5     CONTINUE
528   FORMAT(1X,E10.4,2X,E10.4,2X,E10.4,2X,E10.4,2X,E10.4,2X,E10.4)
      STOP
      END
```

计算结果：

图 7-9 表示题中已知的位移时程曲线，图 7-10 和图 7-11 分别表示恢复力—位移曲线和瞬时刚度时程曲线。

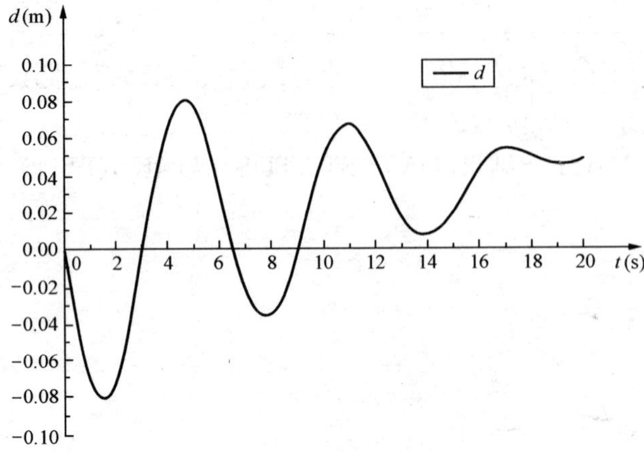

图 7-9 位移时程曲线

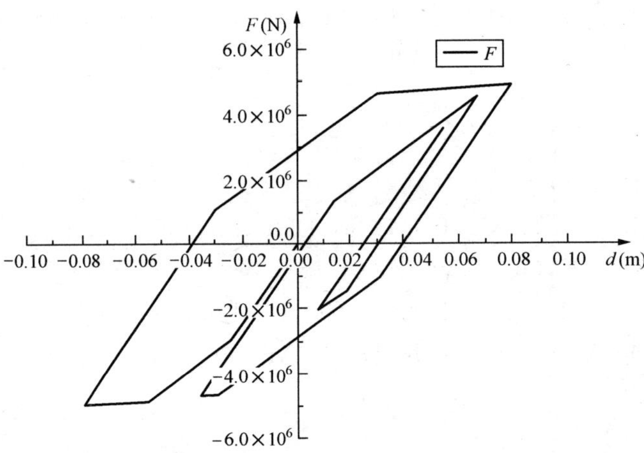

图 7-10 恢复力—位移曲线

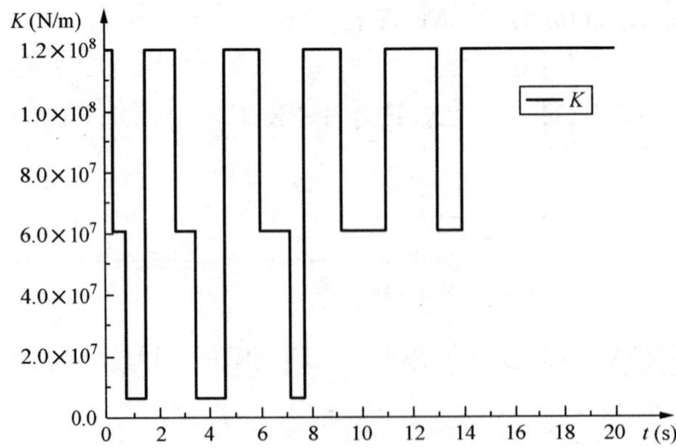

图 7-11 瞬时刚度时程曲线

思 考 题

1. 何谓弹性时程分析及弹塑性时程分析？
2. 简述振动微分方程 $m\ddot{x}+c\dot{x}+kx=p(t)$ 和 $m\ddot{x}+c\dot{x}+Q(x,\dot{x})=p(t)$ 的区别。
3. 何谓双线型模型、三线型模型？
4. 何谓 Masing 规则？
5. 何谓骨架曲线、履历曲线？
6. 何谓非线性响应的规则？

第八章　多层与高层钢筋混凝土框架结构抗震设计

第一节　多高层钢筋混凝土结构震害分析

一、场地影响产生的震害

1. 共振效应

当场地的卓越周期与建筑物的自振周期、地震的振动传播周期相近时，容易产生类共振效应而加剧建筑物的震害。如1985年墨西哥格雷罗（Guerrero）7.3级地震，震中附近建筑物未遭到严重破坏，而远在400多km以外的墨西哥城湖积区软弱场地上10～15层的高层建筑却由于土层与结构的双重共振作用，出现了严重破坏和倒塌。

2. 地基失效

图8-1　日本新潟地震中地基土液化

地基土液化、软土震陷以及断层错动都可导致地基失效。地基土液化最典型的工程实例是1964年的日本新潟地震，见图8-1。因砂土地基液化造成一栋四层公寓大楼连同基础倾倒了80°，而这次地震中，用桩基支承在密实土层上的建筑破坏较少。1999年台湾大地震中也有很多因地基土液化而导致建筑物倾斜的例子。

1976年的唐山地震、1999年的台湾和土耳其地震都有软土震陷破坏的实例。图8-2为1999年土耳其地震中软土震陷造成的房屋倾斜；图8-3为1999年台湾地震中断层错动造成的建筑物破坏。这种极端的不均匀沉降作用在建筑设计中基本无法考虑。

图8-2　1999年土耳其地震中软土震陷造成房屋倾斜

图8-3　1999年台湾地震中断层错动造成建筑物破坏

二、结构布置不合理引起的震害

1. 平面不规则引起扭转

结构平面不对称有以下两种情况：一是结构平面形状的不对称，如L形、Z形平面等；

二是结构的平面形状对称但结构的刚度分布不对称，这往往是楼梯间或剪力墙布置不对称及砌体填充墙布置不合理造成的。结构平面不对称会使结构的质量中心与刚度中心不重合，导致结构在水平地震作用下产生扭转和局部应力集中（尤其是在凹角处），若不采取相应的加强措施，就会造成严重的震害。1972 年的尼加拉瓜地震中，楼梯、电梯间和砌体填充墙集中布置在平面一端的 15 层马那瓜中央银行破坏严重，震后拆除；而相距不远的 18 层马那瓜美洲银行，由于采用了对称芯筒布置，震后仅局部连梁上有细微裂缝，稍加修理便恢复了使用。

2. 竖向不规则导致薄弱层破坏

结构某一层的抗侧刚度或层间水平承载力突然变小，形成软弱层或薄弱层。地震时，该层的塑性变形过大或承载能力不足，引起结构构件严重破坏，造成楼层塌落或结构倒塌。1972 年美国圣费尔南多地震中，Olive View 医院主楼底层柱严重破坏，残余侧向位移达 60cm。1995 年日本阪神地震和 1999 年台湾地震中，许多底层空旷的建筑严重破坏或倒塌。阪神地震中，大量下部采用钢骨混凝土构件、上部采用钢构件或混凝土构件的多、高层建筑，因竖向刚度和承载力突然变小，出现了中间层坍塌的震害现象，如图 8-4 所示。

突出屋面的附属结构物因与下部主体结构间存在明显的刚度突变，且建筑物顶部受高阶振型影响较大，地震反应显著增大，产生鞭梢效应而严重破坏。四川江油广电中心（16 层框架结构）顶部，两层小塔楼上设有钢结构电视发射塔，汶川地震后，钢电视发射塔完好，但因支承小塔楼的 4 根钢筋混凝土圆柱上下端严重破坏而被分段拆除。

图 8-4　阪神地震中出现中间层坍塌现象

3. 防震缝宽度不足产生的震害

国内外历次地震中，都有因防震缝宽度不足而使建筑物碰撞、破坏的实例。1976 年唐山地震中，京津唐地区设缝的高层建筑（缝宽 50～150mm），除北京饭店东楼（18 层框架—剪力墙结构，缝宽 600mm）外，均发生不同程度的碰撞，轻者外装修、女儿墙、檐口损坏，重者主体结构破坏。2008 年汶川地震中，防震缝的破坏较为普遍，主要震害表现为：盖缝材料挤压变形破坏或拉脱；缝两侧墙体及女儿墙碰撞破坏或面层脱落；缝两侧主体结构因碰撞发生破坏或垮塌。

三、框架结构的震害

框架结构整体抗侧刚度小，抗震能力储备较小，其震害主要是由强度和延性不足引起，破坏程度重于有剪力墙的钢筋混凝土结构。框架结构的震害特征主要表现在以下几个方面。

1. 形成柱铰机制

“强柱弱梁”屈服机制是延性框架结构抗震设计的目标，但即使按“强柱弱梁”设计的框架，在强震作用下，柱端仍可能出现塑性铰。图 8-5 和图 8-6 为框架结构柱铰震害的实例。

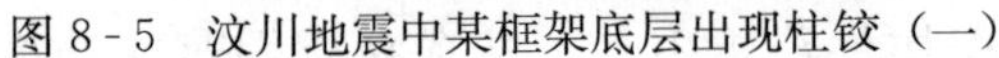

图 8-5 汶川地震中某框架底层出现柱铰（一）

图 8-6 汶川地震中某框架底层出现柱铰（二）

2. 框架柱的局部破坏

框架柱的震害一般要重于框架梁，其破坏主要集中在上下柱端 1.0～1.5 倍柱截面高度范围内。一般来说，角柱的震害重于内柱，短柱的震害重于一般柱，柱上端的震害重于下端。

（1）塑性铰处压弯破坏：柱子在轴力和杆端弯矩的作用下，上下柱端出现水平裂缝和斜裂缝（也有交叉裂缝），混凝土局部压碎，柱端形成塑性铰。严重时混凝土压碎剥落，箍筋外鼓崩断，柱筋屈曲成灯笼状。柱子轴压比过大、主筋不足、箍筋过稀等都会导致这种破坏，破坏大多出现在梁底与柱顶交接处，见图 8-7。

（2）剪切破坏：柱子在往复水平地震剪力的作用下，会出现斜裂缝或交叉裂缝，裂缝宽度较大，箍筋屈服崩断，难以修复，属脆性破坏。图 8-8 为 2010 年海地地震某四层框架顶层柱脚剪切破坏的实例。

图 8-7 塑性铰处压弯破坏

图 8-8 海地地震中柱脚剪切破坏

（3）角柱破坏：由于房屋不可避免地要发生扭转，因此角柱所受剪力最大，同时角柱承受双向弯矩作用，而约束又较其他柱小，故震害比内柱严重，例如有的上、下柱身错动，钢筋由柱内拔出，见图 8-9。

（4）短柱破坏：有错层、夹层或有半高的填充墙，或不适当地设置某些连系梁，以及楼梯休息平台处设梁时，容易形成剪跨比不大于 2 的短柱，短柱刚度大，易产生剪切破坏。

（5）柱牛腿破坏：结构单元之间或主楼与裙房之间若采用主楼框架柱设牛腿，低层屋面或楼面梁搁置在牛腿上的做法，地震时由于两边振动不同步，会造成牛腿混凝土压碎、预埋件拔出、柱边混凝土拉裂等震害。天津友谊宾馆主楼（9层框架）和裙房（单层餐厅）之间采用客厅层屋面梁支承在主框架牛腿上加以钢筋焊接，在唐山地震中，牛腿拉断、压碎，产生严重震害。

图 8-9　角柱破坏

3. 框架梁的局部破坏

震害多发生在梁端。在地震作用下梁端纵向钢筋屈服，出现上下贯通的垂直裂缝和交叉斜裂缝。在梁负弯矩钢筋切断处，由于抗弯能力削弱也容易产生裂缝，造成梁剪切破坏。梁剪切破坏主要是由于梁端屈服后产生的剪力较大，超过了梁的受剪承载力，梁内箍筋配置较稀，以及反复荷载作用下混凝土抗剪强度降低等因素引起的。

框架梁的震害较少，因为计算梁的受弯承载力时，不考虑现浇楼板配筋的影响，即使是按强柱弱梁设计的框架，地震中也可能是柱发生破坏，而梁不破坏。

4. 梁柱节点破坏

框架节点核心区是梁柱端受力最大部位，是保证框架承载力和抗倒塌能力的关键区域。梁柱纵筋在节点区交汇锚固，钢筋配置密集，施工难度大，若节点内箍筋配置不足或不设箍筋时，就会造成节点区破坏，产生对角方向的斜裂缝或交叉斜裂缝，导致混凝土剪碎剥落、柱纵向钢筋压曲外鼓，见图 8-10。梁纵筋在节点区锚固长度不足时，钢筋会从节点内被拔出，将混凝土拉裂，产生锚固破坏。

图 8-10　唐山地震中某框架节点破坏

5. 填充墙的震害

框架结构常采用各种烧结砖、混凝土砌块、轻质墙体等材料做填充墙。框架结构设计分析时，填充墙一般仅作为荷载考虑，但有些填充墙（如砖砌体）本身具有一定刚度，地震时作为整个结构系统的第一道防线而承受地震剪力，但由于没有采取合理的抗震构造措施，造成了填充墙严重开裂和破坏，加之填充墙的平面外地震作用，导致墙体倒塌。填充墙面开洞过大、过多，砂浆强度等级低、施工质量差，灰缝不饱满等因素，都会使填充墙震害加重，端墙、窗间墙、门窗洞口边角部位以及突出部位的破坏更为严重。框架填充墙的震害总体表现为下重上轻。汶川地震中，大量框架结构出现了填充墙破坏，甚至倒塌，见图 8-11。

填充墙除本身的震害较重外，其在平面及竖向的不合理布置还会引起下列震害：

（1）填充墙造成短柱剪切破坏，如图 8-12 所示。

（2）填充墙平面布置不均匀造成结构实际楼层刚度偏心，导致结构扭转产生震害。

（3）填充墙沿高度方向不连续造成实际楼层刚度突变，导致薄弱楼层破坏或倒塌。

图 8-11　填充墙震害

图 8-12　填充墙导致短柱破坏

6. 楼梯破坏

楼梯间是地震时重要的逃生通道。楼梯间及其构件的破坏会延误人员撤离及救援工作，造成严重伤亡。汶川地震中，许多框架结构的楼梯都发生了严重破坏，甚至楼梯板断裂，使得逃生通道被切断。

框架结构楼梯震害严重的原因是：框架结构抗侧刚度较小，当楼梯构件与主体结构整浇时，楼梯板类似斜撑，对结构刚度、承载力、规则性均有较大影响；另外楼梯结构复杂，传力路径也复杂，使得楼梯的震害加重。楼梯震害主要有以下几方面：

（1）上下梯段交叉处梯梁和梯梁支座剪扭破坏，见图 8-13。

（2）梯板受拉破坏或拉断。

（3）休息平台处短柱破坏，见图 8-14。

图 8-13　某建筑楼梯梁破坏

图 8-14　某在建工程楼梯间短柱破坏

四、具有剪力墙结构的震害

剪力墙刚度大，地震作用下侧移小，因而具有剪力墙的结构抗震性能较好，其震害较框架结构轻。汶川地震中，框架—剪力墙结构震害较轻，个别为中等破坏，无一例倒塌。

剪力墙结构的主要震害有：连梁剪切破坏（见图 8-15）、墙肢出现剪切裂缝和水平裂缝（见图 8-16）等。汶川地震中框架—剪力墙结构还出现了边缘构件混凝土压碎及纵筋压屈、墙体沿施工缝滑移错动、墙体竖向钢筋剪断等震害现象。

连梁的震害以剪切脆性破坏为主。这主要是由于连梁的跨高比较小，形成深梁，在反复荷载作用下形成 X 形剪切裂缝。房屋 1/3 高度处的连梁破坏尤为明显。

狭而高的墙肢，其工作性能与悬臂梁相似，震害常出现在底部。

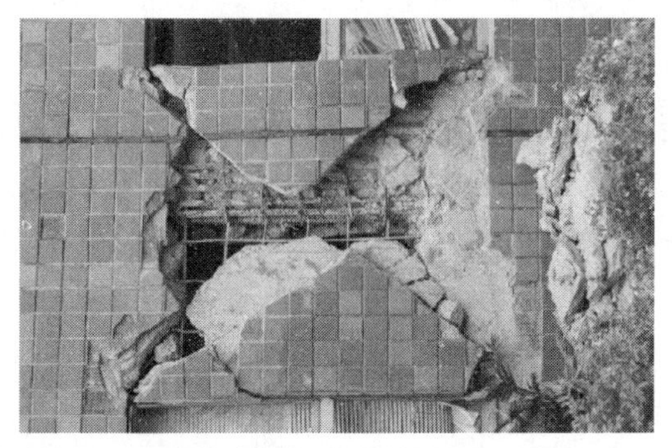
图 8-15　剪力墙连梁破坏

图 8-16　剪力墙墙肢弯剪破坏

第二节　结构选型、结构布置和设计原则

一、结构选型

梁、板等水平构件和柱、墙等竖向构件通过不同的组成方式和传力途径，构成了不同的抗侧力结构体系。采用相同的结构构件，按不同方式所组成的抗侧力体系，其整体性可能表现为截然不同的结果。抗侧力结构体系是高层建筑结构是否合理、经济的关键，其选型与组成是多高层钢筋混凝土结构设计的首要决策重点。

多高层建筑常用的抗侧力体系有框架结构、剪力墙结构、框架—剪力墙结构、筒体结构等。不同的结构体系，其抗震性能、使用效果与经济指标也不同。

框架结构由梁、柱组成，可同时抵抗竖向荷载及水平力。框架结构平面布置灵活，易于满足建筑物设置大房间的要求，且构件类型少，设计、计算、施工较简单，在工业与民用建筑中应用广泛。按照抗震要求设计的钢筋混凝土延性框架结构，具有较好的抗震性能，延性大，耗能能力强，是多层建筑中一种较好的结构体系。但由于侧向刚度较小，水平力作用下结构变形较大，故框架结构的高度不宜过高。

用钢筋混凝土剪力墙抵抗竖向荷载和水平力的结构称为剪力墙结构。这种结构体系整体性好、抗侧能力强、承载力大、水平力作用下侧移小，经合理设计，可表现出较好的抗震性能。但因受限于楼板跨度，剪力墙间距较小，一般为 3～8m，平面布置不灵活，建筑空间受到限制。剪力墙结构一般用于 10～30 层的高层住宅、旅馆等建筑。剪力墙结构自重大、刚度大，基本周期较短，受到的地震力也较大，因此高度很大的剪力墙结构并不经济。

框架—剪力墙结构是由框架和剪力墙这两种受力、变形性能不同的抗侧力结构单元通过楼板或连梁协调变形，共同承受竖向荷载及水平力的结构体系。它兼具框架结构和剪力墙结构的优点，既能为建筑提供较灵活的使用空间，又具有良好的抗侧力性能。框剪结构中的剪力墙可以单独设置，也可利用电梯井、楼梯间、管道井等墙体。当建筑高度较大时，剪力墙可以做成筒体，形成框架—筒体结构。框架—剪力墙（筒体）结构适用于建造办公楼、酒店、住宅、教学楼、病房楼等各类高层建筑，是多、高层建筑中应用最广泛的结构体系。

筒体结构是由四周封闭的剪力墙构成单筒式的筒状结构，或以楼、电梯为内筒，密排柱深梁框架为外框筒组成的筒中筒结构，或以两个或两个以上的框筒紧靠在一起成“束”状排列，形成的束筒。这种结构的空间刚度大，抗侧和抗扭刚度都很强，建筑布局也灵活，常用于超高层公寓、办公楼和商业大厦建筑等。

除此之外，还有巨型框架结构、悬吊结构、脊骨结构体系等。

选择建筑结构体系时，要综合考虑建筑功能要求和结构设计要求。在总结国内外大量震害和工程设计经验的基础上，根据地震烈度、抗震性能、使用要求及经济效果等因素，规定了地震区各种结构体系的最大适用高度，见表 8-1。平面和竖向均不规则的结构，其适用的最大高度宜降低。超过表 8-1 内高度的房屋，应进行专门研究和论证，采取有效的加强措施。

表 8-1　　现浇钢筋混凝土房屋适用的最大高度　　(m)

结构体系		设防烈度（度）				
		6	7	8（0.2g）	8（0.3g）	9
框架		60	50	40	35	24
框架—抗震墙		130	120	100	80	50
抗震墙		140	120	100	80	60
部分框支抗震墙		120	100	80	50	不应采用
筒体	框架—核心筒	150	130	100	90	70
	筒中筒	180	150	120	100	80
板柱—抗震墙		80	70	55	40	不应采用

注 1 房屋高度是指室外地面到主要屋面板板顶的高度（不包括局部突出屋顶的部分）。
2 框架—核心筒结构是指周边稀柱框架与核心筒组成的结构。
3 部分框支抗震墙结构是指首层或底部两层为框支层的结构，不包括仅个别框支墙的情况。
4 表中框架不包括异形柱框架。
5 板柱—抗震墙结构是指板柱、框架和抗震墙组成抗侧力体系的结构。
6 乙类建筑可按本地区抗震设防烈度确定其适用的最大高度。
7 超过表内高度的房屋，应进行专门研究和论证，采取有效的加强措施。

选择结构体系时还应注意：①结构的自振周期要避开场地的特征周期，以免发生类共振而加重震害。②选择合理的基础形式，保证基础有足够的埋置深度，有条件时宜设置地下室。在软弱地基土上宜选用桩基、片筏基础、箱形基础或桩—箱、桩—筏联合基础。

二、结构布置

1. 结构总体布置原则

多高层建筑的抗震设计除了要根据结构高度、抗震设防烈度等选择合理的抗侧力体系外，还要重视建筑形体和结构总体布置，即建筑的平面、立面布置和结构构件的平面、竖向布置。建筑体型和结构总体布置对结构的抗震性能有着决定性的影响。

多高层钢筋混凝土结构房屋的建筑形体和结构总体布置，应符合以下基本原则：

(1) 采用对抗震有利的建筑平面和立面；采用对抗震有利的结构平面、竖向布置；采用规则结构，不应采用严重不规则结构。

(2) 结构应具有明确的计算简图和合理、直接的地震作用传递途径。

(3) 合理设置变形缝；各结构单元之间、各构件之间或彻底分离，或牢固连接，避免似分不分、似连非连的结构方案。

（4）尽可能设置多道抗震防线，并应考虑部分构件出现塑性变形后的内力重分布。

（5）加强楼屋盖的整体性，注重构件之间的连接构造，使结构具有良好的整体牢固性和尽量多的冗余度。

（6）结构在两个主轴方向的动力特性宜相近。

2. 建筑结构的规则性

建筑结构的规则性是指建筑物的平、立面布置要对称、规则，其质量与刚度要变化均匀。震害调查表明，建筑平面和立面不规则常是造成震害的主要原因。表 8-2 和表 8-3 分别列举了平面不规则和竖向不规则的建筑类型。

当混凝土房屋存在表 8-2 中所列举的某项平面不规则类型，或表 8-3 中所列举的某项竖向不规则类型以及类似的不规则类型时，应属不规则建筑。不规则建筑应按下列要求进行地震作用计算和内力调整，并应对薄弱部位采取有效的抗震构造措施：

（1）平面不规则而竖向规则的建筑结构，应采用空间结构计算模型，并应符合下列要求：①扭转不规则时，应计入扭转影响，且楼层竖向构件最大的弹性水平位移和层间位移分别不宜大于楼层两端弹性水平位移和层间位移平均值的 1.5 倍，当最大层间位移远小于规范限值时，可适当放宽。②凹凸不规则或楼板局部不连续时，应采用符合楼板平面内实际刚度变化的计算模型；高烈度或不规则程度较大时，宜计入楼板局部变形的影响。③平面不对称且凹凸不规则或局部不连续时，可根据实际情况分块计算扭转位移比，对扭转较大的部位应采用局部的内力增大系数。

表 8-2　平面不规则的主要类型

不规则类型	定　　义
扭转不规则	在规定的水平力作用下，楼层的最大弹性水平位移（或层间位移）大于该楼层两端弹性水平位移（或层间位移）平均值的 1.2 倍
凹凸不规则	结构平面凹进的一侧尺寸大于相应投影方向总尺寸的 30%
楼板局部不连续	楼板的尺寸和平面刚度急剧变化，例如有效楼板宽度小于该层楼板典型宽度的 50%，或开洞面积大于该层楼面面积的 30%，或较大的楼层错层

表 8-3　竖向不规则的主要类型

不规则类型	定　　义
侧向刚度不规则	该层的侧向刚度小于相邻上一层的 70%，或小于其上相邻三个楼层侧向刚度平均值的 80%；除顶层或出屋面小建筑外，局部收进的水平向尺寸均大于相邻下一层的 25%
竖向抗侧力构件不连续	竖向抗侧力构件（柱、剪力墙、抗震支撑）的内力由水平转换构件（梁、桁架）向下传递
楼层承载力突变	抗侧力结构的层间受剪承载力小于相邻上一楼层的 80%

（2）平面规则而竖向不规则的建筑，应采用空间结构计算模型，刚度小的楼层的地震剪力应乘以不小于 1.15 的增大系数，其薄弱层应进行弹塑性变形分析，并应符合下列要求：①竖向抗侧力构件不连续时，该构件传递给水平转换构件的地震内力应根据烈度高低和水平转换构件的类型、受力情况、几何尺寸等，乘以 1.25～2.0 的增大系数；②侧向刚度不规则时，相邻层的侧向刚度比应依据其结构类型符合有关规定；③楼层承载力突变时，薄弱层抗侧力结构的受剪承载力不应小于相邻上一楼层的 65%。

(3) 平面不规则且竖向不规则的建筑，应根据不规则类型的数量和程度，有针对性地采取不低于上述两项要求的各项抗震措施。

当存在多项不规则或某项不规则超过表中规定的参考指标较多时，应属特别不规则的建筑；建筑形体复杂，多项指标超过前述上限值或某一项指标大大超过表 8-2、表 8-3 中的规定值，具有现有技术和经济条件不能克服的严重抗震薄弱环节，可能导致地震破坏的严重后果，应属严重不规则建筑。特别不规则的建筑，应经专门研究和论证，采取更有效的加强措施或对薄弱部位采用相应的抗震性能化设计方法。严重不规则的建筑不应采用。

3. 竖向布置

建筑竖向形体宜规则、均匀，不宜有过大的外挑或内收，见图 8-17。当结构上部楼层收进部位到室外地面的高度 H_1 与房屋总高度 H 之比大于 0.2 时，上部楼层收进后的水平尺寸 B_1 不宜小于下部楼层水平尺寸 B 的 0.75 倍；当上部结构楼层相对于下部楼层外挑时，下部楼层的水平尺寸 B 不宜小于上部楼层水平尺寸 B_1 的 0.9 倍，且水平外挑尺寸 a 不宜大于 4m。

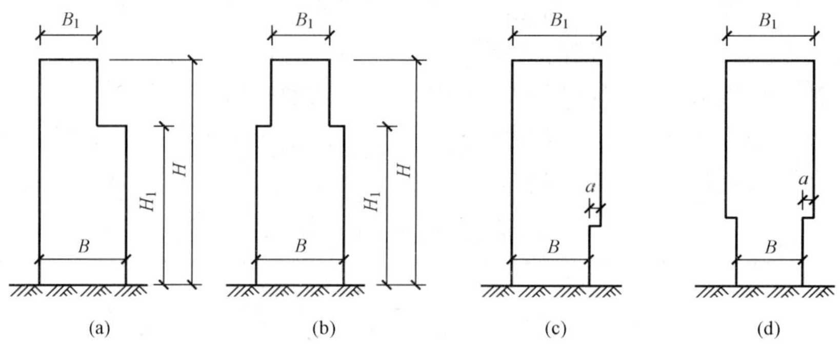

图 8-17 结构竖向收进与外挑示意

结构竖向抗侧力构件宜上、下连续贯通，截面尺寸和材料强度宜自下而上逐渐减小，避免侧向刚度和承载力突变形成薄弱层。构件上下层传力应直接、连续。同一结构单元中同一楼层应在同一标高处，尽可能不采用复式框架，避免局部错层和夹层。尽可能降低建筑物的重心，以利结构的整体稳定性。高层建筑宜设地下室。

为增加结构的整体刚度和抗倾覆能力，使结构具有较好的整体稳定性和承载能力，钢筋混凝土高层建筑结构的高宽比不宜超过表 8-4 中的要求。

表 8-4 钢筋混凝土高层建筑结构适用的高宽比

结构体系	非抗震设计	设防烈度（度）		
		6、7	8	9
框架	5	4	3	2
板柱—剪力墙	6	5	4	—
框架—剪力墙、剪力墙	7	6	5	4
框架—核心筒	8	7	6	4
筒中筒	8	8	7	5

地下室顶板作为上部结构的嵌固部位时，应符合下列要求：

（1）地下室结构顶板应避免开设大洞口；地下室在地上结构相关范围（地上结构周边外延不大于20m）的顶板应采用现浇梁板结构，相关范围以外的地下室顶板宜采用现浇梁板结构；其楼板厚度不宜小于180mm，混凝土强度等级不宜小于C30，应采用双层双向配筋，且每层每个方向的配筋率不宜小于0.25%。

（2）结构地上一层的侧向刚度不宜大于相关范围地下一层侧向刚度的0.5倍；地下室周边宜有与其顶板相连的剪力墙。

（3）地下室顶板对应于地上框架柱的梁柱节点除应满足抗震计算要求外，还应符合下列规定之一：①地下一层柱截面每侧纵向钢筋不应小于地上一层柱对应纵向钢筋的1.1倍；地下一层柱上端和节点左右梁端实配的抗震受弯承载力之和应大于地上一层柱下端实配的抗震受弯承载力的1.3倍。②地下一层梁刚度较大时，柱截面每侧的纵向钢筋面积应大于地上一层对应柱每侧纵向钢筋面积的1.1倍；梁端顶面和底面的纵向钢筋面积均应比计算增大10%以上。

（4）地下一层剪力墙墙肢端部边缘构件纵向钢筋的截面面积，不应少于地上一层对应墙肢端部边缘构件纵向钢筋的截面面积。

框架—剪力墙结构和板柱—剪力墙结构中的剪力墙宜贯通房屋全高，剪力墙洞口宜上下对齐，洞边距端柱不宜小于300mm。

剪力墙结构和部分框支剪力墙结构中，剪力墙的墙肢长度沿结构全高不宜有突变；剪力墙有较大的洞口时，以及一、二级剪力墙的底部加强部位，洞口宜上下对齐。

矩形平面的部分框支剪力墙结构中，应限制框支层刚度和承载力的过大削弱，框支层的楼层侧向刚度不应小于相邻非框支层楼层侧向刚度的50%；为避免使框支层成为少墙框架体系，底层框架部分承担的地震倾覆力矩不应大于结构总地震倾覆力矩的50%。

4. 平面布置

建筑平面形状和结构平面布置力求简单、规则、对称。主要抗侧力构件宜规则对称布置，承载力、刚度、质量分布变化宜均匀，结构的刚心与质心尽可能重合，以减小扭转效应及局部应力集中；不宜采用角部重叠的平面图形或细腰形平面图形。楼电梯间不宜设在结构单元的两端及拐角处；剪力墙（包括框支剪力墙结构中的落地墙）的两端（不包括洞口两侧）宜设置端柱或与另一方向的剪力墙相连。

为抵抗不同方向的地震作用，框架结构和框架—剪力墙结构中，框架和剪力墙均应双向设置，当柱中线与剪力墙中线、梁中线与柱中线之间的偏心距大于柱宽的1/4时，应计入偏心的影响。甲、乙类建筑以及高度大于24m的丙类建筑不应采用单跨框架结构；高度不大于24m的丙类建筑不宜采用单跨框架结构。

框架—剪力墙结构和板柱—剪力墙结构中，楼梯间宜设置剪力墙，但不宜造成较大的扭转效应；为减小温度应力的影响，当房屋较长时，刚度较大的纵向剪力墙不宜设置在房屋的端开间。

为提高较长剪力墙的延性，剪力墙结构和部分框支剪力墙结构中，较长的剪力墙宜设置跨高比大于6的连梁形成洞口，将一道剪力墙分成长度较均匀的若干墙段，各墙段的高宽比不宜小于3；矩形平面的部分框支剪力墙结构，框支层落地剪力墙间距不宜大于24m，框支层的平面布置宜对称，且宜设抗震筒体。

楼、屋盖平面内若发生变形，就不能有效地将楼层地震剪力在各抗侧力构件之间进行分配和传递。为使楼、屋盖具有传递水平地震剪力的刚度，多、高层的混凝土楼、屋盖宜优先选用现浇混凝土楼盖。当采用预制装配式混凝土楼、屋盖时，应从楼盖体系和构造上采取措施确保楼、屋盖的整体性及其与剪力墙的可靠连接。采用配筋现浇面层加强时，其厚度不应小于50mm。同时，框架—剪力墙、板柱—剪力墙结构以及框支层中，剪力墙之间无大洞口的楼盖、屋盖的长宽比不宜超过表8-5的规定；超过时，应计入楼盖平面内变形的影响。

表8-5　抗震墙之间楼、屋盖的长宽比

楼、屋盖类型		设防烈度（度）			
		6	7	8	9
框架—抗震墙结构	现浇或叠合楼、屋盖	4	4	3	2
	装配整体式楼、屋盖	3	3	2	不宜采用
板柱—抗震墙结构的现浇楼、屋盖		3	3	2	—
框支层的现浇楼、屋盖		2.5	2.5	2	—

高层建筑宜选用风作用较小的平面形状。平面长度 L 不宜过长，突出部分 l 不宜过大，图8-18中，L、l 等值宜满足表8-6的要求。

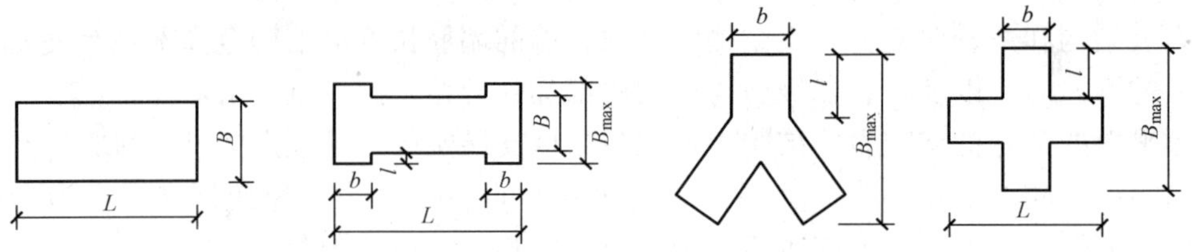

图8-18　高层建筑平面

表8-6　L、l 的限值

设防烈度（度）	L/B	l/B_{max}	l/b
6、7	≤6.0	≤0.35	≤2.0
8、9	≤5.0	≤0.30	≤1.5

5. 防震缝的设置

设置防震缝可使结构抗震分析模型较为简单，容易估计其地震作用和采用抗震措施；但若防震缝宽度不够，防震缝两侧结构在强震下仍难免发生局部碰撞破坏，而防震缝宽度过大则会给立面处理带来困难，另外还会给地下室防水处理带来一定的难度。不设防震缝时，结构分析模型复杂，连接处局部应力集中需要加强，而且需仔细估计地震扭转效应等可能导致的不利影响。因此，体型复杂、平立面不规则的多高层钢筋混凝土建筑应根据不规则程度、地基基础条件和技术经济等因素的比较分析，确定是否设置防震缝。

当不设置防震缝时，建筑物各部分之间应牢固连接，或采用能适应地震作用下变形要求的连接方式。结构分析时应采用符合实际的计算模型，分析判明其应力集中、变形集中或地震扭转效应等导致的易损部位，采取相应的加强措施。

当在适当部位设置防震缝时，宜形成多个较规则的抗侧力结构单元。防震缝应根据抗震设防烈度、结构材料种类、结构类型、结构单元的高度和高差以及可能的地震扭转效应的情况，留有足够的宽度，其两侧的上部结构应完全分开。

当设置伸缩缝和沉降缝时，其宽度应符合防震缝的要求。防震缝可结合沉降缝要求贯通到地基，当无沉降问题时，也可以从基础或地下室以上贯通。当有多层地下室形成大底盘，上部结构为带裙房的单塔或多塔结构时，可将裙房用防震缝自地下室以上分隔。地下室顶板应有良好的整体性和刚度，能将上部结构的地震作用分布到地下室结构。

钢筋混凝土房屋需要设置防震缝时，其最小宽度应符合下列要求：

(1) 框架结构（包括设置少量剪力墙的框架结构）房屋的防震缝宽度，当高度不超过15m时不应小于100mm；高度超过15m时，6、7、8、9度分别每增加高度5、4、3、2m，宜加宽20mm。

(2) 框架—剪力墙结构房屋的防震缝宽度不应小于上述对框架规定数值的70%，剪力墙结构房屋的防震缝宽度不应小于上述对框架规定数值的50%，且均不宜小于100mm。

(3) 防震缝两侧结构类型不同时，宜按需要对较宽防震缝的结构类型和较低房屋高度确定缝宽。

8、9度框架结构房屋的防震缝两侧结构层高相差较大时，防震缝两侧框架柱的箍筋应沿房屋全高加密，并可根据需要在缝两侧沿房屋全高各设置不少于两道垂直于防震缝的抗撞墙。抗撞墙的布置宜避免加大扭转效应，其长度可不大于1/2层高，抗震等级可同框架结构；框架构件的内力应按设置和不设置抗撞墙两种计算模型的不利情况取值。

6. 非承重墙体

钢筋混凝土结构中非承重墙体的材料、选型和布置要求，应根据抗震设防烈度、房屋高度、建筑体型、结构层间变形、墙体自身抗侧力性能的利用等因素，经综合分析后确定。非承重墙体应优先采用轻质墙体材料；采用砌体墙时，应采取措施减少对主体结构的不利影响，并应设置拉结筋、水平系梁、圈梁、构造柱等与主体结构可靠拉结；采用刚性非承重墙体时，其布置应避免使结构形成刚度和强度分布上的突变。当围护墙非对称均匀布置时，应考虑质量和刚度的差异对主体结构抗震不利的影响。

墙体与主体结构应有可靠的拉结，应能适应主体结构不同方向的层间位移；8、9度时应具有满足层间变位的变形能力，与悬挑构件相连接时，还应具有满足节点转动引起的竖向变形的能力。外墙板的连接件应具有足够的延性和适当的转动能力，宜满足在设防地震下主体结构层间变形的要求。

砌体女儿墙在人流出入口和通道处应与主体结构锚固；非出入口且无锚固的女儿墙高度，6～8度时不宜超过0.5m，9度时应有锚固。防震缝处女儿墙应留有足够的宽度，缝两侧的自由端应予加强。

钢筋混凝土结构中的砌体填充墙应符合下列要求：

(1) 填充墙在平面和竖向的布置宜均匀、对称，避免形成薄弱层和短柱。

(2) 砌体的砂浆强度等级不应低于M5；实心块体的强度等级不宜低于MU2.5，空心块体的强度等级不宜低于MU3.5；墙顶应与框架梁密切结合。

(3) 填充墙应沿框架柱全高每隔500～600mm设2Φ6拉筋；拉筋伸入墙内的长度，6、7度时宜沿墙全长贯通，8、9度时应全长贯通。

(4) 墙长大于5m时，墙顶与梁宜有拉结；墙长超过8m或超过层高2倍时，宜设置钢筋混凝土构造柱；墙高超过 4m 时，墙体半高宜设置与柱连接且沿墙全长贯通的钢筋混凝土水平系梁。

（5）楼梯间和人流通道的填充墙，还应采用钢丝网砂浆面层加强。

三、抗震等级

钢筋混凝土房屋的抗震等级是重要的设计参数。抗震等级的划分，体现了不同抗震设防类别、不同结构类型、不同烈度、同一烈度但高度不同的钢筋混凝土房屋结构延性要求的不同，以及同一种结构在不同结构类型中延性要求的不同。钢筋混凝土房屋应根据设防类别、设防烈度、结构类型和房屋高度采用不同的抗震等级，并应符合相应的计算和构造措施要求。丙类建筑的抗震等级应按表 8-7 确定。

表 8-7　现浇钢筋混凝土房屋的抗震等级　（级）

<table>
<tr><td colspan="3" rowspan="2">结构类型</td><td colspan="10">设防烈度（度）</td></tr>
<tr><td colspan="2">6</td><td colspan="3">7</td><td colspan="3">8</td><td colspan="2">9</td></tr>
<tr><td rowspan="3">框架结构</td><td colspan="2">高度（m）</td><td>≤24</td><td>>24</td><td>≤24</td><td colspan="2">>24</td><td>≤24</td><td colspan="2">>24</td><td colspan="2">≤24</td></tr>
<tr><td colspan="2">框架</td><td>四</td><td>三</td><td>三</td><td colspan="2">二</td><td>二</td><td colspan="2">一</td><td colspan="2">一</td></tr>
<tr><td colspan="2">大跨度框架</td><td colspan="2">三</td><td colspan="3">二</td><td colspan="3">一</td><td colspan="2">一</td></tr>
<tr><td rowspan="3">框架—抗震墙结构</td><td colspan="2">高度（m）</td><td>≤60</td><td>>60</td><td>≤24</td><td>25～60</td><td>>60</td><td>≤24</td><td>25～60</td><td>>60</td><td>≤24</td><td>25～50</td></tr>
<tr><td colspan="2">框架</td><td>四</td><td>三</td><td>四</td><td>三</td><td>二</td><td>三</td><td>二</td><td>一</td><td>二</td><td>一</td></tr>
<tr><td colspan="2">抗震墙</td><td colspan="2">三</td><td>三</td><td colspan="2">二</td><td>二</td><td colspan="2">一</td><td colspan="2">一</td></tr>
<tr><td rowspan="2">抗震墙结构</td><td colspan="2">高度（m）</td><td>≤80</td><td>>80</td><td>≤24</td><td>25～80</td><td>>80</td><td>≤80</td><td>25～80</td><td>>80</td><td>≤24</td><td>25～60</td></tr>
<tr><td colspan="2">抗震墙</td><td>四</td><td>三</td><td>四</td><td>三</td><td>二</td><td>三</td><td>二</td><td>一</td><td>二</td><td>一</td></tr>
<tr><td rowspan="4">部分框支抗震墙结构</td><td colspan="2">高度（m）</td><td>≤80</td><td>>80</td><td>≤24</td><td>25～80</td><td>>80</td><td>≤24</td><td>25～80</td><td rowspan="4"></td><td colspan="2" rowspan="4"></td></tr>
<tr><td rowspan="2">抗震墙</td><td>一般部位</td><td>四</td><td>三</td><td>四</td><td>三</td><td>二</td><td>三</td><td>二</td></tr>
<tr><td>加强部位</td><td>三</td><td>二</td><td>三</td><td>二</td><td>一</td><td>二</td><td>一</td></tr>
<tr><td colspan="2">框支层框架</td><td colspan="2">二</td><td colspan="2">二</td><td>一</td><td colspan="2">一</td></tr>
<tr><td rowspan="2">框架—核心筒结构</td><td colspan="2">框架</td><td colspan="2">三</td><td colspan="3">二</td><td colspan="3">一</td><td colspan="2">一</td></tr>
<tr><td colspan="2">核心筒</td><td colspan="2">二</td><td colspan="3">二</td><td colspan="3">一</td><td colspan="2">一</td></tr>
<tr><td rowspan="2">筒中筒结构</td><td colspan="2">外筒</td><td colspan="2">三</td><td colspan="3">二</td><td colspan="3">一</td><td colspan="2">一</td></tr>
<tr><td colspan="2">内筒</td><td colspan="2">三</td><td colspan="3">二</td><td colspan="3">一</td><td colspan="2">一</td></tr>
<tr><td rowspan="3">板柱—抗震墙结构</td><td colspan="2">高度（m）</td><td>≤35</td><td>>35</td><td>≤35</td><td colspan="2">>35</td><td>≤35</td><td colspan="2">>35</td><td colspan="2" rowspan="3"></td></tr>
<tr><td colspan="2">框架、板柱的柱</td><td>三</td><td>二</td><td>二</td><td colspan="2">二</td><td colspan="3">一</td></tr>
<tr><td colspan="2">抗震墙</td><td>二</td><td>二</td><td>二</td><td colspan="2">一</td><td>二</td><td colspan="2">一</td></tr>
</table>

注 1　建筑场地为Ⅰ类时，除 6 度外，均允许按表内降低 1 度所对应的抗震等级采取抗震构造措施，但相应的计算要求不应降低。

2　接近或等于高度分界时，应允许结合房屋不规则程度及场地、地基条件确定抗震等级。

3　大跨度框架指跨度不小于 18m 的框架。

4　高度不超过 60m 的框架，核心筒结构按框架，剪力墙的要求设计时，应按表中框架，剪力墙结构的规定确定其抗震等级。

钢筋混凝土房屋抗震等级的确定还应符合下列要求：

(1) 设置少量剪力墙的框架结构，在规定的水平力作用下，计算嵌固端所在的底层框架部分所承担的地震倾覆力矩大于结构总地震倾覆力矩的50%时，其框架的抗震等级应按框架结构确定，剪力墙的抗震等级可与其框架的抗震等级相同。

(2) 设置个别或少量框架的剪力墙结构，此时结构属于剪力墙体系的范畴，其剪力墙的抗震等级仍按剪力墙结构确定；框架的抗震等级可参照框架—剪力墙结构的框架确定。

(3) 框架—剪力墙结构设有足够的剪力墙，其剪力墙底部承受的地震倾覆力矩不小于结构底部总地震倾覆力矩的50%时，其框架部分是次要抗侧力构件，按表8-7中的框架—剪力墙结构确定其抗震等级。

(4) 裙房与主楼相连，相关范围（一般可从主楼周边外延3跨且不大于20m）不应低于主楼的抗震等级，相关范围以外的区域可按裙房自身的结构类型确定其抗震等级。主楼结构在裙房顶板对应的上下各一层受刚度与承载力突变影响较大，抗震构造措施应适当加强。裙房与主楼分离时，应按裙房本身确定抗震等级。大震作用下裙房与主楼可能发生碰撞，需要采取加强措施；当裙房偏置时，其端部有较大扭转效应，也需要加强。

(5) 带地下室的多层和高层建筑，当地下室结构的刚度和受剪承载力比上部楼层相对较大时，地下室顶板可视做嵌固部位，在地震作用下其屈服部位将发生在地上楼层，同时将影响地下一层。地面以下地震响应虽然逐渐减小，但地下一层的抗震等级不能降低，应与上部结构相同；地下二层及以下抗震构造措施的抗震等级可逐层降低一级，但不应低于四级；地下室中无上部结构的部分，抗震构造措施的抗震等级可根据具体情况采用三级或四级。

(6) 当甲、乙类建筑按规定提高1度确定其抗震等级，而房屋的高度超过表8-2中相应规定的上界时，应采取比一级更有效的抗震构造措施。

四、延性和屈服机制

为实现“三水准”抗震设防目标，结构构件除了必须具备足够的承载能力和刚度外，还应具有足够大的延性和良好的耗能能力。大震作用下，设计合理的抗震结构，可通过结构构件的延性耗散地震能量，避免结构倒塌。

延性包括材料、截面、构件和结构的延性。延性实质上是材料、截面、构件或结构在强度或承载能力无明显降低的前提下，发生非弹性（塑性）变形的能力。结构的位移延性可以用顶点位移延性系数μ来度量，即

$$\mu = \Delta u_{p}/\Delta u_{y} \tag{8-1}$$

式中　Δu_{y}、Δu_{p}——结构顶点屈服位移和结构顶点弹塑性位移限值。

一般认为，在抗震结构中结构顶点位移延性系数应不小于3～4。

一般来说，对截面延性的要求高于对构件延性的要求，对构件延性的要求高于对结构延性的要求。结构在遭遇强烈地震时，是否具有较好的延性和较强的抗倒塌能力，与构件形成塑性铰后的屈服机制有关。

多、高层钢筋混凝土结构的屈服机制可分为总体机制、层间机制及由这两种机制组合而成的混合机制。结构的总体屈服机制是指结构可在承载能力基本保持稳定的条件下持续地变形而不倒塌，其延性和耗能能力要优于层间机制。

对框架结构而言，理想的屈服机制是塑性铰出现在梁端，形成梁铰机制，此时结构有较大的内力重分布和能量消耗能力，极限层间位移大，抗震性能好。如果塑性铰出现在柱端，

此时结构变形可能集中在某一薄弱层而形成层间柱铰机制，整个结构变形能力很小，耗能能力极差，容易形成倒塌机制，见图 8-19。

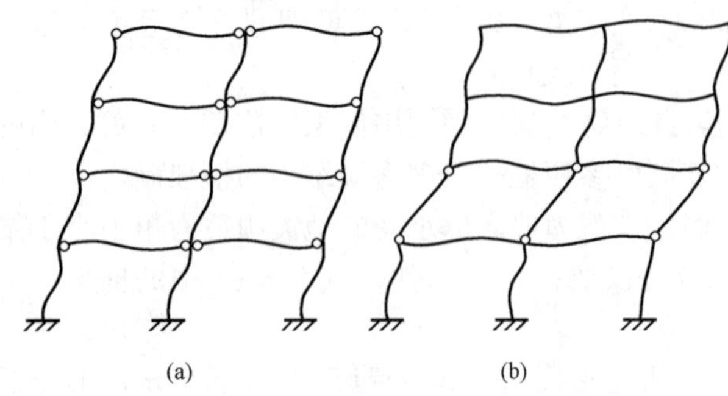

图 8-19 框架结构屈服机制
(a) 梁铰机制（总体机制）；(b) 柱铰机制（层间机制）

为使框架结构形成合理的屈服机制，具备良好的抗地震倒塌能力，在进行梁、柱截面设计和构造时，应遵循以下原则：

（1）强柱弱梁。要控制梁、柱的相对强度，按节点处梁端实际受弯承载力小于柱端实际受弯承载力进行设计，在强烈地震作用下，使塑性铰首先在梁端出现，实现梁铰机制，尽量避免或减少在柱端出现塑性铰，保证框架仍有承受竖向荷载的能力而免于倒塌。

（2）强剪弱弯。剪切破坏属延性小、耗能差的脆性破坏。梁、柱构件的塑性铰区要按照构件的受剪承载力大于其实际受弯承载力（按实际配筋面积和材料强度标准值计算的承载力）所对应的剪力进行设计，使结构构件在发生受弯破坏前不发生剪切破坏，以改善构件自身的抗震性能。

（3）强节点核心区、强锚固。框架的节点核心区是保证框架承载力和抗倒塌能力的关键部位，节点核心区破坏会使与之相关联的梁柱构件失去整体作用而失效，使梁纵筋在节点区失去可靠锚固而影响塑性铰的形成。节点核心区的设计应保证能充分发挥梁柱构件的延性和耗能能力，以实现预期的整体结构抗震能力。

五、材料及连接

抗震设计时，钢筋混凝土结构的材料应符合以下要求：

（1）混凝土的强度等级，框支梁、框支柱及抗震等级为一级的框架梁、柱、节点核心区不应低于 C30；构造柱、芯柱、圈梁及其他各类构件不应低于 C20。混凝土结构的混凝土强度等级，现浇非预应力混凝土楼盖不宜超过 C40；剪力墙不宜超过 C60；其他构件，9 度时不宜超过 C60，8 度时不宜超过 C70。

（2）普通钢筋宜优先采用延性、韧性和焊接性较好的钢筋；普通钢筋的强度等级，纵向受力钢筋宜选用符合抗震性能指标且不低于 HRB400 级的热轧钢筋，也可采用符合抗震性能指标的 HRB335 级热轧钢筋；箍筋宜选用符合抗震性能指标且不低于 HRB335 级的热轧钢筋，也可选用 HPB300 级热轧钢筋；抗震等级为一、二、三级的框架和斜撑构件（含梯段），其纵向受力钢筋采用普通钢筋时，钢筋的抗拉强度实测值与屈服强度实测值的比值不应小于 1.25，钢筋的屈服强度实测值与屈服强度标准值的比值不应大于 1.3，且钢筋在最大拉力下的总伸长率实测值不应小于 9%。

（3）在施工中，当需要以强度等级较高的钢筋替代原设计中的纵向受力钢筋时，应按照钢筋受拉承载力设计值相等的原则换算，并应满足最小配筋率要求。

（4）混凝土结构构件的纵向钢筋锚固和连接，除应符合《混凝土结构设计规范》(GB 50010—2010) 有关规定外，还应符合下列要求：

1）受力钢筋的连接接头宜设置在构件受力较小部位。钢筋连接可按不同情况采用机械连接、绑扎搭接或焊接：

a. 框架柱：一、二级抗震等级及三级抗震等级的底层宜采用机械连接接头，也可采用绑扎搭接或焊接接头；三级抗震等级的其他部位和四级抗震等级可采用绑扎搭接或焊接接头。

b. 框支梁、框支柱：宜采用机械连接接头。

c. 框架梁：一级宜采用机械连接接头，二、三、四级可采用绑扎搭接或焊接接头。

2）位于同一连接区段内的纵向受力钢筋接头面积百分率不宜超过50%；纵向受力钢筋连接接头的位置宜避开梁端、柱端箍筋加密区；当无法避开时，应采用机械连接或焊接；受拉钢筋直径大于28mm、受压钢筋直径大于32mm时，不宜采用绑扎搭接接头。

3）结构构件中纵向受拉钢筋的最小锚固长度 l_{aE} 及绑扎搭接长度 l_{lE}，应符合下列要求，即

$$l_{aE}=\zeta_{aE}l_a \tag{8-2}$$

$$l_{lE}=\zeta_1 l_{aE} \tag{8-3}$$

式中　l_a——纵向受拉钢筋的非抗震锚固长度；

ζ_{aE}——纵向受拉钢筋抗震锚固长度的修正系数，对一、二级抗震等级取1.15，对三级抗震等级取1.05，对四级抗震等级取1.0；

ζ_1——纵向受拉钢筋搭接长度的修正系数，当同一连接区段内搭接钢筋的面积百分率为≤25%、50%、100%时，其值分别取1.2、1.4、1.6。

六、楼梯间

多、高层钢筋混凝土结构宜采用现浇钢筋混凝土楼梯；对于框架结构，楼梯间的布置不应导致结构平面严重不规则；楼梯构件与主体结构整浇时，应计入楼梯构件对地震作用及其效应的影响，应进行楼梯构件的抗震承载力验算，宜采取构造措施，减少楼梯构件对主体结构刚度的影响；楼梯间两侧填充墙与柱之间应加强拉结。

七、基础结构

基础结构的抗震设计要求是：在保证上部结构实现抗震耗能机制的前提下，将上部结构在地震作用下形成的最大内力传给地基，保证建筑物在地震时不致由于地基失效而破坏，或者产生过量下沉和倾斜。因此，基础结构应采用整体性好、能满足地基承载力和建筑物容许变形要求，并能调节不均匀沉降的基础形式。

根据上部结构类型、层数、荷载以及地基承载力，基础形式一般可采用单独柱基、交叉梁式基础、筏板基础以及箱形基础；当地基承载力或变形不满足设计要求时，可采用桩基或复合地基。基础设计宜考虑与上部结构相互作用的影响。

单独柱基适用于层数不多、地基土质较好的框架结构；交叉梁式基础以及筏式基础适用于层数较多的框架。为减少基础间的相对位移，减小地震作用引起的柱端弯矩和基础转动，加强基础在地震作用下的整体工作，当框架单独柱基有下列情况之一时，宜沿两个主轴方向设置基础系梁：①一级框架和Ⅳ类场地的二级框架；②各柱基础底面在重力荷载代表值作用下的压应力差别较大；③基础埋置较深，或各基础埋置深度差别较大；④地基主要受力层范围内存在软弱黏性土层、液化土层或严重不均匀土层；⑤桩基承台之间。

框架—剪力墙结构、板柱—剪力墙结构中的剪力墙基础和部分框支剪力墙结构的落地剪力墙基础，应有良好的整体性和抗转动的能力。主楼与裙房相连宜采用天然地基，多遇地震

下主楼基础底面不宜出现零应力区。

第三节　钢筋混凝土框架结构抗震计算

一、框架结构抗震设计步骤

框架结构的抗震设计是一个反复试算、逐步优化的过程，其主要设计步骤见图 8-20。

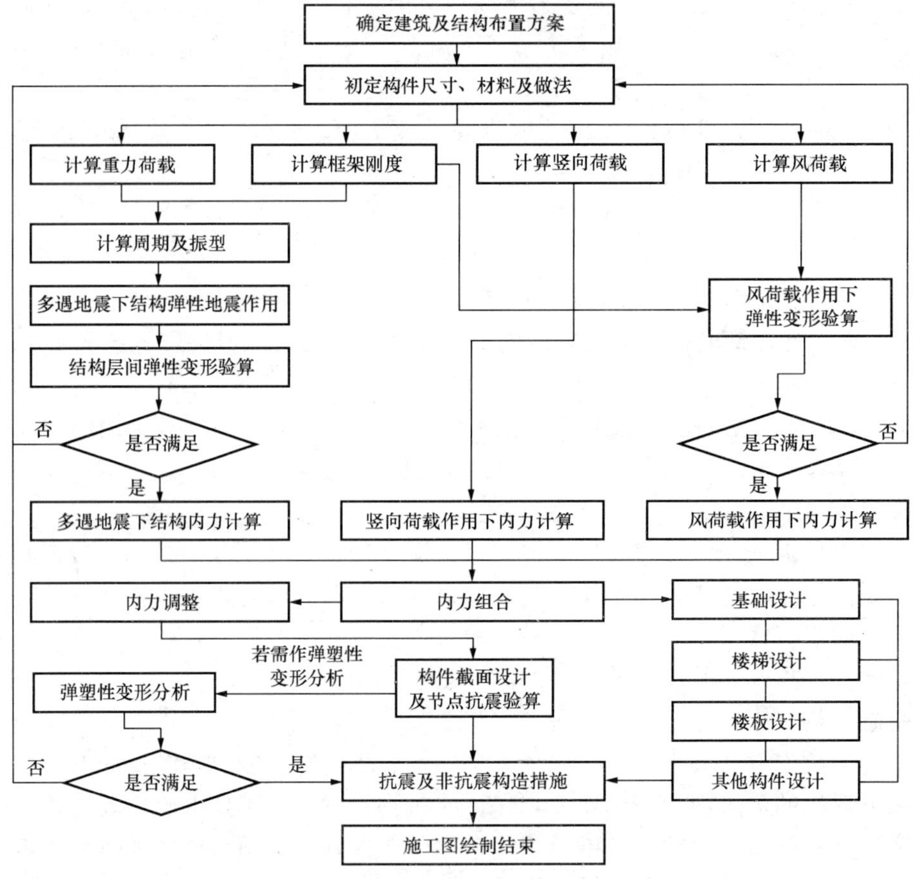

图 8-20　框架结构抗震设计步骤

二、水平地震作用计算

框架结构是一个由纵向框架和横向框架组成的空间结构（见图 8-21），应采用空间框架的分析方法进行结构计算。当框架较规则时，可以忽略它们之间的联系，选取具有代表性的纵、横向框架作为计算单元，按平面框架分别进行计算。竖向荷载作用下，一般采用平面结构分析模型，图 8-21（a）所示阴影部分为计算单元所受竖向荷载的计算范围。水平力作用下，采用平面协同分析模型，取变形缝之间的区段为计算单元。

结构的地震作用，在一般情况下，应至少在结构的两个主轴方向分别考虑水平地震作用，各方向的水平地震作用全部由该方向的抗侧力框架结构承担。对于多层房屋，竖向的地震作用影响很小，可以不予考虑。

计算框架结构的水平地震作用时，可按第七章的内容，采用底部剪力法或振型分解反应

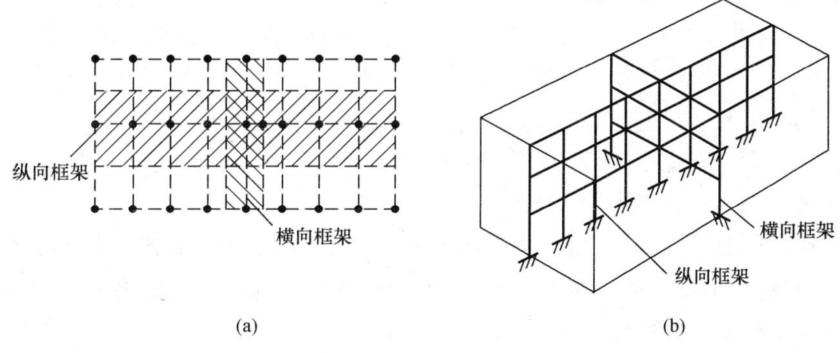

图 8-21　框架的计算单元

谱法。对于高度不超过40m、以剪切变形为主，且质量和刚度沿高度分布比较均匀的框架结构、框架—剪力墙结构、剪力墙结构以及近似于单质点体系的结构，可采用底部剪力法。计算结构的基本自振周期时，一般采用顶点位移法，按下式计算，即

$$T_1 = 1.7\psi_T \sqrt{u_T} \tag{8-4}$$

式中　T_1——结构基本自振周期，s；

u_T——假想的结构顶点水平位移，即假想把集中在各楼层处的重力荷载代表值 G_i 作为该楼层的水平荷载，按弹性方法所求得的结构顶点水平位移，m；

ψ_T——考虑非承重墙刚度对结构自振周期影响的折减系数（当非承重墙体为砌体墙时，框架结构可取0.6～0.7，框架—剪力墙结构可取0.7～0.8，框架—核心筒结构可取0.8～0.9，剪力墙结构可取0.8～1.0；对于其他结构体系或采用其他非承重墙体时，可根据工程情况确定周期折减系数）。

对于有突出屋面的屋顶间（楼梯间、电梯间、水箱间）等的框架结构房屋，结构顶点假想位移 u_T 是指主体结构顶点的位移。

对于一些比较规则的高层建筑结构，根据大量的周期实测结果，已归纳出以下一些经验公式用于初步设计：

（1）钢筋混凝土框架和框架—剪力墙结构基本自振周期经验计算公式为

$$T_1 = 0.25 + 0.53 \times 10^{-3} \frac{H^2}{\sqrt[3]{B}} \tag{8-5}$$

式中　H——房屋主体结构高度，m；

B——房屋振动方向的长度，m。

（2）钢筋混凝土剪力墙结构基本自振周期经验计算公式为

$$T_1 = 0.03 + 0.03 \frac{H}{\sqrt[3]{B}} \tag{8-6}$$

三、框架结构内力及水平位移计算

多、高层框架是高次超静定结构，其内力计算的方法很多，如力矩分配法、无剪力分配法、迭代法等，实际设计中有更为精确、更省人力的计算机程序分析方法（杆有限元法）。在初步设计时，或计算层数较少且较规则框架的内力时，可采用下述近似的手算方法，即竖向荷载作用下的分层法、弯矩二次分配法和水平荷载作用下的反弯点法和 D 值法。

计算框架结构内力时，框架柱须按实际截面尺寸分别计算抗侧刚度和线刚度。计算梁截面惯性矩 I_b 时，须考虑楼板作为梁的有效翼缘对梁刚度的有利影响，对框架梁矩形截面惯性矩 I_0 适当放大。设计时为简化计算，可取以下增大系数：现浇整体梁板结构边框架梁为 1.5，中框架梁为 2.0；装配整体式楼盖梁边框架梁为 1.2，中框架梁为 1.5。无现浇面层的装配式楼面、开大洞口的楼板则不考虑板的作用。

1. 竖向荷载作用下结构的内力计算——分层法

力法和位移法的计算结果表明，竖向荷载作用下的多层多跨框架，其侧向位移很小；当梁的线刚度大于柱的线刚度时，在某层梁上施加的竖向荷载，对其他各层杆件内力的影响不大。为简化计算，作以下假定：

(1) 竖向荷载作用下，多层多跨框架的位移忽略不计。

(2) 每层梁上的荷载对其他层梁、柱的弯矩、剪力的影响忽略不计。

这样，即可将多 n 层框架分解成 n 个单层敞口框架，用力矩分配法分别计算，见图 8-22。

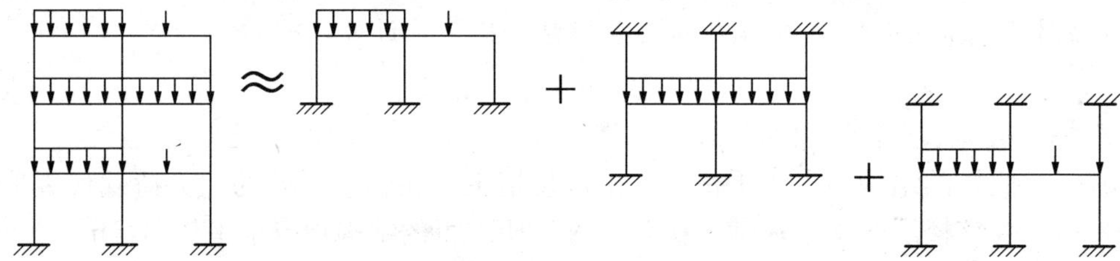

图 8-22 分层法的计算简图

分层计算所得梁的弯矩即为其最后的弯矩。除底层柱外，每一柱均属于上下两层，所以柱的最终弯矩为上下两层计算弯矩之和。上下层柱弯矩叠加后，在刚节点处弯矩可能不平衡，为提高精度，可对节点不平衡弯矩再进行一次分配（只分配，不传递）。

分层法计算框架时，还需注意以下问题：

(1) 分层后，均假定上下柱的远端为固定端，而实际上除底层处为固定外，其他节点处都是有转角的，为弹性嵌固。为减小由此引起的计算误差，除底层外，其他层各柱的线刚度均乘以折减系数 0.9，所有上层柱的传递系数取为 1/3，底层柱的传递系数仍取 1/2。

(2) 分层法一般适用于节点梁、柱线刚度比 $\sum i_b/\sum i_c \geqslant 3$，且结构与竖向荷载沿高度分布较均匀的多、高层框架，若不满足此条件，则计算误差较大。

2. 竖向荷载作用下结构的内力计算——弯矩二次分配法

此法是对弯矩分配法的进一步简化，在忽略竖向荷载作用下框架节点侧移时采用。具体做法是将各节点的不平衡弯矩同时作分配和传递，并以两次分配为限。其计算步骤如下：

(1) 计算各节点的弯矩分配系数。

(2) 计算各跨梁在竖向荷载作用下的固端弯矩。

(3) 计算框架各节点的不平衡弯矩。

(4) 将各节点的不平衡弯矩同时进行分配，并向远端传递（传递系数均为 1/2），再将各节点不平衡弯矩分配一次后，即可结束。

弯矩二次分配法所得结果与精确法相比，误差甚小，其计算精度已可满足工程设计要求。

【例 8-1】 图 8-23（a）所示为两跨二层框架，分别用分层法和弯矩二次分配法作 M 图。括号内的数字为杆件截面尺寸，各杆件 E（弹性模量）相同。

解 （1）分层法：分为两层计算，上层计算简图见图 8-23（b），下层计算简图见图 8-23（c），括号中数字为线刚度相对值（未考虑楼板影响），其计算从略。分别用力矩分配法计算，分配系数及固端弯矩计算从略，力矩分配过程见图 8-24 和图 8-25。各节点均分配两次，次序为先两边节点，后中间节点。上层各柱远端弯矩传递系数为 1/3，底层各柱远端传递系数为 1/2。

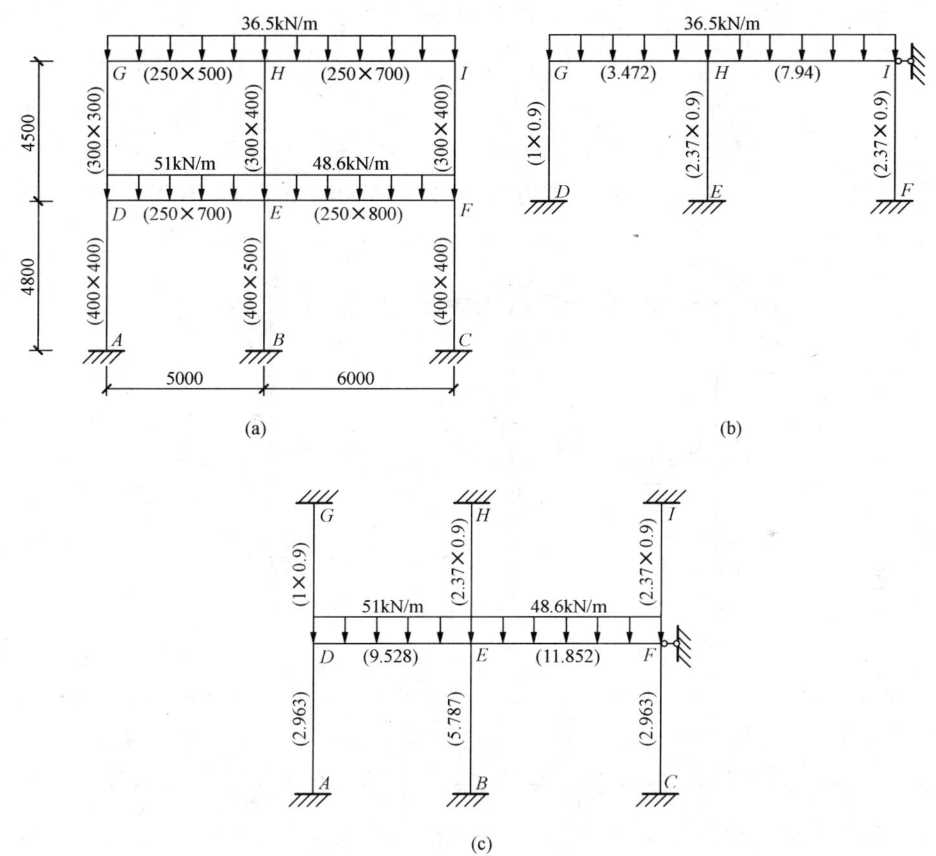

图 8-23　[例 8-1] 两跨二层框架（单位：mm）

（a）框架结构；（b）上层计算简图；（c）下层计算简图

把图 8-24 和图 8-25 的计算结果叠加，得各杆的最后弯矩图，如图 8-26所示，可以看出，节点杆端弯矩有不平衡的情况。

（2）弯矩二次分配法：分配系数及固端弯矩计算从略，力矩分配过程见图 8-27。图 8-28 为弯矩二次分配法弯矩图。

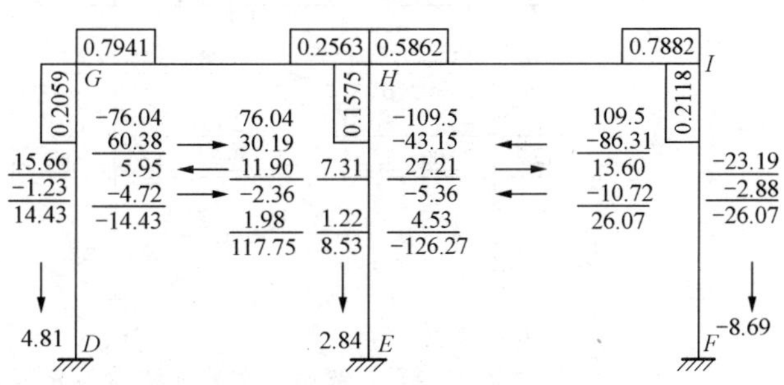

图 8-24　上层框架力矩分配过程（单位：kN·m）

G
H
I
2.19
1.44
-6.57
7.14
-0.58
6.56
3.84
0.49
4.33
-18.36
-1.34
-19.70
0.0672
0.0728
0.1259
0.7115
0.3252
0.4045
0.6993
0.2213
0.1975
0.1748
D
E
F
-106.25
75.60
8.58
-6.10
-28.17
106.25
37.80
17.15
-3.05
2.20
160.35
10.41
1.34
11.75
-145.8
-50.98
21.33
-3.73
2.74
-176.44
145.8
-101.96
10.67
-7.46
47.05
23.51
-1.90
21.61
-25.49
-1.87
-27.36
10.81
A
5.88
B
C
-13.68

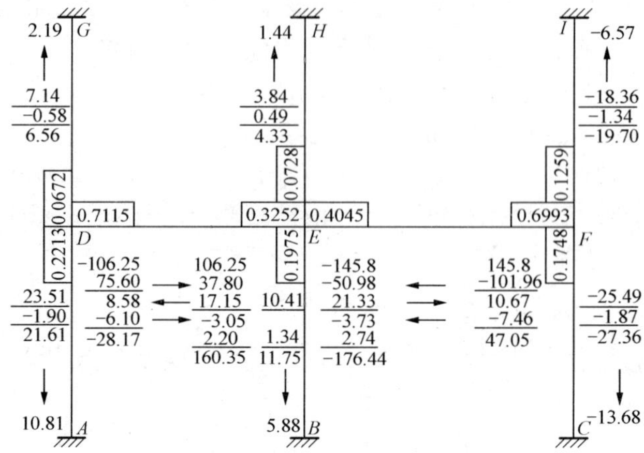

图 8 - 25　底层框架力矩分配过程（单位：kN • m）

14.43
117.75
126.27
26.07
16.62
9.97
32.64
160.35
176.44
28.17
47.05
11.75
21.61
11.37
7.17
28.39
27.36
10.81
5.88
13.68

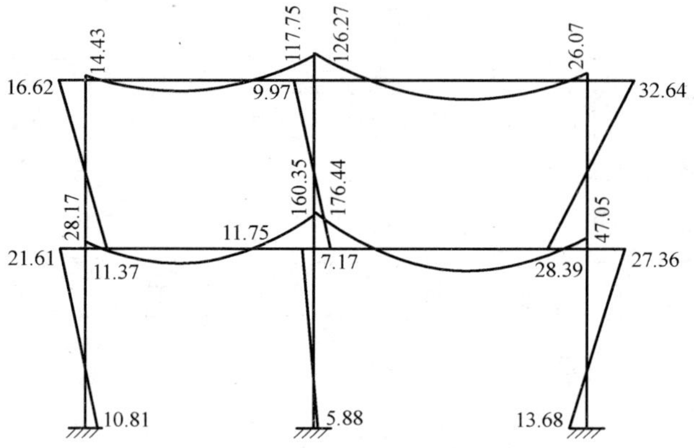

图 8 - 26　分层法弯矩图（单位：kN • m）

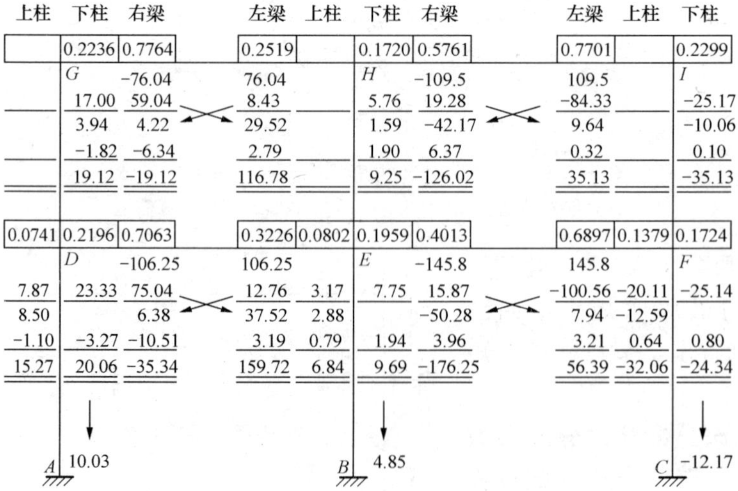

上柱 下柱 右梁
左梁 上柱 下柱 右梁
左梁 上柱 下柱
0.2236 0.7764
0.2519
0.1720 0.5761
0.7701
0.2299
G
-76.04
76.04
H
-109.5
109.5
I
17.00 59.04
8.43
5.76 19.28
-84.33
-25.17
3.94 4.22
29.52
1.59 -42.17
9.64
-10.06
-1.82 -6.34
2.79
1.90 6.37
0.32
0.10
19.12 -19.12
116.78
9.25 -126.02
35.13
-35.13
0.0741 0.2196 0.7063
0.3226 0.0802 0.1959 0.4013
0.6897 0.1379 0.1724
D
-106.25
106.25
E
-145.8
145.8
F
7.87 23.33 75.04
12.76 3.17 7.75 15.87
-100.56 -20.11 -25.14
8.50 6.38
37.52 2.88 -50.28
7.94 -12.59
-1.10 -3.27 -10.51
3.19 0.79 1.94 3.96
3.21 0.64 0.80
15.27 20.06 -35.34
159.72 6.84 9.69 -176.25
56.39 -32.06 -24.34
A
10.03
B
4.85
C
-12.17

图 8 - 27　弯矩二次分配法力矩分配过程（单位：kN • m）

3. 竖向荷载的布置

竖向荷载有恒荷载和活荷载两种。恒荷载是长期作用在结构上的重力荷载，因此要按实际布置情况计算其对结构构件的作用效应。对活荷载则要考虑其不利布置。确定活荷载的最不利位置，一般有以下四种方法。

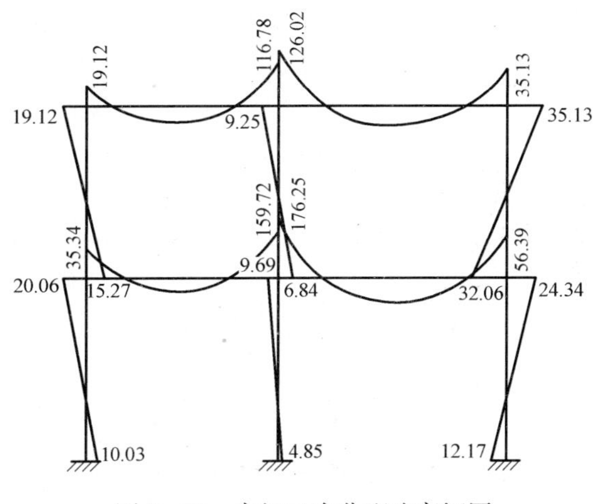

图 8-28　弯矩二次分配法弯矩图（单位：kN·m）

（1）分跨计算组合法：此法是将活荷载逐层、逐跨单独作用在框架上，分别计算结构内力，根据所设计构件的某指定截面，组合出最不利的内力。用这种方法求内力，计算简单明了，在运用计算机求解框架内力时，常采用这一方法，但手算时工作量大，较少采用。

（2）最不利活荷载位置法：这种方法类似于楼盖连续梁、板计算中所采用的方法，即对于每一控制截面，直接由影响线确定其最不利活荷载位置，然后进行内力计算。此法虽可直接计算出某控制截面在活荷载作用下的最大内力，但需要独立进行很多种最不利荷载位置下的内力计算，计算工作量大，一般不采用。

（3）分层组合法：此法是以分层法为依据，对活荷载的最不利布置作以下简化：

1）对于梁，只考虑本层活荷载的不利布置，而不考虑其他层活荷载的影响。因此，其布置方法与连续梁的活荷载最不利布置方法相同。

2）对于柱端弯矩，只考虑相邻上下层的活荷载的影响，而不考虑其他层活荷载的影响。

3）对于柱的最大轴力，则必须考虑在该层以上所有层中与该柱相邻的梁上活荷载的情况，但对于与柱不相邻的上层活荷载，仅考虑其轴向力的传递，而不考虑其弯矩的作用。

（4）满布荷载法：此法不考虑活荷载的不利布置，而将活荷载同时作用于各框架梁上进行内力分析。这样求得的结果与按考虑活荷载最不利位置所求得的结果相比，在支座处内力极为接近，在梁跨中则明显偏低。因此，应对梁的跨中弯矩进行调整，通常乘以 1.1～1.2 的系数。设计经验表明，在高层民用建筑中，当楼面活荷载不大于 $4kN/m^2$ 时，活荷载所产生的内力相较于恒载和水平荷载产生的内力要小很多，因此采用此法的计算精度可以满足工程设计要求。

4. 内力调整

竖向荷载作用下梁端负弯矩较大，导致梁端的配筋量较大。钢筋混凝土框架结构属超静定结构，在竖向荷载作用下，可以考虑框架梁端塑性变形内力重分布，对梁端负弯矩乘以调幅系数 β 进行调幅，适当降低梁端负弯矩，以减少梁端负弯矩钢筋的拥挤现象。梁端弯矩调幅，还可以使框架在破坏时梁端先出现塑性铰，保证柱的相对安全，以满足“强柱弱梁”的设计原则。对于现浇框架，β 可取 0.8～0.9；对于装配式整体式框架，β 可取 0.7～0.8。

支座弯矩调幅降低后，梁跨中弯矩应相应增加。按调幅后梁端弯矩的平均值与跨中弯矩

之和不应小于按简支梁计算的跨中弯矩值，即可求得跨中弯矩。如图 8-29 所示，跨中弯矩为

$$M_4 = M_3 + [0.5(M_1 + M_2) - 0.5(\beta M_1 + \beta M_2)] \tag{8-7}$$

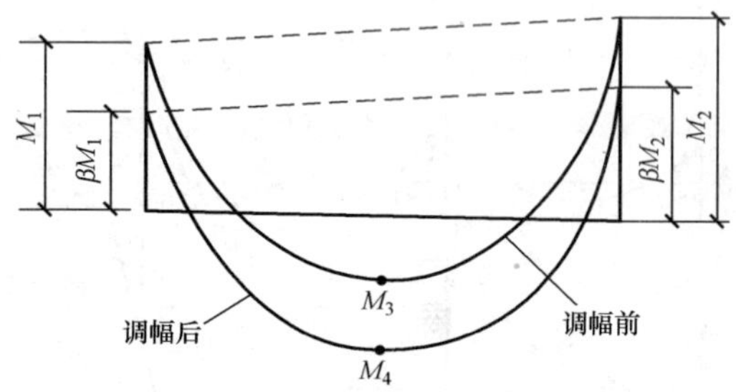

图 8-29 框架梁在竖向荷载作用下的调幅

截面设计时，框架梁跨中截面正弯矩设计值不应小于竖向荷载作用下按简支梁计算的跨中弯矩设计值的 50%；应先对竖向荷载作用下框架梁的弯矩进行调幅，再与水平作用产生的框架梁弯矩进行组合。

5. 水平荷载作用下结构的内力计算——反弯点法

水平地震作用一般都可简化为作用于框架节点上的水平力，如图 8-30 所示。多层多跨框架在节点水平力作用下的弯矩图通常如图 8-31 所示，各杆弯矩图均为直线，每杆均有一个弯矩为零但剪力不为零的点，即反弯点。若能确定各杆的剪力和反弯点位置，就可求得各柱端弯矩，进而由节点平衡条件求得梁端弯矩及框架结构的其他内力。为此，反弯点法假定：

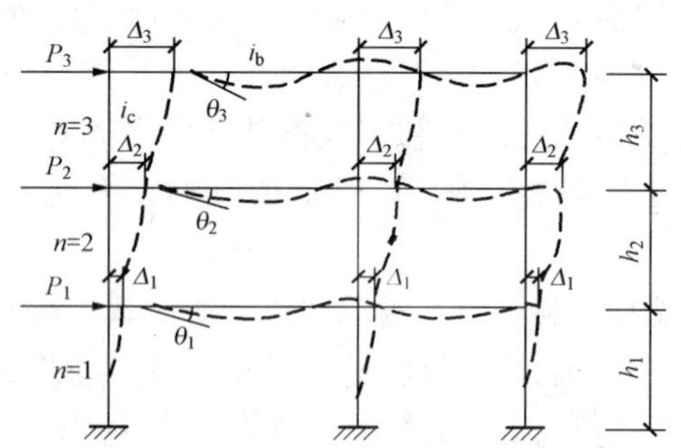

图 8-30 水平荷载作用下的框架变形

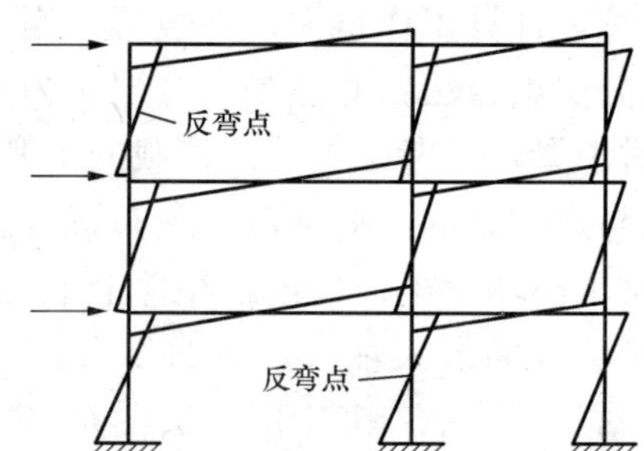

图 8-31 水平荷载作用下的框架弯矩图

（1）求框架柱抗侧刚度时，假定梁、柱线刚度之比为无穷大，即各柱上、下端都不发生角位移。

（2）确定柱的反弯点位置时，假定除底层柱脚处线位移和角位移为零外，其余各层柱的上、下端节点转角均相同。

（3）求各柱剪力时，假定楼板平面内刚度无限大，且忽略结构的扭转变形。

根据柱上下端转角为零的假定，可求得第 i 层第 k 框架柱的抗侧刚度 k_{ik} 为

$$k_{ik} = \frac{12 i_c}{h_i^2} \tag{8-8}$$

式中 i_c、h_i——柱的线刚度和高度。

柱抗侧刚度的物理意义是柱上下两端相对有单位侧移时在柱中产生的剪力。

由假定（2）可知，对一般层柱，反弯点在其 1/2 高度处；对于底层柱，则近似认为反弯点位于距固定支座 2/3 柱高处。

假定楼板平面内刚度无限大，楼板将各平面抗侧力结构连接在一起共同承受水平力，当

不考虑结构扭转变形时，第 i 层的各框架柱在楼、屋盖处有相同的水平位移，该层各柱所承担的地震剪力与其抗侧刚度成正比，即第 i 层第 k 根柱所分配的剪力为

$$V_{ik} = \frac{k_{ik}}{\sum_{k=1}^{m} k_{ik}} V_i (k = 1,\cdots,m) \tag{8-9}$$

式中　V_i——采用底部剪力法或振型分解反应谱法求得的第 i 层楼层的地震剪力；

k_{ik}——第 i 层第 k 根柱的抗侧刚度，由式（8-8）求得。

求出各柱的剪力和反弯点高度后，便可求出各柱的柱端弯矩；考虑各节点的力矩平衡条件，梁端弯矩之和等于柱端弯矩之和，可求出梁端弯矩之和 $\sum M_b$；把 $\sum M_b$ 按与该节点相连的梁的线刚度进行分配，从而可求出该节点各梁的梁端弯矩；由梁端弯矩，根据梁的平衡条件，可求出梁的剪力；由梁的剪力，根据节点的平衡条件，可求出柱的轴力。

对于层数较少、楼面荷载较大的多层框架结构，因其柱截面尺寸较小，梁截面尺寸较大，梁、柱线刚度之比较大，实际情况与假定（1）较为符合。一般来说，当梁的线刚度 i_b 和柱的线刚度 i_c 之比大于 3 时，节点转角 θ 将很小，由上述假定所引起的误差能满足工程设计的精度要求。对于高层框架，由于柱截面加大，梁、柱线刚度比值相应减小，反弯点法的误差较大，此时就需采用改进反弯点法——D 值法。

6. 改进反弯点法（D 值法）

反弯点法是假定结点转角为零，从而求得框架柱的抗侧刚度，假定柱的上下端节点转角相同，从而确定柱的反弯点高度，这使得框架结构在水平荷载作用下的内力计算大为简化。但对于层数较多的框架，梁、柱线刚度比往往较小，节点转角较大，用反弯点法计算内力误差较大。另外，实际的框架结构中，柱上下端的约束条件不可能完全相同，该条件与梁、柱线刚度比、上下层横梁的线刚度比、上下层层高的变化等因素均有关，也就是说，采用柱上、下端节点转角相同的假设也会使计算结果产生较大误差。

日本武藤清教授在分析了上述影响因素的基础上，提出了用修正柱的抗侧刚度和调整反弯点高度的方法计算水平荷载下框架的内力，修正后的柱抗侧刚度用 D 表示，故称为 D 值法。该方法近似考虑了框架节点转动对柱的抗侧刚度和反弯点高度的影响，计算步骤与反弯点法相同，计算简便、实用，是目前分析框架内力比较精确的一种近似方法，在多、高层建筑结构设计中得到广泛应用。用 D 值法计算框架内力的步骤如下：

（1）计算各层柱的抗侧刚度 D_{ik}。D_{ik} 为第 i 层第 k 框架柱的抗侧刚度，按下式计算，即

$$D_{ik} = \alpha_c k_{ik} = \alpha_c \frac{12 i_c}{h_i^2} \tag{8-10}$$

式中　i_c、h_i——柱的线刚度和高度；

α_c——节点转动影响系数，是考虑柱上下端节点弹性约束的修正系数，由梁、柱线刚度确定，按表 8-8 取用。

（2）计算各柱所分配的剪力 V_{ik}。求得框架柱抗侧刚度 D_{ik} 后，与反弯点法相似，同层各柱所承担的剪力按其刚度进行分配，即

$$V_{ik} = \left(D_{ik} / \sum_{k=1}^{m} D_{ik}\right) V_i (k = 1,\cdots,m) \tag{8-11}$$

式中　V_{ik}——第 i 层第 k 根柱所分配的剪力；

D_{ik}——第 i 层第 k 根柱的抗侧刚度。

表 8-8 **节点转动影响系数 α_c 的计算公式**

楼层	计算简图		$\overline{K}$	α_c
	边柱	中柱		
一般层	i_2, i_c, i_4	i_1, i_2, i_c, i_3, i_4	$\overline{K}=\dfrac{i_1+i_2+i_3+i_4}{2i_c}$	$\alpha_c=\dfrac{\overline{K}}{2+\overline{K}}$
首层	i_2, i_c	i_1, i_2, i_c	$\overline{K}=\dfrac{i_1+i_2}{i_c}$	$\alpha_c=\dfrac{0.5+\overline{K}}{2+\overline{K}}$

注 边柱情况下，式中 i_1、i_3 取 0 值。

(3) 确定反弯点高度 h'。影响柱子反弯点高度的主要因素是柱上下端的约束条件。当两端的约束条件完全相同时，反弯点在柱中点处。梁端约束刚度不相同时，梁端转角也不相同，反弯点会向约束刚度较小的一端移动。影响柱两端约束刚度的主要因素有：结构总层数及该层所在的位置；梁、柱的线刚度比；上层与下层梁的刚度比；上下层层高变化。因此，框架柱的反弯点高度按以下公式计算，即

$$h' = yh = (y_0 + y_1 + y_2 + y_3)h \tag{8-12}$$

式中 y_0——标准反弯点高度比，取决于框架总层数、该柱所在层数及梁、柱线刚度比 $\overline{K}$，均布水平荷载和倒三角形分布荷载下，可分别从表 8-9 和表 8-10 中查得；

y_1——某层上下梁线刚度不同时该层柱反弯点高度比的修正值，其值根据比值 α_1 和梁、柱线刚度比 $\overline{K}$，由表 8-11 查得（当 $i_1+i_2<i_3+i_4$，$\alpha_1=(i_1+i_2)/(i_3+i_4)$，这时反弯点上移，故其值取正值；当 $i_1+i_2>i_3+i_4$ 时，$\alpha_1=(i_3+i_4)/(i_1+i_2)$，这时反弯点下移，故其值取负值；对于首层不考虑该值）；

y_2、y_3——上下层高度与本层高度 h 不同时反弯点高度比的修正值，其值可由表 8-12 查得（令上层层高与本层层高之比为 $h_{上}/h=\alpha_2$，当 $\alpha_2>1$ 时，y_2 为正值，反弯点向上移；当 $\alpha_2<1$ 时，y_2 为负值，反弯点向下移。同理令下层层高与本层层高之比为 $h_{下}/h=\alpha_3$，可由表 8-12 查得修正值 y_3）。

(4) 计算柱端弯矩 M_c 和梁端弯矩 M_b。由柱剪力 $V_{柱}$ 和反弯点高度 h'，可求出各柱的弯矩 M_c。求出所有柱的弯矩后，考虑各节点的力矩平衡，对每个节点，由梁端弯矩之和等于柱端弯矩之和，可求出梁端弯矩之和 $\sum M_b$。把 $\sum M_b$ 按与该节点相连的梁的线刚度进行分配（即某梁所分配到的弯矩与该梁的线刚度成正比），即可求出该节点各梁的梁端弯矩。

(5) 计算梁端剪力 V_b 和柱轴力 N。根据梁的两端弯矩，可计算出梁端剪力 V_b；由梁端剪力可计算出柱轴力，边柱轴力为各层梁端剪力按层叠加，中柱轴力为柱两侧梁端剪力之差，即按层叠加。

与反弯点法相同，D 值法只适于计算平面结构。D 值法虽然考虑了节点转角，但又假定同层各节点转角相等。推导 D 值及反弯点高度时，也忽略了构件的轴向变形，同时还作

了另一些假定。因此，D 值法也是一种近似方法，适于计算规则、均匀的框架结构。

表 8-9　　规则框架承受均布水平力作用时标准反弯点的高度比 y_0 值

m	n \ $\overline{K}$	0.1	0.2	0.3	0.4	0.5	0.6	0.7	0.8	0.9	1.0	2.0	3.0	4.0	5.0
1	1	0.80	0.75	0.70	0.65	0.65	0.60	0.60	0.60	0.60	0.55	0.55	0.55	0.55	0.55
2	2	0.45	0.40	0.35	0.35	0.35	0.35	0.40	0.40	0.40	0.40	0.45	0.45	0.45	0.45
	1	0.95	0.80	0.75	0.70	0.65	0.65	0.65	0.60	0.60	0.60	0.55	0.55	0.55	0.50
3	3	0.15	0.20	0.20	0.25	0.30	0.30	0.30	0.35	0.35	0.35	0.40	0.45	0.45	0.45
	2	0.55	0.50	0.45	0.45	0.45	0.45	0.45	0.45	0.45	0.45	0.45	0.50	0.50	0.50
	1	1.00	0.85	0.80	0.75	0.70	0.70	0.65	0.65	0.65	0.60	0.55	0.55	0.55	0.55
4	4	0.05	0.05	0.15	0.20	0.25	0.30	0.30	0.35	0.35	0.35	0.40	0.45	0.45	0.45
	3	0.25	0.30	0.30	0.35	0.35	0.40	0.40	0.40	0.40	0.45	0.45	0.50	0.50	0.50
	2	0.65	0.55	0.50	0.50	0.45	0.45	0.45	0.45	0.45	0.45	0.50	0.50	0.50	0.50
	1	1.10	0.90	0.80	0.75	0.70	0.70	0.65	0.65	0.65	0.60	0.55	0.55	0.55	0.55
5	5	0.20	0.00	0.15	0.20	0.25	0.30	0.30	0.30	0.35	0.35	0.40	0.45	0.45	0.45
	4	0.10	0.20	0.25	0.30	0.35	0.35	0.40	0.40	0.40	0.40	0.45	0.45	0.50	0.50
	3	0.40	0.40	0.40	0.40	0.40	0.45	0.45	0.45	0.45	0.45	0.50	0.50	0.50	0.50
	2	0.65	0.55	0.50	0.50	0.50	0.50	0.50	0.50	0.50	0.50	0.50	0.50	0.50	0.50
	1	1.20	0.95	0.80	0.75	0.75	0.70	0.70	0.65	0.65	0.65	0.55	0.55	0.55	0.55
6	6	0.30	0.00	0.10	0.20	0.25	0.25	0.30	0.30	0.35	0.35	0.40	0.45	0.45	0.45
	5	0.00	0.20	0.25	0.30	0.35	0.35	0.40	0.40	0.40	0.40	0.45	0.45	0.50	0.50
	4	0.20	0.30	0.35	0.35	0.40	0.40	0.40	0.45	0.45	0.45	0.45	0.50	0.50	0.50
	3	0.40	0.40	0.40	0.45	0.45	0.45	0.45	0.45	0.45	0.45	0.50	0.50	0.50	0.50
	2	0.70	0.60	0.55	0.50	0.50	0.50	0.50	0.50	0.50	0.50	0.50	0.50	0.50	0.50
	1	1.20	0.95	0.85	0.80	0.75	0.70	0.70	0.65	0.65	0.65	0.55	0.55	0.55	0.55
7	7	0.35	0.05	0.10	0.20	0.20	0.25	0.30	0.30	0.35	0.35	0.40	0.45	0.45	0.45
	6	0.10	0.15	0.25	0.30	0.35	0.35	0.35	0.40	0.40	0.40	0.45	0.45	0.50	0.50
	5	0.10	0.25	0.30	0.35	0.40	0.40	0.40	0.45	0.45	0.45	0.50	0.50	0.50	0.50
	4	0.30	0.35	0.40	0.40	0.40	0.45	0.45	0.45	0.45	0.45	0.50	0.50	0.50	0.50
	3	0.50	0.45	0.45	0.45	0.45	0.45	0.45	0.45	0.45	0.45	0.50	0.50	0.50	0.50
	2	0.75	0.60	0.55	0.50	0.50	0.50	0.50	0.50	0.50	0.50	0.50	0.50	0.50	0.50
	1	1.20	0.95	0.85	0.80	0.75	0.70	0.70	0.65	0.65	0.65	0.55	0.55	0.55	0.55
8	8	0.35	0.15	0.10	0.10	0.25	0.25	0.30	0.30	0.35	0.35	0.40	0.45	0.45	0.45
	7	0.10	0.15	0.25	0.30	0.35	0.35	0.40	0.40	0.40	0.40	0.45	0.50	0.50	0.50
	6	0.05	0.25	0.30	0.35	0.40	0.40	0.40	0.45	0.45	0.45	0.45	0.50	0.50	0.50
	5	0.20	0.30	0.35	0.40	0.40	0.45	0.45	0.45	0.45	0.45	0.50	0.50	0.50	0.50
	4	0.35	0.40	0.40	0.45	0.45	0.45	0.45	0.45	0.45	0.45	0.50	0.50	0.50	0.50
	3	0.50	0.45	0.45	0.45	0.45	0.45	0.45	0.45	0.50	0.50	0.50	0.50	0.50	0.50
	2	0.75	0.60	0.55	0.55	0.50	0.50	0.50	0.50	0.50	0.50	0.50	0.50	0.50	0.50
	1	1.20	1.00	0.85	0.80	0.75	0.70	0.70	0.65	0.65	0.65	0.55	0.55	0.55	0.55

续表

m	n \ $\overline{K}$	0.1	0.2	0.3	0.4	0.5	0.6	0.7	0.8	0.9	1.0	2.0	3.0	4.0	5.0
9	9	0.40	0.05	0.10	0.20	0.25	0.25	0.30	0.30	0.35	0.35	0.45	0.45	0.45	0.45
	8	0.15	0.15	0.25	0.30	0.35	0.35	0.35	0.40	0.40	0.40	0.45	0.45	0.50	0.50
	7	0.05	0.25	0.30	0.35	0.40	0.40	0.40	0.45	0.45	0.45	0.45	0.50	0.50	0.50
	6	0.15	0.30	0.35	0.40	0.40	0.45	0.45	0.45	0.45	0.45	0.50	0.50	0.50	0.50
	5	0.25	0.35	0.40	0.40	0.45	0.45	0.45	0.45	0.45	0.45	0.50	0.50	0.50	0.50
	4	0.40	0.40	0.40	0.45	0.45	0.45	0.45	0.45	0.45	0.45	0.50	0.50	0.50	0.50
	3	0.55	0.45	0.45	0.45	0.45	0.45	0.45	0.45	0.50	0.50	0.50	0.50	0.50	0.50
	2	0.80	0.65	0.55	0.55	0.50	0.50	0.50	0.50	0.50	0.50	0.50	0.50	0.50	0.50
	1	1.20	1.00	0.85	0.80	0.75	0.70	0.70	0.65	0.65	0.65	0.55	0.55	0.55	0.55
10	10	0.40	0.05	0.10	0.20	0.25	0.30	0.30	0.30	0.30	0.35	0.40	0.45	0.45	0.45
	9	0.15	0.15	0.25	0.30	0.35	0.35	0.40	0.40	0.40	0.40	0.45	0.45	0.50	0.50
	8	0.00	0.25	0.30	0.35	0.40	0.40	0.40	0.45	0.45	0.45	0.45	0.50	0.50	0.50
	7	0.10	0.30	0.35	0.40	0.40	0.45	0.45	0.45	0.45	0.45	0.50	0.50	0.50	0.50
	6	0.20	0.35	0.40	0.40	0.45	0.45	0.45	0.45	0.45	0.45	0.50	0.50	0.50	0.50
	5	0.30	0.40	0.40	0.45	0.45	0.45	0.45	0.45	0.45	0.50	0.50	0.50	0.50	0.50
	4	0.40	0.40	0.45	0.45	0.45	0.45	0.45	0.45	0.45	0.50	0.50	0.50	0.50	0.50
	3	0.55	0.50	0.45	0.45	0.45	0.50	0.50	0.50	0.50	0.50	0.50	0.50	0.50	0.50
	2	0.80	0.65	0.55	0.55	0.55	0.50	0.50	0.50	0.50	0.50	0.50	0.50	0.50	0.50
	1	1.30	1.00	0.85	0.80	0.75	0.70	0.70	0.65	0.65	0.65	0.60	0.55	0.55	0.55
11	11	0.40	0.05	0.10	0.20	0.25	0.30	0.30	0.30	0.35	0.35	0.40	0.45	0.45	0.45
	10	0.15	0.15	0.25	0.30	0.35	0.35	0.40	0.40	0.40	0.40	0.45	0.45	0.50	0.50
	9	0.00	0.25	0.30	0.35	0.40	0.40	0.40	0.45	0.45	0.45	0.45	0.50	0.50	0.50
	8	0.10	0.30	0.35	0.40	0.40	0.45	0.45	0.45	0.45	0.45	0.50	0.50	0.50	0.50
	7	0.20	0.35	0.40	0.45	0.45	0.45	0.45	0.45	0.45	0.45	0.50	0.50	0.50	0.50
	6	0.25	0.35	0.40	0.45	0.45	0.45	0.45	0.45	0.45	0.45	0.50	0.50	0.50	0.50
	5	0.35	0.40	0.40	0.45	0.45	0.45	0.45	0.45	0.45	0.50	0.50	0.50	0.50	0.50
	4	0.40	0.45	0.45	0.45	0.45	0.45	0.45	0.50	0.50	0.50	0.50	0.50	0.50	0.50
	3	0.55	0.50	0.50	0.50	0.50	0.50	0.50	0.50	0.50	0.50	0.50	0.50	0.50	0.50
	2	0.80	0.65	0.60	0.55	0.55	0.50	0.50	0.50	0.50	0.50	0.50	0.50	0.50	0.50
	1	1.30	1.00	0.85	0.80	0.75	0.70	0.70	0.65	0.65	0.65	0.60	0.55	0.55	0.55
12	↓1	0.40	0.05	0.10	0.20	0.25	0.30	0.30	0.30	0.35	0.35	0.40	0.45	0.45	0.45
	2	0.15	0.15	0.25	0.30	0.35	0.35	0.40	0.40	0.40	0.40	0.45	0.45	0.50	0.50
	3	0.00	0.25	0.30	0.35	0.40	0.40	0.40	0.45	0.45	0.45	0.45	0.50	0.50	0.50
	4	0.10	0.30	0.35	0.40	0.40	0.45	0.45	0.45	0.45	0.45	0.50	0.50	0.50	0.50
	5	0.20	0.35	0.40	0.40	0.45	0.45	0.45	0.45	0.45	0.45	0.50	0.50	0.50	0.50
	6	0.25	0.35	0.40	0.45	0.45	0.45	0.45	0.45	0.45	0.45	0.50	0.50	0.50	0.50
	7	0.30	0.40	0.40	0.45	0.45	0.45	0.45	0.45	0.50	0.50	0.50	0.50	0.50	0.50
	8	0.35	0.40	0.45	0.45	0.45	0.45	0.45	0.50	0.50	0.50	0.50	0.50	0.50	0.50
	中间	0.40	0.40	0.45	0.45	0.45	0.45	0.50	0.50	0.50	0.50	0.50	0.50	0.50	0.50
	4	0.45	0.45	0.45	0.45	0.50	0.50	0.50	0.50	0.50	0.50	0.50	0.50	0.50	0.50
	3	0.60	0.50	0.50	0.50	0.50	0.50	0.50	0.50	0.50	0.50	0.50	0.50	0.50	0.50
	2	0.80	0.65	0.60	0.55	0.55	0.50	0.50	0.50	0.50	0.50	0.50	0.50	0.50	0.50
	↑1	1.30	1.00	0.85	0.80	0.75	0.70	0.70	0.65	0.65	0.55	0.55	0.55	0.55	0.55

表 8 - 10　规则框架承受倒三角形分布水平力作用时标准反弯点的高度比 y_0 值

m	n ＼ $\overline{K}$	0.1	0.2	0.3	0.4	0.5	0.6	0.7	0.8	0.9	1.0	2.0	3.0	4.0	5.0
1	1	0.80	0.75	0.70	0.65	0.65	0.60	0.60	0.60	0.60	0.55	0.55	0.55	0.55	0.55
2	2	0.50	0.45	0.40	0.40	0.40	0.40	0.40	0.40	0.40	0.45	0.45	0.45	0.45	0.50
	1	1.00	0.85	0.75	0.70	0.70	0.65	0.65	0.65	0.60	0.60	0.55	0.55	0.55	0.55
3	3	0.25	0.25	0.25	0.30	0.30	0.35	0.35	0.35	0.40	0.40	0.45	0.45	0.45	0.50
	2	0.60	0.50	0.50	0.50	0.50	0.45	0.45	0.45	0.45	0.45	0.50	0.50	0.55	0.50
	1	1.15	0.90	0.80	0.75	0.75	0.70	0.70	0.65	0.65	0.65	0.60	0.55	0.55	0.55
4	4	0.10	0.15	0.20	0.25	0.30	0.35	0.35	0.35	0.35	0.40	0.45	0.45	0.45	0.45
	3	0.35	0.35	0.35	0.40	0.40	0.40	0.40	0.45	0.45	0.45	0.45	0.50	0.50	0.50
	2	0.70	0.60	0.55	0.50	0.50	0.50	0.50	0.50	0.50	0.50	0.50	0.50	0.50	0.50
	1	1.20	0.95	0.85	0.80	0.75	0.70	0.70	0.70	0.65	0.65	0.55	0.55	0.55	0.55
5	5	0.05	0.10	0.20	0.25	0.30	0.30	0.35	0.35	0.35	0.35	0.40	0.45	0.45	0.45
	4	0.20	0.25	0.35	0.35	0.40	0.40	0.40	0.40	0.40	0.45	0.45	0.50	0.50	0.50
	3	0.45	0.40	0.45	0.45	0.45	0.45	0.45	0.45	0.45	0.45	0.50	0.50	0.50	0.50
	2	0.75	0.60	0.55	0.55	0.50	0.50	0.50	0.50	0.50	0.50	0.50	0.50	0.50	0.50
	1	1.30	1.00	0.85	0.80	0.75	0.70	0.70	0.65	0.65	0.65	0.65	0.55	0.55	0.55
6	6	0.15	0.05	0.15	0.20	0.25	0.30	0.30	0.35	0.35	0.35	0.40	0.45	0.45	0.45
	5	0.10	0.25	0.30	0.35	0.35	0.40	0.40	0.40	0.45	0.45	0.45	0.45	0.50	0.50
	4	0.30	0.35	0.40	0.40	0.45	0.45	0.45	0.45	0.45	0.45	0.50	0.50	0.50	0.50
	3	0.50	0.45	0.45	0.45	0.45	0.45	0.45	0.45	0.45	0.50	0.50	0.50	0.50	0.50
	2	0.80	0.65	0.55	0.55	0.55	0.55	0.50	0.50	0.50	0.50	0.50	0.50	0.50	0.50
	1	1.30	1.00	0.85	0.80	0.75	0.70	0.70	0.65	0.65	0.65	0.60	0.55	0.55	0.55
7	7	0.20	0.05	0.15	0.20	0.25	0.30	0.30	0.35	0.35	0.35	0.45	0.45	0.45	0.45
	6	0.05	0.20	0.30	0.35	0.35	0.40	0.40	0.40	0.40	0.45	0.45	0.50	0.50	0.50
	5	0.20	0.30	0.35	0.40	0.40	0.45	0.45	0.45	0.45	0.45	0.50	0.50	0.50	0.50
	4	0.35	0.40	0.40	0.45	0.45	0.45	0.45	0.45	0.45	0.45	0.50	0.50	0.50	0.50
	3	0.55	0.50	0.50	0.50	0.50	0.50	0.50	0.50	0.50	0.50	0.50	0.50	0.50	0.50
	2	0.80	0.65	0.60	0.55	0.55	0.55	0.50	0.50	0.50	0.50	0.50	0.50	0.50	0.50
	1	1.30	1.00	0.90	0.80	0.75	0.70	0.70	0.70	0.65	0.65	0.60	0.55	0.55	0.55
8	8	0.20	0.05	0.15	0.20	0.25	0.30	0.30	0.35	0.35	0.35	0.45	0.45	0.45	0.45
	7	0.00	0.20	0.30	0.35	0.35	0.40	0.40	0.40	0.40	0.45	0.45	0.50	0.50	0.50
	6	0.15	0.30	0.35	0.40	0.40	0.45	0.45	0.45	0.45	0.45	0.50	0.50	0.50	0.50
	5	0.30	0.45	0.40	0.45	0.45	0.45	0.45	0.45	0.45	0.45	0.50	0.50	0.50	0.50
	4	0.40	0.45	0.45	0.45	0.45	0.45	0.45	0.50	0.50	0.50	0.50	0.50	0.50	0.50
	3	0.60	0.50	0.50	0.50	0.50	0.50	0.50	0.50	0.50	0.50	0.50	0.50	0.50	0.50
	2	0.85	0.65	0.60	0.55	0.55	0.55	0.50	0.50	0.50	0.50	0.50	0.50	0.50	0.50
	1	1.30	1.00	0.90	0.55	0.75	0.70	0.70	0.70	0.65	0.65	0.60	0.55	0.55	0.55

续表

m	n \ $\overline{K}$	0.1	0.2	0.3	0.4	0.5	0.6	0.7	0.8	0.9	1.0	2.0	3.0	4.0	5.0
9	9	0.25	0.00	0.15	0.20	0.25	0.30	0.30	0.35	0.35	0.40	0.45	0.45	0.45	0.45
	8	0.00	0.20	0.30	0.35	0.35	0.40	0.40	0.40	0.40	0.45	0.45	0.50	0.50	0.50
	7	0.15	0.30	0.35	0.40	0.40	0.45	0.45	0.45	0.45	0.45	0.50	0.50	0.50	0.50
	6	0.25	0.35	0.40	0.40	0.45	0.45	0.45	0.45	0.45	0.50	0.50	0.50	0.50	0.50
	5	0.35	0.40	0.45	0.45	0.45	0.45	0.45	0.45	0.50	0.50	0.50	0.50	0.50	0.50
	4	0.45	0.45	0.45	0.45	0.45	0.50	0.50	0.50	0.50	0.50	0.50	0.50	0.50	0.50
	3	0.60	0.50	0.50	0.50	0.50	0.50	0.50	0.50	0.50	0.50	0.50	0.50	0.50	0.50
	2	0.80	0.65	0.65	0.55	0.55	0.55	0.55	0.50	0.50	0.50	0.50	0.50	0.50	0.50
	1	1.35	1.00	1.00	0.80	0.75	0.75	0.70	0.70	0.65	0.65	0.60	0.55	0.55	0.55
10	10	0.25	0.00	0.15	0.20	0.25	0.30	0.30	0.35	0.35	0.40	0.45	0.45	0.45	0.45
	9	0.05	0.20	0.30	0.35	0.35	0.40	0.40	0.40	0.40	0.45	0.45	0.50	0.50	0.50
	8	0.10	0.30	0.35	0.40	0.40	0.40	0.45	0.45	0.45	0.45	0.50	0.50	0.50	0.50
	7	0.20	0.35	0.40	0.40	0.45	0.45	0.45	0.45	0.45	0.50	0.50	0.50	0.50	0.50
	6	0.30	0.40	0.40	0.45	0.45	0.45	0.45	0.45	0.45	0.50	0.50	0.50	0.50	0.50
	5	0.40	0.45	0.45	0.45	0.45	0.45	0.45	0.50	0.50	0.50	0.50	0.50	0.50	0.50
	4	0.50	0.45	0.45	0.45	0.50	0.50	0.50	0.50	0.50	0.50	0.50	0.50	0.50	0.50
	3	0.60	0.55	0.50	0.50	0.50	0.50	0.50	0.50	0.50	0.50	0.50	0.50	0.50	0.50
	2	0.85	0.65	0.60	0.55	0.55	0.55	0.55	0.50	0.50	0.50	0.50	0.50	0.50	0.50
	1	1.35	1.00	0.90	0.80	0.75	0.75	0.70	0.70	0.65	0.65	0.60	0.55	0.55	0.55
11	11	0.25	0.00	0.15	0.20	0.25	0.30	0.30	0.30	0.35	0.35	0.45	0.45	0.45	0.45
	10	0.05	0.20	0.25	0.30	0.35	0.40	0.40	0.40	0.40	0.45	0.45	0.50	0.50	0.50
	9	0.10	0.30	0.35	0.40	0.40	0.40	0.45	0.45	0.45	0.45	0.50	0.50	0.50	0.50
	8	0.20	0.35	0.40	0.40	0.45	0.45	0.45	0.45	0.45	0.45	0.50	0.50	0.50	0.50
	7	0.25	0.40	0.40	0.45	0.45	0.45	0.45	0.45	0.45	0.50	0.50	0.50	0.50	0.50
	6	0.35	0.40	0.45	0.45	0.45	0.45	0.45	0.50	0.50	0.50	0.50	0.50	0.50	0.50
	5	0.40	0.45	0.45	0.45	0.45	0.50	0.50	0.50	0.50	0.50	0.50	0.50	0.50	0.50
	4	0.50	0.50	0.50	0.50	0.50	0.50	0.50	0.50	0.50	0.50	0.50	0.50	0.50	0.50
	3	0.65	0.55	0.50	0.50	0.50	0.50	0.50	0.50	0.50	0.50	0.50	0.50	0.50	0.50
	2	0.85	0.65	0.60	0.55	0.55	0.55	0.55	0.50	0.50	0.50	0.50	0.50	0.50	0.50
	1	1.35	1.05	0.90	0.80	0.75	0.75	0.70	0.70	0.65	0.65	0.60	0.55	0.55	0.55
12	↓1	0.30	0.00	0.15	0.20	0.25	0.30	0.30	0.30	0.35	0.35	0.40	0.45	0.45	0.45
	2	0.10	0.20	0.25	0.30	0.35	0.40	0.40	0.40	0.40	0.40	0.45	0.45	0.45	0.50
	3	0.05	0.25	0.35	0.40	0.40	0.40	0.45	0.45	0.45	0.45	0.45	0.50	0.50	0.50
	4	0.15	0.30	0.40	0.40	0.45	0.45	0.45	0.45	0.45	0.45	0.45	0.50	0.50	0.50
	5	0.25	0.35	0.40	0.45	0.45	0.45	0.45	0.45	0.45	0.45	0.50	0.50	0.50	0.50
	6	0.30	0.40	0.40	0.45	0.45	0.45	0.45	0.50	0.50	0.50	0.50	0.50	0.50	0.50
	7	0.35	0.40	0.40	0.45	0.45	0.45	0.50	0.50	0.50	0.50	0.50	0.50	0.50	0.50
	8	0.35	0.45	0.45	0.45	0.50	0.50	0.50	0.50	0.50	0.50	0.50	0.50	0.50	0.50
	中间	0.45	0.45	0.45	0.45	0.50	0.50	0.50	0.50	0.50	0.50	0.50	0.50	0.50	0.50
	4	0.55	0.50	0.50	0.50	0.50	0.50	0.50	0.50	0.50	0.50	0.50	0.50	0.50	0.50
	3	0.65	0.55	0.50	0.50	0.50	0.50	0.50	0.50	0.50	0.50	0.50	0.50	0.50	0.50
	2	0.70	0.70	0.60	0.55	0.55	0.55	0.55	0.50	0.50	0.50	0.50	0.50	0.50	0.50
	↑1	1.35	1.05	0.90	0.80	0.75	0.70	0.70	0.70	0.65	0.65	0.60	0.55	0.55	0.55

表 8 - 11　　上下层横梁线刚度比对 y_0 的修正值 y_1

$\overline{K}$ / α_1	0.1	0.2	0.3	0.4	0.5	0.6	0.7	0.8	0.9	1.0	2.0	3.0	4.0	5.0
0.4	0.55	0.40	0.30	0.25	0.20	0.20	0.20	0.15	0.15	0.15	0.05	0.05	0.05	0.05
0.5	0.45	0.30	0.20	0.20	0.15	0.15	0.15	0.10	0.10	0.10	0.05	0.05	0.05	0.05
0.6	0.30	0.20	0.15	0.15	0.10	0.10	0.10	0.10	0.05	0.05	0.05	0.05	0	0
0.7	0.20	0.15	0.10	0.10	0.10	0.10	0.05	0.05	0.05	0.05	0.05	0	0	0
0.8	0.15	0.10	0.05	0.05	0.05	0.05	0.05	0.05	0.05	0	0	0	0	0
0.9	0.05	0.05	0.05	0.05	0	0	0	0	0	0	0	0	0	0

表 8 - 12　　上下层高度线刚度比对 y_0 的修正值 y_2 和 y_3

α_2	$\overline{K}$ / α_3	0.1	0.2	0.3	0.4	0.5	0.6	0.7	0.8	0.9	1.0	2.0	3.0	4.0	5.0
2.0		0.25	0.15	0.15	0.10	0.10	0.10	0.10	0.10	0.05	0.05	0.05	0.05	0.0	0.0
1.8		0.20	0.15	0.10	0.10	0.10	0.05	0.05	0.05	0.05	0.05	0.05	0.0	0.0	0.0
1.6	0.4	0.15	0.10	0.10	0.05	0.05	0.05	0.05	0.05	0.05	0.05	0.0	0.0	0.0	0.0
1.4	0.6	0.10	0.05	0.05	0.05	0.05	0.05	0.05	0.05	0.05	0.0	0.0	0.0	0.0	0.0
1.2	0.8	0.05	0.05	0.05	0.0	0.0	0.0	0.0	0.0	0.0	0.0	0.0	0.0	0.0	0.0
1.0	1.0	0.0	0.0	0.0	0.0	0.0	0.0	0.0	0.0	0.0	0.0	0.0	0.0	0.0	0.0
0.8	1.2	0.05	0.05	0.05	0.0	0.0	0.0	0.0	0.0	0.0	0.0	0.0	0.0	0.0	0.0
0.6	1.4	0.10	0.05	0.05	0.05	0.05	0.05	0.05	0.05	0.05	0.0	0.0	0.0	0.0	0.0
0.4	1.6	0.15	0.10	0.10	0.05	0.05	0.05	0.05	0.05	0.05	0.05	0.0	0.0	0.0	0.0
	1.8	0.20	0.15	0.10	0.10	0.10	0.05	0.05	0.05	0.05	0.05	0.05	0.0	0.0	0.0
	2.0	0.25	0.15	0.15	0.10	0.10	0.10	0.10	0.10	0.05	0.05	0.05	0.05	0.0	0.0

【例 8 - 2】　框架结构同［例 8 - 1］，受水平荷载如图 8 - 32 所示，分别用反弯点法和 D 值法作 M 图（括号内的数字为线刚度相对值）。

解　(1) 反弯点法：

1) 求各柱分配的剪力值。

第二层

$$V_{DG}=\frac{1}{1+2.37+2.37}\times 40=6.97(\text{kN})$$

$$V_{EH}=V_{FI}=\frac{2.37}{1+2.37+2.37}\times 40=16.52(\text{kN})$$

第一层

$$V_{AD}=V_{CF}=\frac{2.963}{2.963+2.963+5.787}\times(40+25)=16.44(\text{kN})$$

$$V_{BE}=\frac{5.787}{2.963+2.963+5.787}\times(40+25)=32.11(\text{kN})$$

2) 求各柱柱端弯矩。

第二层

$$M_{DG}=M_{GD}=6.97\times\left(4.5\times\frac{1}{2}\right)=15.68(\text{kN}\cdot\text{m})$$

$$M_{EH}=M_{HE}=M_{FI}=M_{IF}=16.52\times\left(4.5\times\frac{1}{2}\right)=37.17(\text{kN}\cdot\text{m})$$

第一层

$$M_{DA}=M_{FC}=16.44\times\left(4.8\times\frac{1}{3}\right)=26.30(\text{kN}\cdot\text{m})$$

$$M_{AD}=M_{CF}=16.44\times\left(4.8\times\frac{2}{3}\right)=52.61(\text{kN}\cdot\text{m})$$

$$M_{EB}=32.11\times\left(4.8\times\frac{1}{3}\right)=51.38(\text{kN}\cdot\text{m})$$

$$M_{BE}=32.11\times\left(4.8\times\frac{2}{3}\right)=102.75(\text{kN}\cdot\text{m})$$

3）求各横梁梁端弯矩。

第二层 $M_{GH}=M_{GD}=15.68\text{kN}\cdot\text{m}$ $M_{IH}=M_{IF}=37.17\text{kN}\cdot\text{m}$

$$M_{HG}=\frac{3.472}{3.472+7.94}\times 37.17=11.31(\text{kN}\cdot\text{m})$$

$$M_{HI}=\frac{7.94}{3.472+7.94}\times 37.17=25.86(\text{kN}\cdot\text{m})$$

第一层 $M_{DE}=M_{DG}+M_{DA}=15.68+26.30=41.98(\text{kN}\cdot\text{m})$

$M_{FE}=M_{FI}+M_{FC}=37.17+26.30=63.47(\text{kN}\cdot\text{m})$

$$M_{ED}=\frac{9.528}{9.528+11.852}\times(37.17+51.38)=39.46(\text{kN}\cdot\text{m})$$

$$M_{EF}=\frac{11.852}{9.528+11.852}\times(37.17+51.38)=49.09(\text{kN}\cdot\text{m})$$

4）绘制弯矩图，见图 8 - 33。

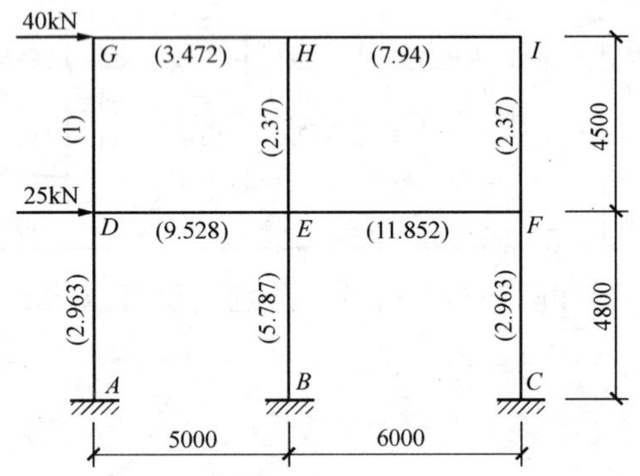

图 8 - 32 ［例 8 - 2］图（单位：mm）

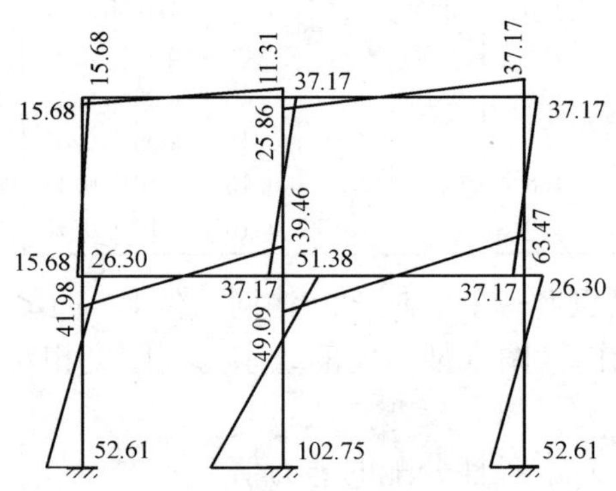

图 8 - 33 反弯点法弯矩图（单位：kN·m）

（2）D 值法。

1）根据式（8 - 10）和表 8 - 8 计算各层柱的 D 值，由式（8 - 11）计算每根柱分配到的剪力，计算过程详见表 8 - 13。

2）根据式（8 - 12）和表 8 - 10～表 8 - 12 计算各柱的反弯点高度，计算过程详见表 8 - 14。

3）根据表 8 - 13 和表 8 - 14 的结果，计算各柱柱端弯矩，计算过程详见表 8 - 15。

4）根据各横梁线刚度比，计算梁端弯矩。

第二层 $M_{GH}=M_{GD}=14.72\text{kN}\cdot\text{m}$ $M_{IH}=M_{IF}=37.08\text{kN}\cdot\text{m}$

$M_{HG}=3.472/(3.472+7.94)\times 36.77=11.19(\text{kN}\cdot\text{m})$

$M_{HI}=7.94/(3.472+7.94)\times 36.77=25.58(\text{kN}\cdot\text{m})$

第一层 $M_{DE}=M_{DG}+M_{DA}=17.99+34.52=52.51(\text{kN}\cdot\text{m})$

$M_{FE}=M_{FI}+M_{FC}=31.46+36.31=67.77(\text{kN}\cdot\text{m})$

$M_{ED}=9.528/(9.528+11.852)\times(41.98+69.60)=49.73(\text{kN}\cdot\text{m})$

$M_{EF}=11.852/(9.528+11.852)\times(41.98+69.60)=61.85(\text{kN}\cdot\text{m})$

表 8-13　**D 值法计算柱剪力**

楼层	柱号	D　值	$\sum D_i$	层剪力（kN）	柱剪力（kN）
2	柱 DG	$\overline{K}=\frac{3.472+9.528}{2\times1}=6.5$ $\alpha_c=\frac{\overline{K}}{2+\overline{K}}=0.765$ $D=0.765\times12\times\frac{1}{4.5^2}=0.453$	2.492	40	7.27
	柱 EH	$\overline{K}=\frac{3.472+7.94+9.528+11.852}{2\times2.37}=6.92$ $\alpha_c=\frac{\overline{K}}{2+\overline{K}}=0.776$ $D=\frac{0.776\times12\times2.37}{4.5^2}=1.090$			17.50
	柱 FI	$\overline{K}=\frac{7.94+11.852}{2\times2.37}=4.18$ $\alpha_c=\frac{\overline{K}}{2+\overline{K}}=0.676$ $D=\frac{0.676\times12\times2.37}{4.5^2}=0.949$			15.23
1	柱 AD	$\overline{K}=\frac{9.528}{2.963}=3.22$ $\alpha_c=\frac{0.5+\overline{K}}{2+\overline{K}}=0.713$ $D=\frac{0.713\times12\times2.963}{4.8^2}=1.1$	4.475	65	15.98
	柱 BE	$\overline{K}=\frac{9.528+11.852}{5.787}=3.69$ $\alpha_c=\frac{0.5+\overline{K}}{2+\overline{K}}=0.736$ $D=\frac{0.736\times12\times5.787}{4.8^2}=2.218$			32.22
	柱 CF	$\overline{K}=\frac{11.852}{2.963}=4$ $\alpha_c=\frac{0.5+\overline{K}}{2+\overline{K}}=0.75$ $D=\frac{0.75\times12\times2.963}{4.8^2}=1.157$			16.81

表 8-14　**D 值法计算柱的反弯点高度**

楼层 \ 柱号	柱 DG	柱 EH	柱 FI
2	$m=2$，$n=2$，$\overline{K}=6.5$，$y_0=0.50$； $y_1=0.05$，$y_2=0$，$y_3=0$ $yh=(0.50+0.05)h=0.55h$ $\alpha_1=\frac{3.472}{9.528}=0.364\,4$	$m=2$，$n=2$，$\overline{K}=6.92$，$y_0=0.50$； $y_1=0.033\,1$，$y_2=0$，$y_3=0$ $yh=(0.50+0.033\,1)h=0.533\,1h$ $\alpha_1=\frac{3.472+7.94}{9.528+11.852}=0.533\,8$	$m=2$，$n=2$，$\overline{K}=4.18$，$y_0=0.459$； $y_1=0$，$y_2=0$，$y_3=0$ $yh=0.459h$ $\alpha_1=\frac{7.94}{11.852}=0.67$

续表

柱号 / 楼层	柱 AD	柱 BE	柱 CF
1	$m=2$，$n=1$，$\overline{K}=3.22$，$y_0=0.55$；$y_1=0$，$y_2=0$，$y_3=0$ $yh=0.55h$	$m=2$，$n=1$，$\overline{K}=3.69$，$y_0=0.55$；$y_1=0$，$y_2=0$，$y_3=0$ $yh=0.55h$	$m=2$，$n=1$，$\overline{K}=4$，$y_0=0.55$；$y_1=0$，$y_2=0$，$y_3=0$ $yh=0.55h$

表 8-15　计算柱端弯矩

楼层	柱号	剪力	反弯点高度	上端弯矩（kN·m）	下端弯矩（kN·m）
2	柱 DG	7.27	$0.55h$	$M_{GD}=14.72$	$M_{DG}=17.99$
	柱 EH	17.50	$0.5331h$	$M_{HE}=36.77$	$M_{EH}=41.98$
	柱 FI	15.23	$0.459h$	$M_{IF}=37.08$	$M_{FI}=31.46$
1	柱 AD	15.98	$0.55h$	$M_{DA}=34.52$	$M_{AD}=42.19$
	柱 BE	32.22	$0.55h$	$M_{EB}=69.60$	$M_{BE}=85.06$
	柱 CF	16.81	$0.55h$	$M_{FC}=36.31$	$M_{CF}=44.38$

5）绘制弯矩图，见图 8-34。

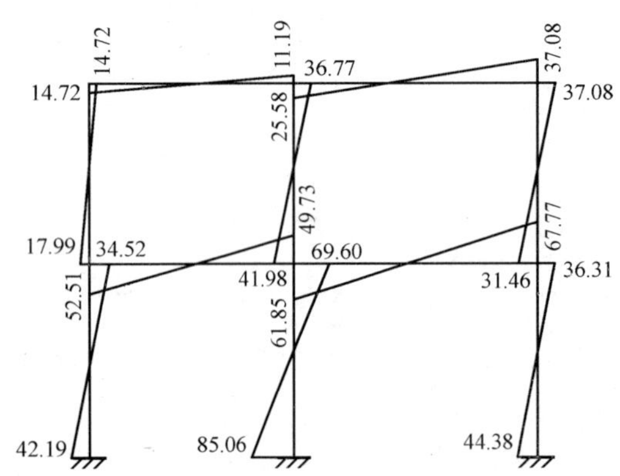

图 8-34　D 值法弯矩图（单位：kN·m）

四、内力组合及最不利内力

1. 控制截面及最不利内力

控制截面是指构件某一区段中对截面配筋起控制作用的截面，最不利内力组合就是控制截面处最大的内力组合。

对于框架梁，在竖向荷载作用下，梁端截面一般出现最大负弯矩和最大剪力；在水平荷载作用下，梁的跨中截面附近往往出现最大正弯矩。因此，框架梁通常选取梁端截面和跨中截面作为控制截面。梁端截面要组合最大负弯矩$-M_{max}$和最大剪力V_{max}，也要组合可能出现的最大正弯矩$+M_{max}$；跨中截面要组合最大的正弯矩$+M_{max}$或可能出现的负弯矩。

对于框架柱，剪力和轴力值在同一楼层内变化很小，而弯矩最大值在柱的两端，因此可取各层柱的上下端截面作为设计控制截面。

框架柱一般为对称配筋的偏心受压构件，大、小偏压情况都可能出现。其控制截面的最不利内力应同时考虑以下四种情况，分别配筋后选用最大者：

（1）$|M_{max}|$及相应的 N、V。

（2）N_{max}及相应的 M、V。

（3）N_{min}及相应的 M、V。

（4）$|M|$比较大（不是绝对最大），但 N 比较小或 N 比较大（不是绝对最小或绝对最大）。柱子还要组合最大剪力 V_{max}。

在某些情况下，最大或最小内力不一定是最不利的。因为对大偏心截面而言，偏心距 $e_0=M/N$ 越大，截面的配筋越多，因此有时候 M 虽然不是最大，但相应的 N 较小，此时偏心距最大，也能成为最不利内力；对于小偏心截面而言，当 N 可能不是最大，但相应的 M 比较大时，配筋反而需要多一些，会成为最不利内力。因此，组合时常需考虑上述的第四种情况。

需要注意的是，在截面配筋计算时，框架梁应采用柱边截面的内力作为计算内力，框架柱应采用梁上、下边缘处的内力作为计算内力。

2. 内力组合

框架结构上作用的竖向荷载有永久荷载、楼屋面活荷载、积灰荷载和雪荷载等；水平荷载有风荷载和地震作用。通过框架内力计算，可得到各种荷载作用下构件的内力标准值。结构设计时，应根据可能出现的最不利情况确定构件控制截面的内力设计值，进行截面设计。多、高层钢筋混凝土框架结构抗震设计时，一般应考虑以下两种基本组合：

(1) 有地震作用时的内力组合：除考虑地震作用外，还应考虑重力荷载代表值和其他活荷载的作用。对于普通框架结构，可只考虑水平地震作用和重力荷载代表值参与组合，而不考虑风荷载及竖向地震作用，其内力组合设计值 S 可写成

$$S=\gamma_G S_{GE}+\gamma_{Eh}S_{Ehk} \tag{8-13}$$

(2) 无地震作用时的内力组合：无地震作用时，框架结构受到全部恒荷载和活荷载的作用，其值一般要比重力荷载代表值大，且计算承载力时不引入承载力抗震调整系数，因此某些控制截面在无地震作用时的组合内力有可能大于有地震作用时的内力组合，这种组合就可能对某些截面设计起控制作用。此时，其内力组合设计值 S 可写成

$$S=\gamma_G S_{Gk}+\gamma_Q\psi_Q S_{Qk}+\gamma_w\psi_w S_{wk} \tag{8-14}$$

式中　γ_G——永久荷载的分项系数（当其效应对结构不利时，对由永久荷载效应控制的组合应取 1.35，对由可变荷载效应控制的组合应取 1.2；当其效应对结构有利时，应取 1.0）；

γ_Q——楼面活荷载的分项系数（一般情况下应取 1.4；对标准值大于 4kN/m^2 的工业房屋楼面结构的活荷载取 1.3）；

γ_w——风荷载的分项系数，取 1.4；

ψ_Q、ψ_w——楼面活荷载组合值系数和风荷载组合值系数（当永久荷载效应起控制作用时应分别取 0.7 和 0.6；当可变荷载效应起控制作用时应分别取 1.0 和 0.6 或 0.7 和 1.0）；

S_{Gk}、S_{Qk}、S_{wk}——永久荷载效应标准值、楼面活荷载效应标准值和风荷载效应标准值。

对于普通框架结构，无地震作用时的内力组合设计值 S 也可采用简化规则，写成

$$S=\gamma_G S_{Gk}+\varphi(\gamma_Q\psi_Q S_{Qk}+\gamma_w\psi_w S_{wk}) \tag{8-15}$$

式中　φ——可变荷载组合系数（只有 1 个可变荷载参与组合时取 1.0；多于 1 个可变荷载参与组合时取 0.9）；

ψ_Q、ψ_w——楼面活荷载组合值系数和风荷载组合值系数（当永久荷载效应起控制作用时应分别取 0.7 和 0.0；当可变荷载效应起控制作用时应分别取 1.0 和 0.0 或 0.0 和 1.0 或 1.0 和 1.0）。

式 (8-15) 中其余符号意义及取值均同式 (8-14)。

需注意，对书库、档案库、储藏室、通风机房和电梯机房等楼面活荷载较大且相对固定的情况，楼面活荷载组合值系数取0.7的场合应改为0.9。

当不考虑楼面活荷载不利布置时，由式（8-13）和式（8-15）可得到以下内力组合，即

$$S=1.2(1.0)S_{GE}+1.3S_{Ehk} \tag{8-16}$$

$$S=1.35(1.0)S_{Gk}+0.7\times1.4S_{Qk} \tag{8-17}$$

$$S=1.2(1.0)S_{Gk}+1.4S_{Qk} \tag{8-18}$$

$$S=1.2(1.0)S_{Gk}+1.4S_{wk} \tag{8-19}$$

$$S=1.2(1.0)S_{Gk}+1.26(S_{Qk}+S_{wk}) \tag{8-20}$$

对于普通框架构件的各个控制截面，应分别采用上述各式进行内力组合，选取最大的内力组合值进行截面配筋计算。

3. 框架结构水平位移验算

框架结构抗侧刚度小，水平地震作用下位移较大。在多遇地震下，过大的层间位移会使主体结构受损，使填充墙和建筑装修开裂损坏，影响建筑的正常使用；在罕遇地震下，水平侧移过大，则会使主体结构遭受严重破坏甚至倒塌。因此，位移计算是框架结构抗震计算的一个重要内容，框架结构的构件尺寸往往取决于结构的侧移变形要求。按照“三水准、二阶段”的设计思想，框架结构应根据需要进行以下两方面的侧移验算：多遇地震作用下的层间弹性位移验算和罕遇地震作用下的层间弹塑性位移验算。

五、框架结构截面设计

求出构件控制截面的组合内力值后，即可按一般钢筋混凝土结构构件的计算方法进行配筋计算。6度（抗震设防烈度）时不规则结构和建造于Ⅳ类场地上高于40m的钢筋混凝土框架结构，以及7度和7度以上的结构应进行多遇地震下的截面抗震验算，其验算公式为

$$S\leqslant\frac{R}{\gamma_{RE}} \tag{8-21}$$

式中 S——包含地震作用效应的结构构件内力组合设计值，包括组合的弯矩、剪力和轴向力设计值等；

R——结构构件非抗震设计时的承载力设计值，按各有关结构设计规范计算；

γ_{RE}——承载力抗震调整系数，除另有规定外，均按表8-16采用（当仅计算竖向地震作用时，各类结构构件承载力抗震调整系数均应采用1.0）。

表8-16 承载力抗震调整系数

结构构件类别			γ_{RE}
正截面承载力计算	受弯构件		0.75
	偏心受压柱	轴压比小于0.15的柱	0.75
		轴压比不小于0.15的柱	0.80
	偏心受拉构件		0.85
	剪力墙		0.85
斜截面承载力计算	各类构件及框架节点		0.85
受冲切承载力计算			0.85
局部受压承载力计算			1.0

地震动具有明显的不确定性，结构地震破坏机理极其复杂，目前对影响结构地震作用计算和承载力计算的诸多不确定和不确知因素也难以做到精确分析，抗震计算设计还远未达到严密的科学程度。为了使结构具有尽可能好的抗震性能，除了细致的计算分析和截面承载力计算外，还必须重视基于概念设计的各种抗震措施，包括对地震作用效应的调整和合理地采取抗震构造措施。对于钢筋混凝土框架结构，关键在于做好梁、柱及其节点的延性设计。

1. 实现梁铰机制，避免柱铰机制

（1）增大柱端弯矩设计值。柱端弯矩设计值应根据“强柱弱梁”原则进行调整。抗震设计时，一、二、三、四级框架的梁、柱节点处，除框架顶层和柱轴压比小于 0.15 者及框支梁与框支柱的节点外，柱端组合的弯矩设计值均应符合下式要求，即

$$\sum M_c = \eta_c \sum M_b \tag{8-22}$$

式中　$\sum M_c$——节点上、下柱端截面顺时针或反时针方向组合的弯矩设计值之和，上、下柱端的弯矩设计值可按弹性分析分配；

$\sum M_b$——节点左、右梁端截面反时针或顺时针方向组合的弯矩设计值之和（一级框架节点左、右梁端均为负弯矩时，绝对值较小的弯矩应取零）。

一级框架结构和 9 度的一级框架可不符合式（8-22）的要求，但应符合下式要求，即

$$\sum M_c = 1.2 \sum M_{bua} \tag{8-23}$$

式中　$\sum M_{bua}$——节点左、右梁端截面反时针或顺时针方向实配的正截面抗震受弯承载力所对应的弯矩值之和，根据实配钢筋面积（计入梁受压筋和相关楼板钢筋）和材料强度标准值确定；

η_c——框架柱端弯矩增大系数（对框架结构，一、二、三、四级可分别取 1.7、1.5、1.3、1.2；其他结构类型中的框架，一级可取 1.4，二级可取 1.2，三、四级可取 1.1）。

当反弯点不在柱的层高范围内时，柱端弯矩设计值可直接乘以柱端弯矩增大系数 η_c。

（2）增大柱脚嵌固端弯矩设计值。框架结构计算嵌固端所在层（即底层）的柱下端若过早出现塑性屈服，将会影响整个结构的抗地震倒塌能力。为推迟框架结构柱下端塑性铰的出现，一、二、三、四级框架结构的底层，其柱下端截面组合的弯矩设计值应分别乘以增大系数 1.7、1.5、1.3 和 1.2。底层柱纵向钢筋宜按上、下端的不利情况配置。

（3）增大角柱的弯矩设计值。地震时角柱受两个方向地震影响，受力状态复杂，需特别加强。框架角柱应按双向偏心受力构件进行正截面承载力设计。一、二、三、四级框架的角柱，经“强柱弱梁”、“强剪弱弯”及“柱底层弯矩”调整后的弯矩、剪力设计值还应乘以不小于 1.10 的增大系数。

2. 实现弯曲破坏，避免剪切破坏

框架梁、柱抗震设计时，应遵循“强剪弱弯”的设计原则。在大震作用下，构件的塑性铰应具有足够的变形能力，保证构件先发生延性的弯曲破坏，避免发生脆性的剪切破坏。

（1）按“强剪弱弯”的原则调整框架梁的截面剪力。一、二、三级框架梁和剪力墙的连梁，其梁端截面组合的剪力设计值 V_b 应按下式调整，即

$$V_b = \eta_{vb}(M_b^l + M_b^r)/l_n + V_{Gb} \tag{8-24}$$

一级框架结构和 9 度的一级框架梁、连梁可不按式（8 - 24）调整，但应符合下式要求，即

$$V_b = [1.1(M_{bua}^l + M_{bua}^r)]/l_n + V_{Gb} \tag{8-25}$$

式中 l_n——梁的净跨；

V_{Gb}——梁在重力荷载代表值（9 度的高层建筑还应包括竖向地震作用标准值）作用下，按简支梁分析的梁端截面剪力设计值；

M_b^l、M_b^r——梁左、右端反时针或顺时针方向组合的弯矩设计值，一级框架两端弯矩均为负弯矩时，绝对值较小的弯矩应取零；

M_{bua}^l、M_{bua}^r——梁左、右端反时针或顺时针方向实配的正截面抗震受弯承载力所对应的弯矩值，根据实配钢筋面积（计入受压钢筋和相关楼板钢筋）和材料强度标准值确定；

η_{vb}——梁端剪力增大系数（一级可取 1.3，二级可取 1.2，三级可取 1.1）。

（2）按"强剪弱弯"的原则调整框架柱的截面剪力。一、二、三、四级框架柱和框支柱组合的剪力设计值应按下式调整，即

$$V_c = \frac{\eta_{vc}(M_c^t + M_c^b)}{H_n} \tag{8-26}$$

一级框架结构和 9 度的一级框架可不按式（8 - 26）调整，但应符合下式要求，即

$$V_c = \frac{1.2(M_{cua}^t + M_{cua}^b)}{H_n} \tag{8-27}$$

式中 M_c^t、M_c^b——柱的上、下端顺时针或反时针方向截面组合的弯矩设计值，应符合前述对柱端弯矩设计值的要求；

M_{cua}^t、M_{cua}^b——偏心受压柱的上、下端顺时针或反时针方向实配的正截面抗震受弯承载力所对应的弯矩值，根据实配钢筋面积、材料强度标准值和轴压力等确定；

η_{vc}——柱剪力增大系数（对框架结构，一、二、三、四级可分别取 1.5、1.3、1.2、1.1；对其他结构类型的框架，一级可取 1.4，二级可取 1.2，三、四级可取 1.1）；

H_n——柱的净高。

（3）按抗剪要求的截面限制条件。截面上平均剪应力与混凝土抗压强度设计值之比，称为剪压比，以 V/f_cbh_0 表示。截面出现斜裂缝之前，构件剪力基本由混凝土抗剪强度来承受，箍筋因抗剪而引起的拉应力很小，如果构件截面的剪压比过大，混凝土就会过早发生斜压破坏，因此必须对剪压比加以限制。对剪压比的限制，也就是对构件最小截面的限制。钢筋混凝土结构的梁、柱、剪力墙和连梁，其截面组合的剪力设计值应符合下列要求：

对于跨高比大于 2.5 的梁和连梁及剪跨比大于 2 的柱和剪力墙为

$$V_b \leqslant \frac{1}{\gamma_{RE}}(0.20\beta_c f_c bh_0) \tag{8-28}$$

对于跨高比不大于 2.5 的梁和连梁、剪跨比不大于 2 的柱和剪力墙、部分框支剪力墙结构的框支柱和框支梁以及落地剪力墙的底部加强部位为

$$V_b \leqslant \frac{1}{\gamma_{RE}}(0.15\beta_c f_c bh_0) \tag{8-29}$$

剪跨比 λ 应按下式计算，即

$$\lambda = M^c/(V^c h_0) \tag{8-30}$$

式中　λ——剪跨比（反弯点位于柱高中部的框架柱，该值可按柱净高与 2 倍柱截面高度之比计算）；

M^c、V^c——柱端截面组合的弯矩计算值及对应的截面组合剪力计算值，均取上、下端计算结果的较大值；

V_b——调整后的梁端、柱端或墙端截面组合的剪力设计值；

f_c——混凝土轴心抗压强度设计值；

β_c——混凝土强度影响系数（当混凝土强度等级不大于 C50 时取 1.0；当混凝土强度等级为 C80 时取 0.8；当混凝土强度等级为 C50～C80 时可按线性内插取用）；

b——梁、柱截面宽度或剪力墙墙肢截面宽度，圆形截面柱可按面积相等的方形截面柱计算；

h_0——截面有效高度，剪力墙可取墙肢长度。

（4）框架梁斜截面受剪承载力的验算。矩形、T 形和工字形截面一般框架梁，其斜截面抗震承载力仍采用非地震时梁的斜截面受剪承载力公式形式进行验算，但除应除以承载力抗震调整系数外，还应考虑在反复荷载作用下，钢筋混凝土斜截面强度有所降低。因此，框架梁受剪承载力抗震验算公式为

$$V_b \leqslant \frac{1}{\gamma_{RE}}\left(0.6\alpha_{cv} f_t b h_0 + f_{yv}\frac{A_{sv}}{s}h_0\right) \tag{8-31}$$

式中　f_{yv}——箍筋抗拉强度设计值；

A_{sv}——配置在同一截面内箍筋各肢的全部截面面积；

s——沿构件长度方向上的箍筋间距。

式（8-31）中，α_{cv}为截面混凝土受剪承载力系数，对于一般受弯构件取 0.7；对集中荷载作用（包括作用有多种荷载，其中集中荷载对支座截面或节点边缘产生的剪力值占总剪力 75%以上的情况）下的框架梁，取为

$$\alpha_{cv} = \frac{1.75}{\lambda + 1}$$

$$\lambda = \frac{a}{h_0}$$

式中　λ——计算截面的剪跨比；

a——集中荷载作用点至支座截面或节点边缘的距离，$\lambda<1.5$ 时取为 1.5，$\lambda>3$ 时取为 3。

（5）框架柱斜截面受剪承载力的验算。在进行框架柱斜截面承载力抗震验算时，仍采用非地震时承载力验算的公式形式，但应除以承载力抗震调整系数，同时考虑地震作用对钢筋混凝土框架柱承载力降低的不利影响，即可得出矩形截面框架柱和框支柱斜截面抗震承载力验算公式为

$$V_c \leqslant \frac{1}{\gamma_{RE}}\left(\frac{1.05}{\lambda+1} f_t b h_0 + f_{yv}\frac{A_{sv}}{s}h_0 + 0.056N\right) \tag{8-32}$$

式中　λ——框架柱、框支柱的剪跨比，按式（8-30）计算（当 $\lambda<1$ 时取为 1；当 $\lambda>3$ 时取为 3）；

N——考虑地震作用组合的框架柱、框支柱轴向压力设计值，当其值大于 $0.3f_cA$ 时，

取为 $0.3f_cA$。

当矩形截面框架柱和框支柱出现拉力时，其斜截面受剪承载力应按下列公式计算，即

$$V_c \leqslant \frac{1}{\gamma_{RE}}\left(\frac{1.05}{\lambda+1}f_t bh_0 + f_{yv}\frac{A_{sv}}{s}h_0 - 0.2N\right) \tag{8-33}$$

式中 N——与剪力设计值 V 对应的轴向拉力设计值，取正值；

λ——框架柱的剪跨比。

当式（8－33）右端括号内的计算值小于 $f_{yv}h_0A_{sv}/s$ 时，应取等于 $f_{yv}h_0A_{sv}/s$，且 $f_{yv}h_0A_{sv}/s$ 的值不应小于 $0.36f_tbh_0$。

3. 实现强节点核心区、强锚固

在竖向荷载和地震作用下，梁柱节点核心区受力复杂，主要承受压力和水平剪力的组合作用。节点核心区破坏的主要形式是剪压破坏和黏结锚固破坏，节点核心区箍筋配置不足、混凝土强度等级较低是其破坏的主要原因。在地震往复作用下，因受剪承载力不足，节点核心区形成交叉裂缝，混凝土挤压破碎，箍筋屈服，甚至被拉断，纵向钢筋压屈失效，伸入核心区的框架梁纵筋与混凝土之间也随之发生黏结破坏。

剪切破坏和黏结破坏都属脆性破坏，故核心区不能作为框架的耗能部位。节点破坏后修复困难，还会导致梁端转角和层间位移增大，严重的会引起框架倒塌。因此，框架节点核心区的抗震设计应满足以下设计原则：

（1）节点的承载力不应低于其连接构件（梁、柱）的承载力。

（2）多遇地震时，节点应在弹性范围内工作。

（3）罕遇地震时，节点承载力的降低不得危及竖向荷载的传递。

（4）梁柱纵筋在节点区应有可靠的锚固。

为实现“强节点核心区、强锚固”的设计要求，一、二、三级框架的节点核心区应进行抗震验算；四级框架节点核心区可不进行抗震验算，但应符合抗震构造措施的要求。

（1）节点核心区组合剪力设计值。节点核心区应能抵抗当节点区两边梁端出现塑性铰时的剪力。作用于节点的剪力来源于梁、柱纵向钢筋的屈服，甚至超强。对于强柱型节点，水平剪力主要来自框架梁，也包括一部分现浇板的作用。一、二、三级框架梁柱节点核心区组合的剪力设计值应按下列公式确定，即

$$V_j = \frac{\eta_{jb}\sum M_b}{h_{b0}-a'_s}\left(1-\frac{h_{b0}-a'_s}{H_c-h_b}\right) \tag{8-34}$$

式中 V_j——梁柱节点核心区组合的剪力设计值；

h_{b0}——梁截面的有效高度，节点两侧梁截面高度不等时可采用平均值；

a'_s——梁受压钢筋合力点至受压边缘的距离；

H_c——柱的计算高度，可采用节点上下柱反弯点之间的距离；

h_b——梁的截面高度，节点两侧梁截面高度不等时可采用平均值；

η_{jb}——强节点系数（对于框架结构，一级宜取 1.5，二级宜取 1.35，三级宜取 1.2；对于其他结构中的框架，一级宜取 1.35，二级宜取 1.2，三级宜取 1.1）；

$\sum M_b$——节点左右梁端反时针或顺时针方向组合弯矩设计值之和，一级时节点左右梁端均为负弯矩，绝对值较小的弯矩应取零。

一级框架结构和 9 度的一级框架可不按式（8－34）确定，但应符合下式，即

$$V_j = \frac{1.15\sum M_{bua}}{h_{b0} - a_s'}\left(1 - \frac{h_{b0} - a_s'}{H_c - h_b}\right) \tag{8-35}$$

式中　$\sum M_{bua}$——节点左右梁端反时针或顺时针方向实配的正截面抗震受弯承载力所对应的弯矩值之和，可根据实配钢筋面积（计入受压筋）和材料强度标准值确定。

式中其他符号意义同式（8－34）。

（2）节点剪压比的控制。为防止节点核心区混凝土斜压破坏，要控制剪压比，使节点区的尺寸不致太小。考虑到节点核心周围一般都受到梁的约束，抗剪面积实际比较大，故剪压比限值可适当放宽。节点核心区组合的剪力设计值应符合下列要求，即

$$V_j \leqslant \frac{1}{\gamma_{RE}}(0.30\eta_j\beta_c f_c b_j h_j) \tag{8-36}$$

$$\begin{cases} b_j = b_c \\ b_j = b_b + 0.5h_c \\ b_j = 0.5(b_b + b_c) + 0.25h_c - e \end{cases} \tag{8-37}$$

式中　η_j——正交梁的约束影响系数（楼板为现浇、梁柱中线重合、四侧各梁截面宽度不小于该侧柱截面宽度的1/2，且正交方向梁高度不小于框架梁高度的3/4时，可采用1.5，9度、一级时宜采用1.25；其他情况均采用1.0）；

h_j——节点核心区的截面高度，可采用验算方向的柱截面高度；

γ_{RE}——承载力抗震调整系数，可采用0.85；

b_j——节点核心区截面有效验算宽度［当验算方向的梁截面宽度不小于该侧柱截面宽度的1/2时，可按式（8－37）的第1式计算取值；当小于柱截面宽度的1/2时，按式（8－37）的第1、2式计算，取较小值；当梁、柱的中线不重合且偏心距不大于柱宽的1/4时，按式（8－37）中的1、2、3式分别计算，取较小值］；

b_c、h_c——验算方向的柱截面宽度、验算方向的柱截面高度；

b_b——梁截面宽度；

e——梁与柱的中线偏心距。

如不满足式（8－36），则需加大柱截面或提高混凝土强度等级。节点区的混凝土等级应与柱的混凝土等级相同。当节点区混凝土与梁板混凝土一起浇筑时，须注意节点区混凝土的强度等级不能降低太多，其与柱混凝土等级相差不应超过5MPa。

对于圆柱框架的梁柱节点，当梁中线与柱中线重合时，圆柱框架梁柱节点核心区组合的剪力设计值应符合下列要求，即

$$V_j \leqslant \frac{1}{\gamma_{RE}}(0.30\eta_j f_c A_j) \tag{8-38}$$

式中　η_j——正交梁的约束影响系数，同式（8－36），其中柱截面宽度按柱直径采用；

A_j——节点核心区有效截面面积［梁宽（b_b）不小于柱直径（D）的1/2时，取为$0.8D^2$；梁宽（b_b）小于柱直径（D）的1/2且不小于$0.4D$时，取为$0.8D(b_b + D/2)$］。

（3）框架节点核心区截面抗震受剪承载力的验算。试验表明，节点核心区混凝土初裂前，剪力主要由混凝土承担，箍筋应力很小，节点受力状态类似于一个混凝土斜压杆；节点核心区出现交叉斜裂缝后，剪力由箍筋与混凝土共同承担，节点受力类似于桁架；与柱类

似，在一定范围内，随着柱轴向压力的增加，不仅能提高节点的抗裂度，而且能提高节点的极限承载力。另外，垂直于框架平面的正交梁如具有一定的截面尺寸，对核心混凝土将具有明显的约束作用，实质上是扩大了受剪面积，因而也提高了节点的受剪承载力。

框架节点的受剪承载力可以由混凝土和节点箍筋共同组成。影响受剪承载力的主要因素有柱轴力、正交梁约束、混凝土强度和节点配箍情况等。节点核心区截面抗震受剪承载力应采用下列公式验算，即

$$V_{\mathrm{j}} \leqslant \frac{1}{\gamma_{\mathrm{RE}}}\left(1.1\eta_{\mathrm{j}} f_{\mathrm{t}} b_{\mathrm{j}} h_{\mathrm{j}} + 0.05\eta_{\mathrm{j}} N \frac{b_{\mathrm{j}}}{b_{\mathrm{c}}} + f_{\mathrm{yv}} A_{\mathrm{svj}} \frac{h_{\mathrm{b0}} - a'_{\mathrm{s}}}{s}\right) \tag{8-39}$$

$$V_{\mathrm{j}} \leqslant \frac{1}{\gamma_{\mathrm{RE}}}\left(0.9\eta_{\mathrm{j}} f_{\mathrm{t}} b_{\mathrm{j}} h_{\mathrm{j}} ++ f_{\mathrm{yv}} A_{\mathrm{svj}} \frac{h_{\mathrm{b0}} - a'_{\mathrm{s}}}{s}\right)(9\text{度、一级}) \tag{8-40}$$

式中 N——对应于组合剪力设计值的上柱组合轴向压力较小值，其取值不应大于柱的截面面积和混凝土轴心抗压强度设计值乘积的 50%，当为拉力时取为 0；

f_{yv}——箍筋的抗拉强度设计值；

f_{t}——混凝土轴心抗拉强度设计值；

A_{svj}——核心区有效验算宽度范围内同一截面验算方向箍筋的总截面面积；

s——箍筋间距。

对于圆柱框架的梁柱节点，当梁中线与柱中线重合时，圆柱框架梁柱节点核心区截面抗震受剪承载力应采用下列公式验算，即

$$V_{\mathrm{j}} \leqslant \frac{1}{\gamma_{\mathrm{RE}}}\left(1.5\eta_{\mathrm{j}} f_{\mathrm{t}} A_{\mathrm{j}} + 0.05\eta_{\mathrm{j}} \frac{N}{D^2} A_{\mathrm{j}} + 1.57 f_{\mathrm{yv}} A_{\mathrm{sh}} \frac{h_{\mathrm{b0}} - a'_{\mathrm{s}}}{s} + f_{\mathrm{yv}} A_{\mathrm{svj}} \frac{h_{\mathrm{b0}} - a'_{\mathrm{s}}}{s}\right) \tag{8-41}$$

$$V_{\mathrm{j}} \leqslant \frac{1}{\gamma_{\mathrm{RE}}}\left(1.2\eta_{\mathrm{j}} f_{\mathrm{t}} A_{\mathrm{j}} + 1.57 f_{\mathrm{yv}} A_{\mathrm{sh}} \frac{h_{\mathrm{b0}} - a'_{\mathrm{s}}}{s} + f_{\mathrm{yv}} A_{\mathrm{svj}} \frac{h_{\mathrm{b0}} - a'_{\mathrm{s}}}{s}\right)(9\text{度、一级}) \tag{8-42}$$

式中 A_{sh}——单根圆形箍筋的截面面积；

A_{svj}——同一截面验算方向的拉筋和非圆形箍筋的总截面面积；

D——圆柱截面直径；

N——轴向力设计值，按一般梁柱节点的规定取值。

六、框架结构构造措施

1. 框架梁

(1) 截面尺寸。梁的截面宽度不宜小于 200mm，截面的高宽比不宜大于 4，梁净跨与截面高度之比不宜小于 4。

当采用梁宽大于柱宽的扁梁时，楼、屋盖应现浇，梁中线宜与柱中线重合，扁梁应双向设置。扁梁的截面尺寸应符合下列要求，并应满足现行有关规范对挠度和裂缝宽度的规定，即

$$b_{\mathrm{b}} \leqslant 2b_{\mathrm{c}} \tag{8-43}$$

$$b_{\mathrm{b}} \leqslant b_{\mathrm{c}} + h_{\mathrm{b}} \tag{8-44}$$

$$h_{\mathrm{b}} \leqslant 16d \tag{8-45}$$

式中 b_{c}——柱截面宽度，圆形截面取柱直径的 0.8 倍；

b_{b}、h_{b}——梁截面宽度和高度；

d——柱纵筋直径。

(2) 纵向钢筋。梁的纵向钢筋配置应符合下列各项要求：①梁端计入受压钢筋的混凝土

受压区高度与有效高度之比，一级不应大于 0.25，二、三级不应大于 0.35。②梁端截面的底面和顶面纵向钢筋配筋量的比值，除按计算确定外，一级不应小于 0.5，二、三级不应小于 0.3。③梁端纵向受拉钢筋的配筋率不宜大于 2.5%，沿梁全长顶面、底面的配筋，一、二级不应少于 2Φ14，且分别不应少于梁顶面、底面两端纵向配筋中较大截面面积的 1/4，三、四级不应少于 2Φ12。④一、二、三级框架梁内贯通中柱的每根纵向钢筋直径，对框架结构不应大于矩形截面柱在该方向截面尺寸的 1/20，或纵向钢筋所在位置圆形截面柱弦长的 1/20；对其他结构类型的框架不宜大于矩形截面柱在该方向截面尺寸的 1/20，或纵向钢筋所在位置圆形截面柱弦长的 1/20。⑤框架梁纵向受拉钢筋配筋率不应小于表 8-17 规定数值的较大值。此外，框架梁的纵向钢筋不应与箍筋、拉筋及预埋件等焊接。

表 8-17　框架梁纵向受拉钢筋最小配筋率 ρ_{min}　（%）

抗震等级（级）	梁中位置	
	支座	跨中
一	0.40 和 $80f_t/f_y$	0.30 和 $65f_t/f_y$
二	0.30 和 $65f_t/f_y$	0.25 和 $55f_t/f_y$
三、四	0.25 和 $55f_t/f_y$	0.20 和 $45f_t/f_y$

（3）箍筋。震害调查和理论分析表明，在地震作用下，梁端部剪力最大，该处极易产生剪切破坏。因此，在梁端部一定长度范围内，箍筋间距应适当加密。一般称这一范围为箍筋加密区。

梁端加密区的箍筋设置应符合下列要求：①加密区的长度、箍筋最大间距和最小直径应按表 8-18 采用；当梁端纵向受拉钢筋配筋率大于 2%时，表中箍筋最小直径数值应增大 2mm。②梁端加密区的箍筋肢距，一级不宜大于 200mm 和 20 倍箍筋直径两者中的较大值，二、三级不宜大于 250mm 和 20 倍箍筋直径两者中的较大值，四级不宜大于 300mm。

表 8-18　梁端箍筋加密区的长度、箍筋最大间距和最小直径　（mm）

抗震等级（级）	加密区长度（采用较大值）	箍筋最大间距（采用最小值）	箍筋最小直径
一	$2h_b$，500	$6d$，$h_b/4$，100	10
二	$1.5h_b$，500	$8d$，$h_b/4$，100	8
三	$1.5h_b$，500	$8d$，$h_b/4$，150	8
四	$1.5h_b$，500	$8d$，$h_b/4$，150	6

注　1　d 为纵向钢筋直径，h_b 为梁截面高度。

2　箍筋直径大于 12mm、数量不少于 4 肢且肢距不大于 150mm 时，一、二级的最大间距应允许适当放宽，但不得大于 150mm。

框架梁的箍筋还应符合下列构造要求：①梁端设置的第一个箍筋应距框架节点边缘不大于 50mm。②箍筋应有 135°弯钩，弯钩端头直段长度不应小于 10 倍的箍筋直径和 75mm 两者中的较大值。③在纵向钢筋搭接长度范围内的箍筋间距，钢筋受拉时不应大于搭接钢筋较小直径的 5 倍，且不应大于 100mm；钢筋受压时不应大于搭接钢筋较小直径的 10 倍，且不应大于 200mm。④框架梁非加密区箍筋最大间距不宜大于加密区箍筋间距的 2 倍。⑤框架梁沿梁全长箍筋的面积配筋率 ρ_{sv} 不应小于表 8-19 的规定。

2. 框架柱

（1）截面尺寸。柱的截面尺寸宜符合下列要求：①截面的宽度和高度，四级或不超过 2 层时不宜小于 300mm，一、二、三级且超过 2 层时不宜小于 400mm；圆柱的直径，四级或不超过 2 层时不宜小于 350mm，一、二、三级且超过 2 层时不宜小于 450mm。②剪跨比宜大于 2，圆形截面柱可按面积相等的方形截面柱计算。③截面长边与短边的边长比不宜大于 3。

表 8-19　框架梁沿梁全长箍筋的面积配筋率 ρ_{sv} 限值

抗震等级	一级	二级	三级	四级
ρ_{sv}	$0.30f_t/f_{yv}$	$0.28f_t/f_{yv}$	$0.26f_t/f_{yv}$	$0.26f_t/f_{yv}$

（2）轴压比的限制。轴压比是指考虑地震作用组合的轴压力设计值 N 与柱全截面面积 bh 和混凝土轴心抗压强度设计值 f_c 乘积的比值，即 N/f_cbh。轴压比是影响柱延性的重要因素之一。试验研究表明，柱的延性随轴压比的增大而急剧下降，尤其在高轴压比的条件下，箍筋对柱的变形能力影响很小。因此，在框架抗震设计中，必须限制轴压比，以保证柱有足够的延性。框架柱的轴压比不宜超过表 8-20 的规定。建造于Ⅳ类场地上较高的高层建筑，其柱轴压比限值应适当减小。

表 8-20　柱 轴 压 比 限 值

结构类型	抗震等级（级）			
	一	二	三	四
框架结构	0.65	0.75	0.85	0.90
框架—剪力墙，板柱—剪力墙、框架—核心筒及筒中筒	0.75	0.85	0.90	0.95
部分框支剪力墙	0.60	0.70	—	

注 1　对本规范规定不进行地震作用计算的结构，可取无地震作用组合的轴力设计值计算。

2　表内限值适用于剪跨比大于 2、混凝土强度等级不高于 C60 的柱；剪跨比不大于 2 的柱，轴压比限值应降低 0.05；剪跨比小于 1.5 的柱，轴压比限值应专门研究，并采取特殊构造措施。

3　沿柱全高采用井字复合箍，且箍筋肢距不大于 200mm、间距不大于 100mm、直径不小于 12mm；或沿柱全高采用复合螺旋箍，且螺旋间距不大于 100mm、箍筋肢距不大于 200mm、直径不小于 12mm；或沿柱全高采用连续复合矩形螺旋箍，且螺旋净距不大于 80mm、箍筋肢距不大于 200mm、直径不小于 10mm，轴压比限值均可增加 0.10。以上三种箍筋的最小配箍特征值均应按增大的轴压比（见表 8-23）确定。

4　在柱的截面中部附加芯柱（见图 8-35），其中另加的纵向钢筋总面积不少于柱截面面积的 0.8%，轴压比限值可增加 0.05；此项措施与注 3 的措施共同采用时，轴压比限值可增加 0.15，但箍筋的体积配箍率仍可按轴压比增加 0.10 的要求确定。

5　柱轴压比不应大于 1.05。

（3）纵向钢筋。柱的纵向钢筋配置应符合下列各项要求：①纵向钢筋的最小总配筋率应按表 8-21 采用，同时每一侧纵筋配筋率不应小于 0.2%；对建造于Ⅳ类场地且较高的高层建筑，最小总配筋率应增加 0.1%。②柱的纵向钢筋宜采用对称配置。③截面边长大于 400mm 的柱，纵向钢筋间距不宜大于 200mm。④柱总配筋率不应大于 5%；剪跨比不大于 2

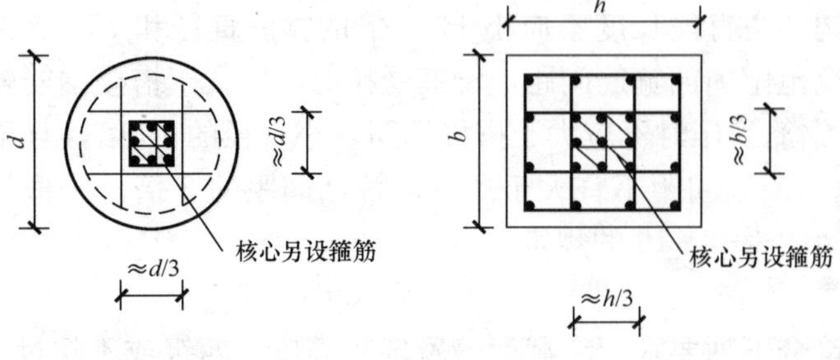

图 8-35　芯柱尺寸示意图

的一级框架的柱，每侧纵向钢筋配筋率不宜大于 1.2%。⑤边柱、角柱及剪力墙端柱在小偏心受拉时，柱内纵筋总截面面积应比计算值增加 25%。⑥柱纵向钢筋的绑扎接头应避开柱端的箍筋加密区。⑦柱的纵向钢筋不应与箍筋、拉筋及预埋件等焊接。

表 8-21　柱截面纵向钢筋的最小总配筋率　（%）

类别	抗震等级（级）			
	一	二	三	四
中柱和边柱	0.9（1.0）	0.7（0.8）	0.6（0.7）	0.5（0.6）
角柱和框支柱	1.1	0.9	0.8	0.7

注　1　表中括号内数值用于框架结构的柱。
2　钢筋强度标准值小于 400MPa 时，表中数值应增加 0.1；钢筋强度标准值为 400MPa 时，表中数值应增加 0.05。混凝土强度等级高于 C60 时，上述数值应相应增加 0.1。

（4）箍筋。柱箍筋的形式应根据截面情况合理选取，图 8-36 所示为目前常用的箍筋形式。抗震框架柱一般不用普通矩形箍；圆形箍或螺旋箍由于加工困难，也较少采用，工程上大量采用的是矩形复合箍或拉筋复合箍。箍筋应为封闭式，其末端应做成 135°弯钩，且弯钩末端的平直段长度不应小于 10 倍箍筋直径，且不应小于 75mm。

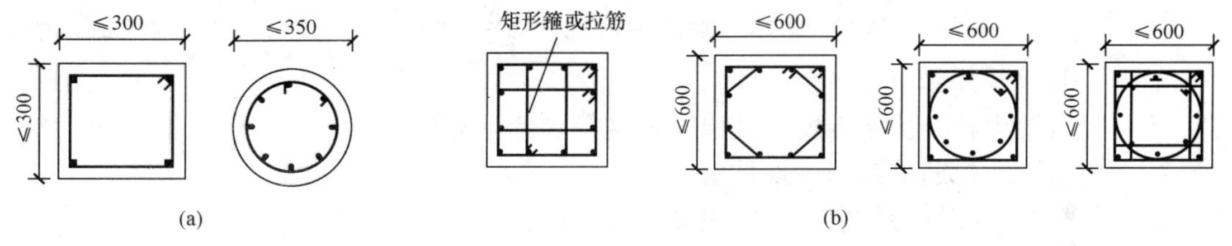

图 8-36　各类箍筋示意图（单位：mm）
（a）普通箍；（b）复合箍

框架柱的箍筋有三个作用，即抵抗剪力、对混凝土提供约束、防止纵筋压屈。加强箍筋约束是提高柱延性和耗能能力的重要措施。震害调查表明，框架柱的破坏主要集中在上下柱端 1.0～1.5 倍柱截面高度范围内；试验表明，当箍筋间距小于 6～8 倍柱纵筋直径时，在受压区混凝土压溃之前，一般不会出现钢筋压屈现象。因此，应在柱上下端塑性铰区以及需要提高其延性的重要部位加密箍筋。柱的箍筋加密范围应按下列规定采用：

1）柱端，取截面高度（圆柱直径）、柱净高的 1/6 和 500mm 三者中的最大值。

2）底层柱的下端不小于柱净高的 1/3。

3）刚性地面上下各 500mm。

4）剪跨比不大于 2 的柱、因设置填充墙等形成的柱净高与柱截面高度之比不大于 4 的柱、框支柱、一级和二级框架的角柱，取全高。

5）需要提高变形能力的柱的全高范围。

框架柱箍筋加密区的构造措施应符合下列要求：

1）一般情况下，加密区箍筋的最大间距和最小直径应按表 8-22 采用。

2）一级框架柱的箍筋直径大于 12mm 且箍筋肢距不大于 150mm，以及二级框架柱的箍筋直径不小于 10mm 且箍筋肢距不大于 200mm 时，除底层柱下端外，最大间距应允许采用

150mm；三级框架柱的截面尺寸不大于400mm时，箍筋最小直径应允许采用6mm；四级框架柱剪跨比不大于2时，箍筋直径不应小于8mm。

表8-22 柱箍筋加密区的箍筋最大间距和最小直径 (mm)

抗震等级（级）	箍筋最大间距（采用最小值）	箍筋最小直径
一	$6d$，100	10
二	$8d$，100	8
三	$8d$，150（柱根100）	8
四	$8d$，150（柱根100）	6（柱根8）

注 d为柱纵筋最小直径；柱根指底层柱下端箍筋加密区。

3）框支柱和剪跨比不大于2的框架柱，箍筋间距不应大于100mm。

4）柱箍筋加密区的箍筋肢距，一级不宜大于200mm，二、三级不宜大于250mm，四级不宜大于300mm。至少每隔一根纵向钢筋宜在两个方向有箍筋或拉筋约束；采用拉筋复合箍时，拉筋宜紧靠纵向钢筋，并钩住箍筋。

5）柱箍筋加密区的体积配箍率应符合下式要求，即

$$\rho_v \geqslant \lambda_v f_c / f_{yv} \tag{8-46}$$

式中 ρ_v——柱箍筋加密区的体积配箍率（一、二、三、四级分别不应小于0.8%、0.6%、0.4%和0.4%；计算复合螺旋箍的体积配箍率时，其非螺旋箍的箍筋体积应乘以换算系数0.8）；

f_c——混凝土轴心抗压强度设计值，强度等级低于C35时，应按C35计算；

f_{yv}——箍筋或拉筋抗拉强度设计值；

λ_v——柱最小配箍特征值，宜按表8-23采用。

表8-23 柱箍筋加密区的箍筋最小配箍特征值

抗震等级（级）	箍筋形式	柱轴压比								
		≤0.3	0.4	0.5	0.6	0.7	0.8	0.9	1.0	1.05
一	普通箍、复合箍	0.10	0.11	0.13	0.15	0.17	0.20	0.23	—	—
	螺旋箍、复合或连续复合矩形螺旋箍	0.08	0.09	0.11	0.13	0.15	0.18	0.21	—	—
二	普通箍、复合箍	0.08	0.09	0.11	0.13	0.15	0.17	0.19	0.22	0.24
	螺旋箍、复合或连续复合矩形螺旋箍	0.06	0.07	0.09	0.11	0.13	0.15	0.17	0.20	0.22
三	普通箍、复合箍	0.06	0.07	0.09	0.11	0.13	0.15	0.17	0.20	0.22
	螺旋箍、复合或连续复合矩形螺旋箍	0.05	0.06	0.07	0.09	0.11	0.13	0.15	0.18	0.20

注 1 普通箍指单个矩形箍或单个圆形箍；复合箍指由矩形、多边形、圆形箍或拉筋组成的箍筋；复合螺旋箍指由螺旋箍与矩形、多边形、圆形箍或拉筋组成的箍筋；连续复合矩形螺旋箍指用一根通长钢筋加工而成的箍筋。

2 框支柱宜采用复合螺旋箍或井字复合箍，其最小配箍特征值应比表内数值增加0.02，且体积配箍率不应小于1.5%。

3 剪跨比不大于2的柱宜采用复合螺旋箍或井字复合箍，其体积配箍率不应小于1.2%，9度、一级时不应小于1.5%。

考虑到框架柱在层高范围内剪力不变及可能的扭转影响，为避免箍筋非加密区的受剪能力突然降低很多，导致柱的中段破坏，框架柱箍筋非加密区的箍筋配置应符合下列要求：

1）柱箍筋非加密区的体积配箍率不宜小于加密区的 50%。

2）箍筋间距，一、二级框架柱不应大于 10 倍纵向钢筋直径；三、四级框架柱不应大于 15 倍纵向钢筋直径。

3. 节点核心区

抗震框架的节点核心区必须设置足够量的横向箍筋，其箍筋的最大间距和最小直径宜符合上述柱箍筋加密区的有关规定。一、二、三级框架节点核心区配箍特征值分别不宜小于 0.12、0.10 和 0.08，且箍筋体积配箍率分别不宜小于 0.6%、0.5%和 0.4%。柱剪跨比不大于 2 的框架节点核心区配箍特征值不宜小于核心区上下柱端配箍特征值中的较大值。

第四节　设　计　案　例

某大学教学楼，主体为 7 层全现浇钢筋混凝土框架结构，局部 8 层，层高 3.9m，室内外高差 0.45m，建筑物总高 27.75m，总建筑面积为 8619.75m^2。该建筑总长为 71.67m，设伸缩缝一道，缝宽按防震缝要求取为 170mm。标准层建筑平面见文后插图 8 - 37。

一、设计资料

1. 基本设计条件

（1）抗震设防类别为标准设防类；抗震设防烈度为 8 度，设计基本地震加速度为 0.2g，设计地震分组为第一组；建筑场地类别为 I_1 类；结构抗震等级为一级；结构设计使用年限为 50 年；建筑结构安全等级为二级。

（2）基本风压为 0.40kN/m^2（地面粗糙度属 C 类）；基本雪压为 0.35kN/m^2；土壤冻结深度为 0.8m；地下水位按室外地坪以下 4m 考虑，地下水无侵蚀性。

2. 材料选用

（1）混凝土：一层选用 C35；二层及以上选用 C30；基础垫层采用 C15 混凝土。

（2）钢筋：纵筋选用 HRB335 级和 HRB400 级钢筋，箍筋选用 HPB300 级。

（3）墙体：±0.000 以下墙体采用 M10 水泥砂浆砌 MU10 烧结砖；±0.000 以上内外墙体均采用 M5 混合砂浆砌 MU5 加气混凝土砌块。

二、横向框架计算简图

该教学楼由伸缩缝分成了两个独立的结构单元，本案例仅对 14～22 轴间区段进行结构设计计算，并选择第 16 轴框架进行内力分析。

1. 确定计算简图

底层柱高取从基础顶面至一层楼盖顶面的距离，基础埋深初定为室外地面以下 1.0m，故底层柱高为 5.35m；其余各层柱高取上、下两层楼盖顶面之间的高度，均为 3.9m。

2. 初定构件截面尺寸

（1）柱的截面尺寸。框架柱的截面面积通常根据经验或作用于柱上的轴力设计值 N_v（竖向荷载标准值可取 12～15kN/m^2），并考虑弯矩影响后近似确定，一般按下列公式近似估算后再确定边长，即

$$A_c \geqslant \zeta N_v / n f_c$$

式中 f_c——混凝土轴心抗压强度，底层为 C35 时，其值取为 16.7，N/mm^2；

ζ——考虑地震作用组合后的轴压力增大系数，边柱为 1.3，中柱为 1.25；

n——框架柱轴压比限值，本案例抗震等级为一级，查表 8-20，取 0.65。

故 中柱 $A_c \geqslant \dfrac{1.25\times13\times10^3\times7\times6.6\times3.3}{0.65\times16.7}=228\ 233(mm^2)$

边柱 $A_c \geqslant \dfrac{1.3\times13\times10^3\times7\times6.6\times4.65}{0.65\times16.7}=334\ 466(mm^2)$

为计算简便，中柱和边柱均取值为：底层～二层柱取 600mm×600mm；三～五层柱取 550mm×550mm；六～七层柱取 500mm×500mm；

（2）梁的截面尺寸。梁的截面高度一般宜取 $h=(1/12\sim1/8)l$（l 为梁的跨度），梁的截面宽度宜取 $b=(1/3\sim1/2)h$。表 8-24 为初定框架梁的截面尺寸。

表 8-24　初定框架梁的截面尺寸　(mm)

类别	外框架梁	内纵框架梁	内横框架梁		楼梯间框架梁	次梁
尺寸（$b\times h$，mm）	350×600	300×600	300×550（边跨）	300×400（中跨）	300×650	250×550

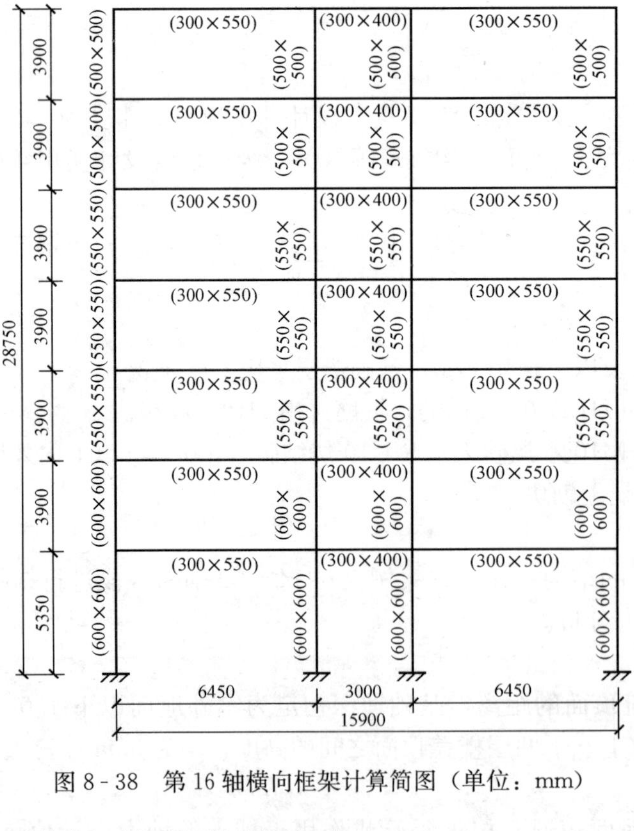

故第 16 轴横向框架的计算简图如图 8-38 所示。14～22 轴间区段的平面柱网布置如图 8-39 所示。因框架柱沿高度截面尺寸不同且截面形心不重合，故图 8-38 中梁的计算跨度近似取为顶层柱的形心线间距。进行梁的刚度计算时，各层梁的计算跨度均以此计算跨度为准，忽略柱截面沿高度变化时梁跨度的微小变化对梁刚度的影响。

图 8-38　第 16 轴横向框架计算简图（单位：mm）

三、重力荷载计算

1. 主要材料及构件自重

加气混凝土砌块为 $8kN/m^3$；钢筋混凝土为 $25kN/m^3$；钢窗为 $0.45kN/m^2$；木门为 $0.2kN/m^2$；

2. 内外墙荷载标准值

（1）外墙做法：

1）一底二涂高弹丙烯酸涂料。

2）3 厚专用胶两次粘贴。

3）20 厚聚苯乙烯泡沫塑料板加压粘牢，板面打磨成细麻面。

4）10 厚 1∶1（质量比）水泥专用胶粘剂刮于板背面。

5）20 厚 2∶1∶8 水泥石灰砂浆找平。

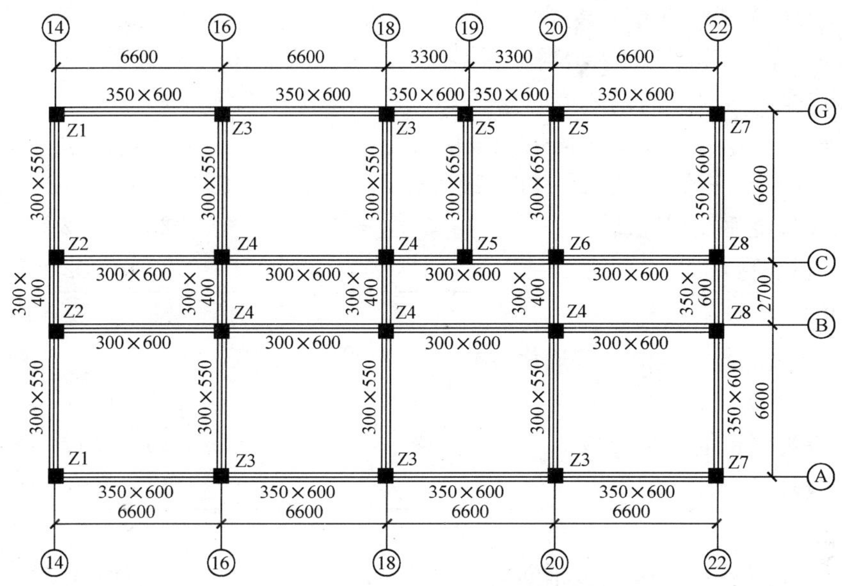

图 8 - 39　框架梁柱平面布置图（柱编号用于横向抗侧刚度计算，单位为 mm）

6）350 厚加气混凝土砌块。

7）20 厚石灰砂浆抹灰（卫生间处为水泥砂浆抹灰）。

外墙单位面积重力荷载标准值统一考虑为：0.5×0.02＋16×0.01＋17×0.02＋8×0.35＋17×0.02＝3.65(kN/m^2)。

（2）内墙做法（普通房间）：

1）200 厚加气混凝土砌块。

2）20 厚水泥石灰砂浆双面抹灰。

其单位面积重力荷载标准值为：17×0.02×2＋8×0.20＝2.28(kN/m^2)。

（3）内墙做法（卫生间处）：

1）200 厚加气混凝土砌块。

2）20 厚水泥砂浆、20 厚水泥石灰砂浆各单面抹灰。

其单位面积重力荷载标准值为：20×0.02＋8×0.20＋17×0.02＝2.34(kN/m^2)。

（4）内墙做法（楼梯间处）：

1）250 厚加气混凝土砌块。

2）各 20 厚水泥砂浆、水泥石灰砂浆单面抹灰或 20 厚水泥石灰砂浆双面抹灰。

其单位面积重力荷载标准值统一考虑为：20×0.02＋8×0.25＋17×0.02＝2.74(kN/m^2)。

（5）伸缩缝处墙体做法：

1）200 厚加气混凝土砌块。

2）20 厚水泥石灰砂浆单面抹灰。

其单位面积重力荷载标准值为：8×0.20＋17×0.02＝1.94(kN/m^2)。

3. 屋面及楼面永久荷载标准值

（1）屋面永久荷载标准值（倒置式屋面，不上人）：

40 厚 C20 细石混凝土，内配Φ 4@150×150 钢筋网片　　24×0.04＝0.96(kN/m^2)

干铺无纺聚酯纤维布隔离层 0.01kN/m²

25 厚挤塑聚苯乙烯泡沫塑料板保温层 0.5×0.025=0.012 5(kN/m²)

4 厚高聚物改性沥青防水卷材层 0.01kN/m²

20 厚 1∶3 水泥砂浆掺聚丙烯找平层 20×0.02=0.40(kN/m²)

1∶8 水泥膨胀珍珠岩找 2%坡，最薄处 20 厚 7×(0.18+0.02)/2=0.7(kN/m²)

120 厚现浇钢筋混凝土板 25×0.12=3.00(kN/m²)

20 厚板底抹灰 20×0.02=0.40(kN/m²)

合计： 5.493kN/m²

(2) 楼面永久荷载标准值（普通房间）：

水磨石楼面（总厚度 30） 0.65kN/m²

120 厚现浇钢筋混凝土板 25×0.12=3.00(kN/m²)

20 厚板底抹灰 20×0.02=0.40(kN/m²)

合计： 4.05kN/m²

(3) 楼面永久荷载标准值（卫生间）：

水磨石防水楼面（总厚度 97） 2.17kN/m²

120 厚现浇钢筋混凝土板 25×0.12=3.00(kN/m²)

20 厚板底抹灰 20×0.02=0.40(kN/m²)

合计： 5.57kN/m²

4. 屋面及楼面均布可变荷载标准值

屋面基本雪压，考虑 50 年一遇，取 $s_0=0.35\text{kN/m}^2$，$\mu_r=1.0$，故屋面雪荷载标准值 $s_k=1.0\times0.35=0.35(\text{kN/m}^2)$；不上人屋面均布可变荷载标准值为 0.5kN/m²；教室、卫生间等楼面可变荷载标准值为 2.0kN/m²；走廊、楼梯间楼面可变荷载标准值为 2.5kN/m²。

5. 各层重力荷载代表值的计算

(1) 墙的重力荷载。各层墙体的重力荷载标准值计算见表 8-25。

总标准值=(墙毛面积−门窗面积) ×墙体单位面积重力荷载标准值
+门窗面积×门窗自重

表 8-25 墙体重力荷载标准值计算表

楼层	部位	外墙	普通内墙	卫生间墙	楼梯间墙	缝侧墙体	标准值合计（kN）
7	墙毛面积（m²）	206.91	192.017 5	28.677 5	38.675	39.865	1128.183
	门窗面积（m²）	79.677	25.65	3.24	0	0	
	总标准值（kN）	500.255	384.448	60.172	105.970	77.338	
6	墙毛面积（m²）	206.91	192.017 5	28.677 5	38.675	39.865	1128.183
	门窗面积（m²）	79.677	25.65	3.24	0	0	
	总标准值（kN）	500.255	384.448	60.172	105.970	77.338	
5	墙毛面积（m²）	204.435	190.115	28.095	38.025	39.195	1110.369
	门窗面积（m²）	79.677	25.65	3.24	0	0	
	总标准值（kN）	491.222	380.110	58.809	104.189	76.039	

续表

楼层	部位	外墙	普通内墙	卫生间墙	楼梯间墙	缝侧墙体	标准值合计（kN）
4	墙毛面积（m^2）	204.435	190.115	28.095	38.025	39.195	1110.369
	门窗面积（m^2）	79.677	25.65	3.24	0	0	
	总标准值（kN）	491.222	380.110	58.809	104.189	76.039	
3	墙毛面积（m^2）	204.435	190.115	28.095	38.025	39.195	1110.369
	门窗面积（m^2）	79.677	25.65	3.24	0	0	
	总标准值（kN）	491.222	380.110	58.809	104.189	76.039	
2	墙毛面积（m^2）	201.96	188.212 5	27.512 5	37.375	38.525	1092.554
	门窗面积（m^2）	79.677	25.65	3.24	0	0	
	总标准值（kN）	482.188	375.773	57.446	102.408	74.739	
1	墙毛面积（m^2）	201.96	209.652 5	27.512 5	37.375	38.525	1131.021
	门窗面积（m^2）	81.177	28.35	3.24	0	0	
	总标准值（kN）	477.388	419.040	57.446	102.408	74.739	

（2）柱、梁的重力荷载。各层柱、梁的重力荷载标准值计算见表 8-26、表 8-27。表中，外围框架梁和楼梯间框架梁为Γ型截面，其截面高度取为梁的全高；其他梁为 T 型截面，截面高度均取扣除 120mm 现浇楼板厚度之后的腹板净高。表中 β 为考虑梁柱表面抹灰粉刷的荷载增大系数，柱取 1.1，梁取 1.05。

表 8-26　　柱重力荷载标准值计算表

楼层	尺寸（$b\times h$，mm）		每延米重量（kN/m）	柱长（m）	根数	总长（m）	标准值（kN）	β	每层标准值合计（kN）
6～7	500×500		6.25	3.9	22	85.8	536.25	1.1	589.875
3～5	550×550		7.562 5	3.9	22	85.8	648.863		713.750
1～2	2 层	600×600	9	3.9	22	85.8	772.2		849.42
	1 层			5.35	22	117.7	1059.3		1165.23

表 8-27　　梁重力荷载标准值计算表

楼层	类别	尺寸（$b\times h$，mm）	每米重量（kN/m）	梁长（m）	标准值（kN）	小计（kN）	β	每层标准值合计（kN）
6～7	外框架梁	350×600	5.25	62.7	329.175	836.789	1.05	878.629
	内纵框架梁	300×480	3.6	48.3	173.88			
	内横框架梁	300×430	3.225	41.65	134.321			
		300×280	2.1	10	21			
	楼梯间框梁	300×650	4.875	11.9	58.013			
	次梁	250×430	2.687 5	44.8	120.4			

续表

楼层	类别	尺寸（$b\times h$，mm）	每米重量（kN/m）	梁长（m）	标准值（kN）	小计（kN）	β	每层标准值合计（kN）
3～5	外框架梁	350×600	5.25	61.95	325.238	827.64	1.05	869.022
	内纵框架梁	300×480	3.6	47.75	171.9			
	内横框架梁	300×430	3.225	40.95	132.064			
		300×280	2.1	10	21			
	楼梯间框梁	300×650	4.875	11.7	57.038			
	次梁	250×430	2.687 5	44.8	120.4			
1～2	外框架梁	350×600	5.25	61.2	321.3	818.49		859.415
	内纵框架梁	300×480	3.6	47.2	169.92			
	内横框架梁	300×430	3.225	40.25	129.807			
		300×280	2.1	10	21			
	楼梯间框梁	300×650	4.875	11.5	56.063			
	次梁	250×430	2.687 5	44.8	120.4			

（3）楼面、屋面的重力荷载。各层楼面、屋面的永久荷载标准值及可变荷载标准值计算见表 8 - 28、表 8 - 29。

表 8 - 28　　楼面、屋面的永久荷载标准值计算表

楼层	部位		面积（m^2）	均布永久荷载标准值（kN/m^2）	永久荷载标准值（kN）	永久荷载合计（kN）
7	屋面		441.16	5.493	2423.292	2423.292
1～6	教室、走廊		373.915	4.05	1514.356	6：1678.848 1～5：1751.957
	卫生间		20.475	5.57	114.046	
	楼梯间	6	—	—	50.446	
		1～5	—	—	123.555	

注　表中楼梯间荷载取自楼梯计算数据，计算过程此处从略。

表 8 - 29　　楼面、屋面的可变荷载标准值计算表

楼层	部位		面积（m^2）	均布可变荷载标准值（kN/m^2）	可变荷载标准值（kN）	可变荷载合计（kN）
7	屋面		484	0.5（0.35）	242（169.4）	242（169.4）
1～6	教室		290.88	2.0	581.76	6：806.05 1～5：836.338
	走廊		66.375	2.5	165.937 5	
	卫生间		19.52	2.0	39.04	
	楼梯间	6	7.725	2.5	19.312 5	
		1～5	19.84	2.5	49.6	

注　括号中为雪荷载的值。

（4）楼层质点重力荷载代表值的计算。计算地震作用时，建筑的重力荷载代表值应取结构和构配件自重标准值与各可变荷载组合值之和。各可变荷载组合值系数，对楼面活荷载和雪荷载取 0.5，对屋面活荷载取 0。

各个楼层质点的重力荷载代表值 G_i 的计算过程见表 8-30。计算时，将每层的楼面荷载及上下各半层的墙、柱荷载集中到该层处，即为该层质点的重力荷载代表值。

表 8-30　楼层质点重力荷载代表值计算表　(kN)

质点	楼面永久荷载	楼面可变荷载	梁	柱	墙	雨篷	G_i	永久荷载合计	可变荷载合计
7	2423.292	242	878.629	589.875	1128.183	220.697 4	4381.65	5240.68	242
6	1678.848	806.05	878.629	589.875	1128.183	—	4678.56	4275.54	806.05
5	1751.957	836.338	869.022	713.750	1110.369	—	4810.24	4445.10	836.338
4	1751.957	836.338	869.022	713.750	1110.369	—	4863.27	4445.10	836.338
3	1751.957	836.338	869.022	713.750	1110.369	—	4863.27	4445.10	836.338
2	1751.957	836.338	859.415	849.42	1092.554	—	4912.59	4553.35	836.338
1	1751.957	836.338	859.415	1165.23	1131.021	16.87	5165.53	4924.50	836.338
总计	总重力荷载代表值为 33 675.11；总永久荷载为 32 329.37；总可变荷载为 5229.74								

注　表中雨篷为一层出入口处及屋顶处的雨篷，其重力荷载计算过程从略。

各质点重力荷载代表值如图 8-40 所示。

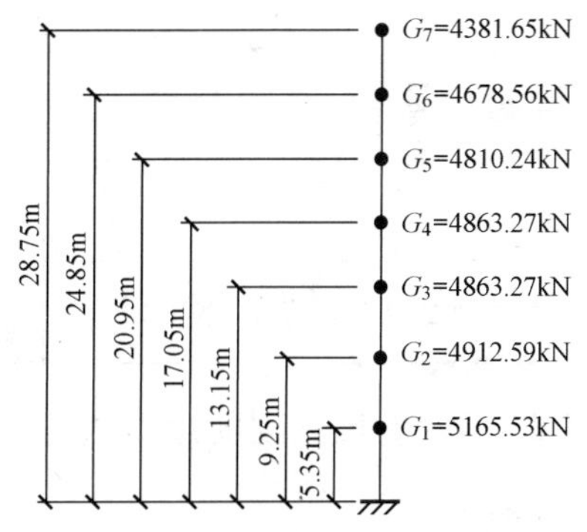

图 8-40　质点重力荷载代表值示意图

四、框架横向抗侧刚度计算

1. 横向框架梁的线刚度计算

本案例有六榀横向框架、四榀纵向框架，柱网及框架梁布置如图 8-39 所示，图中根据相同的横向抗侧刚度对框架柱进行了编号。

表 8-31 为横向框架梁线刚度 i_b 的计算表。表中 E_c 为混凝土弹性模量；I_0 为矩形梁截面惯性矩，I_b 为考虑梁翼缘的影响，乘以惯性矩增大系数后的梁截面惯性矩。对于中框架梁和边框架梁，增大系数分别取 2.0 和 1.5。

表 8-31　横向框架梁线刚度计算表

楼层	截面（mm）	部位	跨度 l（m）	I_0(m^4)	I_b(m^4)	E_c(kN/m^2)	$i_b=E_cI_b/l$(kN·m)
2～7	350×600	边	6.45	0.006 3	0.009 45	C30：30.0×10^6	43 953.5
	350×600	边	3.00	0.006 3	0.009 45		94 500.0
	300×550	中	6.45	0.004 16	0.008 32		38 691.9
		边	6.45	0.004 16	0.006 24		29 018.9
	300×400	中	3.00	0.001 6	0.003 2		32 000.0
		边	3.00	0.001 6	0.002 4		24 000.0
	300×650	边	6.45	0.006 87	0.010 3		47 899.7

续表

楼层	截面（mm）	部位	跨度 l（m）	I_0（m^4）	I_b（m^4）	E_c（kN/m^2）	$i_b=E_cI_b/l$（kN·m）
1	350×600	边	6.45	0.006 3	0.009 45	C35：31.5×10^6	46 151.2
	350×600	边	3.00	0.006 3	0.009 45		99 225.0
	300×550	中	6.45	0.004 16	0.008 32		40 626.5
		边	6.45	0.004 16	0.006 24		30 469.9
	300×400	中	3.00	0.001 6	0.003 2		33 600.0
		边	3.00	0.001 6	0.002 4		25 200.0
	300×650	边	6.45	0.006 87	0.010 3		50 294.7

2. 横向框架柱的抗侧刚度计算

采用 D 值法对各横向框架柱进行抗侧刚度计算，以 Z1 为例，计算过程见表 8-32。

表 8-32　　Z1 抗侧刚度计算表（2 根）

层数	1	2	3～5	6～7
截面（$b\times h$，m）	0.60×0.60	0.60×0.60	0.55×0.55	0.50×0.50
层高 h(m)	5.35	3.9	3.9	3.9
惯性矩 I_c(m^4)	10.8×10^{-3}	10.8×10^{-3}	7.63×10^{-3}	5.21×10^{-3}
混凝土弹性模量 E_c(kN/m^2)	31.5×10^6	30.0×10^6	30.0×10^6	30.0×10^6
线刚度 $i_c=\frac{E_cI_c}{h}$(kN·m)	63 589	83 077	58 692	40 077
一般层 $\overline{K}=\frac{\sum i_b}{2i_c}$；底层 $\overline{K}=\frac{\sum i_b}{i_c}$	0.479	0.358	0.495	0.724
一般层 $\alpha_c=\frac{\overline{K}}{2+\overline{K}}$；底层 $\alpha_c=\frac{0.5+\overline{K}}{2+\overline{K}}$	0.395 0	0.151 8	0.198 4	0.265 8
抗侧刚度 $D=\alpha_c\frac{12i_c}{h^2}$（kN/m）	10 530	9952	9187	8405

Z2～Z8 的抗侧刚度计算从略。各层框架的横向抗侧刚度统计见表 8-33。

表 8-33　　各层框架横向抗侧刚度统计表　　（kN/m）

层数	Z1（2）	Z2（2）	Z3（5）	Z4（5）	Z5（3）	Z6（1）	Z7（2）	Z8（2）	$\sum D$
7	8405×2=16 810	12 589×2=25 178	10 294×5=51 470	14 818×5=74 090	11 828×3=35 484	15 785	11 199×2=22 398	20 026×2=40 052	281 267
6	8405×2=16 810	12 589×2=25 178	10 294×5=51 470	14 818×5=74 090	11 828×3=35 484	15 785	11 199×2=22 398	20 026×2=40 052	281 267
5	9187×2=18 374	14 415×2=28 830	11 480×5=57 400	17 405×5=87 025	13 420×3=40 260	18 754	12 616×2=25 232	25 060×2=50 120	325 995
4	9187×2=18 374	14 415×2=28 830	11 480×5=57 400	17 405×5=87 025	13 420×3=40 260	18 754	12 616×2=25 232	25 060×2=50 120	325 995
3	9187×2=18 374	14 415×2=28 830	11 480×5=57 400	17 405×5=87 025	13 420×3=40 260	18 754	12 616×2=25 232	25 060×2=50 120	325 995

续表

层数	Z1 (2)	Z2 (2)	Z3 (5)	Z4 (5)	Z5 (3)	Z6 (1)	Z7 (2)	Z8 (2)	$\sum D$
2	9952×2 =19 904	16 155×2 =32 310	12 631×5 =63 155	19 904×5 =99 520	14 951×3 =44 853	21 641	13 982×2 =27 964	30 194×2 =60 388	369 735
1	10 530×2 =21 060	12 753×2 =25 506	11 506×5 =57 530	14 034×5 =70 170	12 332×3 =36 996	14 613	11 989×2 =23 978	17 330×2 =34 660	284 513

3. 横向框架的规则性判断

$\sum D_1/\sum D_2$=284 513/369 735=0.769 5>0.7，且$\sum D_1/(\sum D_2+\sum D_3+\sum D_4)$ =3×284 513/(369 735+325 995×2) =0.835 4>0.8，故横向框架属于竖向规则结构。

经计算，纵向框架也属于竖向规则框架，此处计算从略。

五、横向水平地震作用下框架结构的位移和内力计算

1. 横向框架自振周期的计算

本案例质量和刚度沿高度分布比较均匀，可用式（8-4）计算其基本自振周期。本案例周期折减系数取0.7；表8-34为假想的结构顶点水平位移u_T的计算过程。

结构的横向基本周期为：$T_1=1.7\psi_T\sqrt{u_T}=1.7\times0.7\times\sqrt{0.4157}=0.7672(s)$。

表8-34　　顶点假想水平位移计算表

楼层	G_i (kN)	V_i (kN)	$\sum D$ (kN/m)	Δu (mm)	u (m)
7	4381.65	4381.65	281 267	15.6	0.415 7
6	4678.56	9060.21	281 267	32.2	0.400 1
5	4810.24	13 870.45	325 995	42.5	0.367 9
4	4863.27	18 733.72	325 995	57.5	0.325 4
3	4863.27	23 596.99	325 995	72.4	0.267 9
2	4912.59	28 506.58	369 735	77.1	0.195 5
1	5165.53	33 675.11	284 513	118.4	0.118 4

2. 横向水平地震作用及楼层地震剪力的计算

本教学楼的高度不超过40m，质量和刚度沿高度分布比较均匀，变形以剪切变形为主，故可采用底部剪力法计算水平地震作用。

结构等效总重力荷载为：$G_{eq}=0.85\sum G_i=0.85\times33675.11=28623.84(kN)$。

抗震设防烈度为8度，设计基本地震加速度为0.20g，查表5-3得，多遇地震下α_{max}=0.16；设计地震分组第一组，I_1类场地，查表5-2得，场地特征周期T_g=0.25s。

$$\alpha_1=\left(\frac{T_g}{T}\right)^{\gamma}\eta_2\alpha_{max}=\left(\frac{0.25}{0.7672}\right)^{0.9}\times1\times0.16=0.05833$$

结构总水平地震作用标准值为：$F_{Ek}=\alpha_1 G_{eq}=0.05833\times28623.85=1669.63(kN)$。

因为$T_1=0.7672s>1.4T_g=1.4\times0.25=0.35(s)$，所以应考虑顶部附加水平地震作用；又$T_g=0.25s<0.35s$，故顶部附加地震作用系数为：$\delta_7=0.08T_1+0.07=0.08\times0.7672+0.07=0.131376$。

顶部附加水平地震作用为：$\Delta F_7=\delta_7 F_{Ek}=0.131376\times1669.5=219.3(kN)$。

各质点横向水平地震作用按下式计算，即

$$F_i = \frac{G_i H_i}{\sum_{j=1}^{7} G_j H_j} F_{\mathrm{Ek}}(1-\delta_7) \quad (i=1,2,\cdots,7)$$

地震作用下各楼层水平地震层间剪力为

$$V_i = \sum_{j=i}^{n} F_j \quad (i=1,2,\cdots,7)$$

各质点的横向水平地震作用及楼层地震剪力计算见表 8 - 35。

表 8 - 35　　各质点的横向水平地震作用及楼层地震剪力计算表

质点	H_i (m)	G_i (kN)	H_iG_i (kN·m)	$\sum H_iG_i$ (kN·m)	$F_{\mathrm{Ek}}(1-\delta_7)$ (kN)	F_i (kN)	ΔF_7 (kN)	V_i (kN)
7	28.75	4381.65	125 972.437 5			324.51		543.81
6	24.85	4678.56	116 262.216			299.50		843.31
5	20.95	4810.24	100 774.528			259.60		1102.91
4	17.05	4863.27	82 918.753 5	562 957	1450.2	213.60	219.3	1316.51
3	13.15	4863.27	63 952.000 5			164.74		1481.25
2	9.25	4912.59	45 441.457 5			117.06		1598.31
1	5.35	5165.53	27 635.585 5			71.19		1669.50

各质点水平地震作用分布及楼层地震剪力分布见图 8 - 41、图 8 - 42。

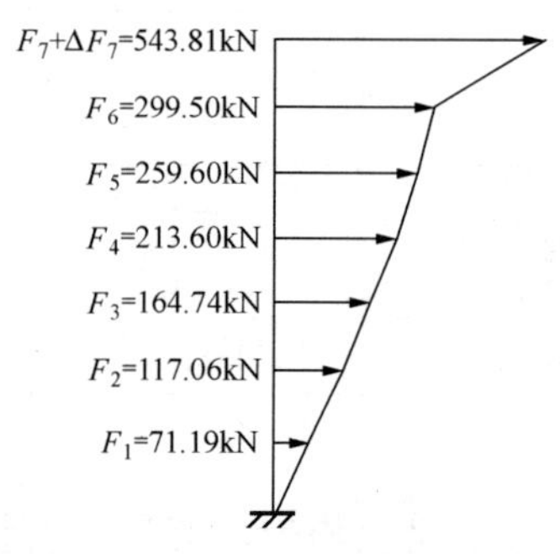

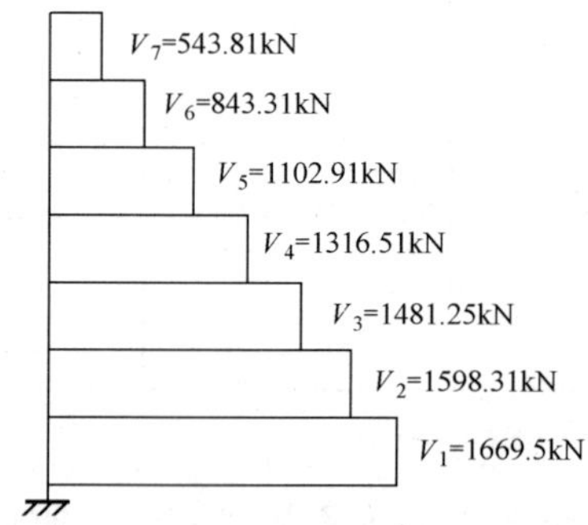

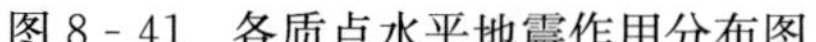

图 8 - 41　各质点水平地震作用分布图　　　图 8 - 42　楼层地震剪力分布图

3. 多遇地震作用下的弹性层间位移验算

多遇地震作用下横向框架结构的弹性层间位移 Δu_i 和顶点位移 $\sum u_i$ 的计算见表 8 - 36。

表 8 - 36　　多遇地震作用下的弹性层间位移验算表

楼层	层间剪力 V_i (kN)	层间刚度 $\sum D_i$ (kN/m)	层间弹性位移 $\Delta u_i = V_i/\sum D_i$ (m)	顶点位移 $\sum u_i$ (m)	层高 h (m)	层间弹性位移角 $\Delta u_i/h$
7	543.81	281 267	0.001 93	0.027 08	3.9	1/2021
6	843.31	281 267	0.003 00	0.025 15	3.9	1/1300
5	1102.91	325 995	0.003 38	0.022 15	3.9	1/1154

续表

楼层	层间剪力 V_i (kN)	层间刚度 $\sum D_i$ (kN/m)	层间弹性位移 $\Delta u_i=V_i/\sum D_i$(m)	顶点位移 $\sum u_i$(m)	层高 h (m)	层间弹性位移角 $\Delta u_i/h$
4	1316.51	325 995	0.004 04	0.018 77	3.9	1/965
3	1481.25	325 995	0.004 54	0.014 73	3.9	1/859
2	1598.31	369 735	0.004 32	0.010 19	3.9	1/903
1	1669.50	284 513	0.005 87	0.005 87	3.9	1/664

最大层间弹性位移角发生在第一层，其值为1/664＜［1/550］，符合抗震规范规定的弹性层间位移角限值。

4. 水平地震作用下横向框架内力计算

采用D值法，对第16轴横向框架进行水平地震（左震）作用下的框架内力计算，具体计算过程见表8－37～表8－39。

表8－37　　水平地震作用下第16轴框架柱地震剪力及柱端弯矩计算表

楼层	$\sum D_i$ (kN/m)	部位	D_{ik} (kN/m)	V_i (kN)	V_{ik} (kN)	$\bar{k}$	y	h (m)	$M_{ik}^{上}$ (kN·m)	$M_{ik}^{下}$ (kN·m)
7	281 267	边柱	10 294	543.81	19.903	0.966	0.35	3.90	50.454	27.168
		中柱	14 818		28.650	1.764	0.388 2		68.360	43.376
6	281 267	边柱	10 294	843.31	30.864	0.966	0.40		72.222	48.148
		中柱	14 818		44.428	1.764	0.438 2		97.343	75.927
5	325 995	边柱	11 480	1102.91	38.839	0.659	0.40		90.883	60.589
		中柱	17 405		58.885	1.204	0.45		126.308	103.343
4	325 995	边柱	11 480	1316.51	46.361	0.659	0.45		99.444	81.364
		中柱	17 405		70.289	1.204	0.460 2		147.974	126.153
3	325 995	边柱	11 480	1481.25	52.163	0.659	0.45		111.890	91.546
		中柱	17 405		79.085	1.204	0.460 2		166.491	141.940
2	369 735	边柱	12 631	1598.31	54.602	0.477	0.457 05		114.477	96.365
		中柱	19 904		86.042	0.872	0.487 97		171.819	163.745
1	284 513	边柱	11 506	1669.50	67.516	0.639	0.682 24	5.35	114.778	246.432
		中柱	14 034		82.350	1.167	0.633 3		161.558	279.015

表8－38　　水平地震作用下第16轴框架梁端弯矩计算表

楼层	节点	$i_{节点}^{l}$ (kN·m)	$i_{节点}^{r}$ (kN·m)	$M_{ik}^{上}$ (kN·m)	$M_{i+1,k}^{下}$ (kN·m)	$M_{节点}^{l}$ (kN·m)	$M_{节点}^{r}$ (kN·m)
7层顶	边	—	38 691.9	50.454	—	—	50.454
	中	38 691.9	32 000.0	68.360	—	37.416	30.944
6层顶	边	—	38 691.9	72.222	27.168	—	99.390
	中	38 691.9	32 000.0	97.343	43.376	77.020	63.699

续表

楼层	节点	$i^{l}_{节点}$ (kN·m)	$i^{r}_{节点}$ (kN·m)	$M^{上}_{ik}$ (kN·m)	$M^{下}_{i+1,k}$ (kN·m)	$M^{l}_{节点}$ (kN·m)	$M^{r}_{节点}$ (kN·m)
5层顶	边	—	38 691.9	90.883	48.148	—	139.031
	中	38 691.9	32 000.0	126.308	75.927	110.690	91.545
4层顶	边	—	38 691.9	99.444	60.589	—	160.033
	中	38 691.9	32 000.0	147.974	103.343	137.554	113.763
3层顶	边	—	38 691.9	111.890	81.364	—	193.254
	中	38 691.9	32 000.0	166.491	126.153	160.173	132.471
2层顶	边	—	38 691.9	114.477	91.546	—	206.023
	中	38 691.9	32 000.0	171.819	141.940	171.730	142.029
1层顶	边	—	40 626.5	114.778	96.365	—	211.143
	中	40 626.5	33 600.0	161.558	163.745	178.049	147.254

表 8-39　水平地震作用下第16轴框架梁端剪力及柱轴力计算表

楼层	边跨梁				走道梁				柱轴力	
	M^{l}_{b} (kN·m)	M^{r}_{b} (kN·m)	l (m)	V_b (kN)	M^{l}_{b} (kN·m)	M^{r}_{b} (kN·m)	l (m)	V_b (kN)	边柱 (kN)	中柱 (kN)
7	50.454	37.416	6.45	13.62	30.944	30.944	3.00	20.63	−13.62	−7.01
6	99.390	77.020	6.45	27.35	63.699	63.699	3.00	42.47	−40.97	−22.13
5	139.031	110.690	6.45	38.72	91.545	91.545	3.00	61.03	−79.69	−44.44
4	160.033	137.554	6.45	46.14	113.763	113.763	3.00	75.84	−125.83	−74.14
3	193.254	160.173	6.45	54.79	132.471	132.471	3.00	88.31	−180.62	−107.66
2	206.023	171.730	6.45	58.57	142.029	142.029	3.00	94.69	−239.19	−143.78
1	211.143	178.049	6.45	60.34	147.254	147.254	3.00	98.17	−299.53	−181.61

根据上述计算结果，绘出第16轴框架在多遇水平地震（左震）作用下的弯矩图、剪力图和轴力图，见图8-43～图8-45。柱受压轴力图画在左侧，受拉轴力图画在右侧。

六、风荷载作用下横向框架结构的位移和内力计算

1. 风荷载标准值的计算

风荷载标准值按以下公式计算，即

$$\omega_k = \beta_z \mu_s \mu_z \omega_0$$

式中　ω_0——基本风压，本地区为0.40，kN/m^2；

β_z——高度z处的风振系数，高度小于30m的建筑取1.0；

μ_s——风荷载体型系数，对封闭矩形建筑物，迎风面取0.8，背风面取0.5；

μ_z——风压高度变化系数，可按C类地区查《建筑结构荷载规范》(GB 50009—2001)。

第16轴横向框架的负载宽度为6.6m，沿房屋高度分布的均布风荷载标准值按下式计算，即

$$q(z) = \omega_k \times 6.6 = 1.0 \times \mu_s \times \mu_z \times 0.40 \times 0.60 = 2.64\mu_s\mu_z (kN/m)$$

再按静力等效原理将均布风荷载转化为等效结点集中荷载，计算过程见表8-40，其中μ_s为迎风面和背风面风荷载体型系数之和，计算结果见图8-46。

表 8-40　**第 16 轴横向框架等效结点集中风荷载计算表**

楼层	高度（m）	μ_z	μ_s	q（z）（kN/m）	等效结点集中荷载（kN）
7	27.75	0.964	1.3	3.31	7.97
6	23.85	0.901 6	1.3	3.10	11.91
5	19.95	0.839	1.3	2.88	11.20
4	16.05	0.761	1.3	2.61	10.23
3	12.15	0.74	1.3	2.54	9.91
2	8.25	0.74	1.3	2.54	9.91
1	4.35	0.74	1.3	2.54	10.48

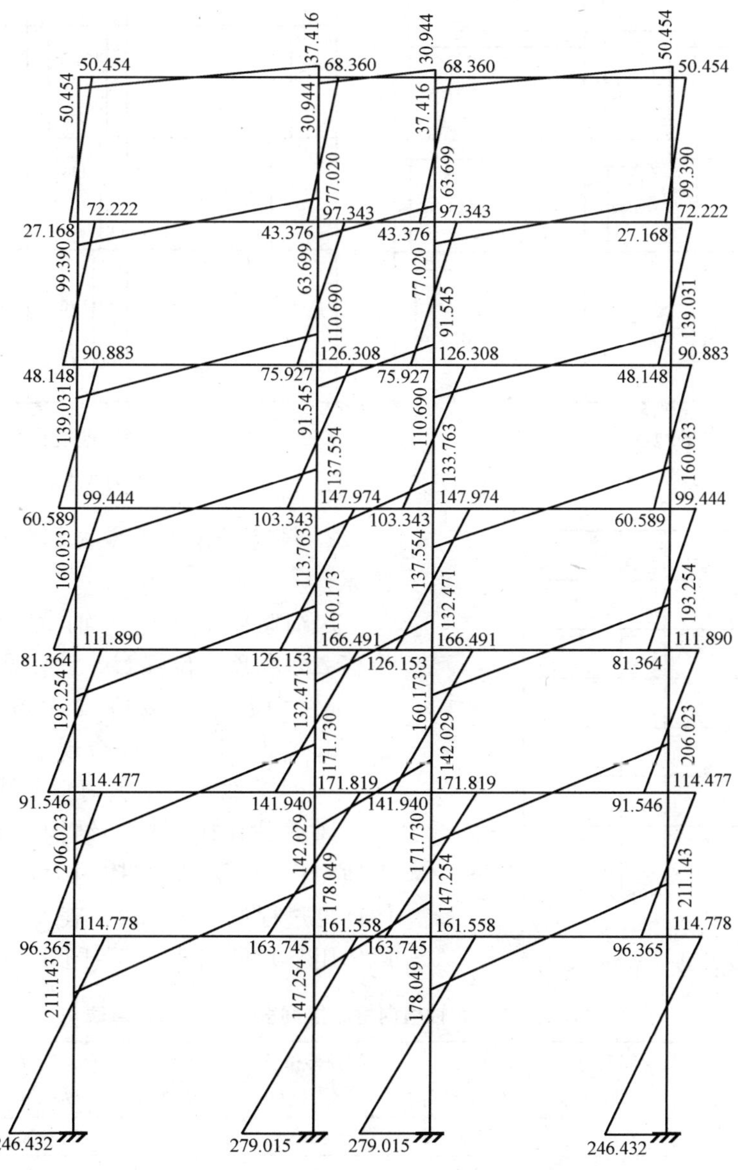

图 8-43　水平地震作用下第 16 轴框架弯矩图（单位：kN·m）

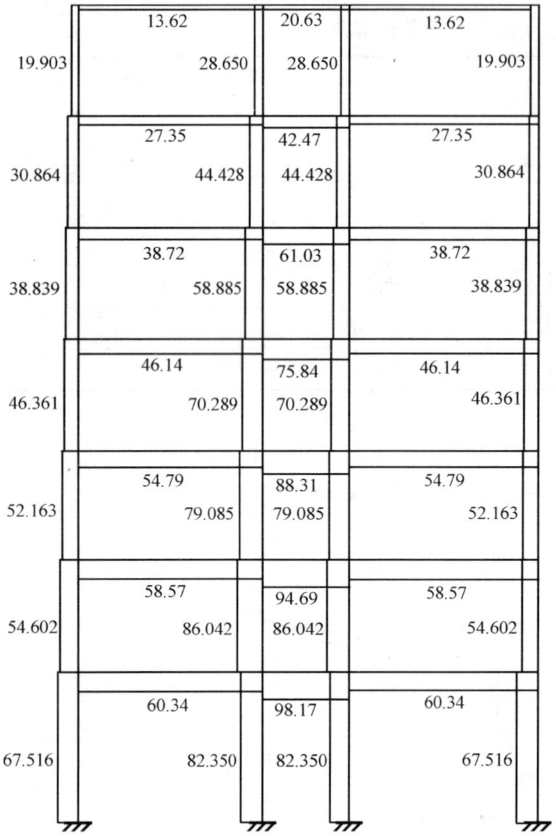

图 8 - 44　水平地震作用下第 16 轴框架剪力图（单位：kN）

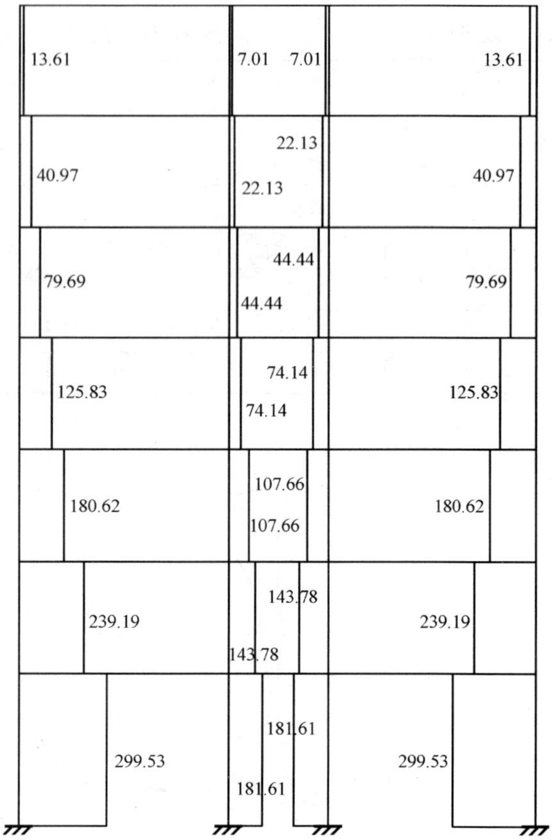

图 8 - 45　水平地震作用下第 16 轴框架轴力图（单位：kN）

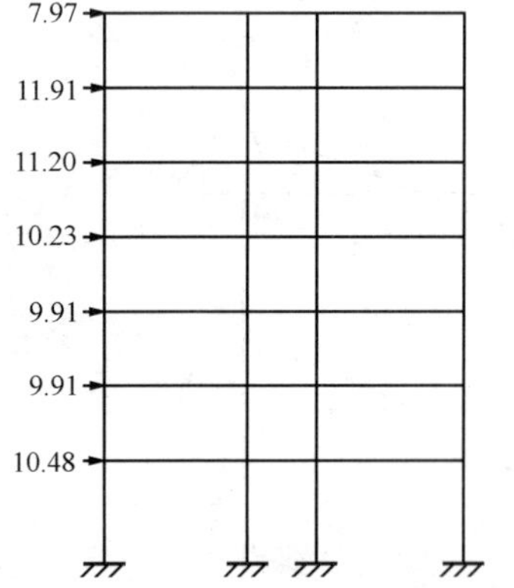

图 8 - 46　第 16 轴框架等效结点集中风荷载（单位：kN）

2. 风荷载作用下横向框架结构的水平位移验算

风荷载作用下第 16 轴横向框架的弹性层间位移 Δu_i 和顶点位移 $\sum u_i$ 计算见表 8 - 41。

最大层间位移角发生在第一层，其值 1/2782＜［1/550］，符合规范要求。

3. 风荷载作用下横向框架结构的内力计算

风荷载作用下框架结构内力计算过程与水平地震作用下框架结构内力计算过程相似，具体计算过程见表 8 - 42～表 8 - 44，内力图（左风作用下）见图 8 - 47～图 8 - 49。

表 8 - 41　风荷载作用下第 16 轴横向框架层间剪力及侧移计算表

楼层	结点集中荷载 (kN)	层间剪力 V_i(kN)	层间刚度 $\sum D_i$(kN/m)	层间弹性位移 $\Delta u_i=V_i/\sum D_i$(mm)	顶点位移 $\sum u_i$(mm)	层高 h(mm)	层间弹性位移角 $\Delta u_i/h$
7	7.97	7.97	50 224	0.159	5.036	3900	1/24 528
6	11.91	19.88	50 224	0.396	4.877	3900	1/9848

续表

楼层	结点集中荷载 (kN)	层间剪力 V_i(kN)	层间刚度 $\sum D_i$(kN/m)	层间弹性位移 $\Delta u_i=V_i/\sum D_i$(mm)	顶点位移 $\sum u_i$(mm)	层高 h(mm)	层间弹性位移角 $\Delta u_i/h$
5	11.20	31.08	57 770	0.538	4.481	3900	1/7249
4	10.23	41.31	57 770	0.715	3.943	3900	1/5455
3	9.91	51.22	57 770	0.887	3.228	3900	1/4397
2	9.91	61.13	65 070	0.939	2.341	3900	1/4153
1	10.48	71.61	51 080	1.402	1.402	3900	1/2782

表 8-42　　风荷载作用下第 16 轴框架柱剪力及柱端弯矩计算表

楼层	$\sum D_{第16轴}$ (kN/m)	柱部位	D_{ik} (kN/m)	V_i (kN)	V_{ik} (kN)	y	h (m)	$M_{ik}^{上}$ (kN·m)	$M_{ik}^{下}$ (kN·m)
7	50 224	边柱	10 294	7.97	1.634	0.35	3.90	4.14	2.23
		中柱	14 818		2.351	0.388 2		5.61	3.56
6	50 224	边柱	10 294	19.88	4.075	0.40		9.54	6.36
		中柱	14 818		5.866	0.438 2		12.85	10.02
5	57 770	边柱	11 480	31.08	6.176	0.40		14.45	9.64
		中柱	17 405		9.363	0.45		20.09	16.43
4	57 770	边柱	11 480	41.31	8.208	0.45		17.61	14.41
		中柱	17 405		12.445	0.460 2		26.20	22.34
3	57 770	边柱	11 480	51.22	10.178	0.45		21.83	17.86
		中柱	17 405		15.430	0.460 2		32.48	27.70
2	65 070	边柱	12 631	61.13	11.864	0.457 05		25.12	21.15
		中柱	19 904		18.696	0.487 97		37.33	35.58
1	51 080	边柱	11 506	71.61	16.127	0.682 24	5.35	27.42	58.87
		中柱	14 034		19.670	0.633 3		38.59	66.65

表 8-43　　风荷载作用下第 16 轴框架梁端弯矩计算表

楼层	结点	$i_{节点}^{l}$ (kN·m)	$i_{节点}^{r}$ (kN·m)	$M_{ik}^{上}$ (kN·m)	$M_{i+1,k}^{下}$ (kN·m)	$M_{节点}^{l}$ (kN·m)	$M_{节点}^{r}$ (kN·m)
7 层顶	边	—	38 691.9	4.14	—	—	4.14
	中	38 691.9	32 000.0	5.61	—	3.07	2.54
6 层顶	边	—	38 691.9	9.54	2.23	—	11.77
	中	38 691.9	32 000.0	12.85	3.56	8.98	7.43
5 层顶	边	—	38 691.9	14.45	6.36	—	20.81
	中	38 691.9	32 000.0	20.09	10.02	16.48	13.63
4 层顶	边	—	38 691.9	17.61	9.64	—	27.25
	中	38 691.9	32 000.0	26.20	16.43	23.33	19.30
3 层顶	边	—	38 691.9	21.83	14.41	—	36.24
	中	38 691.9	32 000.0	32.48	22.34	30.00	24.82
2 层顶	边	—	38 691.9	25.12	17.86	—	42.98
	中	38 691.9	32 000.0	37.33	27.70	35.59	29.44
1 层顶	边	—	40 626.5	27.42	21.15	—	48.57
	中	40 626.5	33 600.0	38.59	35.58	40.60	33.57

表 8-44　　风荷载作用下第 16 轴框架梁端剪力及柱轴力计算表

楼层	边跨梁				走道梁				柱轴力	
	M_b^l	M_b^r	l	V_b	M_b^l	M_b^r	l	V_b	边柱	中柱
	(kN·m)		(m)	(kN)	(kN·m)		(m)	(kN)	(kN)	(kN)
7	4.14	3.07	6.45	1.12	2.54	2.54	3.00	1.70	−1.12	−0.58
6	11.77	8.98	6.45	3.22	7.43	7.43	3.00	4.96	−4.34	−2.32
5	20.81	16.48	6.45	5.78	13.63	13.63	3.00	9.08	−10.12	−5.62
4	27.25	23.33	6.45	7.85	19.30	19.30	3.00	12.87	−17.97	−10.64
3	36.24	30.00	6.45	10.27	24.82	24.82	3.00	16.54	−28.24	−16.91
2	42.98	35.59	6.45	12.19	29.44	29.44	3.00	19.62	−40.43	−24.34
1	48.57	40.60	6.45	13.83	33.57	33.57	3.00	22.39	−54.26	−32.90

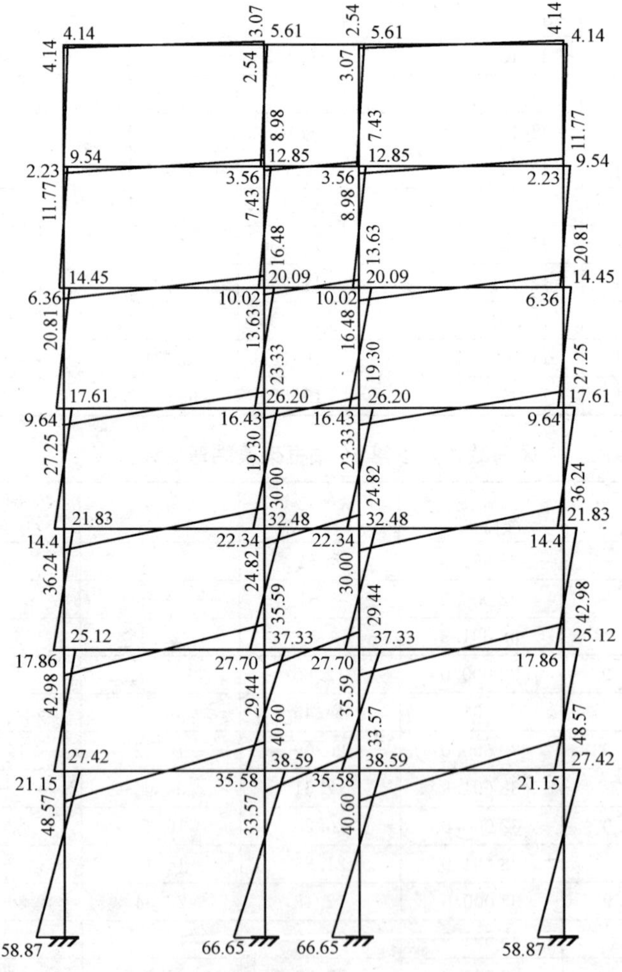

图 8-47　风荷载作用下第 16 轴框架弯矩图（单位：kN·m）

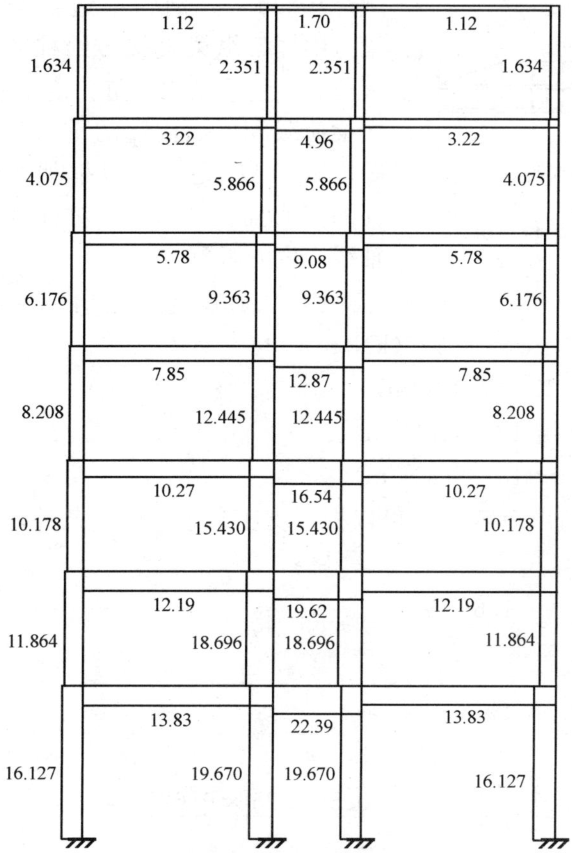

图 8 - 48　风荷载作用下第 16 轴框架剪力图（单位：kN）

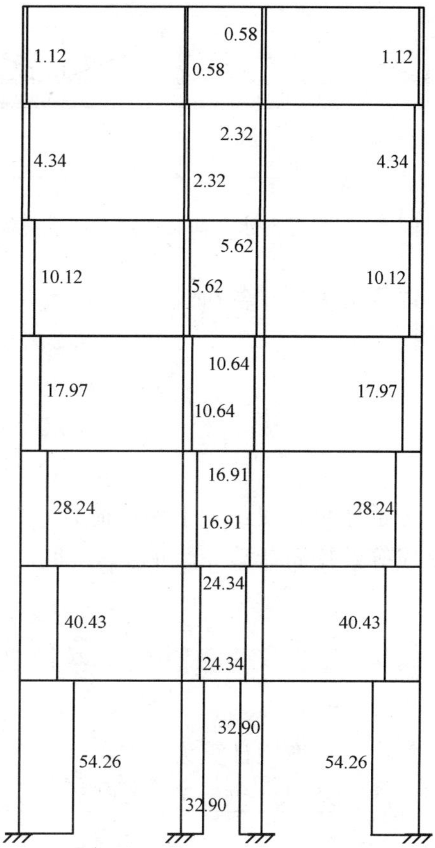

图 8 - 49　风荷载作用下第 16 轴框架轴力图（单位：kN）

七、竖向荷载作用下横向框架结构的内力计算

1. 计算单元的选取

取第 16 轴横向框架进行计算，如图8 - 50所示。第 16 轴横向框架直接承受图中斜线阴影部分的荷载，横线阴影部分的荷载将通过次梁及纵向框架梁以集中力的形式传给框架柱，作用于各节点上。由于纵向框架梁的中心线与框架柱的中心线在部分楼层有偏心，因此在框架节点上将同时产生集中力矩。

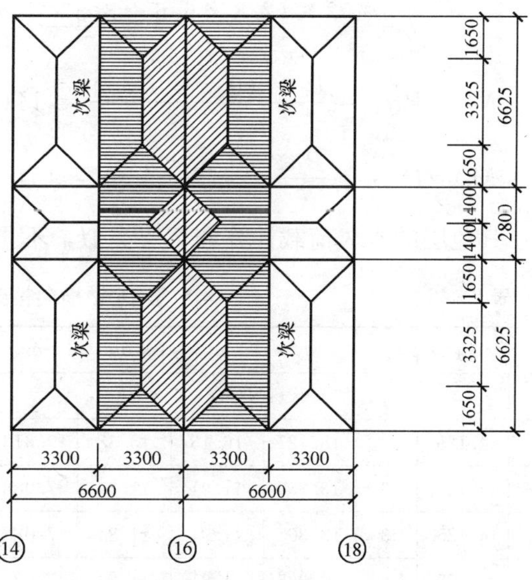

图 8 - 50　横向框架计算单元（单位：mm）

2. 荷载计算

（1）永久荷载计算。永久荷载作用下各层框架梁上的荷载分布如图 8 - 51 所示。图中，q_1、q_2 为梁自重；q_3、q_4 分别为楼、屋面板和走道板传给横梁的梯形荷载和三角荷

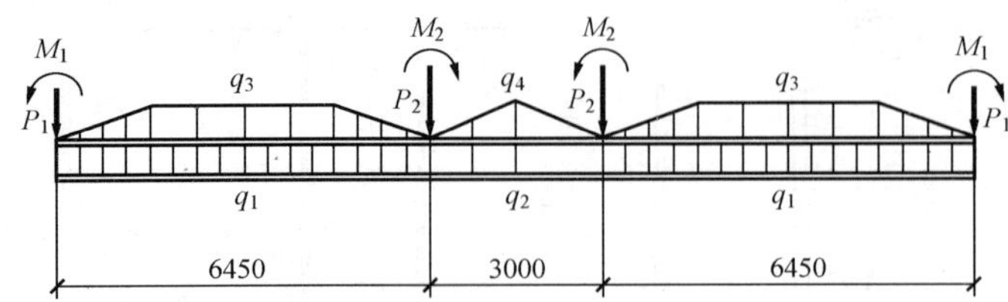

图 8-51 竖向永久荷载作用下的计算简图（单位：mm）

载；P_1、P_2 分别为由边框架纵梁、中框架纵梁直接传给柱的永久荷载，包括纵梁自重、楼板重、次梁荷载和屋面雨篷的重力荷载等；M_1、M_2 是由于纵框架梁对柱的偏心而由 P_1、P_2 对柱计算轴线产生的弯矩。

以 7 层为例，各荷载为

$$q_1 = 0.3 \times 0.55 \times 25 = 4.125(\text{kN/m})$$

$$q_2 = 0.3 \times 0.4 \times 25 = 3(\text{kN/m})$$

$$q_3 = 5.493 \times 3.3 = 18.13(\text{kN/m})$$

$$q_4 = 5.493 \times 2.8 = 15.38(\text{kN/m})$$

为了计算方便，对于梯形荷载 q_3 和三角形荷载 q_4，可以根据支座弯矩相同的条件，将其化成等效均布荷载 $q_{3\text{eq}}$ 和 $q_{4\text{eq}}$，即

$$q_{3\text{eq}} = \left(1 - 2 \times \frac{1.65^2}{6.625^2} + \frac{1.65^3}{6.625^3}\right) q_3 = 0.891\,4 q_3$$

$$q_{4\text{eq}} = \frac{5}{8} q_4$$

集中力和弯矩计算为

$$P_1 = \frac{5.493 \times (6.6 \times 6.625 - 3.3 \times 4.975)}{2} + \frac{0.25 \times 0.55 \times 25 \times 6.625}{2} + 3.15 \times 6.6 + 0.35 \times 0.60 \times 25 \times 6.6 = 141.83(\text{kN})$$

$$P_2 = \frac{5.493 \times (6.6 \times 6.625 - 3.3 \times 4.975)}{2} + \frac{0.25 \times 0.55 \times 25 \times 6.625}{2} + \frac{5.493 \times (2.8 \times 6.6 - 3.3 \times 1.4)}{2} + 0.3 \times 0.6 \times 25 \times 6.6 = 154.15(\text{kN})$$

$$M_1 = P_1 e_1 = \frac{P_1 \times (0.5 - 0.35)}{2} = 141.83 \times 0.075 = 10.64(\text{kN} \cdot \text{m})$$

$$M_2 = P_2 e_2 = \frac{P_2 \times (0.5 - 0.3)}{2} = 154.15 \times 0.1 = 15.42(\text{kN} \cdot \text{m})$$

其他层的永久荷载计算和 7 层类似，不再赘述，其具体计算过程及结果见表 8-45。

表 8-45　第 16 轴横向框架永久荷载计算表

楼层	q_1	q_2	q_3	$q_{3\text{eq}}$	q_4	$q_{4\text{eq}}$	P_1	P_2	e_1	e_2	M_1	M_2
	(kN/m)						(kN)		(m)		(kN·m)	
7	4.125	3	18.127	16.16	15.38	9.613	141.83	154.15	0.075	0.1	10.64	15.42
6	4.125	3	13.365	11.91	11.34	7.088	141.69	168.10	0.075	0.1	10.63	16.81
5	4.125	3	13.365	11.91	11.34	7.088	141.69	168.10	0.1	0.125	14.17	21.01
4	4.125	3	13.365	11.91	11.34	7.088	140.83	167.51	0.1	0.125	14.09	20.94
3	4.125	3	13.365	11.91	11.34	7.088	140.83	167.51	0.1	0.125	14.09	20.94

续表

楼层	q_1	q_2	q_3	q_{3eq}	q_4	q_{4eq}	P_1	P_2	e_1	e_2	M_1	M_2
	(kN/m)						(kN)		(m)		(kN·m)	
2	4.125	3	13.365	11.91	11.34	7.088	140.83	167.51	0.125	0.15	17.61	25.13
1	4.125	3	13.365	11.91	11.34	7.088	139.96	166.91	0.125	0.15	17.50	25.04

(2) 可变荷载计算。可变荷载作用下各层框架梁上的荷载分布如图 8 - 52 所示。图中 q_1、q_2 分别为楼、屋面板和走道板传给横梁的梯形可变荷载和三角形可变荷载；P_1、P_2 分别为由边框架纵梁、中框架纵梁直接传给柱的可变荷载；M_1、M_2 是由于纵框架梁对柱的偏心而由 P_1、P_2 对柱计算轴线产生的弯矩。

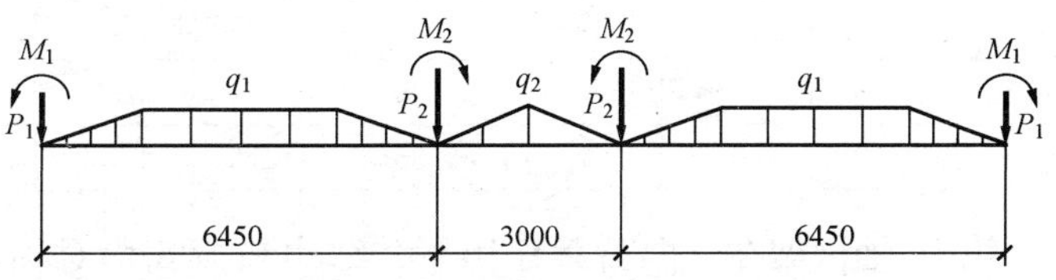

图 8 - 52　竖向可变荷载作用下的计算简图（单位：mm）

以 7 层（屋面活荷载）为例，各荷载为

$$q_1 = 0.5 \times 3.3 = 1.65(\text{kN/m})$$

$$q_2 = 0.5 \times 2.8 = 1.4(\text{kN/m})$$

为了计算方便，对于梯形荷载 q_1 和三角形荷载 q_2，可以根据支座弯矩相同的条件，将其化成等效均布荷载 q_{1eq} 和 q_{2eq}，即

$$q_{1eq} = \left(1 - 2 \times \frac{1.65^2}{6.625^2} + \frac{1.65^3}{6.625^3}\right) q_1 = 0.8914 q_1$$

$$q_{2eq} = \frac{5}{8} q_2$$

集中力和弯矩计算为

$$P_1 = \frac{0.5 \times (6.6 \times 6.625 - 3.3 \times 4.975)}{2} = 6.87(\text{kN})$$

$$P_2 = \frac{0.5 \times (6.6 \times 6.625 - 3.3 \times 4.975)}{2} + \frac{0.5 \times (2.8 \times 6.6 - 3.3 \times 1.4)}{2} = 10.34(\text{kN})$$

$$M_1 = P_1 e_1 = \frac{P_1 \times (0.5 - 0.35)}{2} = 6.87 \times 0.075 = 0.52(\text{kN} \cdot \text{m})$$

$$M_2 = P_2 e_2 = \frac{P_2 \times (0.5 - 0.3)}{2} = 10.34 \times 0.1 = 1.034(\text{kN} \cdot \text{m})$$

其他层的可变荷载计算和 7 层类似，不再赘述，其具体计算过程及结果见表 8 - 46。

表 8 - 46　　第 16 轴横向框架可变荷载计算表

楼层	q_1		q_2	q_{1eq}	q_{2eq}	P_1	P_2	e_1	e_2	M_1	M_2
	(kN/m)					(kN)		(m)		(kN·m)	
7	雪荷载	1.155	0.98	1.03	0.613	4.81	7.24	0.075	0.1	0.36	0.724
	屋面活荷载	1.65	1.4	1.47	0.875	6.87	10.34	0.075	0.1	0.52	1.034

续表

楼层	q_1	q_2	q_{1eq}	q_{2eq}	P_1	P_2	e_1	e_2	M_1	M_2
	(kN/m)				(kN)		(m)		(kN·m)	
6	6.6	7	5.35	4.375	27.31	44.63	0.075	0.1	2.05	4.463
5	6.6	7	5.35	4.375	27.31	44.63	0.1	0.125	2.731	5.579
4	6.6	7	5.35	4.375	27.31	44.63	0.1	0.125	2.731	5.579
3	6.6	7	5.35	4.375	27.31	44.63	0.1	0.125	2.731	5.579
2	6.6	7	5.35	4.375	27.31	44.63	0.125	0.15	3.414	6.695
1	6.6	7	5.35	4.375	27.31	44.63	0.125	0.15	3.414	6.695

第16轴框架在竖向荷载作用下，结构和荷载均对称，故可取框架的1/2进行结构计算，得竖向永久荷载和竖向可变荷载的分布简图，见图8-53和图8-54，图中括号内的数字为构件的线刚度，荷载数值均为标准值。图8-54中顶层梁上，括号中的数字为雪荷载的数值。

图8-53和图8-54中的数值量纲如下：力矩为kN·m；集中力为kN；线荷载为kN/m；跨度为m；线刚度为kN·m。

3. 内力计算

(1) 计算框架弯矩。竖向荷载作用下的框架弯矩采用第三节所述的弯矩二次分配法计算，计算时应考虑可变荷载的不利布置。但对于一般的民用建筑来说，可变荷载与永久荷载之比均不大于1时，此时可按可变荷载满布计算。本设计即按可变荷载满布考虑，仅对梁跨中的弯矩值乘以系数1.1～1.2予以调整。

分配系数，对于远端固定的梁柱，转动刚度为线刚度的4倍；对于远端滑动的构件，转动刚度为1倍的线刚度。分配系数按照连接节点的各杆的转动刚度比值计算。

传递系数，远端固定为0.5；远端滑动支承为1。

固端弯矩以顺时针转向为正。两端固定的梁，在均布荷载作用下，固端弯矩按下式计算，即

$$m_{左}=-\frac{1}{12}ql^2$$

$$m_{右}=+\frac{1}{12}ql^2$$

一端固定、一端滑动支承的梁，在均布荷载作用下，固端弯矩按下式计算，即

$$m_{左}=-\frac{1}{3}ql^2$$

$$m_{右}=-\frac{1}{6}ql^2$$

用弯矩二次分配法求竖向永久荷载和可变荷载作用下框架节点弯矩的计算过程见图8-55～图8-57。得到节点弯矩后，根据平衡条件可以得出各梁的跨中弯矩，并对活荷载作用下的梁跨中弯矩乘以1.1（边跨梁）或1.2（走道梁）的增大系数，即

$$M_{跨中}^{恒}=\frac{1}{8}ql^2-\frac{M_{左}+M_{右}}{2}$$

$$M_{跨中}^{活}=1.1(1.2)\times\left(\frac{1}{8}ql^2-\frac{M_{左}+M_{右}}{2}\right)$$

第16轴横向框架在竖向永久荷载和可变荷载作用下的弯矩图见图8-58～图8-60。

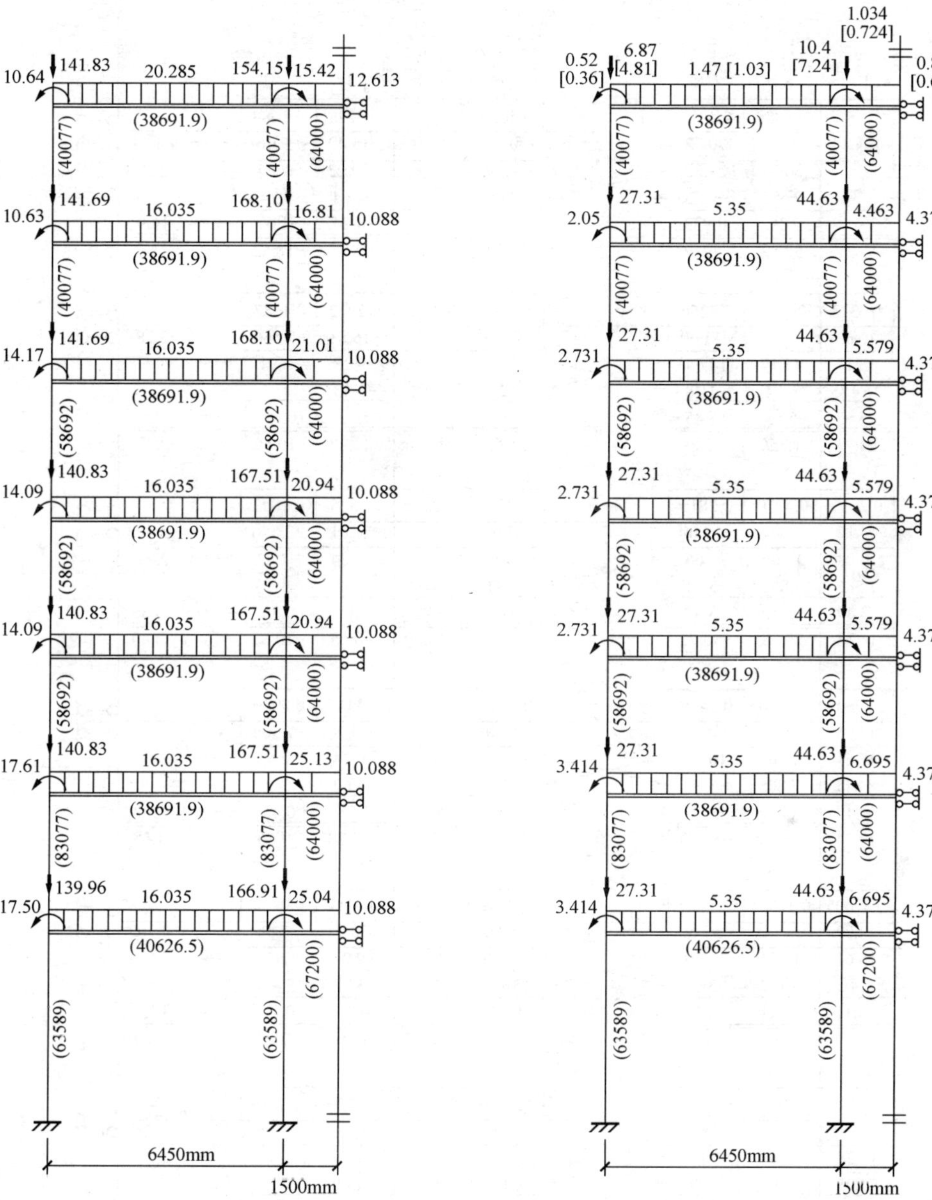

图 8 - 53　竖向永久荷载分布简图（单位：kN）　　图 8 - 54　竖向可变荷载分布简图（单位：kN）

（2）计算梁端剪力及柱端剪力。求得框架弯矩图后，梁端剪力可由梁上竖向荷载引起的剪力与梁端弯矩引起的剪力相叠加而得到。柱端剪力可根据杆件平衡条件由柱端弯矩得到。第 16 轴横向框架在竖向永久荷载和可变荷载作用下的剪力图见图 8 - 61～图 8 - 63。

（3）计算柱轴力。利用梁端剪力的计算结果，并考虑纵向框架梁传来的荷载及各层柱的自重，可得柱轴力图，见图 8 - 64～图 8 - 66。各层柱自重标准值：

6～7 层　　0.5×0.5×25×3.9＝24.375（kN）

3～5 层　　0.55×0.55×25×3.9＝29.5（kN）

2 层　　0.6×0.6×25×3.9＝35.1（kN）

1 层　　0.6×0.6×25×5.35＝48.15（kN）

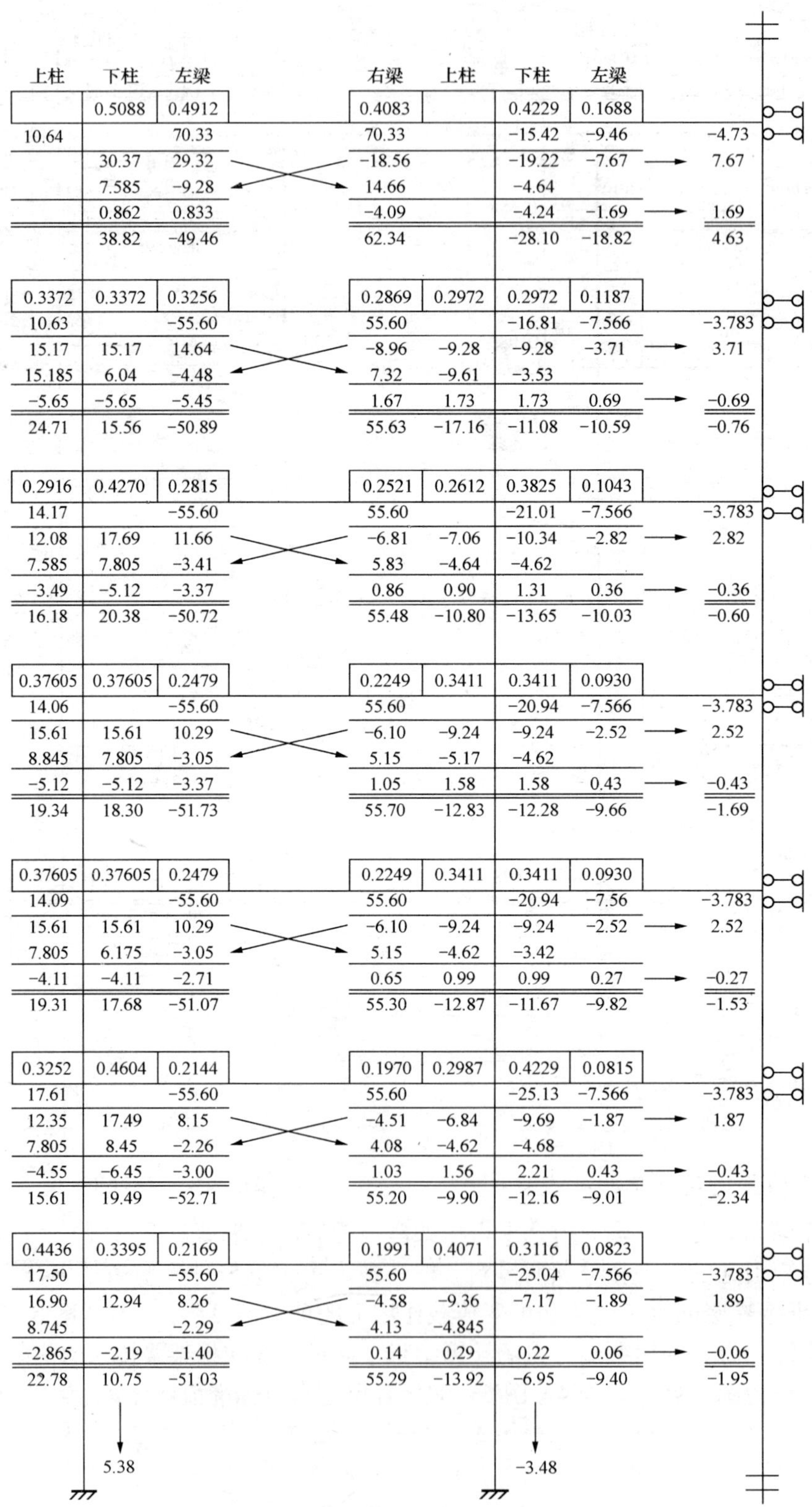

图 8-55 弯矩二次分配法计算竖向永久荷载作用下的框架弯矩（单位：kN·m）

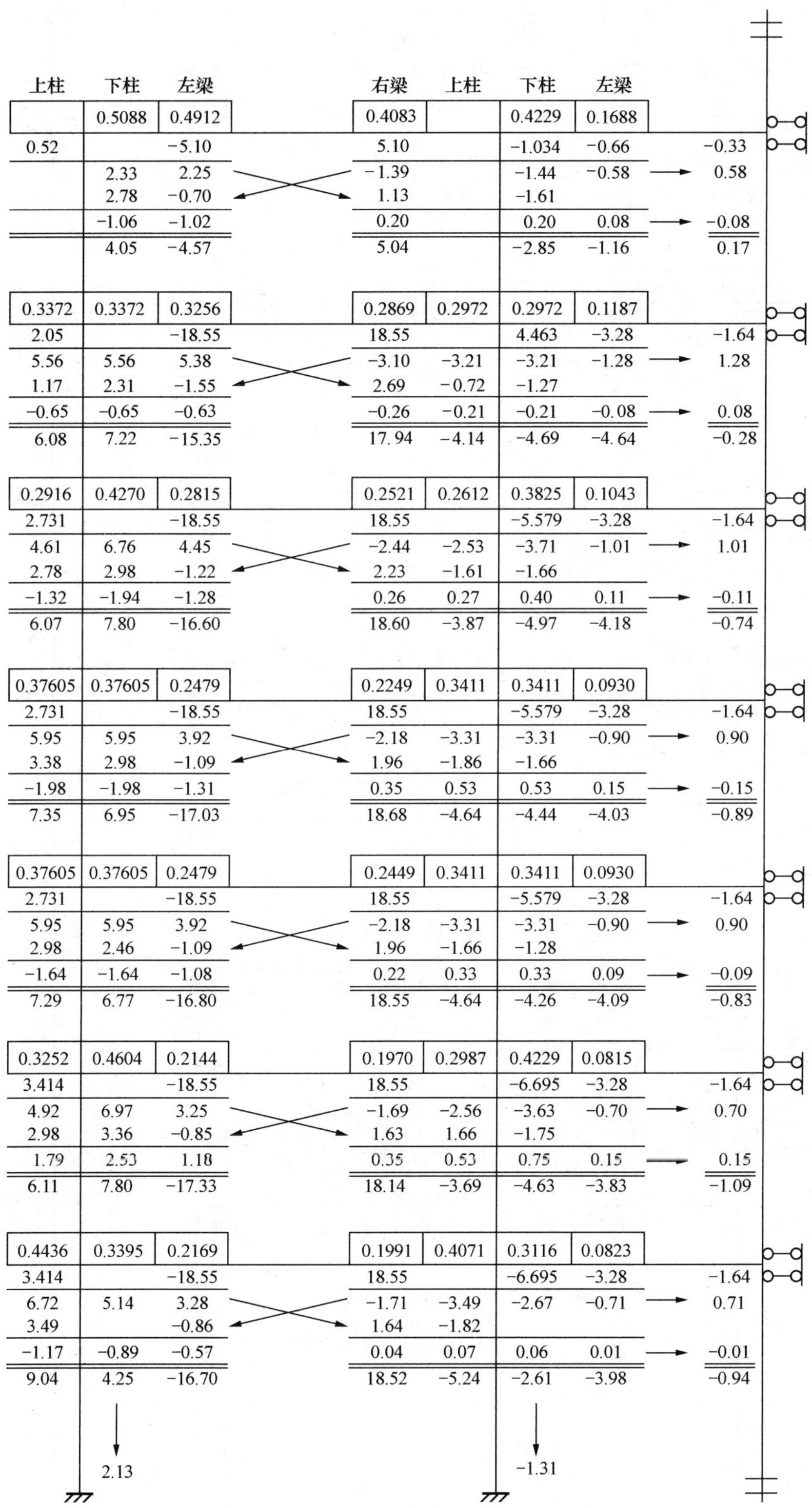

图 8 - 56　弯矩二次分配法计算竖向可变荷载作用下的框架弯矩（单位：kN·m）

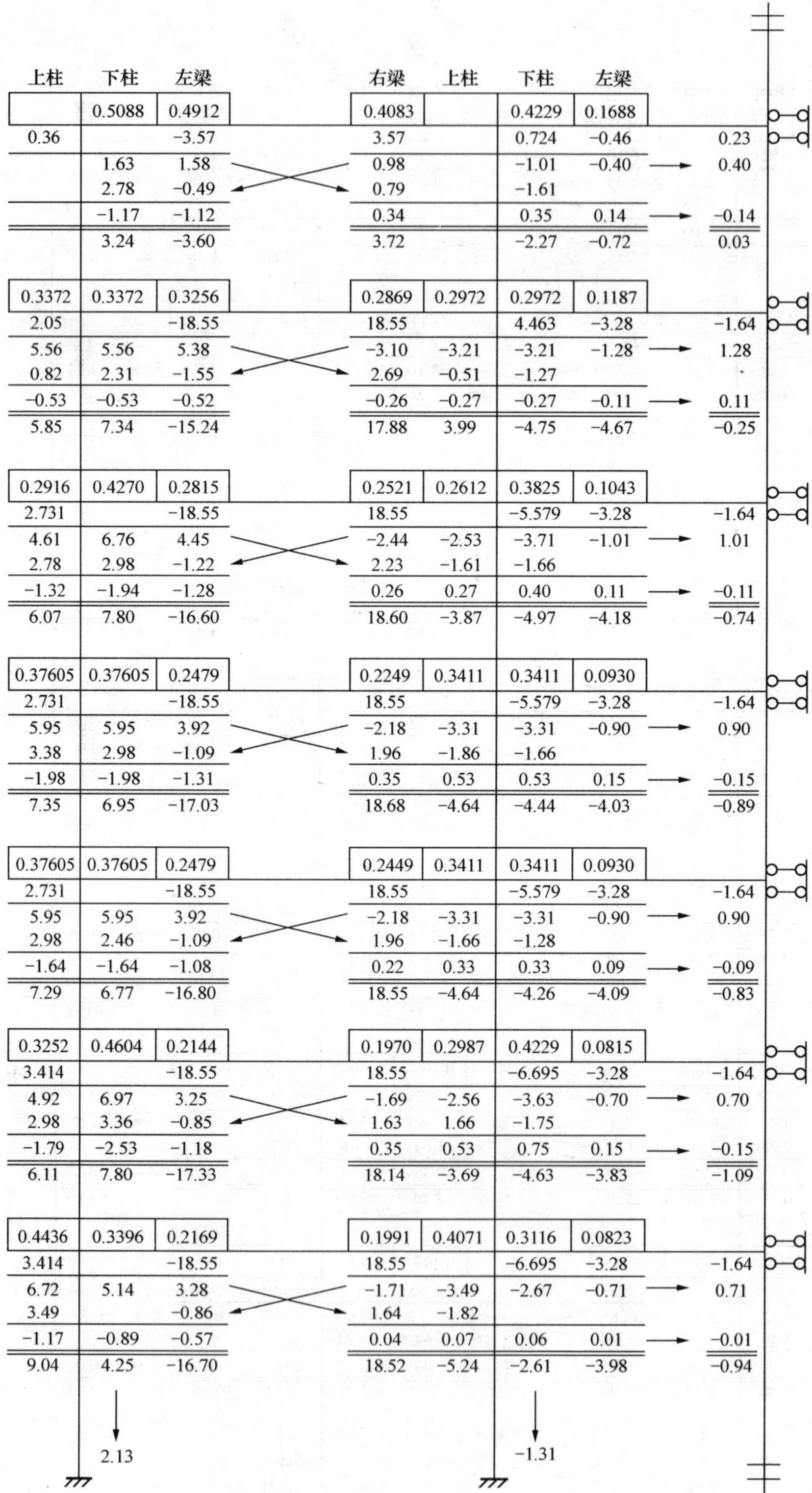

图 8-57 弯矩二次分配法计算竖向可变荷载（屋面为雪荷载）作用下的框架弯矩（单位：kN·m）

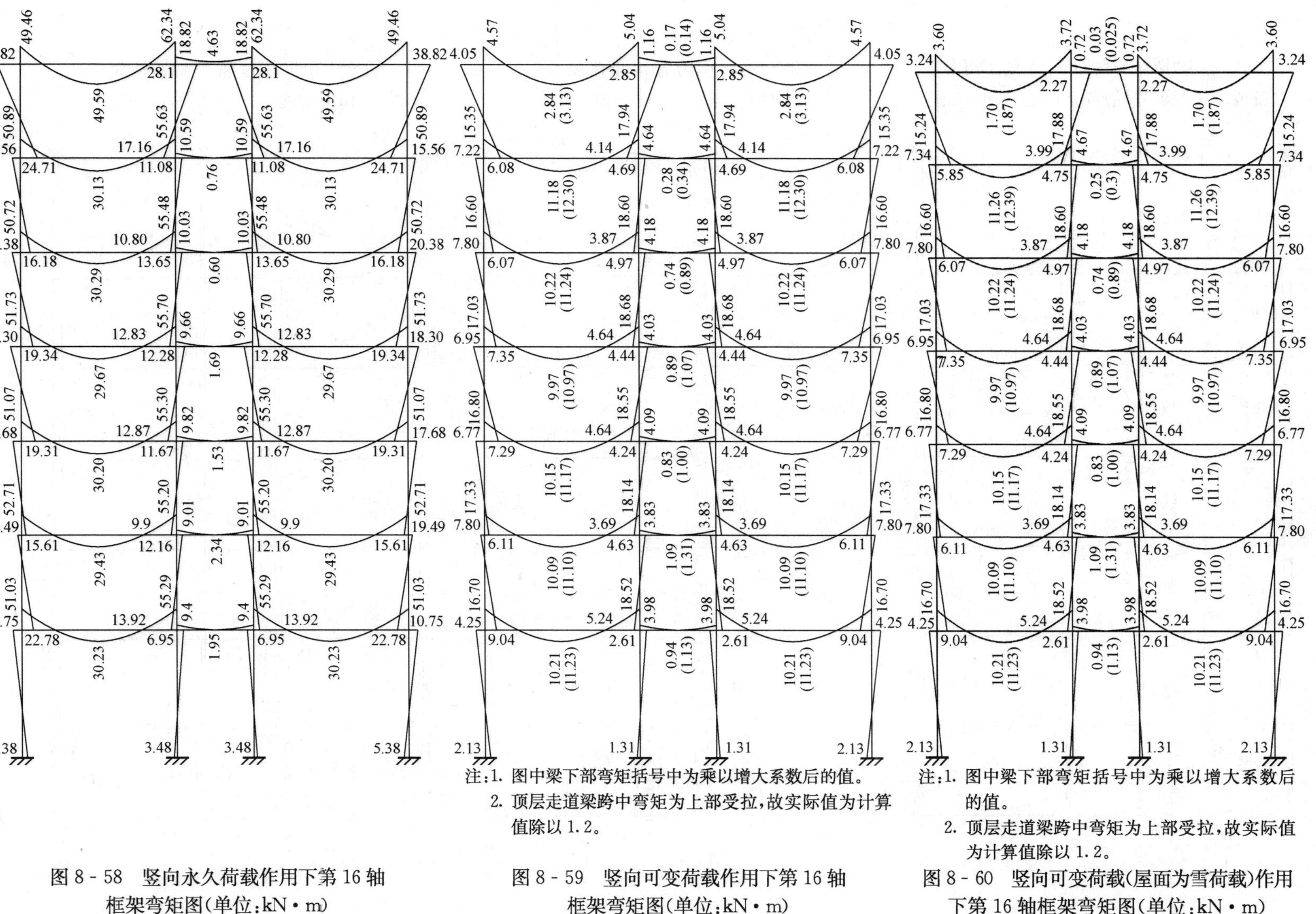

图 8-58　竖向永久荷载作用下第 16 轴框架弯矩图(单位:kN·m)

注:1. 图中梁下部弯矩括号中为乘以增大系数后的值。

2. 顶层走道梁跨中弯矩为上部受拉,故实际值为计算值除以 1.2。

图 8-59　竖向可变荷载作用下第 16 轴框架弯矩图(单位:kN·m)

注:1. 图中梁下部弯矩括号中为乘以增大系数后的值。

2. 顶层走道梁跨中弯矩为上部受拉,故实际值为计算值除以 1.2。

图 8-60　竖向可变荷载(屋面为雪荷载)作用下第 16 轴框架弯矩图(单位:kN·m)

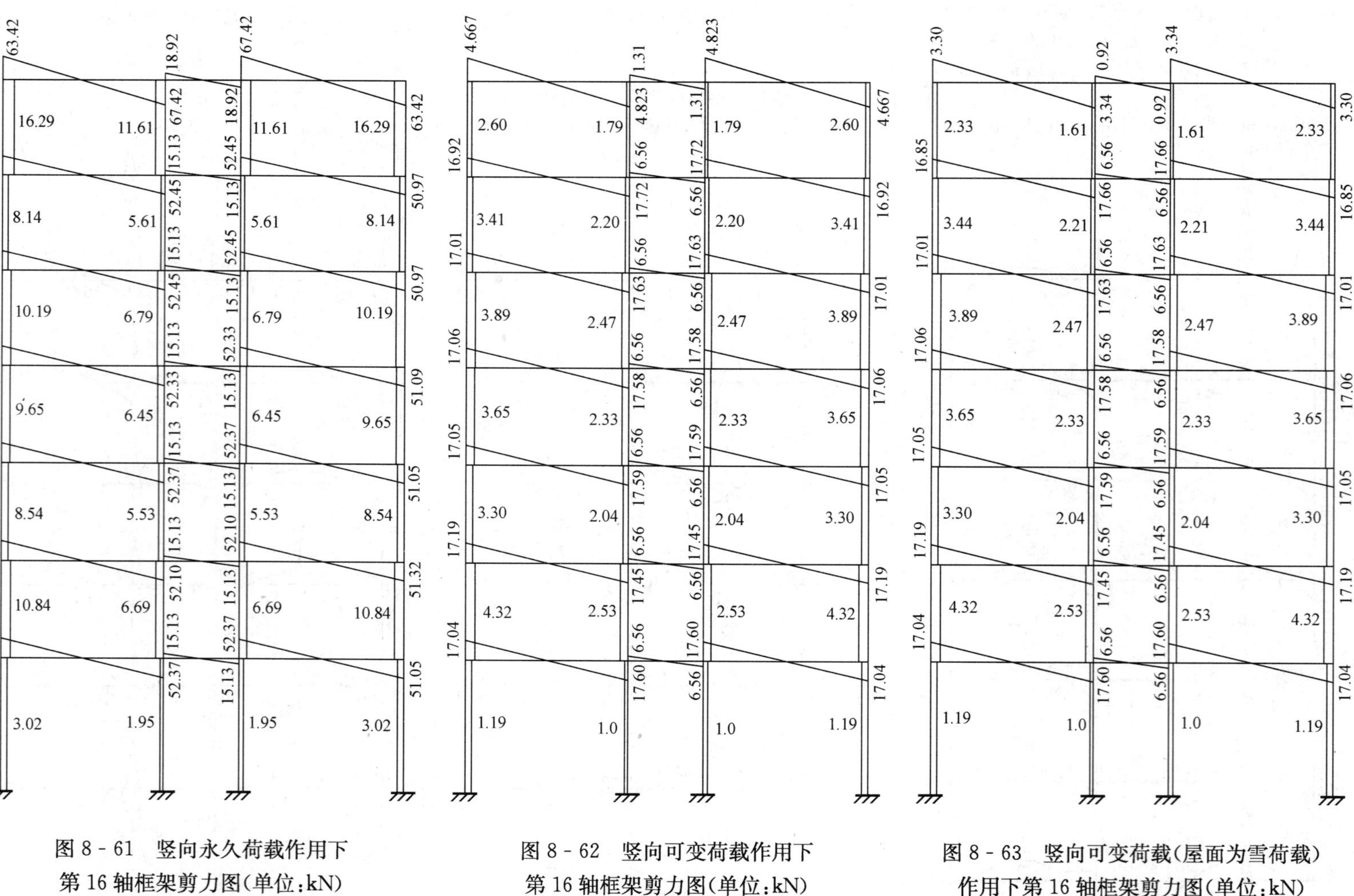

图 8-61 竖向永久荷载作用下第 16 轴框架剪力图(单位:kN)

图 8-62 竖向可变荷载作用下第 16 轴框架剪力图(单位:kN)

图 8-63 竖向可变荷载(屋面为雪荷载)作用下第 16 轴框架剪力图(单位:kN)

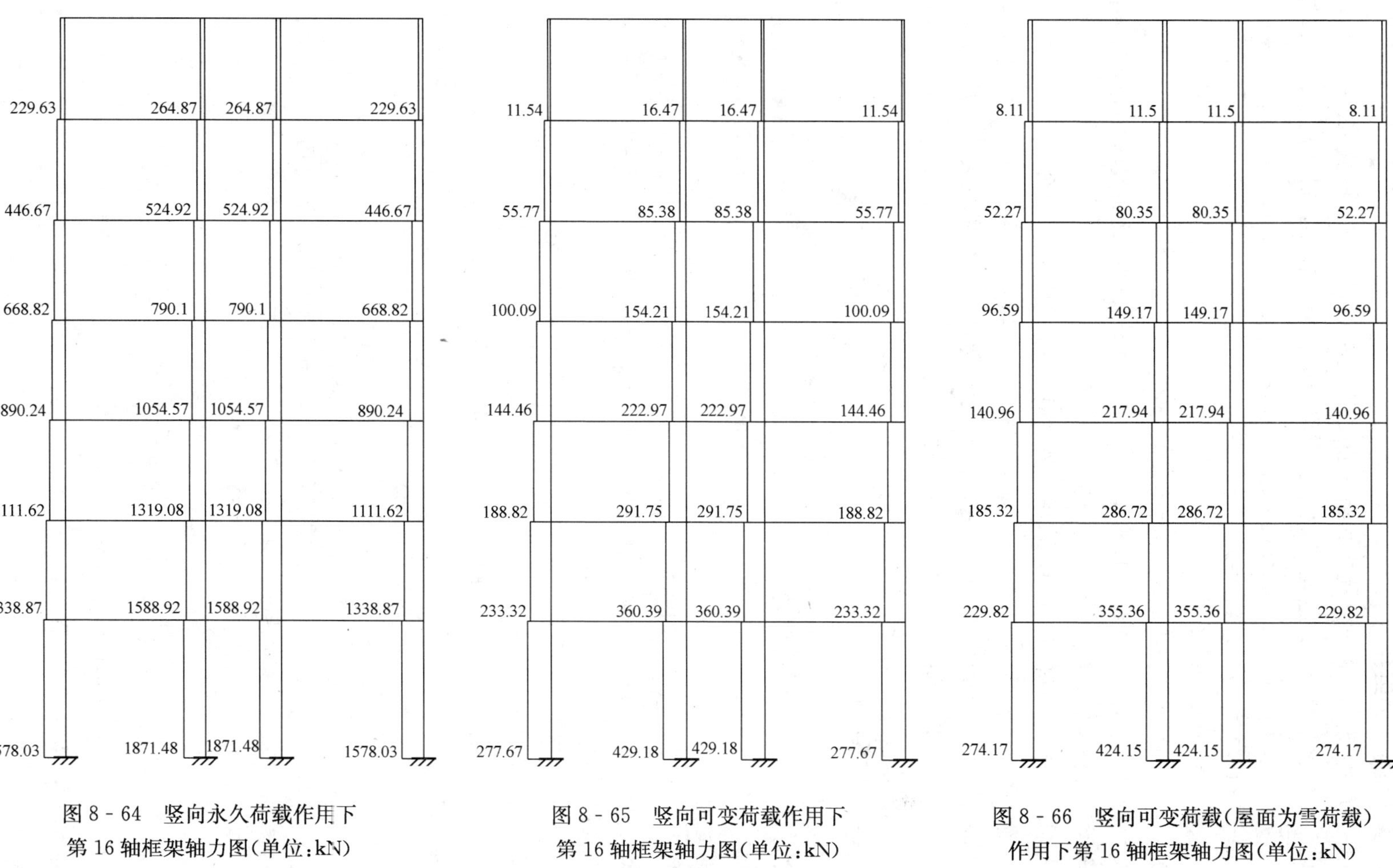

图 8-64　竖向永久荷载作用下第 16 轴框架轴力图(单位:kN)

图 8-65　竖向可变荷载作用下第 16 轴框架轴力图(单位:kN)

图 8-66　竖向可变荷载(屋面为雪荷载)作用下第 16 轴框架轴力图(单位:kN)

八、横向框架内力组合

在第三节中已给出了框架结构内力组合的类型，即式（8-16）～式（8-20）。对于本案例来说，有风荷载参与的组合与考虑地震作用的组合相比较小，对结构设计不起控制作用，可不考虑。故本案例考虑了三种内力组合，即

（1）1.2（1.0）×恒+1.4×活。

（2）1.35（1.0）×恒+0.7×1.4×活。

（3）1.2（1.0）×（恒+0.5×活）+1.3×地震。

为简化计算，本案例内力组合时的基础数据均采用计算轴线处的数据，实际工程中可采用换算至梁端和柱端的数据。

在考虑地震作用效应的组合中，取屋面为雪荷载时的内力进行组合。

1. 框架梁的内力组合

本案例对梁支座弯矩没有进行调幅。各层梁的内力组合结果见表 8-47，表中 $M_{左}$、$M_{右}$、$V_{左}$、$V_{右}$分别指中间支座左右截面的弯矩和剪力；$M_{边}$、$V_{边}$指边支座的弯矩和剪力；M_1、M_2 分别指边跨和中跨的下部最大弯矩。

以 7 层 $M_{边}$、M_1 为例：

左震时为

$$M_{边}=0.75\times[1.2\times(49.46+0.5\times3.60)+1.3\times50.45]=3.05(\text{kN}\cdot\text{m})$$

$$M_{边}=0.75\times[1.0\times(49.46+0.5\times3.60)+1.3\times50.45]=10.74(\text{kN}\cdot\text{m})$$

右震时为

$$M_{边}=0.75\times[1.2\times(49.46+0.5\times3.60)+1.3\times50.45]=95.32(\text{kN}\cdot\text{m})$$

$$M_{边}=0.75\times[1.0\times(49.46+0.5\times3.60)+1.3\times50.45]=87.63(\text{kN}\cdot\text{m})$$

活载控制时为

$$M_{边}=1.2\times49.46+1.4\times4.57=65.75(\text{kN}\cdot\text{m})$$

恒载控制时为

$$M_{边}=1.35\times49.46+0.7\times1.4\times4.57=71.25(\text{kN}\cdot\text{m})$$

左震时为

$$\begin{aligned}M_1&=0.75\times\left[\frac{(V_{边}/0.85)^2}{2q_{\text{GE}}}+\frac{M_{边}}{0.75}\right]\\&=0.75\times\left[\frac{(51.32/0.85)^2}{2\times1.2\times(20.285+0.5\times1.03)}+\frac{3.05}{0.75}\right]\\&=57.82(\text{kN}\cdot\text{m})\end{aligned}$$

$$\begin{aligned}M_1&=0.75\times\left[\frac{(V_{边}/0.85)^2}{2q_{\text{GE}}}+\frac{M_{边}}{0.75}\right]\\&=0.75\times\left[\frac{(40.26/0.85)^2}{2\times1.0\times(20.285+0.5\times1.03)}+\frac{10.74}{0.75}\right]\\&=51.19(\text{kN}\cdot\text{m})\end{aligned}$$

故左震时取 $M_1=57.82\text{kN}\cdot\text{m}$。

右震时为

$$M_1=0.75\times\left[\frac{(V_{边}/0.85)^2}{2q}+\frac{M_{边}}{0.75}\right]$$

$$=0.75\times\left[\frac{(81.42/0.85)^2}{2\times1.2\times(20.285+0.5\times1.03)}+\frac{95.32}{0.75}\right]$$

$$=42.53(\text{kN}\cdot\text{m})$$

$$M_1=0.75\times\left[\frac{(V_{边}/0.85)^2}{2q}+\frac{M_{边}}{0.75}\right]$$

$$=0.75\times\left[\frac{(70.36/0.85)^2}{2\times1.0\times(20.285+0.5\times1.03)}+\frac{87.63}{0.75}\right]$$

$$=35.90(\text{kN}\cdot\text{m})$$

故右震时取 $M_1=42.53\text{kN}\cdot\text{m}$。

活载控制时（近似取跨中截面）为

$$M_1=1.2\times49.59+1.4\times3.13=63.89(\text{kN}\cdot\text{m})$$

恒载控制时（近似取跨中截面）为

$$M_1=1.35\times49.59+0.7\times1.4\times3.13=70.01(\text{kN}\cdot\text{m})$$

表 8-47　　第 16 轴框架梁内力组合　　(kN)

楼层	内力	荷载类型			内力组合			
		恒荷载	活荷载	地震	γ_{RE}[1.2×(恒+0.5活)+1.3地震]		1.2恒+1.4活	1.35恒+0.7×1.4活
					左震	右震		
7	$M_{边}$	49.46	4.57 / 3.60	±50.45	3.05 (10.74)	95.32 (87.63)	65.75	71.25
	$V_{边}$	63.42	4.667 / 3.30	±13.62	51.32 (40.26)	81.42 (70.36)	82.64	90.19
	$M_{左}$	62.34	5.04 / 3.72	±37.42	94.26	21.30	81.86	89.10
	$V_{左}$	67.42	4.823 / 3.34	±13.62	85.52	55.42	87.66	95.74
	$M_{右}$	18.82	1.16 / 0.72	±30.94	15.78	47.43	24.21	26.54
	$V_{右}$	18.92	1.31 / 0.92	±20.63	6.32	42.56	24.54	26.83
	M_1	49.59	3.13 / 1.87		57.82	42.53	63.89	70.01
	M_2	4.63	0.14 / 0.025		15.78	15.78	5.75	6.39

续表

楼层	内力	荷载类型			内力组合			
		恒荷载	活荷载	地震	γ_{RE}[1.2×(恒+0.5活)+1.3地震]		1.2恒+1.4活	1.35恒+0.7×1.4活
					左震	右震		
6	$M_{边}$	50.89	15.35 15.24	±99.39	44.25 (53.02)	149.56 (140.79)	82.56	83.74
	$V_{边}$	50.97	16.92 16.85	±27.35	30.36 (20.26)	90.80 (80.71)	84.85	85.39
	$M_{左}$	55.63	17.94 17.88	±77.02	133.21	26.67	91.87	92.68
	$V_{左}$	52.45	17.72 17.66	±27.35	92.73	32.28	87.75	88.17
	$M_{右}$	10.59	4.64 4.67	±63.70	52.41	73.74	19.20	18.84
	$V_{右}$	15.13	6.56	±42.47	31.28	65.71	27.34	26.85
	M_1	30.13	12.30 12.39		65.56	41.03	53.38	52.73
	M_2	0.76	0.34 0.30		52.41	52.41	1.39	1.36
5	$M_{边}$	50.72	16.60	±139.03	82.44 (91.29)	188.67 (179.82)	84.10	84.74
	$V_{边}$	50.97	17.01	±38.72	17.88 (7.77)	103.45 (93.34)	84.98	85.48
	$M_{左}$	55.48	18.60	±110.69	166.22	59.34	92.62	93.13
	$V_{左}$	52.45	17.63	±38.72	105.28	19.70	87.62	88.08
	$M_{右}$	10.03	4.18	±91.55	80.17	100.17	17.89	17.64
	$V_{右}$	15.13	6.56	±61.03	51.79	86.22	27.34	26.85
	M_1	30.29	11.24		92.96	58.73	52.08	51.91
	M_2	0.60	0.89		80.17	80.17	1.97	1.68
4	$M_{边}$	51.73	17.03	±160.03	101.81 (110.85)	210.25 (201.21)	85.92	86.52
	$V_{边}$	51.09	17.06	±46.14	9.83 (0.31)	111.80 (101.66)	85.19	85.69
	$M_{左}$	55.70	18.68	±137.55	192.65	85.33	92.99	93.50
	$V_{左}$	52.33	17.58	±46.14	113.33	11.36	87.41	87.87
	$M_{右}$	9.66	4.03	±113.76	102.16	121.42	17.23	16.99
	$V_{右}$	15.13	6.56	±74.84	67.05	101.48	27.34	26.85
	M_1	29.67	10.97		110.85	85.48	50.96	50.81
	M_2	1.69	1.07		102.16	102.16	3.53	3.33

续表

楼层	内力	荷载类型			内力组合			
		恒荷载	活荷载	地震	γ_{RE}[1.2×(恒+0.5活)+1.3地震] 左震	右震	1.2恒+1.4活	1.35恒+0.7×1.4活
3	$M_{边}$	51.07	16.80	±193.25	143.82	241.94 (233.02)	84.80	85.41
	$V_{边}$	51.05	17.05	±54.79	0.22 (9.90)	121.31 (111.18)	85.13	85.63
	$M_{左}$	55.30	18.55	±160.17	214.28	107.73	92.33	92.83
	$V_{左}$	52.37	17.59	±54.79	122.93	8.55	87.47	87.94
	$M_{右}$	9.82	4.09	±132.47	120.26	139.84	17.51	17.27
	$V_{右}$	15.13	6.56	±88.31	81.93	116.36	27.34	26.85
	M_1	30.20	11.17		143.82	109.88	51.88	51.72
	M_2	1.53	1.00		120.26	120.26	3.24	3.05
2	$M_{边}$	52.71	17.73	±206.02	154.69	256.29 (247.05)	88.07	88.53
	$V_{边}$	51.32	17.19	±58.57	13.79	125.83 (115.65)	85.65	86.13
	$M_{左}$	55.20	18.14	±171.73	225.28	119.23	91.64	92.30
	$V_{左}$	52.10	17.45	±58.57	126.76	13.02	86.95	87.44
	$M_{右}$	9.01	3.83	±142.03	130.29	148.31	16.17	15.92
	$V_{右}$	15.13	6.56	±94.69	88.98	123.41	27.34	26.85
	M_1	29.43	11.10		154.69	123.98	50.86	50.61
	M_2	2.34	1.31		130.29	130.29	4.64	4.44
1	$M_{边}$	51.03	16.70	±211.14	161.33	259.30 (250.40)	84.62	85.26
	$V_{边}$	51.05	17.04	±60.34	16.04	127.44 (117.31)	85.12	85.62
	$M_{左}$	55.29	18.52	±178.05	231.69	125.19	92.28	92.79
	$V_{左}$	52.37	17.60	±60.34	129.07	14.68	87.48	87.95
	$M_{右}$	9.40	3.98	±147.25	135.03	153.82	16.85	16.59
	$V_{右}$	15.13	6.56	±98.17	92.83	127.26	27.34	26.85
	M_1	30.23	11.23		161.33	131.36	52.00	51.82
	M_2	1.95	1.13		135.03	135.03	3.92	3.74

注　1　弯矩以梁下部受拉为正，上部受拉为负；剪力以绕杆件顺时针为正，逆时针为负。

2　活荷载一栏中，横线上方为屋面活荷载产生的内力，横线下方为屋面雪荷载产生的内力。

3　括号内的数值为重力荷载分项系数取1.0时的值。

4　抗震承载力调整系数γ_{RE}，对弯矩取0.75，对剪力取0.85。

2. 框架柱的内力组合

每层框架取柱顶和柱底两个控制截面，柱的组合结果见表 8 - 48 和表 8 - 49。在考虑地震作用效应的组合中，取屋面为雪荷载时的内力进行组合。

表 8 - 48　　第 16 轴框架边框架柱内力组合　　(kN)

楼层	截面	内力	荷载类型			内力组合						
			恒荷载	活荷载	地　震	γ_{RE}［1.2×（恒+0.5活）+1.3地震］		1.2恒+1.4活	1.35恒+0.7×1.4活	$\|M_{max}\|$	N_{max}	N_{min}
						左震	右震			N	M	M
7	柱顶	M	38.82	4.05 3.24	±50.45	18.86	85.58	52.25	56.38	85.58	56.38	18.86
		N	205.26	11.54 8.11	±13.61	175.11	201.65	262.47	288.41	201.65	288.41	175.11
	柱底	M	24.71	6.08 5.85	±27.17	5.76	51.36	38.16	39.32	51.36	39.32	5.76
		N	229.63	11.54 8.11	±13.61	197.05	223.59	291.71	321.31	223.59	321.31	197.05
6	柱顶	M	15.56	7.22 7.34	±72.22	59.72	93.57	28.78	28.08	93.57	28.08	59.72
		N	422.29	55.77 52.27	±40.97	387.88	473.10	584.83	624.75	473.10	624.75	387.88
	柱底	M	16.18	6.07	±48.15	34.70	68.52	27.91	27.79	68.52	27.79	34.70
		N	446.66	55.77 52.27	±40.97	411.27	496.49	614.07	657.65	496.49	657.65	411.27
5	柱顶	M	20.38	7.80	±90.88	75.09	117.82	35.38	35.16	117.82	35.16	75.09
		N	639.33	100.09 96.59	±79.69	577.24	743.0	907.32	961.18	743.0	961.18	577.24
	柱底	M	19.34	7.35	±60.59	44.60	85.11	33.50	33.31	85.11	33.31	44.60
		N	668.82	100.09 96.59	±79.69	605.55	771.31	942.71	1001.0	771.31	1001.0	605.55
4	柱顶	M	18.30	6.95	±99.44	86.00	124.32	31.69	31.52	124.32	31.52	86.00
		N	860.75	144.46 140.96	±125.83	763.12	1024.84	1235.14	1303.58	1024.84	1303.58	763.12
	柱底	M	19.31	7.29	±81.36	66.25	106.65	33.38	33.21	106.65	33.21	66.25
		N	890.24	144.46 140.96	±125.83	791.43	1053.15	1270.53	1343.39	1053.15	1343.39	791.43
3	柱顶	M	17.68	6.77	±111.89	99.51	136.59	30.69	30.50	136.59	30.50	99.51
		N	1082.13	188.82 185.22	±180.62	939.91	1315.60	1562.90	1645.92	1315.60	1645.92	939.91
	柱底	M	15.61	6.11	±91.55	80.28	113.13	27.29	27.06	113.13	27.06	80.28
		N	1111.62	188.82 185.22	±180.62	968.22	1343.91	1598.29	1685.73	1343.91	1685.73	968.22
2	柱顶	M	19.49	7.80	±114.48	100.35	141.51	34.31	33.96	141.51	33.96	100.35
		N	1303.77	233.32 229.82	±239.19	1113.18	1610.69	1891.17	1988.74	1610.69	1988.74	1113.18

续表

楼层	截面	内力	荷载类型 恒荷载	活荷载	地震	内力组合 γ_{RE}［1.2×（恒+0.5活）+1.3地震］ 左震	右震	1.2恒+1.4活	1.35恒+0.7×1.4活	$\lvert M_{max}\rvert$ N	N_{max} M	N_{min} M
2	柱底	M	22.78	9.04	±96.37	78.38	126.43	39.99	39.61	126.43	39.61	78.38
		N	1338.87	233.32 229.82	±239.19	1146.87	1644.39	1933.29	2036.13	1644.39	2036.13	1146.87
1	柱顶	M	10.75	4.25	±114.78	109.07	131.73	18.85	18.68	131.73	18.68	109.07
		N	1529.88	277.67 274.17	±299.53	1288.78	1911.80	2224.59	2337.45	1911.80	2337.45	1288.78
	柱底	M	5.38	2.13	±246.43	251.13	262.47	9.44	9.35	262.47	9.35	251.13
		N	1578.03	277.67 274.17	±299.53	1335.0	1958.02	2282.37	2402.46	1958.02	2402.46	1335.0

注　1　弯矩以绕杆件顺时针为正，逆时针为负；轴力以受压为正，受拉为负。

2　活荷载一栏中，横线上方为屋面活荷载产生的内力，横线下方为屋面雪荷载产生的内力。

3　抗震承载力调整系数 γ_{RE}，对轴压比小于0.15的柱取0.75，对轴压比不小于0.15的柱取0.80。

表8-49　　第16轴框架中框架柱内力组合　　(kN)

楼层	截面	内力	荷载类型 恒荷载	活荷载	地震	内力组合 γ_{RE}［1.2×（恒+0.5活）+1.3地震］ 左震	右震	1.2恒+1.4活	1.35恒+0.7×1.4活	$\lvert M_{max}\rvert$ N	N_{max} M	N_{min} M
7	柱顶	M	28.1	2.85 2.27	±68.36	92.96	44.72	37.71	40.73	92.96	40.73	92.96
		N	240.50	16.47 11.5	±7.01	214.79	228.46	311.66	340.82	214.79	340.82	214.79
	柱底	M	17.16	4.14 3.99	±43.38	59.54	27.93	26.39	27.22	59.54	27.22	59.54
		N	264.87	16.47 11.5	±7.01	236.72	250.39	340.9	373.72	236.72	373.72	236.72
6	柱顶	M	11.08	4.69 4.75	±97.34	114.15	90.47	19.86	19.55	114.15	19.55	114.15
		N	500.55	85.38 80.35	±22.13	496.08	542.11	720.19	759.41	496.08	759.41	496.08
	柱底	M	10.80	3.87	±75.927	91.19	68.78	18.38	18.37	91.19	18.37	91.19
		N	524.92	85.38 80.35	±22.13	519.48	565.51	749.44	792.31	519.48	792.31	519.48
5	柱顶	M	13.65	4.97	±126.31	146.85	118.45	23.34	23.30	146.85	23.30	146.85
		N	760.60	154.21 149.17	±44.44	755.56	848.00	1128.61	1177.94	755.56	1177.94	755.56

续表

楼层	截面	内力	荷载类型			内力组合						
			恒荷载	活荷载	地震	γ_{RE}［1.2×（恒+0.5活）+1.3地震］		1.2恒+1.4活	1.35恒+0.7×1.4活	$\|M_{max}\|$	N_{max}	N_{min}
						左震	右震			N	M	M
5	柱底	M	12.83	4.64	±103.34	122.02	95.35	21.89	21.87	122.02	21.87	122.02
		N	790.10	154.21 149.17	±44.44	783.88	876.32	1164.01	1217.76	783.88	1217.76	783.88
4	柱顶	M	12.28	4.44	±147.97	167.81	142.29	20.95	20.93	167.81	20.93	167.81
		N	1025.07	222.97 217.94	±74.14	1011.57	1165.78	1542.24	1602.36	1011.57	1602.36	1011.57
	柱底	M	12.87	4.64	±126.15	145.78	119.04	21.94	21.92	145.78	21.92	145.78
		N	1054.57	222.97 217.94	±74.14	1039.89	1194.10	1577.64	1642.18	1039.89	1642.18	1039.89
3	柱顶	M	11.67	4.24	±166.49	186.39	162.12	19.94	19.91	186.39	19.91	186.39
		N	1289.58	291.75 286.72	±107.66	1263.66	1487.59	1955.95	2026.85	1263.66	2026.85	1263.66
	柱底	M	9.9	3.69	±141.94	158.89	138.22	17.05	16.98	158.89	16.98	158.89
		N	1319.08	291.75 286.72	±107.66	1291.98	1515.91	1911.35	2066.67	1291.98	2066.67	1291.98
2	柱顶	M	12.16	4.63	±171.82	192.59	167.11	21.07	20.95	192.59	20.95	192.59
		N	1553.82	360.39 355.36	±143.78	1512.71	1811.77	2369.13	2450.84	1512.71	2450.84	1512.71
	柱底	M	13.92	5.24	±163.75	186.18	157.07	24.04	23.93	186.18	23.93	186.18
		N	1588.92	360.39 355.36	±143.78	1546.40	1845.47	2411.25	2498.22	1546.40	2498.22	1546.40
1	柱顶	M	6.95	2.61	±161.56	175.95	161.42	11.99	11.94	175.95	11.94	175.95
		N	1823.33	429.18 424.15	±181.61	1765.11	2142.86	2788.85	2882.09	1765.11	2882.09	1765.11
	柱底	M	3.48	1.31	±279.02	294.15	286.87	6.01	5.98	294.15	5.98	294.15
		N	1871.48	429.18 424.15	±181.61	1811.34	2189.09	2846.63	2947.09	1811.34	2947.09	1811.34

注 1 弯矩以绕杆件顺时针为正，逆时针为负；轴力以受压为正，受拉为负。

2 活荷载一栏中，横线上方为屋面活荷载产生的内力，横线下方为屋面雪荷载产生的内力。

3 抗震承载力调整系数 γ_{RE}，对轴压比小于 0.15 的柱取 0.75，对轴压比不小于 0.15 的柱取 0.80。

内力组合后，对有地震作用效应参与的组合，还应考虑强柱弱梁、强剪弱弯及底层柱内力增大等内力调整，方可用于构件承载力计算。对于一级框架结构，需采用框架梁、柱截面的实际承载力（实际配筋面积和材料强度标准值）进行各项调整，此处计算从略。

思　考　题

1. 多高层钢筋混凝土结构房屋的震害主要有哪些表现？
2. 多高层钢筋混凝土结构房屋主要有哪些结构体系？各自的受力特点及适用范围如何？
3. 多高层钢筋混凝土结构房屋的结构布置应考虑哪些因素？
4. 划分多高层钢筋混凝土结构房屋的抗震等级有何意义？如何划分？
5. 为使框架结构形成合理的屈服机制，进行梁、柱截面设计和构造时应遵循哪些原则？
6. 如何计算框架结构的自振周期？如何确定框架结构的水平地震作用？
7. 框架结构在水平地震作用下的内力如何计算？在竖向荷载作用下的内力如何计算？
8. 如何进行框架结构的内力组合？
9. 剪力墙如何分类？各类剪力墙的等效刚度如何计算？
10. 剪力墙截面设计应遵循哪些原则？
11. 用微分方程法分析框架—剪力墙结构时采用了哪些基本假定？
12. 框架—剪力墙结构有哪两种体系？划分依据是什么？各自的计算简图如何？

第九章　多层与高层钢结构房屋抗震设计

第一节　多高层钢结构的震害分析

钢材具有匀质、拉压等强、韧性好、易加工、强度质量比大、连接的整体性好等特点。与钢筋混凝土结构相比，房屋建筑钢结构的延性和耗能能力大，在同等场地、同等条件下，其震害较钢筋混凝土结构房屋的震害小。一般来说，钢结构的震害主要有结构倒塌、构件破坏和连接破坏三种形式。

一、结构倒塌

高层钢结构倒塌的震害很少。1985 年 9 月墨西哥城地震中，倒塌和严重破坏的钢结构房屋为 12 栋，而钢筋混凝土房屋却有 127 栋，其中典型的是墨西哥市的 Pino Suarez 综合楼的 D 楼倒塌。该综合楼由 5 栋坐落在一个大底盘上的高层钢结构组成，B、C、D 楼为 21 层，其余 2 栋为 14 层，均为框架—支撑框架结构。由于纵横向垂直支撑布置不对称，地震中产生了较大的扭转效应，以及柱的承载力不足等原因，致使 D 楼倒塌，B、C 楼也发生了严重破坏。塔楼的结构平面布置如图 9 - 1 所示。

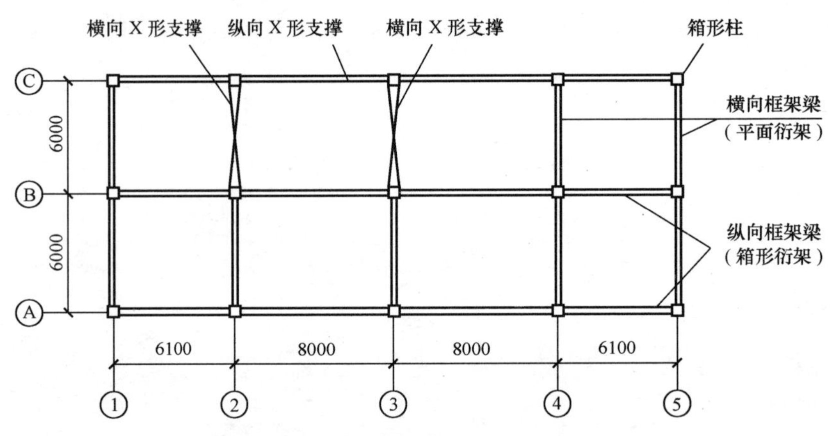

图 9 - 1　塔楼结构平面布置（单位：mm）

1995 年阪神地震后，检查了 988 幢钢结构建筑，其中 332 幢建筑严重破坏，90 幢倒塌，倒塌的钢结构大多是 1971 年以前建造的 2～5 层的老建筑，采用冷轧成型的薄壁构件，当时日本钢结构设计规范尚未修订，结构抗震设计标准比现在的标准低很多。按 1981 年新抗震规范设计的建筑则很少破坏。在我国汶川地震中，钢结构建筑破坏也较少。

二、构件破坏

构件破坏的形式有支撑杆件屈曲、断裂，节点板拉断、压屈，梁柱翼缘板件局部失稳破坏，柱的板件水平开裂，甚至脆性断裂等。

1. 支撑杆件震害

截面较小的支撑杆件，地震中所受的拉力或压力超过其抗拉强度或屈曲临界力时，即发生拉断或压屈破坏。有的支撑交叉节点破裂，有的支撑在平面外变形很大。截面大些的支撑受到的破坏主要集中于支撑与邻近梁柱的连接处，如连接螺栓拉断等。图 9-2 和图 9-3 为日本阪神地震中支撑破坏的实例。

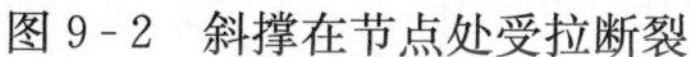

图 9-2　斜撑在节点处受拉断裂

图 9-3　斜撑受压屈曲

2. 框架梁柱的震害

梁柱板件局部失稳、拼接处产生裂缝、翼缘层状撕裂及柱身脆性断裂是其主要破坏形式。柱在地震作用下反复受弯，在弯矩最大截面处附近，由于过度弯曲可能发生翼缘局部失稳现象，进而引发低周疲劳和断裂破坏，见图 9-4。试验研究表明，要防止板件在往复塑性应变作用下发生局部失稳，进而引发低周疲劳破坏，就必须对支撑板件的宽厚比进行限制，且应比塑性设计的还要严格。

阪神地震中，位于阪神地震区芦屋市海滨城的高层钢结构住宅有 57 根钢柱发生断裂，其中 13 根钢柱为母材断裂，7 根钢柱在与支撑连接处断裂，37 根钢柱在拼接焊缝处断裂。断裂的柱为箱形截面，高度为 500～550mm，厚度为 50～55mm，所有柱断裂均发生在 14 层以下的楼层里，且均为脆性受拉断裂，断口呈水平状，缝宽达 10mm 左右，如图 9-5 所示。分析震害原因认为：

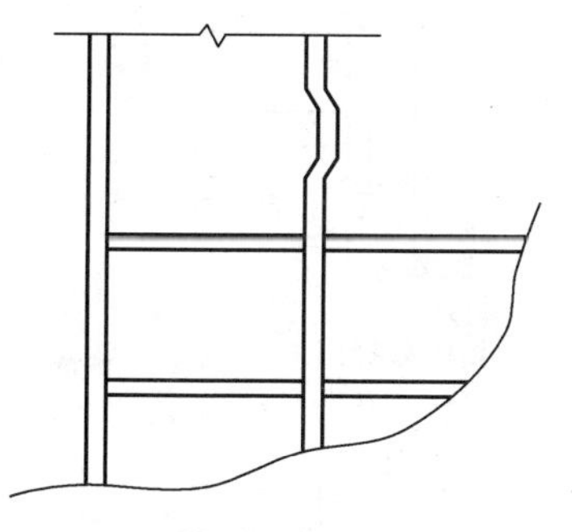

图 9-4　柱的局部失稳图

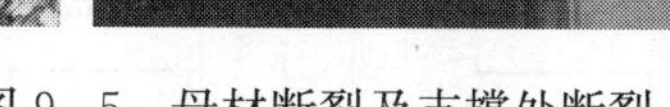

图 9-5　母材断裂及支撑处断裂

(1) 竖向地震及倾覆力矩在柱中产生极大的拉力。

(2) 焊接缺陷造成薄弱部位。

(3) 箱形截面柱的壁厚达 50mm，厚板焊接时过热，使焊缝附近钢材延性降低。

(4) 钢柱暴露于室外，地震时为日本严寒期，钢材温度低于零度。

(5) 加荷速度及变形速度尤其在低温下与破坏形态有很大关系。

三、连接破坏

1. 框架梁柱节点破坏

框架梁柱节点传力集中、构造复杂、施工难度大，容易造成应力集中、强度不均衡的现象，再加上可能出现的焊缝缺陷、构造缺陷，就更容易出现节点破坏。节点域的破坏形式比较复杂，主要有加劲板的屈曲和开裂、加劲板焊缝的开裂、腹板的屈曲和裂缝。

在钢结构的震害中，典型的钢框架梁柱连接破坏实例出现在 1994 年的美国北岭（Northridge）地震和 1995 年的日本阪神地震中，如图 9-6 所示。

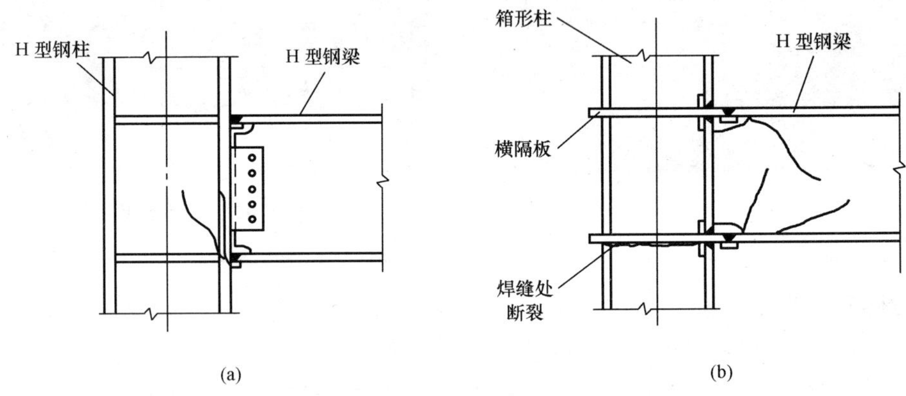

图 9-6　梁柱连接的典型震害现象

（a）美国北岭地震；（b）日本阪神地震

美国房屋建筑的钢框架梁柱通常采用宽翼缘 H 形截面，梁翼缘用全焊透坡口焊缝，梁腹板用螺栓通过剪切板与柱连接，这种连接方式也为许多国家的钢框架所采用。北岭地震中没有钢结构房屋倒塌，但有 100 多幢钢结构建筑的梁柱连接脆性断裂。脆性裂缝一般始于梁下翼缘的焊缝，而且一般是由焊缝根部萌生的脆性破坏裂纹引起的。图 9-7 归纳了北岭地震中钢框架梁柱连接破坏的多种失效模式，其脆性破坏的原因可总结为以下几方面：柱对梁翼缘有较强的约束作用，限制了剪切变形引起的梁翼缘的翘曲，使梁翼缘根部处于三向应力

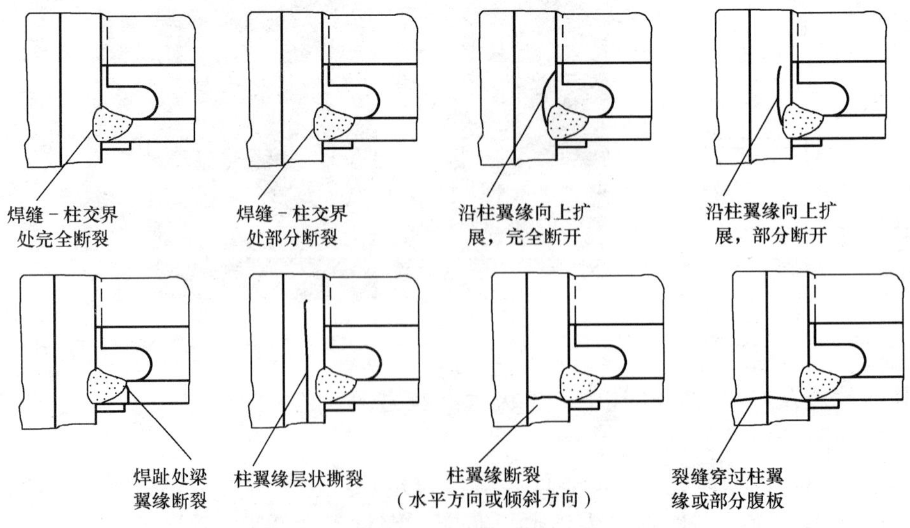

图 9-7　美国北岭地震中梁柱焊接连接处的失效模式

状态，在焊缝的厚度、宽度和长度方向上存在不同程度的正应力，三向应力严重降低了此处焊材和钢材的韧性和变形能力；保留施焊时设置的衬板，造成下翼缘坡口熔透焊缝的根部不能清理和补焊，在衬板和柱翼缘板之间形成了一条“人工缝”，如图 9-8 所示，在该处形成的应力集中促进了脆性破坏的发生，成为梁下翼缘焊缝开裂的起始点；混凝土楼板与钢梁共同作用，使下翼缘应力增大，而下翼缘与柱的连接焊缝又存在较多缺陷。

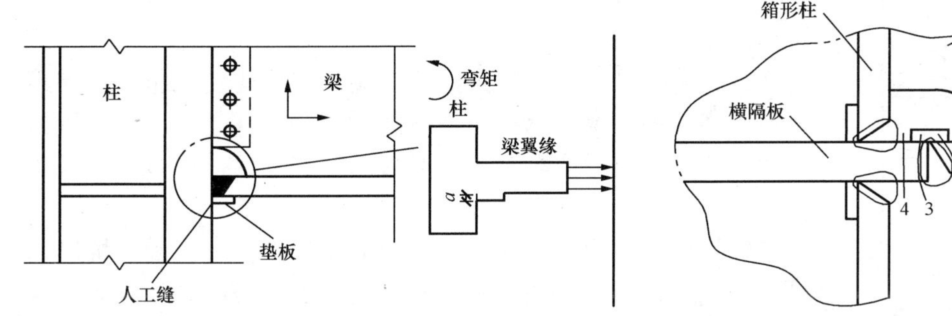

图 9-8　人工裂缝　　　图 9-9　坂神地震中的梁柱连接失效模式

北岭地震中钢梁柱连接脆性破坏说明：延性钢材制作的结构构件在地震作用下不一定就发生延性破坏，也可能发生脆性断裂。梁柱连接的性能是高层建筑钢结构抗震的关键。

日本的钢框架广泛采用梁贯通型连接，箱形柱的横隔板伸出柱面，与梁翼缘焊接。阪神地震后进行的震害检查中，发现有 113 幢钢结构建筑的梁柱连接发生破坏。图 9-6（b）是阪神地震中带有外伸横隔板的箱形柱与 H 型钢梁刚性节点的破坏形式。阪神地震中钢框架节点的破坏主要表现在扇形切角工艺孔部位，如图 9-9 所示。梁翼缘已有显著的屈服或局部屈曲现象，连接裂缝主要向梁的一侧扩展，这主要和采用外伸的横隔板构造有关。也有裂缝向柱翼缘发展的情况。图中的“1”代表梁翼缘断裂模式；“2”、“3”代表焊缝热影响区的断裂模式；“4”代表柱横隔板断裂模式。

2. 支撑的连接破坏

支撑是框架—支撑结构中最主要的抗侧力部分，一旦地震发生，它将首当其冲承受水平地震作用，如果某层的支撑发生破坏，将使该层成为薄弱楼层，造成严重后果。在多次地震中都出现过支撑与节点板的连接破坏或支撑与柱的连接破坏。1980 年在日本的宫城县—大木地震中，一栋两层的框架—支撑结构（两层仓库）由于支撑节点的断裂，使仓库的第一层完全倒塌。

支撑破坏形式如图 9-10 所示，主要包括支撑截面削弱处的断裂、节点板端部的剪切滑移破坏，以及支撑杆件螺孔间的剪切滑移破坏。

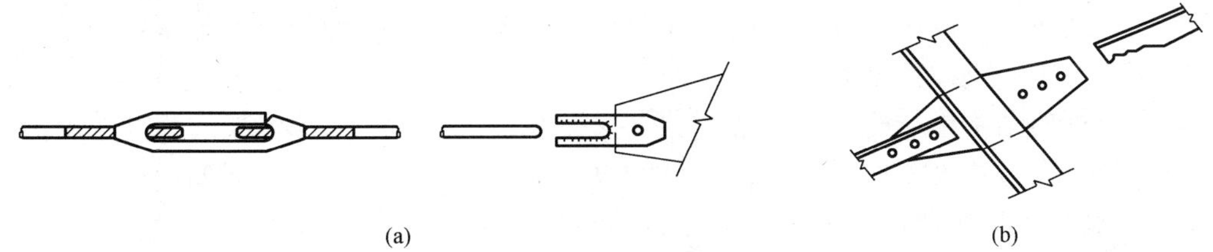

图 9-10　支撑连接破坏

（a）圆钢支撑连接的破坏；（b）角钢支撑连接的破坏

第二节 多高层钢结构的选型与结构布置

一、结构选型

多高层钢结构的结构体系主要有框架体系、框架—支撑（剪力墙板）体系、筒体体系（框筒、筒中筒、桁架筒、束筒等）或巨型框架体系。

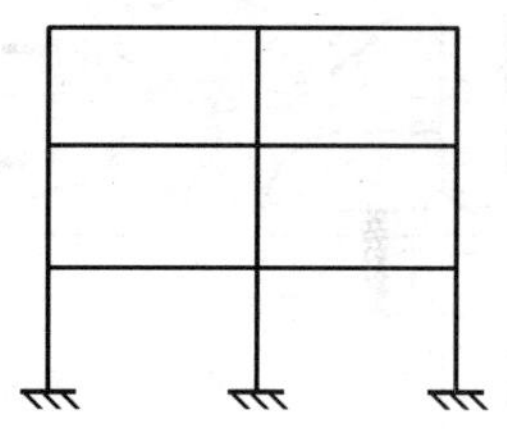

图 9-11 纯框架结构

1. 框架体系

框架体系是由沿纵横方向的多榀框架构成及承担水平荷载的抗侧力结构，也是承担竖向荷载的结构。这类结构的抗侧力能力主要取决于梁柱构件和节点的强度与延性，故节点常采用刚性连接节点，见图 9-11。

钢框架结构使用空间灵活，构造简单、传力明确，抗侧刚度沿高度分布均匀，结构延性好，适合于地震区；但与同样大小梁柱截面的支撑框架相比，钢框架的抗侧力刚度小得多，因而钢框架适用于高度不大的房屋建筑。

钢框架由梁、柱、节点域组成，梁柱之间采用刚性连接。梁、柱、节点域之间的相对承载力不同，框架就会有不同的塑性耗能机制。与钢筋混凝土框架避免核心区屈服的耗能机制不同，钢框架的屈服耗能机制是以梁和节点域板件屈服耗能为主，允许部分柱屈服，是混合塑性铰机制。

2. 框架—支撑体系

钢框架的抗侧刚度小，限制了框架结构的应用高度。框架—支撑体系是在框架体系中沿结构的纵、横两个方向均匀布置一定数量的支撑所形成的结构体系。在框架—支撑体系中，框架是剪切型结构，底部层间位移大；支撑为弯曲型结构，底部层间位移小，两者并联，可以明显减少建筑物下部的层间位移，因此在相同侧移限值标准的情况下，框架—支撑体系可以用于比框架体系更高的房屋。

支撑体系的布置由建筑要求及结构功能来确定，一般布置在端框架中、电梯井周围处。支撑类型的选择与是否抗震有关，也与建筑的层高、柱距以及建筑使用要求，如人行通道、门洞和空调管道设置等有关，因此需要根据不同的设计条件选择适宜的类型。常用的钢支撑框架有中心支撑框架和和偏心支撑框架两大类。

（1）中心支撑框架。中心支撑框架的斜杆与横梁及柱交汇于一点，或两根斜杆与横杆交汇于一点，也可与柱子交汇于一点，但交汇时均无偏心距，如图 9-11 所示。中心支撑结构使用中心支撑构件，增加了结构的抗侧刚度，减小了结构的水平位移。在强震作用下，支撑结构率先进入屈服，可以保护或者延缓主体结构的破坏，改善结构的内力分布，使结构具有多道抗震防线。中心支撑类型如图 9-12 所示。

中心支撑框架结构构造简单，是常用的支撑类型之一。中心支撑框架的弹性刚度大，抵抗小震时有效。当遭遇大震作用时，在往复的水平地震作用下，会产生下列后果：

1）支撑斜杆重复压曲后，其抗压承载力急剧降低。

2）支撑的两侧柱子产生压缩变形和拉伸变形时，由于支撑端节点的实际构造做法并非铰接，因此引发支撑产生很大的内力和应力。

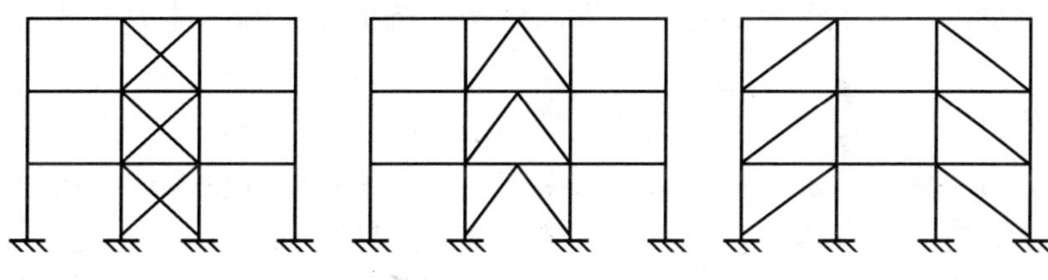

图 9－12　中心支撑类型

3）斜杆从受压的压曲状态变为受拉伸状态，将对结构产生冲击作用力，使支撑及其节点和相邻的结构产生很大的附加应力。

4）同一层支撑框架内的斜杆反复受拉压，一旦杆件受压屈曲，即产生压屈塑性变形，再受拉时变形不能完全恢复（拉直），重新受压时承载力降低，出现退化现象。长细比越大，退化现象越严重。斜杆压屈后，支撑框架刚度降低，滞回耗能能力降低。

（2）偏心支撑框架。偏心支撑框架的支撑斜杆至少有一端偏离梁柱轴线的交点而直接与梁连接，在支撑斜杆的杆端与柱面之间形成一段称为消能梁段的短梁；或一端与梁柱轴线的交点连接，另一端偏离反方向支撑斜杆与梁轴线的交点而直接与梁连接，在两根支撑的杆端之间形成消能梁段。偏心支撑类型如图 9－13 所示。

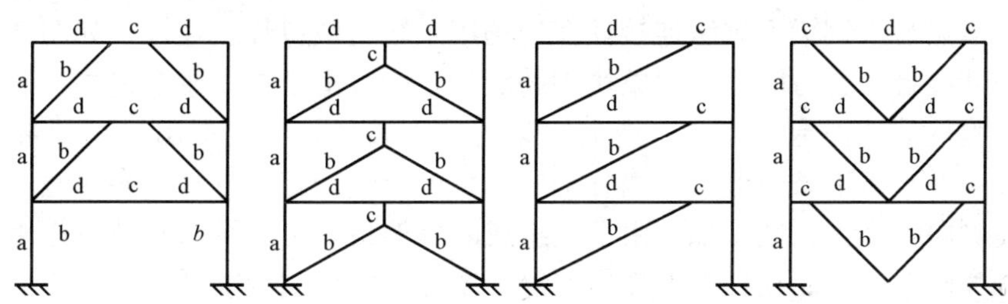

图 9－13　偏心支撑类型

a—柱；b—支撑；c—消能梁段；d—其他梁段

偏心支撑框架的抗震原理是：弹性阶段刚度大，承载力高；在大震作用下，支撑不屈曲，消能梁段的腹板剪切屈服、耗散能量。消能梁段腹板剪切屈服具有塑性变形耗能稳定、屈服后承载力提高、延性大的特点。由于支撑偏离了梁柱轴线的交点或支撑与梁轴线的交点，因此偏心支撑框架的弹性刚度低于中心支撑框架。

为实现偏心支撑的抗震原理，偏心支撑框架按强柱、强梁、强支撑、弱消能梁段的原则进行设计。强震发生时，消能梁段率先屈服形成塑性铰，消耗大量地震能量，且具有稳定的滞回性能，即使消能梁段进入应变硬化阶段，支撑斜杆、柱和其余梁段仍保持弹性。因此，每根斜杆只能在一端与消能梁段连接，若两端均与消能梁段连接，则可能一端的消能梁段屈服，另一端消能梁段不屈服，使偏心支撑的承载力和消能能力降低。

偏心支撑框架结构具备中心支撑体系侧向刚度大、具有多道抗震防线的优点，还适当减少了支撑构件的轴向力，进而减小了支撑失稳的可能性，使得结构整体抗震性能，特别是结构延性大大加强，故这种结构体系适合于在高烈度地区建造高层建筑。

3. 框架—剪力墙板体系

框架一剪力墙板体系以钢框架为主体，并配置一定数量的剪力墙板。剪力墙板可以根据需要布置在任何位置上，布置灵活。另外剪力墙板可以分开布置，两片以上剪力墙并联体较宽，从而可减小抗侧力体系等效高宽比，提高结构的抗推和抗倾覆能力。剪力墙板主要有以下三种类型：

（1）钢板剪力墙。钢板剪力墙用钢板或带加劲肋的钢板制成，一般需采用厚钢板，其上下两边缘和左右两边缘可分别与框架梁和框架柱连接，采用高强度螺栓连接。钢板剪力墙承担沿框架梁、柱周边的地震作用，不承担框架梁上的竖向荷载。非抗震设防及按6度抗震设防的建筑，采用钢板剪力墙可不设置加劲肋。按7度及7度以上抗震设防的建筑，宜采用带纵向和横向加劲肋的钢板剪力墙，且加劲肋宜两面设置。

（2）内藏钢板支撑剪力墙。内藏钢板支撑剪力墙是以钢板为基本支撑，外包钢筋混凝土墙板的预制构件。它只在支撑节点处与框架相连，而且混凝土墙板与框架梁柱间留有间隙，因此实际上仍是一种支撑。其基本设计原则可参照普通钢支撑，它与普通钢支撑一样，可以是人字支撑、交叉支撑或单斜杆支撑。若选用单斜杆支撑，宜在相应柱间成对对称布置。内藏钢板支撑按其与框架的连接，可做成中心支撑，也可做成偏心支撑。在高烈度地震区，宜采用偏心支撑。内藏钢板支撑的净截面面积应根据所承受的剪力，按强度条件选择，不考虑屈曲。由于钢支撑有外包混凝土，因此可不考虑平面内和平面外的屈曲。北京京城大厦（52层，高183m）即采用了内藏钢板支撑剪力墙的框架体系结构，

内藏钢板支撑剪力墙上节点通过节点板，用高强度螺栓与上框架梁下翼缘连接板在施工现场连接，下节点与下钢梁上翼缘连接件在现场用全熔透坡口焊缝连接，如图9-14所示。

（3）带竖缝混凝土剪力墙。普通整块钢筋混凝土墙板由于初期刚度过高，地震时首先斜向开裂，发生脆性破坏而退出工作，造成框架超载而破坏，为此提出了一种带竖缝的剪力墙。它在墙板中设有若干条竖缝，将墙分割成一系列延性较好的壁柱。多遇地震时，墙板处于弹性阶段，侧向刚度大，墙板如同由壁柱组成的框架板，可承担水平地震作用。罕遇地震时，墙板处于弹塑性阶段而在柱壁上产生裂缝，壁柱屈服后刚度降低，变形增大，起到消能减震的作用。带竖缝混凝土剪力墙只承受水平荷载产生的剪力，不考虑承受竖向荷载产生的压力。北京京广中心主楼（53层，高208m）即采用了带竖缝混凝土剪力墙框架体系。

带竖缝混凝土剪力墙与柱间应有一定空隙，使彼此无连接。墙板上端与高强度螺栓连接；墙板下端除临时连接措施外，应全长埋于现浇混凝土楼板内，通过齿槽和钢梁上焊接栓钉实现可靠连接。墙板的两侧角部应采用充分可靠的连接措施，如图9-15所示。

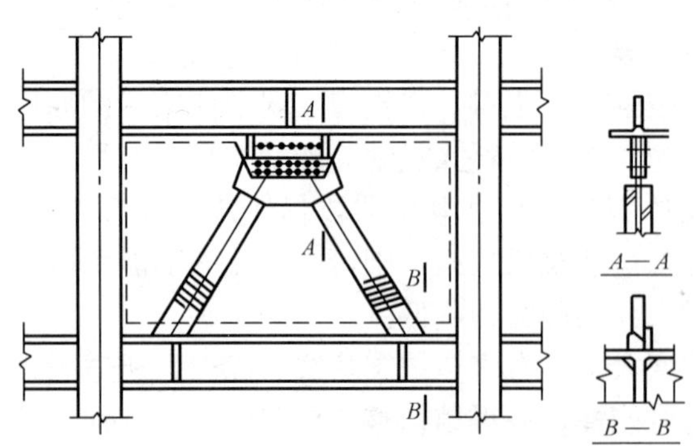

图9-14　内藏钢板剪力墙与框架的连接

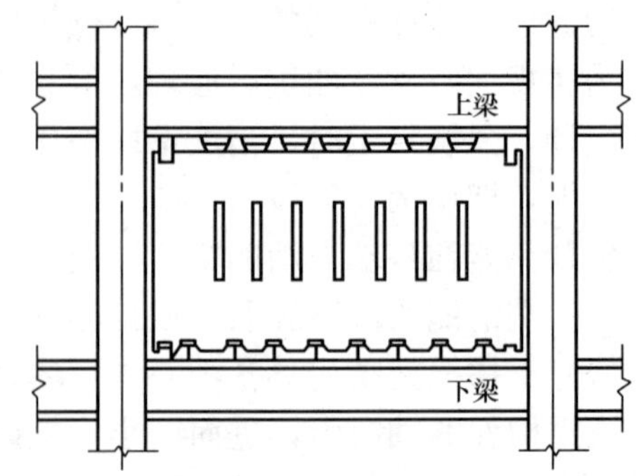

图9-15　带竖缝剪力墙与框架的连接

4. 筒体体系

筒体结构体系因其具有较大的刚度和较强的抗侧力能力，能形成较大的使用空间，对于

超高层建筑是一种经济、有效的结构形式。根据筒体的布置、组成、数量的不同，筒体结构体系可分为框架筒（见图 9-16）、桁架筒、筒中筒以及束筒等。框筒实际上是密柱框架结构，由于梁跨小、刚度大，使周圈柱近似构成一个整体受弯的薄壁筒体，具有较大的抗侧刚度和承载力，因而框筒结构多用于高层建筑。各类筒体在超高层建筑中应用较多，如纽约世界贸易中心（框架筒，110 层，高 411m/413m）、芝加哥西尔斯大厦（束筒，110 层，高 443m，见图 9-17）、芝加哥约翰·汉考克大厦（桁架筒，100 层，高 344m）等。

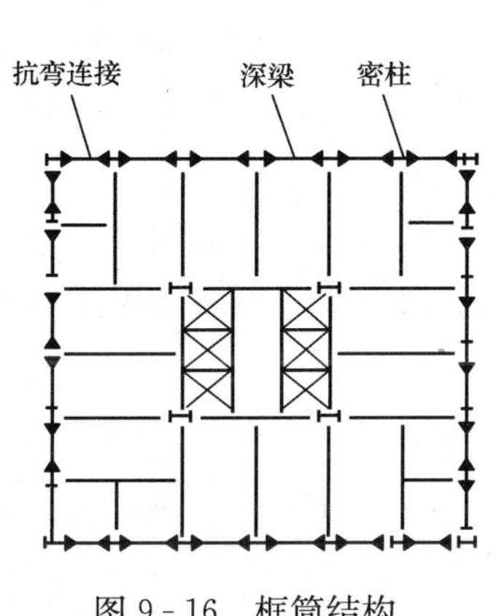

图 9-16　框筒结构

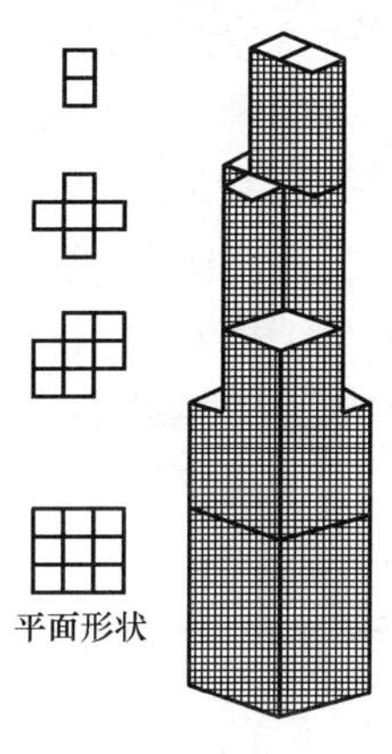

图 9-17　束筒结构

5. 巨型框架体系

一般高层钢结构梁、柱、支撑为一个楼层和一个开间内的构件，如果将梁、柱、支撑的概念扩展到数个楼层和数个开间，则可构成巨型框架结构，其由柱距较大的立体桁架柱及立体桁架梁构成。立体桁架梁应沿纵横向布置，并形成一个空间桁架层，在两层空间桁架层之间设置次框架结构，以承担空间桁架层之间的各层楼面荷载，并将其通过此框架结构的柱子传递给立体桁架梁和立体桁架柱，如图 9-18 所示。这种体系能在建筑中提供特大空间，具有很大的刚度和强度。如东京市政府大厦（地上 48 层，高 243m）和高雄国际广场大厦（65 层，高 342.37m）等。

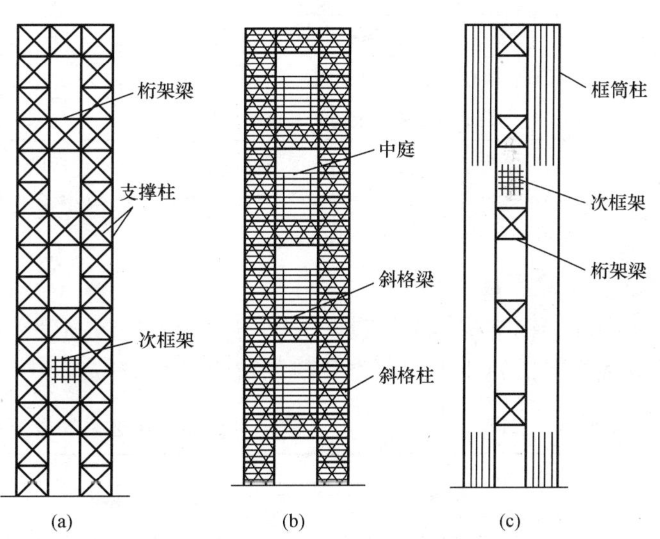

图 9-18　巨型框架结构形式

(a) 桁架型；(b) 斜格型；(c) 框筒型

二、多高层钢结构的结构布置

1. 结构总体布置

多高层建筑钢结构的设计应根据高层建筑的特点，综合考虑建筑的使用功能、荷载性质、材料供应、制作安装、施工条件等因素，合理选择结构形式，进行结构选型、构造和节点设计时，应择优选用抗震和抗风性能好，且经济合理的结构体系和平立面布置。

抗震高层建筑钢结构的体系和布置应符合下列要求：

（1）具有明确的计算简图和合理的地震作用传递途径。

（2）具有避免因部分结构或构件破坏而导致整个体系丧失抗震能力的多道设防。

（3）具备必要的刚度和承载力、良好的变形能力和耗能能力。

（4）具有均匀的刚度和承载力分布，避免因局部削弱或突变形成薄弱部位，产生过大的应力集中或塑性变形集中；对可能出现的薄弱部位，应采取加强措施。

（5）积极采用轻质高强材料。

2. 最大高度和最大高宽比

不同结构体系的承载力和刚度不同，因此其适用的高度和范围也不一样。多高层钢结构民用房屋的结构类型和最大高度应符合表 9－1 的规定；平面和竖向均不规则的钢结构，其适用的最大高度宜适当降低。

房屋总高度与结构平面最小宽度的比值，即房屋的高宽比。高宽比是结构抗侧刚度、整体稳定、抗倾覆能力、承载能力和经济合理性的宏观控制指数。钢结构民用房屋的最大高宽比不宜超过表 9－2 的限定。

表 9－1　钢结构房屋适用的最大高度　(m)

结构类型	6、7度 (0.10g)	7度 (0.15g)	8度 (0.20g)	8度 (0.30g)	9度 (0.40g)
框架	110	90	90	70	50
框架—中心支撑	220	200	180	150	120
框架—偏心支撑（延性墙板）	240	220	200	180	160
筒体（框筒、筒中筒、桁架筒、束筒）和巨型框架	300	280	260	240	180

注　1　房屋高度指室外地面到主要屋面板板顶的高度（不包括局部突出屋顶部分）。

2　超过表内高度的房屋，应进行专门研究和论证，采取有效的加强措施。

3　表内的筒体不包括混凝土筒。

3. 抗震等级

多高层钢结构应根据设防分类、烈度和房屋高度采用不同的抗震等级，并应符合相应的计算和构造措施要求。丙类建筑的抗震等级应按表 9－3 确定。

表 9－2　钢结构民用房屋适用的最大高宽比

烈度（度）	6、7	8	9
最大高宽比	6.5	6.0	5.5

注　塔形建筑的底部有大底盘时，高宽比可按大底盘以上计算。

表 9－3　钢结构房屋的抗震等级　(级)

房屋高度（m）	烈度（度） 6	7	8	9
≤50		四	三	二
≥50	四	三	二	一

注　1　高度接近或等于高度分界时，应允许结合房屋不规则程度及场地、地基条件确定抗震等级。

2　一般情况下，构件的抗震等级应与结构相同；当某个部位各构件的承载力均满足 2 倍地震作用组合下的内力要求时，7～9 度的构件抗震等级应允许按降低 1 度确定。

4. 平面布置

多高层钢结构的建筑平面宜简单、规则，并使结构各层的抗侧力刚度中心与水平作用合力中心接近重合，同时各层刚心和质心接近在同一竖直线上；建筑的开间、进深宜统一。

为避免地震作用下发生强烈的扭转振动或水平地震力在建筑平面上的不均匀分布，建筑平面的尺寸关系应符合表 9-4 和图 9-19 的规定。当钢框筒结构采用矩形平面时，其长宽比不宜大于 1.5∶1，不能满足此项要求时，宜采用多束筒结构。

表 9-4　L、l、l'、B'的限值

L/B	L/B_{max}	l/b	l'/B_{max}	B'/B_{max}
≤5	≤4	≤1.5	≥1	≤0.5

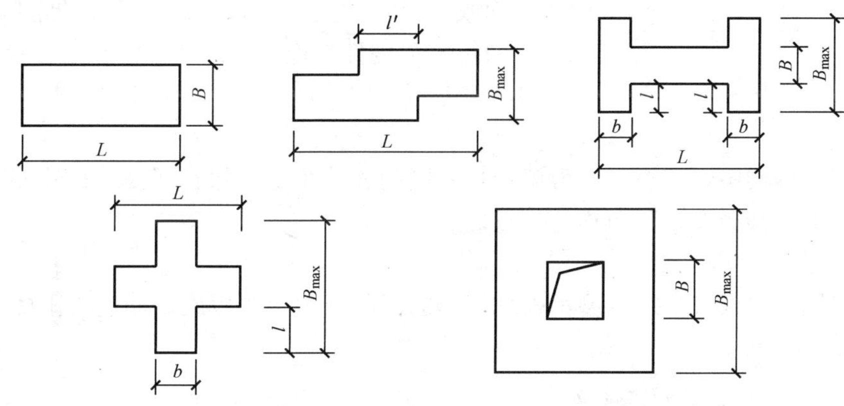

图 9-19　表 9-3 中的尺寸

高层建筑钢结构不宜设置防震缝，但薄弱部位应采取措施提高抗震能力。当钢结构房屋需要设置防震缝时，缝宽应不小于相应钢筋混凝土结构房屋的 1.5 倍。高层建筑钢结构不宜设置伸缩缝；当必须设置伸缩缝时，抗震设防的结构伸缩缝应同时满足防震缝的要求。

高层建筑钢结构除不符合表 9-4 和图 9-19 要求者外，在平面布置上具有下列情况之一者，均属平面不规则结构：

(1) 任一层的偏心率大于 0.15。偏心率可按下列公式计算，即

$$\varepsilon_x = e_y / r_{ex} \qquad \varepsilon_y = e_x / r_{ey} \tag{9-1}$$

$$r_{ex} = \sqrt{K_T / \sum K_x} \qquad r_{ey} = \sqrt{K_T / \sum K_y} \tag{9-2}$$

式中　ε_x、ε_y——所计算楼层在 x 和 y 方向的偏心率；

e_x、e_y——x 和 y 方向的水平作用合力线到结构刚心的距离；

r_{ex}、r_{ey}——x 和 y 方向的弹性半径；

$\sum K_x$、$\sum K_y$——所计算楼层各抗侧力构件在 x 和 y 方向的侧向刚度之和；

K_T——所计算楼层的扭转刚度；

x、y——以刚心为原点的抗侧力构件坐标。

(2) 结构平面形状有凹角，凹角的伸出部分在一个方向的长度超过该方向建筑总尺寸的 25%。

(3) 楼面不连续或刚度突变，包括开洞面积超过该层总面积的 50%。

（4）抗水平力构件不平行且不对称于抗侧力体系的两个互相垂直的主轴。

属于上述情况第（1）、（4）项者应计算结构扭转的影响；属于第（3）项者应采用相应的计算模型；属于第（2）项者应采用相应的构造措施。

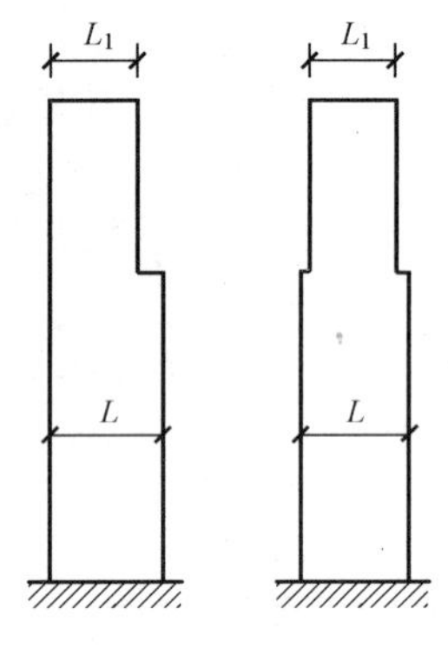

图 9-20　立面收进

5. 竖向布置

多高层建筑钢结构宜采用竖向规则的结构。在竖向布置上具有下列情况之一者，为竖向不规则结构：

（1）楼层刚度小于其相邻上层刚度的 70%，且连续三层总的刚度降低超过 50%。

（2）相邻楼层质量之比超过 1.5（建筑为轻屋盖时，顶层除外）。

（3）立面收进尺寸的比例为 $L_1/L<0.75$，见图 9-20。

（4）竖向抗侧力构件不连续。

（5）任一楼层抗侧力构件的总受剪承载力小于其相邻上层的 80%。

框架—支撑结构中，支撑（剪力墙板）宜竖向连续布置。除底部楼层和外伸刚臂所在楼层外，支撑的形式和布置在竖向均宜一致。

6. 楼盖结构

钢结构房屋的楼板宜采用压型钢板现浇钢筋混凝土组合楼板或钢筋混凝土楼板，并应与钢梁有可靠连接，见图 9-21。

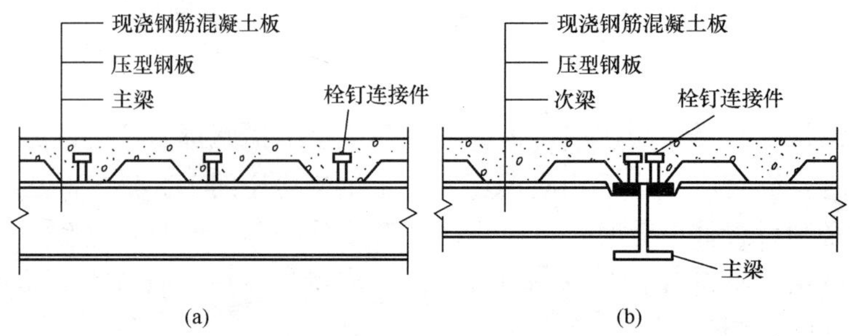

图 9-21　压型钢板组合楼板

（a）板肋垂直于主梁；（b）板肋平行于主梁

对 6、7 度时不超过 50m 的钢结构，还可采用装配整体式钢筋混凝土楼板，也可采用装配式楼板或其他轻型楼盖，但应将楼板预埋件与钢梁焊接，或采取其他保证楼盖整体性的措施。对转换层楼盖或楼板有大洞口等情况，必要时可设置水平支撑。

7. 地基、基础和地下室

高层建筑钢结构的基础形式应根据上部结构、工程地质条件、施工条件等因素综合确定，宜选用筏基、箱基、桩基或复合基础。当基岩较浅、基础埋深不符合要求时，应采用岩石锚杆基础。

钢结构房屋设置地下室时，框架—支撑（剪力墙板）结构中竖向连续布置的支撑（剪力墙板）应延伸至基础；钢框架柱应至少延伸至地下一层，其竖向荷载应直接传至基础。

超过 50m 的钢结构房屋应设置地下室。其基础埋置深度，当采用天然地基时不宜小于房屋总高度的 1/15；当采用桩基时，桩承台埋深不宜小于房屋总高度的 1/20。

8. 结构布置的其他要求

（1）一、二级的钢结构房屋，宜设置偏心支撑、带竖缝钢筋混凝土抗震墙板、内藏钢支撑钢筋混凝土墙板、屈曲约束支撑等消能支撑或筒体；三、四级且高度不大于 50m 的钢结构房屋，宜采用中心支撑，也可采用偏心支撑、屈曲约束支撑等消能支撑。采用框架结构时，甲、乙类建筑和高层的丙类建筑不应采用单跨框架，多层的丙类建筑不宜采用单跨框架。

（2）支撑框架在两个方向的布置均宜基本对称，支撑框架之间楼盖的长宽比不宜大于 3。中心支撑框架宜采用交叉支撑，也可采用人字支撑或单斜杆支撑，不宜采用 K 形支撑，因 K 形支撑的斜杆因受压屈曲或受拉屈服时，将使柱子发生屈曲，甚至严重破坏；支撑的轴线宜交汇于梁柱构件轴线的交点，偏离交点时的偏心距不应超过支撑杆件的宽度，并应计入由此产生的附加弯矩。当中心支撑采用只能受拉的单斜杆体系时，应同时设置不同倾斜方向的两组斜杆，且每组中不同方向单斜杆的截面面积在水平方向的投影面积之差不应大于 10%。

（3）偏心支撑框架的每根支撑应至少有一端与框架梁连接，并在支撑与梁交点和柱之间或同一跨内另一支撑与梁交点之间形成消能梁段。消能梁段应设计成具有饱满滞回能力的塑性铰消能机构。

（4）采用屈曲约束支撑时，宜采用人字支撑、成对布置的单斜杆支撑等形式，不应采用 K 形或 X 形，支撑与柱的夹角宜为 35°～55°。屈曲约束支撑受压时，其设计参数、性能检验和作为一种消能部件的计算方法可按相关要求设计。

（5）钢框架—筒体结构，必要时可设置由筒体外伸臂或外伸臂和周边桁架组成的加强层。

第三节　多高层钢结构的抗震计算要求

一、一般规定

（1）在进行多高层钢结构地震作用反应时，可假定楼面在其自身平面内为绝对刚性。在设计中应采取保证楼面整体刚度的构造措施。对整体性较差，或开孔面积大，或有较长外伸段，或相邻层刚度有突变的楼面，当不能保证楼面的整体刚度时，宜采用楼板平面内的实际刚度，或对按刚性楼面假定计算所得结果进行调整。

（2）进行多高层钢结构弹性分析时，宜考虑现浇钢筋混凝土楼板与钢梁共同工作的情况，且在设计中应使楼板与钢梁间有可靠连接。计算梁的弹性截面特征时，压型钢板组合楼盖中梁的惯性矩对两侧有楼板的梁宜取 $1.5I_b$，对仅一侧有楼板的梁宜取 $1.2I_b$，其中 I_b 为钢梁惯性矩。

进行多高层钢结构弹塑性分析时，考虑到此时楼板与梁的连接可能遭到破坏，可不考虑楼板与梁共同工作的情况。

（3）多高层建筑钢结构的计算模型，可采用平面抗侧力结构的空间协同计算模型。当结构布置规则、质量及刚度沿高度分布均匀、不计扭转效应时，可采用平面结构计算模型；当结构平面或立面不规则、体型复杂、无法划分成平面抗侧力单元的结构，或为筒体结构时，应采用空间结构计算模型。

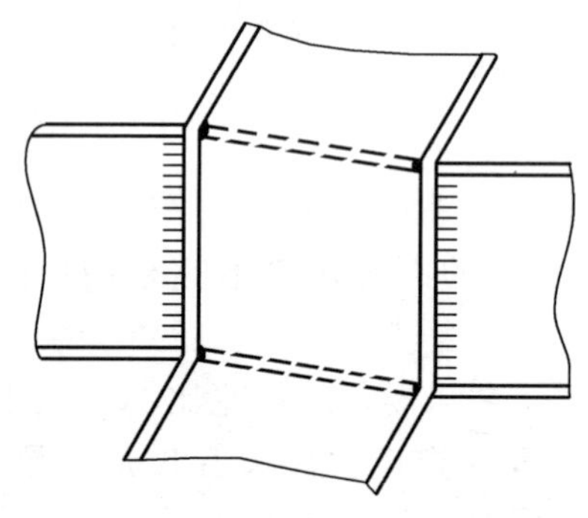

图 9-22 梁柱节点域剪切变形

(4) 地震作用下的结构内力及位移计算中，应计算梁、柱的弯曲变形和柱的轴向变形，尚宜计算梁、柱的剪切变形，并应计入梁柱节点域剪切变形对侧移的影响。通常可不考虑梁的轴向变形，但当梁同时作为腰桁架或帽桁架的弦杆时，应计入轴力的影响。当考虑梁柱节点域剪切变形（见图 9-22）对多高层钢结构侧移的影响时，可将梁柱节点域当作一个单独的单元进行结构分析，也可按下列规定作近似计算。

1) 对于箱型截面柱框架，可将节点域当作刚域，刚域的尺寸取节点域尺寸的 1/2。

2) 对工字形截面柱框架，可按结构轴线尺寸进行分析。若工字形截面柱框架所考虑楼层的主梁线刚度平均值与节点域剪切刚度平均值之比 $EI_{bm}/(K_m h_{bm}) > 1$ 或参数 $\eta > 5$ 时，可按下式修正结构楼层处的水平侧移，即

$$u_i' = \left(1 + \frac{\eta}{100 - 0.5\eta}\right)u_i \tag{9-3}$$

$$\eta = \left[17.5\frac{EI_{bm}}{K_m h_{bm}} - 1.8\left(\frac{EI_{bm}}{K_m h_{bm}}\right)^2 - 10.7\right]\sqrt[4]{\frac{I_{cm}h_{bm}}{I_{bm}h_{cm}}} \tag{9-4}$$

$$K_m = h_{cm}h_{bm}t_m G \tag{9-5}$$

式中 u_i'——修正后的第 i 层楼层的侧移；

u_i——忽略节点域剪切变形，并按结构轴线分析得出的第 i 层楼层的侧移；

I_{cm}、I_{bm}——结构中柱和梁截面惯性矩的平均值；

h_{cm}、h_{bm}——结构中柱和梁腹板高度的平均值；

K_m——节点域剪切刚度平均值；

t_m——节点域腹板厚度平均值；

G、E——钢材的剪切模量和弹性模量。

(5) 柱间支撑的两端应为刚性连接，但可按两端铰接计算；偏心支撑中的耗能梁段应取为单独单元。

(6) 现浇竖向连续钢筋混凝土剪力墙的计算，宜计入墙的弯曲变形、剪切变形和轴向变形；当钢筋混凝土剪力墙具有比较规则的开孔时，可按带刚域的框架计算；当具有复杂开孔时，宜采用平面有限元法计算。装配嵌入式剪力墙可按相同水平力作用下侧移相同的原则，将其折算成等效支撑或等效剪切板计算。

(7) 当进行结构内力分析时，应计入重力荷载引起的竖向构件差异缩短所产生的影响。

二、地震作用计算

(1) 多高层钢结构的抗震设计应采用两阶段设计法：第一阶段为多遇地震作用下的弹性分析，验算构件的承载力和稳定以及结构的层间侧移；第二阶段为罕遇地震下的弹塑性分析，验算结构的层间侧移和层间侧移延性比。第一阶段设计时，地震作用应考虑下列原则：

1) 通常情况下，应在结构的两个主轴方向分别计入水平地震作用，各方向的水平地震作用应全部由该方向的抗侧力构件承担。

2）当有斜交抗侧力构件时，宜分别计入各抗侧力构件方向的水平地震作用。

3）质量和刚度明显不均匀、不对称的结构，应计入水平地震作用的扭转效应。

4）按9度抗震设防的高层建筑钢结构，或者按8度和9度抗震设防的大跨度和长悬臂构件，应计入竖向地震作用。

（2）多高层建筑钢结构的第一阶段抗震设计，应根据不同情况，分别采用底部剪力法、振型分解反应谱法和时程分析法。高层建筑钢结构采用底部剪力法时，可按下式计算顶部附加地震作用系数，即

$$\delta_n = \frac{1}{T_1 + 8} + 0.05 \tag{9-6}$$

不符合底部剪力法适用条件的其他高层钢结构，宜采用振型分解反应谱法。对体形比较规则、简单的结构，可不计扭转影响。在计算复杂体型或不能按平面结构假定进行计算时，应按空间协同工作或空间结构计算空间振型。

竖向特别不规则的建筑及高度较大的建筑，宜采用时程分析法进行补充验算，此时应输入典型的地震波进行计算。输入地震波时，应采用不少于四条能反映当地场地特性的地震加速度波，其中宜包括一条本地区历史上发生地震时的实测记录波。地震波的持续时间不宜过短，宜取10～20s或更长。

（3）对于质量及刚度沿高度分布比较均匀的多高层钢结构，其基本自振周期可用下列公式近似计算，即

$$T_1 = 1.7\zeta_T \sqrt{u_n} \tag{9-7}$$

式中　u_n——结构顶层假想侧移，即假想将结构各层的重力荷载作为楼层的集中水平力，按弹性静力方法计算所得到的顶层侧移值，m；

ζ_T——考虑非结构构件影响的周期修正系数，可取0.9。

初步设计时，基本周期可按经验公式 $T_1=0.1n$ 估算，n 为建筑物层数，不包括地下室部分及屋顶小塔楼。

（4）多高层钢结构的阻尼比较小，按反应谱法计算多遇地震下的地震作用时，高度不大于50m时，可取0.04；高度大于50m且小于200m时，可取0.03；高度不小于200m时，宜取0.02。当偏心支撑框架部分承担的地震倾覆力矩大于结构总地震倾覆力矩的50%时，其阻尼比可相应增加0.005。

三、地震作用下的内力与变形分析

1. 多遇地震作用下的内力与位移计算

在多遇地震作用下，框架—支撑、框架—剪力墙结构以及框筒结构等，其内力和位移均可采用矩阵位移法；筒体结构可按位移相等原则转化为连续的竖向悬臂筒体，采有薄壁杆件理论、有限条法或其他有效方法进行计算。

预估杆截面时，在竖向荷载作用下，框架结构可采用分层法进行简化计算；在水平荷载作用下，框架结构可采用 D 值法进行简化计算。平面布置规则的框架—支撑结构，在水平荷载作用下当简化为平面抗侧力体系分析时，可将所有框架合并为总框架，并将所有竖向支撑合并为总支撑，然后进行协同工作分析，总框架可当做一根弯曲杆件，见图9-23。

当平面为矩形或为其他规则形状的框筒结构时，可采用等效角柱法、展开平面框架法或等效截面法，转化为平面框架进行近似计算。

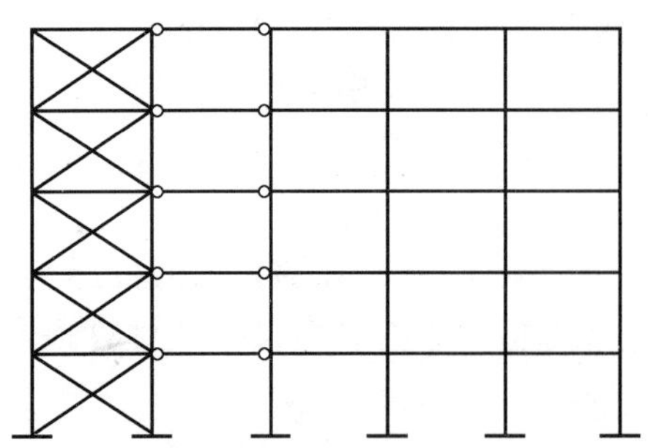
图 9-23 框架—支撑结构的协同分析模型

2. 罕遇地震作用下的内力与位移计算

罕遇地震作用下，高层建筑钢结构应采用时程分析法计算结构的弹塑性地震反应，其结构计算模型可以采用杆系模型、剪切型层模型、剪弯型层模型或剪弯协同工作模型。当采用时程分析法时，时间步长不宜超过输入地震波卓越周期的1/10，且不宜大于0.02s。第二阶段抗震设计当进行弹塑性分析时，多高层钢结构阻尼比可取0.05。

当进行高层建筑钢结构的弹塑性地震反应分析时，其恢复力模型可由试验或根据已有的资料确定。钢柱及梁的恢复力模型可采用二折线型，其滞回模型可不考虑刚度退化；钢支撑和耗能梁段等构件的恢复力模型应按杆件特性确定；钢筋混凝土剪力墙、剪力墙板和核心筒应选用二折线或三折线型，并考虑刚度退化。

当采用层模型进行高层建筑钢结构的弹塑性地震反应分析时，应采用计入有关构件弯曲、轴向力、剪切变形影响的等效层剪切刚度，层恢复力模型的骨架线可采用静力弹塑性方法进行计算，并可简化为折线型，要求简化后的折线与计算所得骨架线尽量吻合。在对结构进行静力弹塑性计算时，应同时考虑水平地震作用与重力荷载。构件所用材料的屈服强度和极限强度应采用标准值。

3. 相关计算要求

多高层建筑钢结构的作用效应组合与混凝土结构相同，抗震设计时，构件截面的内力计算应满足下列要求：

(1) 多高层钢结构在重力附加弯矩 M_a 与初始弯矩 M_0 之比符合下列条件时，应考虑几何非线性，也就是重力二阶效应的影响，即

$$\theta_i=\frac{M_a}{M_0}=\frac{\sum G_i\Delta u_i}{V_ih_i}>0.1 \tag{9-8}$$

式中 θ_i——稳定系数；

$\sum G_i$——i层以上全部重力荷载计算值；

Δu_i——第 i 层楼层质心处的弹性或弹塑性层间位移；

V_i——第 i 层地震剪力计算值；

h_i——第 i 层层间高度。

重力二阶效应对多高层钢结构的影响程度，可通过在每层柱顶附加假想水平力来体现。

式 (9-8) 是考虑重力二阶效应影响的下限，其上限则受弹性层间位移角限值的控制。当进行弹性分析时，作为简化计算，二阶效应的内力增大系数可取 $1/(1-\theta)$；当进行弹塑性分析时，宜采用考虑所有受轴向力的结构和构件的几何刚度的计算机程序进行重力二阶效应分析，也可采用其他简化方法。

(2) 框架梁可按梁端截面的内力设计。对工字形截面柱，宜计入梁柱节点域剪切变形对结构侧移的影响；对箱形柱框架、中心支撑框架和不超过 50m 的钢结构，其层间位移计算可不计入梁柱节点域剪切变形的影响，近似按框架轴线进行分析。

(3) 钢框架—支撑结构的斜杆可按端部铰接杆计算；其框架部分按刚度分配计算得到的地震层剪力应乘以调整系数，达到不小于结构底部总地震剪力的 25%和框架部分计算最大

层剪力 1.8 倍两者中的较小值。

(4) 中心支撑框架的斜杆轴线偏离梁柱轴线交点不超过支撑杆件的宽度时，仍可按中心支撑框架分析，但应计及由此产生的附加弯矩。

(5) 内藏钢支撑钢筋混凝土墙板和带竖缝钢筋混凝土墙板应按有关规定计算，带竖缝钢筋混凝土墙板可仅承受水平荷载产生的剪力，不承受竖向荷载产生的压力。

(6) 钢框架梁的上翼缘采用抗剪连接件与组合楼板连接时，可不验算地震作用下的整体稳定。

(7) 钢结构转换构件下的钢框架柱，地震内力应乘以增大系数，其值可采用 1.5。

(8) 在抗震设计中，一般高层钢结构可不考虑风荷载及竖向地震的作用，但对于高度大于 60m 的高层钢结构须考虑风荷载的作用，在 9 度区尚需考虑竖向地震的作用。

第四节　多高层钢结构的截面设计与抗震构造

一、作用效应验算

多高层建筑钢结构的第一阶段抗震设计，结构构件的承载力应满足下式要求，即

$$S \leqslant \frac{R}{\gamma_{RE}} \tag{9-9}$$

式中　S——地震作用效应组合设计值；

R——结构构件承载力设计值；

γ_{RE}——结构构件承载力抗震调整系数，除另有规定外，均按表 9-5 的规定选用（当仅考虑竖向效应组合时，各类结构构件承载力抗震调整系数均取 1.0）。

表 9-5　各类结构构件承载力抗震调整系数

材料	结构构件	受力状态	γ_{RE}
钢结构	柱、梁、支撑、节点板件、螺栓、焊缝	强度	0.75
	柱、支撑	稳定	0.80

在多遇地震作用下，多、高层建筑钢结构的弹性层间位移角应小于 1/250，结构平面端部构件的最大侧移不得超过质心侧移的 1.3 倍。在罕遇地震作用下，钢结构的弹塑性层间位移角应小于 1/50；结构层间侧移延性比对于纯框架、偏心支撑框架、中心支撑框架、有混凝土剪力墙的钢框架应分别大于 3.5、3.0、2.5 和 2.0。

二、钢结构的抗震截面设计

1. 钢框架截面设计

延性钢框架的抗震设计同样要符合“强柱弱梁”的设计概念，即梁段屈服形成梁铰机制。试验研究表明，设计合理的节点域由于应变硬化和其他因素，板件剪切屈服具有延性大、耗能稳定、承载力不退化等特点。梁和节点域都屈服的框架，其延性和耗能能力大，对梁的塑性变形能力的要求相对比较低。因此，钢框架的屈服耗能机制是以梁和节点域板件屈服耗能为主，允许部分柱屈服的混合塑性铰机制。

研究还表明，节点域板件太薄，受剪承载力过小，会引起节点域板件剪切屈曲；过大的节点域剪切变形会降低框架刚度，使框架侧向位移过大；节点域过早屈服还会降低框架的弹

性极限承载力，并可能使梁柱不屈服，仅产生节点域塑性变形，从而不能满足大震时框架的塑性变形要求。若节点域板件太厚，不仅用钢量大，还有可能不屈服，不能发挥其塑性变形和耗能能力。

因此，要实现钢框架“强柱弱梁”的抗震设计概念，框架节点处的抗震承载力应符合下列规定：

(1) 节点左右梁端和上下柱端的全塑性承载力，除下列情况之一外，均应符合式(9-10)和式(9-11)的要求：

1) 柱所在楼层的受剪承载力比相邻上一层的受剪承载力高25%。

2) 柱轴压比不超过0.4，或$N_2 \leqslant \varphi A_c f$（$N_2$为2倍地震作用下的组合轴力设计值)。

3) 与支撑斜杆相连的节点。

等截面梁

$$\sum W_{pc}\left(f_{yc}-\frac{N}{A_c}\right) \geqslant \eta \sum W_{pb} f_{yb} \tag{9-10}$$

端部翼缘变截面的梁

$$\sum W_{pc}\left(f_{yc}-\frac{N}{A_c}\right) \geqslant \sum (\eta W_{pb1} f_{yb} + V_{pb} s) \tag{9-11}$$

式中 W_{pc}、W_{pb}——交汇于节点的柱和梁的塑性截面模量；

W_{pb1}——梁塑性铰所在截面的梁塑性截面模量；

f_{yc}、f_{yb}——柱和梁的钢材屈服强度；

N——地震组合的柱轴力；

A_c——框架柱的截面面积；

η——强柱系数，一级取1.15，二级取1.10，三级取1.05；

V_{pb}——梁塑性铰剪力；

s——塑性铰至柱面的距离，塑性铰可取梁端部变截面翼缘的最小处。

(2) 节点域的屈服承载力应符合下式要求，即

$$\psi \frac{M_{pb1}+M_{pb2}}{V_p} \leqslant \frac{4}{3} f_{yv} \tag{9-12}$$

式中 V_p——节点域的体积［对工字形截面柱，取为$h_{b1}h_{c1}t_w$；对箱形截面柱，取为$1.8h_{b1}h_{c1}t_w$；对圆管截面柱，取为$(\pi/2)\ h_{b1}h_{c1}t_w$］；

M_{pb1}、M_{pb2}——节点域两侧梁的全塑性受弯承载力；

f_{yv}——钢材的屈服抗剪强度，取钢材屈服强度的0.58倍；

ψ——折减系数，三、四级取0.6，一、二级取0.7；

t_w——柱在节点域的腹板厚度；

h_{b1}、h_{c1}——梁翼缘厚度中点间的距离和柱翼缘（或钢管直径线上管壁）厚度中点间的距离。

(3) 工字形截面柱和箱形截面柱的节点域受剪承载力应满足下式要求，即

$$\frac{M_{b1}+M_{b2}}{V_p} \leqslant \frac{4}{3} f_v/\gamma_{RE} \tag{9-13}$$

式中 f_v——钢材的抗剪强度设计值；

M_{b1}、M_{b2}——节点域两侧梁的弯矩设计值；

γ_{RE}——节点域承载力抗震调整系数，取0.75。

(4) 工字形截面柱和箱形截面柱节点域的腹板厚度应满足下式要求，即

$$t_{w} \geqslant \frac{h_{b1}+h_{c1}}{90} \tag{9-14}$$

2. 中心支撑框架构件截面设计

（1）在大震作用下，支撑斜杆反复受拉压屈曲后，会使支撑框架刚度降低，滞回耗能能力降低。因此，须提高支撑斜杆的轴向承载力，推迟其受压屈曲。

在验算地震作用下中心支撑斜杆的受压承载力时，要考虑罕遇地震下受压承载力退化的影响。支撑斜杆受压承载力的退化程度与支撑长细比有关，支撑长细比越大，下降幅度越大。中心支撑框架支撑斜杆的受压承载力应按下式验算，即

$$\frac{N}{\varphi A_{br}} \leqslant \frac{\psi f}{\gamma_{RE}} \tag{9-15}$$

$$\psi = \frac{1}{1+0.35\lambda_{n}} \tag{9-16}$$

$$\lambda_{n} = \frac{\lambda}{\pi}\sqrt{\frac{f_{ay}}{E}} \tag{9-17}$$

式中　N——支撑斜杆的轴向力设计值；

A_{br}——支撑斜杆的截面面积；

φ——轴心受压构件的稳定系数；

ψ——受循环荷载时的强度降低系数；

λ、λ_{n}——支撑斜杆的长细比和正则化长细比；

E——支撑斜杆钢材的弹性模量；

f、f_{ay}——钢材的强度设计值和屈服强度；

γ_{RE}——支撑稳定破坏承载力抗震调整系数。

（2）大震作用下，如果人字支撑或V形支撑的一根杆受压屈曲，其承载力将下降，导致横梁在支撑连接处出现不平衡集中力，使横梁产生竖向变形，并在横梁两端出现塑性铰。人字支撑会使横梁破坏和楼板下陷；V形支撑会使横梁和楼板上鼓。如果人字支撑或V形支撑的尖端处横梁铰接，将不能抵抗这种竖向变形。因此，人字支撑和V形支撑的框架梁在支撑连接处应保持连续，并按不计入支撑支点作用的梁验算重力荷载和支撑屈曲时不平衡力作用下的承载力；不平衡力应按受拉支撑的最小屈服承载力和受压支撑最大屈曲承载力的0.3倍计算。必要时，人字支撑和V形支撑可沿竖向交替设置或采用拉链柱，见图9-24。顶层和出屋面房间的梁可不进行此项验算。

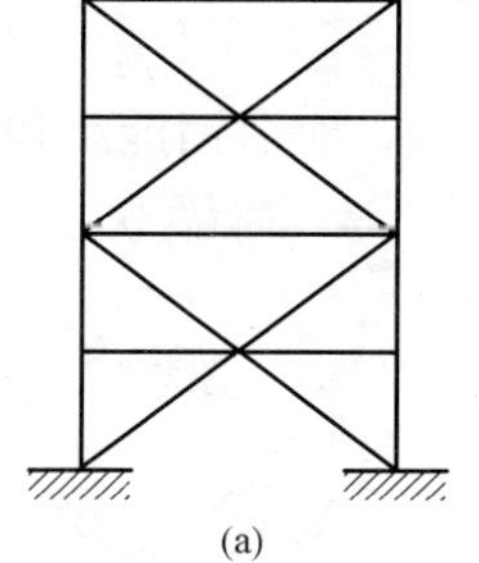
(a)

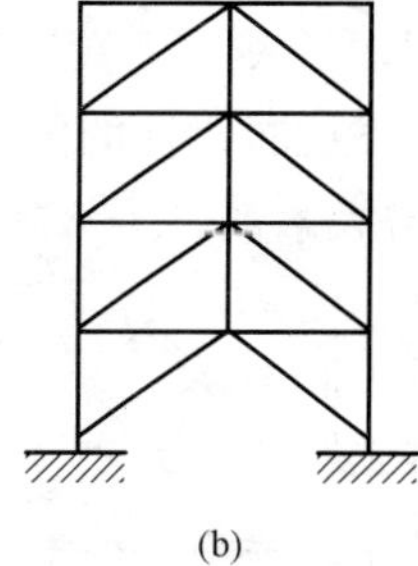
(b)

图9-24　人字支撑的布置

（a）人字和V形交替布置；（b）拉链柱

3. 偏心支撑框架构件截面设计

为实现强柱、强梁、强支撑和弱消能梁段的设计原则，偏心支撑框架的抗震承载力验算应符合下列规定：

（1）消能梁段的受剪承载力应符合下列要求，即

$$V \leqslant \frac{\varphi V_{l}}{\gamma_{RE}} \quad (N \leqslant 0.15Af\ 时) \tag{9-18}$$

$$V \leqslant \frac{\varphi V_{lc}}{\gamma_{RE}} \qquad (N > 0.15Af \text{ 时}) \tag{9-19}$$

式中 V、N——消能梁段的剪力设计值和轴力设计值；

A——消能梁段的截面面积；

f——消能梁段钢材的强度设计值；

φ——系数，可取 0.9；

γ_{RE}——消能梁段承载力抗震调整系数，取 0.75。

式（9-18）中 V_l 为消能梁段的受剪承载力，取 $0.58A_w f_{ay}$ 和 $2M_{lp}/a$ 两者中的较小值，其中

$$A_w = (h - 2t_f)t_w$$

$$M_{lp} = W_p f$$

式中 M_{lp}——消能梁段的全塑性受弯承载力；

A_w——腹板截面面积；

W_p——消能梁段的塑性截面模量；

a、h、t_w、t_f——消能梁段的净长、截面高度、腹板厚度和翼缘厚度；

f_{ay}——消能梁段钢材的屈服强度。

式（9-19）中 V_{lc} 为消能梁段计入轴力影响的受剪承载力，可取 $0.58A_w f_{ay}\left[1-N/(Af)^2\right]^{0.5}$ 和 $2.4M_{lp}\left[1-N/(Af)\right]/a$ 两者中的较小值，式中各符号意义同上。

（2）偏心支撑框架中，为了确保消能梁段能进入弹塑性工作，消耗地震输入能量，非消能梁段、柱及支撑构件仍保持弹性受力状态，与消能梁段相连构件的内力设计值应按下列要求调整。

1）支撑斜杆的轴力设计值，应取与支撑斜杆相连接的消能梁段达到受剪承载力时支撑斜杆轴力与增大系数的乘积。其增大系数，一级不应小于 1.4，二级不应小于 1.3，三级不应小于 1.2。

2）位于消能梁段同一跨的框架梁内力设计值，应取消能梁段达到受剪承载力时框架梁内力与增大系数的乘积。其增大系数，一级不应小于 1.3，二级不应小于 1.2，三级不应小于 1.1。

3）框架柱的内力设计值，应取消能梁段达到受剪承载力时柱内力与增大系数的乘积。其增大系数，一级不应小于 1.3，二级不应小于 1.2，三级不应小于 1.2。

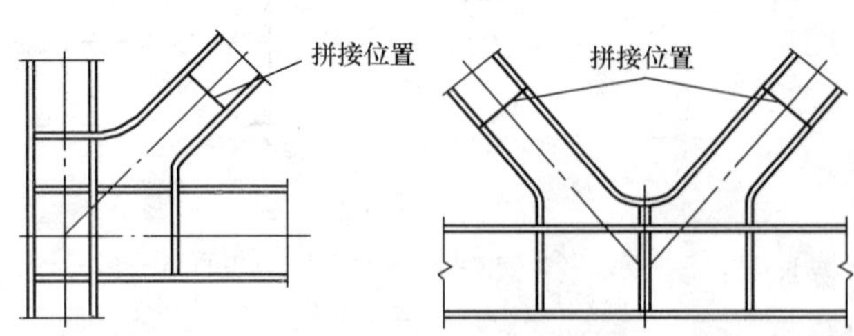

图 9-25 支撑端部刚接构造示意图

（3）支撑斜杆设计与消能梁连接的承载力不得小于支撑的承载力。若支撑须抵抗弯矩，则支撑与梁的连接应采用刚接（见图 9-25），并按抗压弯连接设计。

4. 钢结构抗侧力构件的连接计算

钢结构构件连接主要包括梁柱的连接、支撑与梁柱的连接、支撑与梁柱的拼接和柱脚，连接方式有焊接、高强度螺栓连接和栓焊混合连接。钢结构抗侧力构件的连接须符合“强连接，弱构件”的原则，其连接计算应满足下列要求：

（1）钢结构抗侧力构件连接的承载力设计值不应小于相连构件的承载力设计值；高强度螺栓连接不得滑移。

（2）钢结构抗侧力构件连接的极限承载力应大于相连构件的屈服承载力。

（3）梁与柱刚性连接的极限承载力应按下列公式验算，即

$$M_u^j \geqslant \eta_j M_p \tag{9-20}$$

$$V_u^j \geqslant 1.2 \times \frac{2M_p}{l_n} + V_{Gb} \tag{9-21}$$

式中　M_p——梁的塑性受弯承载力；

V_{Gb}——梁在重力荷载代表值（9 度时高层建筑尚应包括竖向地震作用标准值）作用下，按简支梁分析的梁端截面剪力设计值；

l_n——梁的净跨；

M_u^j、V_u^j——连接的极限受弯、受剪承载力；

η_j——连接系数，可按表 9-6 采用。

（4）支撑与框架的连接，以及梁、柱、支撑的拼接极限承载力应按下列公式验算，即

支撑连接和拼接　$$N_{ubr}^j \geqslant \eta_j A_{br} f_y \tag{9-22}$$

梁的拼接　$$M_{ub,sp}^j \geqslant \eta_j M_p \tag{9-23}$$

柱的拼接　$$M_{uc,sp}^j \geqslant \eta_j M_{pc} \tag{9-24}$$

式中　A_{br}——支撑杆件的截面面积；

N_{ubr}^j——支撑连接和拼接的极限受压（拉）承载力；

$M_{ub,sp}^j$、$M_{uc,sp}^j$——梁、柱拼接的受弯承载力；

M_{pc}——考虑轴力影响时柱的塑性受弯承载力。

（5）柱脚与基础的连接极限承载力应按下列公式验算，即

$$M_{u,base}^j \geqslant \eta_j M_{pc} \tag{9-25}$$

式中　$M_{u,base}^j$——柱脚的极限受弯承载力。

表 9-6　钢结构抗震设计的连接系数

母材牌号	梁柱连接		支撑连接，构件拼接		柱脚	
	焊接	螺栓连接	焊接	螺栓连接		
Q235	1.40	1.45	1.25	1.30	埋入式	1.2
Q345	1.30	1.35	1.20	1.25	外包式	1.2
Q345GJ	1.25	1.30	1.15	1.20	外露式	1.1

注　1　屈服强度高于 Q345 的钢材，按 Q345 的规定采用。

2　屈服强度高于 Q345GJ 的 GJ 钢材，按 Q345GJ 的规定采用。

3　翼缘焊接腹板栓接时，连接系数分别按表中连接形式取用。

三、钢框架结构的抗震构造措施

（1）长细比和轴压比均较大的柱，其延性较小，并容易发生全框架整体失稳。对柱的长细比和轴压比做出限制，就能控制二阶效应对柱极限承载力的影响。为了保证框架柱具有较好的延性，地震区柱的长细比不应大于表 9-7 的规定。

表 9-7 框架柱长细比限制

抗震等级（级）	一	二	三	四
长细比	$60\sqrt{235/f_{ay}}$	$80\sqrt{235/f_{ay}}$	$100\sqrt{235/f_{ay}}$	$120\sqrt{235/f_{ay}}$

（2）梁、柱板件的宽厚比过大，受力过程中易局部失稳，从而降低构件的承载力。为保证框架梁柱在罕遇地震下有较大的塑性变形能力，多、高层钢结构框架梁柱板件的宽厚比应符合表 9-8 的规定。

表 9-8 框架梁、柱板件宽厚比限值

板件 \ 抗震等级（级）		一	二	三	四
柱	工字型截面翼缘外伸部分	10	11	12	13
	工字型截面腹板	43	45	48	52
	箱型截面壁板	33	36	38	40
梁	工字型截面和箱型截面翼缘外伸部分	9	9	10	11
	箱型截面翼缘在两腹板之间部分	30	30	32	36
	工字型截面和箱型截面腹板	$72-120N_b/(Af)\leqslant 60$	$72-110N_b/(Af)\leqslant 65$	$80-100N_b/(Af)\leqslant 70$	$85-100N_b/(Af)\leqslant 75$

注 1 表中所列数值适用于 Q235 钢，采用其他牌号钢材时，应乘以 $\sqrt{235/f_{ay}}$。
2 $N_b/(Af)$ 为梁轴压比。

（3）梁柱构件的侧向支承应符合下列要求：梁柱构件受压翼缘应根据需要设置侧向支承；梁柱构件在出现塑性铰的截面，上、下翼缘均应设置侧向支承；相邻两侧向支承点间的构件长细比应符合现行国家标准的有关规定。当梁上翼缘与楼板有可靠连接时，简支梁可不设置侧向支承，固端梁下翼缘在梁端 0.15 倍梁跨附近宜设置隅撑。梁端采用梁端扩大、加盖板或骨形连接时，应在塑性区外设置竖向加劲肋，隅撑与偏置的竖向加劲肋相连。梁端翼缘宽度较大，对梁下翼缘侧向约束较大时，也可不设隅撑。

（4）梁与柱的连接构造应符合下列要求：

1）梁与柱的连接宜采用柱贯通型。

2）柱在两个互相垂直的方向都与梁刚接时，宜采用箱形截面，并在梁翼缘连接处设置隔板；隔板采用电渣焊时，柱壁板厚度不宜小于 16mm，小于 16mm 时可改用工字形柱或采用贯通式隔板。当柱仅在一个方向与梁刚接时，宜采用工字形截面，并将柱腹板置于刚接框架平面内。

3）工字形柱（绕强轴）和箱形柱与梁刚接时（见图 9-26），应符合下列要求：

a. 梁翼缘与柱翼缘间应采用全熔透坡口焊缝；一、二级时，应检验焊缝的 V 形切口冲击韧性，其夏比冲击韧性在－20℃时不低于 27J。

b. 柱在梁翼缘对应位置应设置横向加劲肋（隔板），加劲肋（隔板）厚度不应小于梁翼缘厚度，强度与梁翼缘相同。

c. 梁腹板宜采用摩擦型高强度螺栓与柱连接板相连（经工艺试验合格能确保现场焊接

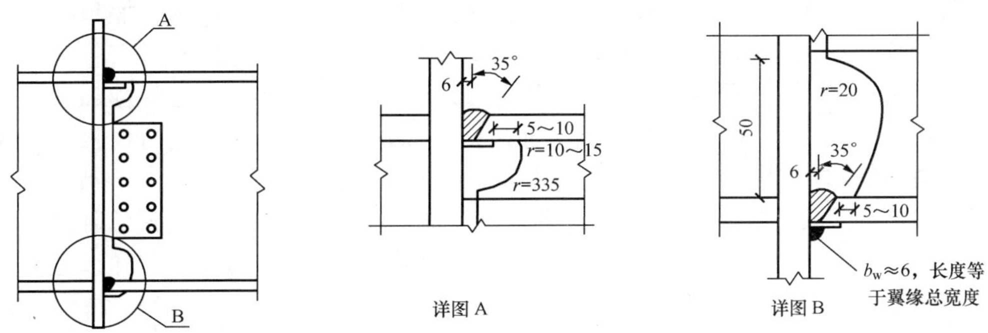

图 9－26　框架梁与柱的现场连接（单位：mm）

质量时，可用气体保护焊进行焊接)；腹板角部应设置焊接孔，孔形应使其端部与梁翼缘和柱翼缘间的全熔透坡口焊缝完全隔开。

d. 腹板连接板与柱的焊接，当板厚不大于 16mm 时应采用双面角焊缝，焊缝有效厚度应满足等强度要求，且不小于 5mm；板厚大于 16mm 时采用 K 形坡口对接焊缝。两种焊缝均宜采用气体保护焊，且板端应绕焊。

e. 一级和二级时，宜采用能将塑性铰自梁端外移的端部扩大形连接、梁端加盖板或骨形连接。

4）框架梁采用悬臂梁段与柱刚性连接时（见图 9－27），悬臂梁段与柱应采用全焊接连接，此时上、下翼缘焊接孔的形式宜相同；梁的现场拼接可采用翼缘焊接腹板螺栓连接或全部螺栓连接。

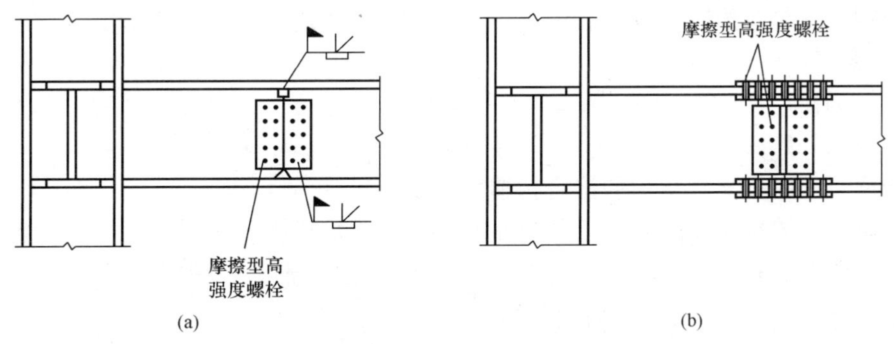

图 9－27　框架柱与梁悬臂段的连接

（a）翼缘焊接腹板螺栓连接；（b）全部螺栓连接

5）箱形柱在与梁翼缘对应位置设置的隔板，应采用全熔透对接焊缝与壁板相连。工字形柱的横向加劲肋与柱翼缘应采用全熔透对接焊缝连接，与腹板可采用角焊缝连接。

（5）在罕遇地震下，框架节点可能进入塑性区，应保证塑性区的整体性。因此，梁与柱刚性连接时，柱在梁翼缘上下各 500mm 的节点范围内，柱翼缘与柱腹板间或箱形柱壁板间的连接焊缝应采用坡口全熔透焊缝。

（6）当节点域的腹板厚度不满足式（9－12）～式（9－14）的规定时，应采取加厚柱腹板或贴焊补强板的措施。补强板的厚度及其焊缝应按传递补强板所分担剪力的要求设计。加厚节点域和贴焊补强板的加强措施如下：

1）对焊接组合柱，宜加厚节点板，将节点域范围内的柱腹板更换为较厚板件。加厚板件应伸出柱横向加劲肋之外各150mm，并采用对接焊缝与柱腹板相连。

2）对轧制H形柱，可贴焊补强板加强。补强板上、下边缘可不伸过横向加劲肋或伸过柱横向加劲肋之外各150mm。当补强板不伸过横向加劲肋时，加劲肋应与柱腹板焊接，补强板与加劲肋之间的角焊缝应能传递补强板所分担的剪力，且厚度不小于5mm；当补强板伸过加劲肋时，加劲肋仅与补强板焊接，此焊缝应能将加劲肋传来的力传递给补强板，补强板的厚度及其焊缝应按传递该力的要求设计。补强板侧边可采用角焊缝与柱翼缘相连，其板面还应采用塞焊与柱腹板连成整体。塞焊点之间的距离不应大于相连板件中较薄板件厚度的21 $\sqrt{235/f_y}$倍。

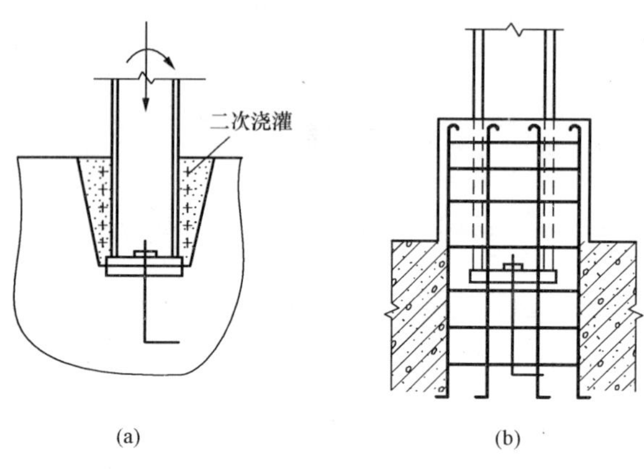

图9-28　埋入式和外包式刚接柱脚
（a）埋入式；（b）外包式

（7）框架柱的连接接头应放在柱受力小的位置，其接头距框架梁上方的距离可取1.3m和1/2柱净高两者中的较小值。上、下柱的对接接头应采用全熔透焊缝，柱拼接接头上下各100mm范围内，工字型柱翼缘与腹板间及箱型柱角部壁板间的焊缝，应采用全熔透焊缝。

（8）高层钢结构的柱脚分为埋入式、外包式（见图9-28）和外露式三种。日本阪神地震的经验表明，非埋入式柱脚，特别是在地面以上的非埋入式柱脚在地震时易产生破坏，因此钢结构的刚接柱脚宜采用埋入式。埋入式柱脚的埋入深度应通过计算确定，其值不小于型钢截面长边尺寸的2.5倍。

外包式柱脚在地震中性能欠佳，一般只在6、7度设防时采用；6、7度且高度不超过50m时也可采用外露式。

四、钢框架—中心支撑结构的抗震构造措施

（1）支撑杆件的滞回耗能取决于其受压性能，应采取措施防止斜杆平面外屈曲，措施之一是限制支撑杆件的长细比。长细比小的杆件，滞回曲线丰满、消能性能好、工作性能稳定。中心支撑杆件的长细比，按压杆设计时，不应大于120 $\sqrt{235/f_{ay}}$；一～三级中心支撑不得采用拉杆设计，四级采用拉杆设计时，其长细比不应大于180。

（2）支撑斜杆在轴向压力作用下，翼缘和腹板有可能在斜杆丧失整体稳定或承载力破坏前先出现局部屈曲，导致斜杆丧失承载能力。为了保证在斜杆发生整体屈曲前，其板件不发生局部屈曲，支撑杆件的板件宽厚比不应大于表9-9中规定的限值。采用节点板连接时，应注意节点板的强度和稳定。

表9-9　钢结构中心支撑板件宽厚比限值

板件名称	一级	二级	三级	四级
翼缘外伸部分	8	9	10	13
工字型截面腹板	25	26	27	33
箱型截面腹板	18	20	25	30
圆管外径和壁厚比	38	40	40	42

注　表中所列数值仅适用于Q235钢，采用其他牌号钢材时，应乘以$\sqrt{235/f_{ay}}$，圆管应乘以$235/f_{ay}$。

（3）中心支撑节点的构造应符合下列要求：

1）一～三级支撑宜采用H型钢制作，两端与框架可采用刚接构造，梁柱与支撑连接处应设置加劲肋，见图9-29；一级和二级采用焊接工字形截面的支撑时，其翼缘与腹板的连接宜采用全熔透连续焊缝。

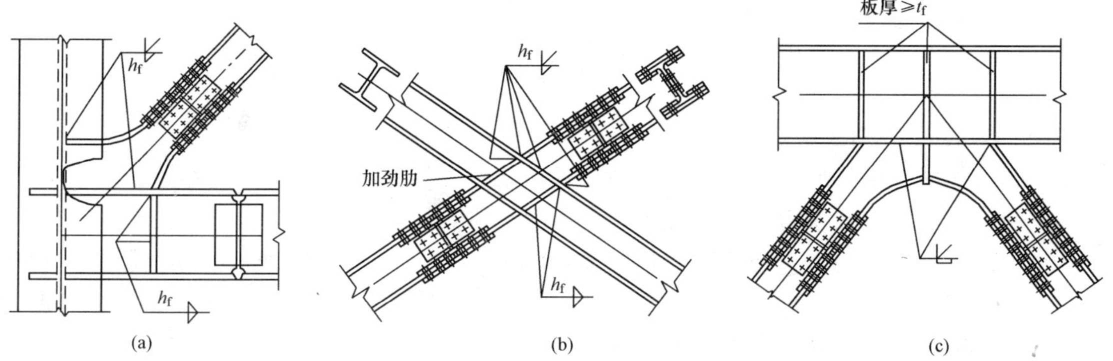

图9-29　H型钢支撑连接节点实例

（a）支撑斜杆在框架节点处的连接；（b）十字形交叉支撑的中间节点连接；（c）支撑与框架横梁的连接

2）支撑与框架连接处，支撑杆端宜做成圆弧。

3）梁在其与V形支撑或人字形支撑相交处，应设置侧向支承；该支承点与梁端支承点间的侧向长细比（λ_y）以及支承力应符合《钢结构设计规范》（GB 50017—2003）有关塑性设计的规定。

4）若支撑和框架采用节点板连接应符合《钢结构设计规范》（GB 50017—2003）关于节点板在连接杆件每侧有不小于30°夹角的规定；一、二级时，支撑端部至节点板最近嵌固点（节点板与框架构件连接焊缝的端部）在沿支撑杆件轴线方向的距离不应小于节点板厚度的2倍（见图9-30）。

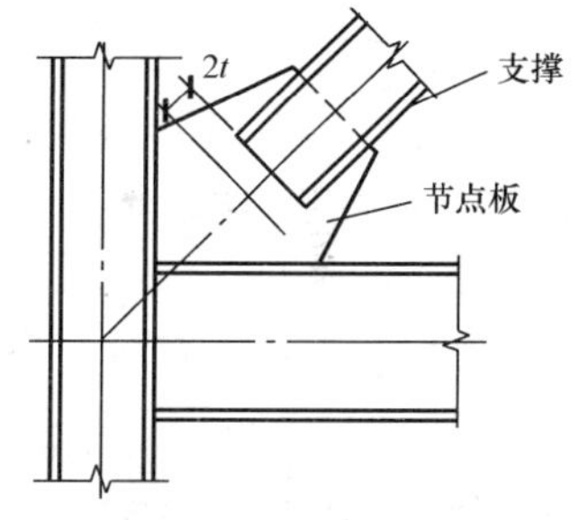

图9-30　支撑端部节点板构造示意图

（4）框架—中心支撑结构的框架部分，当房屋高度不高于100m，且框架部分按计算分配的地震剪力不大于结构底部总地震剪力的25%时，一～三级的抗震构造措施可按框架结构降低1度的相应要求采用。其他抗震构造措施应符合框架结构抗震构造措施的规定。

表9-10　偏心支撑框架梁的板件宽厚比限值

板件名称		宽厚比限值
翼缘外伸部分		8
腹板	当 $N/(Af)\leqslant 0.14$ 时	$90\,[1-1.65\,N/(Af)]$
	当 $N/(Af)>0.14$ 时	$33\,[2.3-N/(Af)]$

注　表中所列数值仅适用于Q235钢，当材料为其他钢号时，应乘以$\sqrt{235/f_{ay}}$；$N/(Af)$为梁轴压比。

五、钢框架—偏心支撑结构抗震构造措施

（1）消能梁段的屈服强度越高，屈服后的延性越差，消能能力越小。为使消能段有良好的延性和消能能力，偏心支撑框架消能梁段的钢材屈服强度不应大于345MPa。消能梁段及与其在同一跨内的非消能梁段，其板件的宽厚比不应大于表9-10的规定。

(2) 偏心支撑框架的支撑构件的长细比不应大于 $120\sqrt{235/f_{ay}}$，支撑杆件的板件宽厚比不应超过《钢结构设计规范》(GB 50017—2003) 规定的轴心受压构件在弹性设计时的宽厚比限值。

(3) 为保证消能梁段具有良好的滞回性能，其构造应符合下列要求：

1) 当 $N>0.16Af$ 时，消能梁段的长度应符合下列规定，即

$$a<1.6M_{lp}/V_l[\text{当 }\rho(A_w/A)<0.3\text{ 时}] \quad (9-26)$$

$$a\leqslant[1.15-0.5\rho(A_w/A)]1.6M_{lp}/V_l[\text{当 }\rho(A_w/A)\geqslant 0.3\text{ 时}] \quad (9-27)$$

式中 a——消能梁段的长度；

ρ——消能梁段轴向力设计值与剪力设计值之比，即 N/V。

2) 消能梁段的腹板不得贴焊补强板，也不得开洞，以保证塑性变形的发展。

3) 为了保证剪力传递、防止梁腹板屈曲，消能梁段与支撑连接处，应在其腹板两侧配置加劲肋，加劲肋的高度应为梁腹板高度，一侧的加劲肋宽度不应小于 $(b_f/2-t_w)$，厚度不应小于 $0.75t_w$ 和 10mm 两者中的较大值。

4) 消能梁段腹板的中间加劲肋需按消能梁段的长度 a 区别对待。当 a 较短时为剪切屈服型，加劲肋间距小些；当 a 较长时为弯曲屈服型，需在距端部 1.5 倍的翼缘宽度处配置加劲肋；当 a 为中等长度时，需同时满足剪切屈服型和弯曲屈服型的要求。故消能梁段应按下列要求在其腹板上设置中间加劲肋：

a. 当 $a\leqslant 1.6M_{lp}/V_l$ 时，加劲肋间距不大于 $(30t_w-h/5)$。

b. 当 $2.6M_{lp}/V_l<a\leqslant 5M_{lp}/V_l$ 时，应在距消能梁段端部各 $1.5b_f$ 处配置中间加劲肋，且中间加劲肋间距不应大于 $(52t_w-h/5)$。

c. 当 $1.6M_{lp}/V_l<a\leqslant 2.6M_{lp}/V_l$ 时，中间加劲肋的间距宜在上述两者间线性插入。

d. 当 $a>5M_{lp}/V_l$ 时，可不配置中间加劲肋。

e. 中间加劲肋应与消能梁段的腹板等高。当消能梁段截面高度不大于 640mm 时，可配置单侧加劲肋；当消能梁段截面高度大于 640mm 时，应在两侧配置加劲肋。一侧加劲肋的宽度不应小于 $(b_f/2-t_w)$，厚度不应小于 t_w 和 10mm。

(4) 偏心支撑的斜杆中心线与梁中心线的交点一般在消能梁段的端部，也允许在消能梁段内，此时将产生与消能梁段端部弯矩方向相反的附加弯矩，从而减少消能梁段和支撑杆的弯矩，对抗震有利；但交点不应在消能梁段以外，因此时将增大支撑和消能梁段的弯矩，对抗震不利（见图 9-31）。

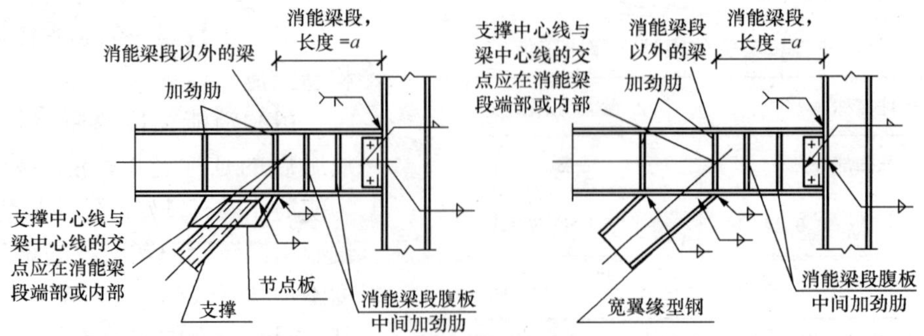

图 9-31 偏心支撑构造

（5）消能梁段与框架柱的连接为刚性节点（见图 9-32），应符合以下要求：

1）消能梁段与柱连接时，其长度不得大于$1.6M_{lp}/V_l$，且应满足相关标准的规定。

2）消能梁段翼缘与柱翼缘之间应采用坡口全熔透对接焊缝连接，消能梁段腹板与柱之间应采用角焊缝（气体保护焊）连接；角焊缝的承载力不得小于消能梁段腹板的轴力、剪力和弯矩同时作用时的承载力。

3）消能梁段与柱腹板连接时，消能梁段翼缘与横向加劲板之间应采用坡口全熔透焊缝，其腹板与柱连接板之间应采用角焊缝（气体保护焊）连接；角焊缝的承载力不得小于消能梁段腹板的轴力、剪力和弯矩同时作用时的承载力。

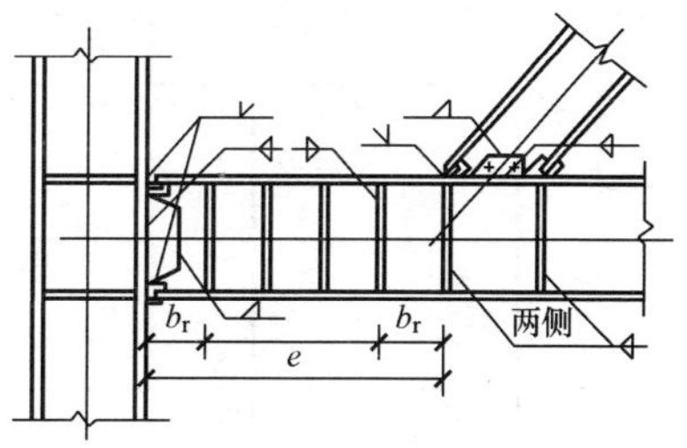

图 9-32　消能梁段与柱翼缘的连接

（6）为承受平面外扭转，消能梁段两端上、下翼缘应设置侧向支撑，支撑的轴力设计值不得小于消能梁段翼缘轴向承载力设计值的 6%，即 $0.06b_f t_f f$；为保持偏心支撑框架梁非消能梁段的稳定，其上、下翼缘应设置侧向支撑，支撑的轴力设计值不得小于梁翼缘轴向承载力的 2%，即 $0.02b_f t_f f$。

（7）框架—偏心支撑结构的框架部分，当房屋高度不高于 100m，且框架部分按计算分配的地震作用不大于结构底部总地震剪力的 25%时，一～三级的抗震构造措施可按框架结构降低 1 度的相应要求采用；其他抗震构造措施应符合框架结构抗震构造措施的规定。

第五节　设　计　案　例

某大学教学楼，主体为 7 层纯钢框架结构，局部 8 层。层高 3.9m，室内外高差为 0.45m，建筑物总高度为 27.75m，总建筑面积为8 358.0m²。该建筑总长为 70.7m，横向三跨，宽度为 6.6m（边跨）和 2.7m（中跨）；12 榀横向框架，柱距为 6.6m（局部柱距为 3.3、6.9、7.2m）。标准层建筑平面见文后插图 9-33。

一、设计资料

1. 基本设计条件

抗震设防类别：标准设防类；抗震设防烈度为 8 度，设计基本地震加速度为 0.2g，设计地震分组为第一组；建筑场地类别为 I_1 类；结构抗震等级为三级；结构设计使用年限为 50 年；建筑结构安全等级为二级。

基本风压为 0.40kN/m²（地面粗糙度属 C 类）；基本雪压为 0.35kN/m²；土壤冻结深度为 0.8m；地下水位按室外地坪以下 4m 考虑，地下水无侵蚀性。

2. 材料选用

钢材：均采用 Q345-B 钢（$E=2.06\times10^5\text{N/mm}^2$）。

墙体：±0.000m 以下墙体采用 M10 水泥砂浆砌 MU10 烧结砖；±0.000m 以上内外墙体均采用 M5 混合砂浆砌 MU5 加气混凝土砌块。

楼板：结构层采用 100 厚压型钢板组合楼板，选用双波型 W-500 压型钢板。

二、横向框架计算简图及梁柱线刚度

1. 确定框架计算简图

本案例取 15 轴框架进行内力分析。假定框架柱嵌固于基础顶面，框架梁与柱采用刚性

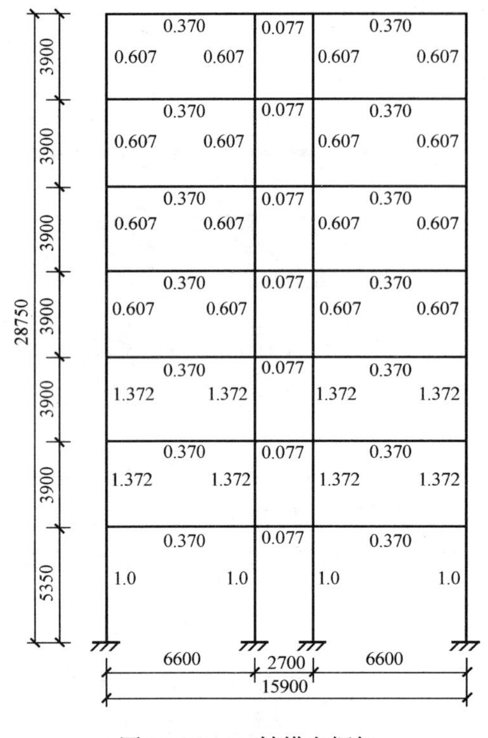

图 9-34 15 轴横向框架计算简图（单位：mm）

连接，梁跨等于轴线之间的距离。底层柱高取从基础顶面至一层楼盖顶面的距离，基础埋深初定为室外地面以下 1.0m，故底层柱高为 5.35m；其余各层柱高取上、下两层楼盖顶面之间的高度，均为 3.9m。框架计算简图见图 9-34。

2. 构件截面尺寸及线刚度计算

(1) 框架柱：多层钢框架的柱截面通常选用热轧宽翼缘 H 型钢。根据经验，并考虑计算方便，柱截面尺寸及线刚度计算如下：

1～3 层：选用 HW502×470×20×25。

4 层以上：选用 HW400×400×13×21。

$$i_{底层柱}=\frac{EI_c}{h}=2.06\times10^5\times\frac{150\,283\times10^4}{5350}=5.787\times10^4\ (\text{kN}\cdot\text{m})$$

$$i_{2\sim3层}=\frac{EI_c}{h}=2.06\times10^5\times\frac{150\,283\times10^4}{3900}=7.938\times10^4\ (\text{kN}\cdot\text{m})$$

$$i_{4\sim7层}=\frac{EI_c}{h}=2.06\times10^5\times\frac{66\,455\times10^4}{3900}=3.51\times10^4\ (\text{kN}\cdot\text{m})$$

(2) 框架梁：对于简支梁，当容许挠度按 $l/400$ 确定，承受均布荷载时，其最小高度可按 $l/10.2$（Q345）确定。框架梁的截面高度，可参考简支梁的要求进行调整，将截面高度减小一些。15 轴框架为中框架，因采用压型钢板组合楼板，所以梁的惯性矩取 1.5 倍 I_b（I_b 为钢梁惯性矩）。框架梁截面尺寸及线刚度计算如下：

所有纵向框架梁及 6.6m 跨的横向框架梁：选用 HN500×200×10×16。

2.7m 跨横向框架梁：选用 HN250×125×6×9。

$$i_{6.6\text{m}}=\frac{EI_b}{l}=1.5\times2.06\times10^5\times\frac{45\,685\times10^4}{6600}=2.139\times10^4\ (\text{kN}\cdot\text{m})$$

$$i_{2.7\text{m}}=\frac{EI_b}{l}=1.5\times2.06\times10^5\times\frac{3868\times10^4}{2700}=0.443\times10^4\ (\text{kN}\cdot\text{m})$$

纵、横向次梁均选用 HN350×175×7×11。

3. 框架梁柱相对线刚度计算

令 $i_{底层柱}=1.0$，则其余各杆件的相对线刚度如图 9-34 所示，作为计算各节点杆端弯矩分配系数的依据。

三、重力荷载计算

1. 主要材料及构件自重

加气混凝土砌块为 8kN/m³；钢筋混凝土为 25kN/m³；钢窗为 0.45kN/m²；木门为 0.2kN/m²。

2. 内外墙荷载标准值

(1) 外墙做法：

一底二涂高弹丙烯酸涂料；
3 厚专用胶两次粘贴；
20 厚聚苯乙烯泡沫塑料板加压粘牢，板面打磨成细麻面；
10 厚 1∶1（质量比）水泥专用胶粘剂刮于板背面；
20 厚 2∶1∶8 水泥石灰砂浆找平；
200 厚加气混凝土砌块；
20 厚石灰砂浆抹灰（卫生间处为水泥砂浆抹灰）。

外墙单位面积重力荷载标准值统一按下值考虑，即

$$0.5\times0.02+16\times0.01+17\times0.02+8\times0.2+17\times0.02=2.45(\mathrm{kN/m^2})$$

（2）内墙做法（普通房间）：
200 厚加气混凝土砌块；
20 厚水泥石灰砂浆双面抹灰（卫生间处一面为水泥砂浆抹灰）。

内墙单位面积重力荷载标准值统一按下值考虑，即

$$17\times0.02\times2+8\times0.20=2.28(\mathrm{kN/m^2})$$

3. 屋面及楼面永久荷载标准值

（1）屋面永久荷载标准值（倒置式屋面，不上人）：

40 厚 C20 细石混凝土，内配Φ 4@150×150 钢筋网片	$24\times0.04=0.96(\mathrm{kN/m^2})$
干铺无纺聚酯纤维布隔离层	$0.01\mathrm{kN/m^2}$
25 厚挤塑聚苯乙烯泡沫塑料板保温层	$0.5\times0.025=0.0125(\mathrm{kN/m^2})$
4 厚高聚物改性沥青防水卷材层	$0.01\mathrm{kN/m^2}$
20 厚 1∶3 水泥砂浆掺聚丙烯找平层	$20\times0.02=0.40(\mathrm{kN/m^2})$
1∶8 水泥膨胀珍珠岩找 2%坡，最薄处 20 厚	$7\times(0.18+0.02)/2=0.7(\mathrm{kN/m^2})$
100 厚压型钢板组合楼板混凝土部分	$25\times0.10=2.50(\mathrm{kN/m^2})$
双波型 W-500 压型钢板	$0.11\mathrm{kN/m^2}$
装饰层	$0.30\mathrm{kN/m^2}$
合计：	$5.0\mathrm{kN/m^2}$

（2）楼面永久荷载标准值（普通房间）：

水磨石楼面（总厚度 30）	$0.65\mathrm{kN/m^2}$
100 厚压型钢板组合楼板混凝土部分	$25\times0.10=2.50(\mathrm{kN/m^2})$
双波型 W-500 压型钢板	$0.11\mathrm{kN/m^2}$
装饰层	$0.30\mathrm{kN/m^2}$
合计：	$3.56\mathrm{kN/m^2}$

（3）楼面永久荷载标准值（卫生间）：

水磨石防水楼面（总厚度 97）	$2.17\mathrm{kN/m^2}$
100 厚压型钢板组合楼板混凝土部分	$25\times0.10=2.50(\mathrm{kN/m^2})$
双波型 W-500 压型钢板	$0.11\mathrm{kN/m^2}$
装饰层	$0.30\mathrm{kN/m^2}$
合计：	$5.08\mathrm{kN/m^2}$

4. 屋面及楼面均布可变荷载标准值

屋面基本雪压，考虑50年一遇，取 s_0=0.35kN/m²，μ_r=1.0，故屋面雪荷载标准值为 s_k=1.0×0.35=0.35（kN/m²）；不上人屋面均布可变荷载标准值为0.5kN/m²；教室、会议室、卫生间等楼面可变荷载标准值为2.0kN/m²；走廊、楼梯间楼面可变荷载标准值为2.5kN/m²。

5. 各层重力荷载代表值的计算

（1）墙：各层墙体的重力荷载标准值计算见表9-11。表中，总标准值=（墙毛面积－门窗面积）×墙体单位面积重力荷载标准值+门窗面积×门窗自重。以七层为例：

外墙：（538.68－221.04）×2.45+221.04×0.45=877.686（kN）。

内墙：（821.275－77.82）×2.28+77.82×0.2=1710.64（kN）。

表9-11　墙体重力荷载标准值计算表

楼层		1	2	3	4	5	6	7	8
墙毛面积（m²）	外墙	527.96	527.96	527.96	538.68	538.68	538.68	538.68	227.14
	内墙	757.575	801.125	801.125	821.275	821.275	821.275	821.275	259.675
门窗面积（m²）	外墙	224.04	221.04	221.04	221.04	221.04	221.04	221.04	62.64
	内墙	71.58	77.82	77.82	77.82	77.82	77.82	77.82	26.46
总标准值（kN）	外墙	845.422	851.422	851.422	877.686	877.686	877.686	877.686	431.213
	内墙	1578.385	1664.70	1664.70	1710.64	1710.64	1710.64	1710.64	537.02
标准值合计（kN）		2423.807	2516.122	2516.122	2588.326	2588.326	2588.326	2588.326	968.233

（2）柱：框架柱自重为H型钢自重加装饰层重量（0.50kN/m），计算见表9-12。

H型钢HW502×470×20×25：2.54（258.7）+0.50=3.04（kN/m）。

H型钢HW400×400×13×21：1.68（171.7）+0.50=2.18（kN/m）。

表9-12　柱重力荷载标准值计算表

楼层	柱选型	每延米重量（kN/m）	柱长（m）	根数	总长（m）	标准值（kN）
8	HW400×400×13×21	2.18	3.9	16	62.4	136.032
4～7	HW400×400×13×21	2.18	3.9	48	187.2	408.096
2～3	HW502×470×20×25	3.04	3.9	48	187.2	569.088
1	HW502×470×20×25	3.04	5.35	48	256.8	780.672

（3）梁：框架梁自重为H型钢自重加装饰层重量（0.30kN/m），计算见表9-13。

H型钢HN500×200×10×16：0.863（88.1）+0.30=1.163（kN/m）。

H型钢HN250×125×6×9：0.284（29.0）+0.30=0.584（kN/m）。

HN350×175×7×11：0.48（49.4）+0.30=0.784（kN/m）。

（4）楼面、屋面的重力荷载：各层楼面、屋面的永久荷载标准值及可变荷载标准值计算见表9-14、表9-15。

（5）楼层质点重力荷载代表值的计算：计算地震作用时，建筑的重力荷载代表值应取结构和构配件自重标准值与各可变荷载组合值之和。各可变荷载组合值系数，对楼面活荷载和雪荷载取0.5，对屋面活荷载取0。

表 9-13　梁重力荷载标准值计算表

楼层	选型	每延米重量（kN/m）	梁长（m）	标准值（kN）	小计（kN）
8	HN500×200×10×16	1.163	146.1	169.92	212.69
	HN250×125×6×9	0.584	10	5.84	
	HN350×175×7×11	0.784	47.1	36.93	
4～7	HN500×200×10×16	1.163	426.8	496.368	623.256
	HN250×125×6×9	0.584	30	17.52	
	HN350×175×7×11	0.784	139.5	109.368	
1～3	HN500×200×10×16	1.163	422	490.786	617.674
	HN250×125×6×9	0.584	30	17.52	
	HN350×175×7×11	0.784	139.5	109.368	

表 9-14　楼面、屋面的永久荷载标准值计算表

楼层	部位	面积（m^2）	均布永久荷载标准值（kN/m^2）	永久荷载标准值（kN）	永久荷载合计（kN）
8	屋面	341.32	5.0	1706.7	1706.7
7	屋面	796.95	5.0	3984.75	5496.51
	楼面	298.12	3.56	1061.31	
	设备间	—	—	400	
	楼梯间	—	—	50.446	
6	教室、会议室、走廊	1010.61	3.56	3597.78	4148.67
	卫生间	64.26	5.08	326.44	
	楼梯间	—	—	224.45	
1～5	教室、会议室、走廊	1010.61	3.56	3597.78	4294.89
	卫生间	64.26	5.08	326.44	
	楼梯间	—	—	370.67	

注　1　表中楼梯间荷载取自楼梯计算数据，计算过程此处从略，下同。

2　8层设备间为电梯机房及水箱间，其荷载为粗略估算。

表 9-15　楼面、屋面的可变荷载标准值计算表

楼层	部位	面积（m^2）	均布可变荷载标准值（kN/m^2）	可变荷载标准值（kN）	可变荷载合计（kN）
8	屋面	379.62	0.5（0.35）	189.81（132.867）	189.81（132.867）
7	屋面	863.55	0.5（0.35）	431.775（302.243）	1288.715（1159.183）
	楼面	252.58	2.0	505.16	
	设备间	45.54	7.0	318.78	
	楼梯间	9.2	2.5	23	

续表

楼层	部位	面积（m^2）	均布可变荷载标准值（kN/m^2）	可变荷载标准值（kN）	可变荷载合计（kN）
6	教室、会议室、卫生间	796.32	2.0	1592.64	2254.165
	走廊、楼梯间	264.61	2.5	661.525	
1～5	教室、会议室、卫生间	796.32	2.0	1592.64	2323.065
	走廊、楼梯间	292.17	2.5	730.425	

注 括号中为考虑雪荷载组合的计算值。

各个楼层质点的重力荷载代表值 G_i 的计算过程见表 9-16。计算时，将每层的楼面荷载及上下各半层的墙、柱荷载集中到该层处，即为该层质点的重力荷载代表值。

表 9-16　　楼层质点重力荷载代表值计算表　　（kN）

质点	楼面永久荷载	楼面可变荷载	梁	柱	墙	雨篷	G_i
8	1706.7	189.81（132.867）	212.69	136.032	968.233	236.77	2774.73
7	5496.51	1288.715（1159.183）	623.256	408.096	2588.326	412.96	9162.66
6	4148.67	2254.165	623.256	408.096	2588.326	—	8895.43
5	4294.89	2323.065	623.256	408.096	2588.326	—	9076.10
4	4294.89	2323.065	623.256	408.096	2588.326	—	9076.10
3	4294.89	2323.065	617.674	569.088	2516.122	—	9114.91
2	4294.89	2323.065	617.674	569.088	2516.122	—	9159.31
1	4294.89	2323.065	617.674	780.672	2423.807	16.87	9218.94

注 表中雨篷为一层出入口处及屋顶处的雨篷，其重力荷载计算过程从略。

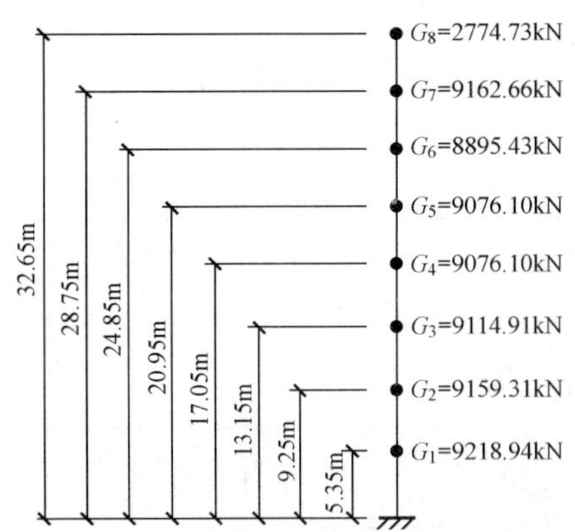

图 9-35　质点重力荷载代表值示意图

各质点重力荷载代表值如图 9-35 所示。

四、框架横向抗侧刚度计算

1. 横向框架梁的线刚度计算

本案例有 12 榀横向框架。梁一侧或两侧有楼板，会影响框架梁的惯性矩取值，进而影响框架柱的抗侧刚度。根据框架柱的横向抗抗侧刚度的不同，将框架柱做了编号，如图 9-36 所示。除图中所示外，其余边柱均为 Z1，中柱均为 Z2。

表 9-17 为横向框架梁线刚度 i_b 的计算表。表中 I_0 为矩形梁截面惯性矩，I_b 为考虑梁翼缘的影响，乘以惯性矩增大系数后的梁截面惯性矩。对于中框架梁和边框架梁，增大系数分别取 1.5 和 1.2。

2. 横向框架柱的抗侧刚度计算

采用 D 值法对各横向框架柱进行抗侧刚度计算，以 Z1、Z2 为例，计算过程见表 9-18 和表 9-19。

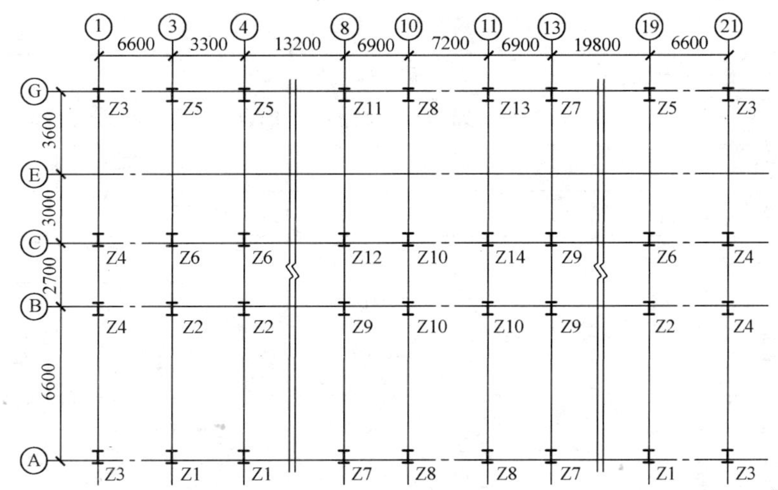

图 9-36　横向抗侧刚度计算示意图

表 9-17　　横向框架梁线刚度计算表

跨度（m）	截面（mm×mm）	I_0（mm^4）	部位	I_b（mm^4）	E（N/mm^2）	$i_b=E_cI_b/l$（kN·m）
6.6	HN500×200×10×16	45 685×10⁴	中	68 527.5×10⁴	2.06×10⁵	2.139×10⁴
			边	54 822×10⁴		1.711×10⁴
2.7	HN250×125×6×9	3868×10⁴	中	5802×10⁴		0.443×10⁴
			边	4641.6×10⁴		0.354×10⁴

表 9-18　　Z1 抗侧刚度计算表（9 根）

层数	1	2～3	4～7
选型	HW502×470×20×25	HW502×470×20×25	HW400×400×13×21
层高 h（m）	5.35	3.9	3.9
惯性矩 I_c（mm^4）	$150\ 283\times10^4$	$150\ 283\times10^4$	$66\ 455\times10^4$
钢材弹性模量 E（N/mm^2）	2.06×10^5	2.06×10^5	2.06×10^5
线刚度：$i_c=EI_c/h$（kN·m）	5.787×10^4	7.938×10^4	3.51×10^4
一般层：$\overline{K}=\dfrac{\sum i_b}{2i_c}$；底层：$\overline{K}=\dfrac{\sum i_b}{i_c}$	0.369 6	0.269 5	0.609 4
一般层：$\alpha_c=\dfrac{\overline{K}}{2+\overline{K}}$；底层：$\alpha_c=\dfrac{0.5+\overline{K}}{2+\overline{K}}$	0.367 0	0.118 7	0.233 5
抗侧刚度：$D=\alpha_c\dfrac{12i_c}{h^2}$（kN/m）	8904.2	7433.9	6466.2

Z3～Z14 的抗侧刚度计算从略。各层框架的横向抗侧刚度统计见表 9-20。

表 9-19 **Z2 抗侧刚度计算表（9 根）**

层数	1	2～3	4～7
选型	HW502×470×20×25	HW502×470×20×25	HW400×400×13×21
层高 h（m）	5.35	3.9	3.9
惯性矩 I_c（mm^4）	$150\,283\times10^4$	$150\,283\times10^4$	$66\,455\times10^4$
钢材弹性模量 E（N/mm^2）	2.06×10^5	2.06×10^5	2.06×10^5
线刚度：$i_c=EI_c/h$（kN·m）	5.787×10^4	7.938×10^4	3.51×10^4
一般层：$\overline{K}=\dfrac{\sum i_b}{2i_c}$；底层：$\overline{K}=\dfrac{\sum i_b}{i_c}$	0.446 2	0.325 3	0.735 6
一般层：$\alpha_c=\dfrac{\overline{K}}{2+\overline{K}}$；底层：$\alpha_c=\dfrac{0.5+\overline{K}}{2+\overline{K}}$	0.386 8	0.139 9	0.268 9
抗侧刚度：$D=\alpha_c\dfrac{12i_c}{h^2}$（kN/m）	9384.6	8761.5	7446.5

表 9-20 **横向框架抗侧刚度统计表** （kN/m）

层数	1	2	3	4	5	6	7	8
Z1（9）	8904.2×9 =80 137.8	7433.9×9 =66 905.1	7433.9×9 =66 905.1	6466.2×9 =58 195.8	6466.2×9 =58 195.8	6466.2×9 =58 195.8	6466.2×9 =58 195.8	—
Z2（9）	9384.6×9 =84 461.4	8761.5×9 =78 853.5	8761.5×9 =78 853.5	7446.5×9 =67 018.5	7446.5×9 =67 018.5	7446.5×9 =67 018.5	7446.5×9 =67 018.5	—
Z3（4）	8409.2×4 =33 636.8	6093.6×4 =24 374.4	6093.6×4 =24 374.4	5427.7×4 =21 710.8	5427.7×4 =21 710.8	5427.7×4 =21 710.8	5427.7×4 =21 710.8	—
Z4（4）	8819.2×4 =35 276.8	7208.4×4 =28 833.6	7208.4×4 =28 833.6	6294.5×4 =25 178	6294.5×4 =25 178	6294.5×4 =25 178	6294.5×4 =25 178	—
Z5（3）	8409.2×3 =25 227.6	6093.6×3 =18 280.8	6093.6×3 =18 280.8	5427.7×3 =16 283.1	5427.7×3 =16 283.1	5427.7×3 =16 283.1	5959.4×3 =17 878.2	—
Z6（3）	8921.2×3 =26 763.6	7484.0×3 =22 452	7484.0×3 =22 452	6502.2×3 =19 506.6	6502.2×3 =19 506.6	6502.2×3 =19 506.6	6984×3 =20 952	—
Z7（3）	8904.2×3 =26 712.6	7433.9×3 =22 301.7	7433.9×3 =22 301.7	6466.2×3 =19 398.6	6466.2×3 =19 398.6	6466.2×3 =19 398.6	6466.2×3 =19 398.6	5959.4×3 =17 878.2
Z8（3）	8904.2×3 =26 712.6	7433.9×3 =22 301.7	7433.9×3 =22 301.7	6466.2×3 =19 398.6	6466.2×3 =19 398.6	6466.2×3 =19 398.6	6466.2×3 =19 398.6	6466.2×3 =19 398.6
Z9（3）	9384.6×3 =28 153.8	8761.5×3 =26 284.5	8761.5×3 =26 284.5	7446.5×3 =22 339.5	7446.5×3 =22 339.5	7446.5×3 =22 339.5	7446.5×3 =22 339.5	6886.7×3 =20 660.1
Z10（3）	9384.6×3 =28 153.8	8761.5×3 =26 284.5	8761.5×3 =26 284.5	7446.5×3 =22 339.5	7446.5×3 =22 339.5	7446.5×3 =22 339.5	7446.5×3 =22 339.5	7446.5×3 =22 339.5
Z11（1）	8409.2	6093.6	6093.6	5427.7	5427.7	5427.7	5427.7	5427.7
Z12（1）	8921.2	7484.0	7484.0	6502.2	6502.2	6502.2	6984	6399.7
Z13（1）	8409.2	6093.6	6093.6	5427.7	5427.7	5427.7	5427.7	5959.4
Z14（1）	8921.2	7484.0	7484.0	6502.2	6502.2	6502.2	6502.2	6984
$\sum D$	429 897.6	364 027	364 027	315 228.8	315 228.8	315 228.8	318 751.1	105 047.2

3. 横向框架的规则性判断

$\sum D_1/\sum D_2=429\,897.6/364\,027=1.181>0.7$，且 $3\sum D_1/(\sum D_2+\sum D_3+\sum D_4)=3\times429\,897.6/(315\,228.8+364\,027\times2)=1.236>0.8$，故横向框架为竖向规则结构。

五、横向水平地震作用下框架结构的位移和内力计算

1. 横向框架自振周期的计算

本案例质量和刚度沿高度分布比较均匀，可用式（9－7）计算其基本自振周期，周期折减系数取0.9。表9－21为假想的结构顶点水平位移 u_n 的计算过程。u_n 取值时，不考虑突出屋面的屋顶间，取主体结构的顶点位移。

表9－21　顶点假想水平位移计算表

楼层	G_i（kN）	V_i（kN）	$\sum D$（kN/m）	Δu（m）	u（m）
8	2774.73	2774.73	105 047.2	0.026	0.792
7	9162.66	11 937.39	318 751.1	0.037	0.766
6	8895.43	20 832.82	315 228.8	0.066	0.729
5	9076.10	29 908.92	315 228.8	0.095	0.663
4	9076.10	38 985.02	315 228.8	0.124	0.568
3	9114.91	48 099.93	364 027	0.132	0.444
2	9159.31	57 259.24	364 027	0.157	0.312
1	9218.94	66 478.18	429 897.6	0.155	0.155

结构的横向基本周期为

$$T_1=1.7\zeta_T\sqrt{u_n}=1.7\times0.9\times\sqrt{0.766}=1.339(\mathrm{s})$$

2. 横向水平地震作用及楼层地震剪力的计算

本教学楼的高度不超过40m，质量和刚度沿高度分布比较均匀，变形以剪切变形为主，故可采用底部剪力法计算水平地震作用。

结构等效总重力荷载为

$$G_{eq}=0.85\sum G_i=0.85\times66\,478.18=56\,506.5(\mathrm{kN})$$

抗震设防烈度为8度，设计基本地震加速度为 $0.20g$，查表5－3得多遇地震下 $\alpha_{max}=0.16$；设计地震分组为第一组，Ⅰ$_1$ 类场地，查表5－2得场地特征周期 $T_g=0.25\mathrm{s}$。

多遇地震作用下，钢结构阻尼比取0.04，则有

$$\gamma=0.9+\frac{0.05-\zeta}{0.3+6\zeta}=0.9+\frac{0.05-0.04}{0.3+6\times0.04}=0.918\,5$$

$$\eta_1=0.02+\frac{0.05-\zeta}{4+32\zeta}=0.02+\frac{0.05-0.04}{4+32\times0.04}=0.021\,9$$

$$\eta_2=1+\frac{0.05-\zeta}{0.08+1.6\zeta}=1+\frac{0.05-0.04}{0.08+1.6\times0.04}=1.069\,4$$

因为 $T_1=1.339\mathrm{s}>5T_g=5\times0.25=1.25$（s），所以

$$\begin{aligned}\alpha_1&=[\eta_2 0.2^{\gamma}-\eta_1(T_1-5T_g)]\alpha_{max}\\&=[1.069\,4\times0.2^{0.918\,5}-0.021\,9\times(1.339-5\times0.25)]\times0.16=0.038\,7\end{aligned}$$

结构总水平地震作用标准值为

$$F_{Ek}=\alpha_1 G_{eq}=0.0387\times 56506.5=2186.8(\text{kN})$$

因为 $T_1=1.339\text{s}>1.4T_g=1.4\times0.25=0.35$ (s)，所以应考虑顶部附加水平地震作用；又 $T_g=0.25\text{s}<0.35\text{s}$，故顶部附加地震作用系数为

$$\delta_7=0.08T_1+0.07=0.08\times1.339+0.07=0.17712$$

顶部附加水平地震作用（作用在主体结构顶部）为

$$\Delta F_7=\delta_7 F_{Ek}=0.17712\times2186.8=387.33(\text{kN})$$

各质点的横向水平地震作用按下式计算，即

$$F_i=\frac{G_iH_i}{\sum_{j=1}^{8}G_jH_j}F_{Ek}(1-\delta_7)\qquad(i=1,2,\cdots,8)$$

地震作用下各楼层水平地震层间剪力为

$$V_i=\sum_{j=i}^{n}F_j\qquad(i=1,2,\cdots,8)$$

各质点的横向水平地震作用及楼层地震剪力计算见表 9-22。

表 9-22　各质点的横向水平地震作用及楼层地震剪力计算表

质点	H_i(m)	G_i(kN)	H_iG_i(kN·m)	$\sum H_iG_i$(kN·m)	$F_{Ek}(1-\delta_7)$ (kN)	F_i(kN)	ΔF_7(kN)	V_i(kN)
8	32.65	2774.73	90 594.94	1 173 870.69	1799.47	138.88	387.33	138.88
7	28.75	9162.66	263 426.48			403.82		930.03
6	24.85	8895.43	221 051.44			338.86		1268.89
5	20.95	9076.10	190 144.30			291.48		1560.37
4	17.05	9076.10	154 747.51			237.22		1797.59
3	13.15	9114.91	119 861.07			183.74		1981.33
2	9.25	9159.31	84 723.62			129.88		2111.21
1	5.35	9218.94	49 321.33			75.61		2186.8

各质点水平地震作用分布及楼层地震剪力分布见图 9-37、图 9-38。

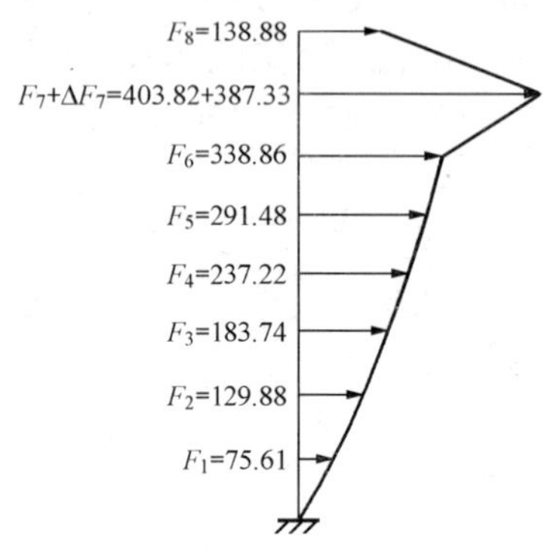

图 9-37　各质点水平地震作用分布图（单位：kN）

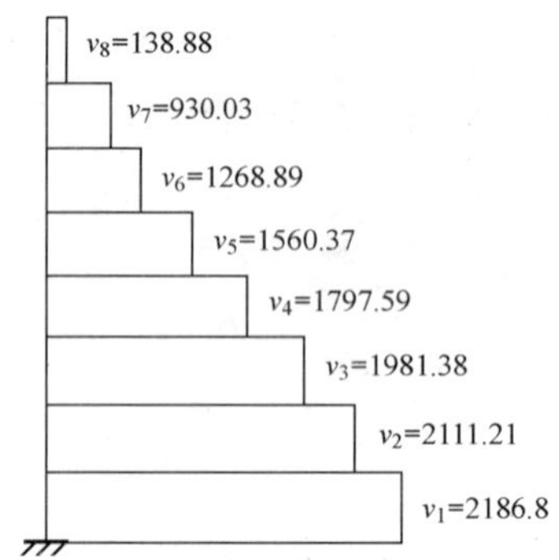

图 9-38　楼层地震剪力分布图（单位：kN）

3. 多遇地震作用下的弹性层间位移计算

多遇地震作用下横向框架结构的弹性层间位移 Δu_i 和顶点位移 $\sum u_i$ 的计算见表 9-23。

表 9-23　多遇地震作用下横向框架结构各楼层弹性位移计算表

楼层	层间剪力 V_i(kN)	层间刚度 $\sum D_i$(kN/m)	层间弹性位移 $\Delta u_i=V_i/\sum D_i$(m)	顶点位移 $\sum u_i$(m)	层高 h(m)	层间弹性位移角 $\Delta u_i/h$
8	138.88	105 047.2	0.001 32	0.035 25	3.9	1/2955
7	930.03	318 751.1	0.002 92	0.033 93	3.9	1/1336
6	1268.89	315 228.8	0.004 03	0.031 01	3.9	1/969
5	1560.37	315 228.8	0.004 95	0.026 98	3.9	1/788
4	1797.59	315 228.8	0.005 70	0.022 03	3.9	1/684
3	1981.33	364 027	0.005 44	0.016 33	3.9	1/717
2	2111.21	364 027	0.005 80	0.010 89	3.9	1/672
1	2186.8	429 897.6	0.005 09	0.005 09	3.9	1/767

最大弹性层间位移角发生在第二层，其值为 1/672＜［1/250］，符合抗震规范规定的弹性层间位移角限值。

4. 水平地震作用下横向框架内力的计算

采用 D 值法，对 15 轴横向框架进行水平地震（左震）作用下的框架内力计算，具体计算过程见表 9-24～表 9-27。

表 9-24　反弯点高度计算表

总层数 m	楼层 n	部位	$\bar{k}$	y_0	y_1	y_2	y_3	y	h(m)	yh(m)
7	7	边柱	0.609 4	0.30	0	—	0	0.30	3.90	1.170
		中柱	0.735 6	0.318	0	—	0	0.318		1.240
	6	边柱	0.609 4	0.40	0	0	0	0.40		1.560
		中柱	0.735 6	0.40	0	0	0	0.40		1.560
	5	边柱	0.609 4	0.45	0	0	0	0.45		1.755
		中柱	0.735 6	0.45	0	0	0	0.45		1.755
	4	边柱	0.609 4	0.45	0	0	0	0.45		1.755
		中柱	0.735 6	0.45	0	0	0	0.45		1.755
	3	边柱	0.269 5	0.50	0	0	0	0.50		1.950
		中柱	0.325 3	0.50	0	0	0	0.50		1.950
	2	边柱	0.269 5	0.615	0	0	−0.05	0.565		2.204
		中柱	0.325 3	0.587	0	0	−0.048	0.539		2.102
	1	边柱	0.369 6	0.830	—	−0.028	—	0.802	5.35	4.291
		中柱	0.446 2	0.777	—	−0.018	—	0.759		4.061

表 9-25 水平地震作用下 15 轴框架柱地震剪力及柱端弯矩计算表

楼层	$\sum D_i$(kN/m)	部位	D_{ik}(kN/m)	V_i(kN)	V_{ik}(kN)	yh(m)	$M_{ik}^{上}$(kN·m)	$M_{ik}^{下}$(kN·m)
7	318 751.1	边柱	6466.2	930.03	18.867	1.170	51.507	22.074
		中柱	7446.5		21.727	1.240	57.794	26.941
6	315 228.8	边柱	6466.2	1268.89	26.028	1.560	60.906	40.604
		中柱	7446.5		29.974	1.560	70.139	46.759
5	315 228.8	边柱	6466.2	1560.37	32.007	1.755	68.655	56.172
		中柱	7446.5		36.860	1.755	79.065	64.689
4	315 228.8	边柱	6466.2	1797.59	36.873	1.755	79.093	64.712
		中柱	7446.5		42.464	1.755	91.085	74.524
3	364 027	边柱	7433.9	1981.33	40.461	1.950	78.899	78.899
		中柱	8761.5		47.687	1.950	92.990	92.990
2	364 027	边柱	7433.9	2111.21	43.114	2.204	73.121	95.023
		中柱	8761.5		50.813	2.102	91.362	106.809
1	429 897.6	边柱	8904.2	2186.8	45.294	4.291	47.966	194.357
		中柱	9384.6		47.738	4.061	61.534	193.864

表 9-26 水平地震作用下 15 轴框架梁端弯矩计算表

楼层	节点	$i_{节点}^{l}$(kN·m)	$i_{节点}^{r}$(kN·m)	$M_{ik}^{上}$(kN·m)	$M_{i+1,k}^{下}$(kN·m)	$M_{节点}^{l}$(kN·m)	$M_{节点}^{r}$(kN·m)
7层顶	边	—	2.139×10^4	51.507	—	—	51.507
	中	2.139×10^4	0.443×10^4	57.794	—	47.878	9.916
6层顶	边	—	2.139×10^4	60.906	22.074	—	82.98
	中	2.139×10^4	0.443×10^4	70.139	26.941	80.421	16.659
5层顶	边	—	2.139×10^4	68.655	40.604	—	109.259
	中	2.139×10^4	0.443×10^4	79.065	46.759	104.233	21.591
4层顶	边	—	2.139×10^4	79.093	56.172	—	135.265
	中	2.139×10^4	0.443×10^4	91.085	64.689	129.043	26.731
3层顶	边	—	2.139×10^4	78.899	64.712	—	143.611
	中	2.139×10^4	0.443×10^4	92.990	74.524	138.769	28.745
2层顶	边	—	2.139×10^4	73.121	78.899	—	152.02
	中	2.139×10^4	0.443×10^4	91.362	92.990	152.717	31.635
1层顶	边	—	2.139×10^4	47.966	95.023	—	142.989
	中	2.139×10^4	0.443×10^4	61.534	106.809	139.455	28.888

表 9-27　　水平地震作用下 15 轴框架梁端剪力及柱轴力计算表

楼层	边跨梁				走道梁				柱轴力	
	M_b^l	M_b^r	l(m)	V_b(kN)	M_b^l	M_b^r	l(m)	V_b(kN)	边柱(kN)	
	(kN·m)				(kN·m)					
7	51.507	47.878	6.4	15.53	9.916	9.916	2.9	6.84	−15.53	8.69
6	82.98	80.421	6.4	25.53	16.659	16.659	2.9	11.49	−41.06	22.73
5	109.259	104.233	6.4	33.36	21.591	21.591	2.9	14.89	−74.42	41.20
4	135.265	129.043	6.4	41.30	26.731	26.731	2.9	18.44	−115.72	64.06
3	143.611	138.769	6.4	44.12	28.745	28.745	2.9	19.82	−159.84	88.36
2	152.02	152.717	6.4	47.62	31.635	31.635	2.9	21.82	−207.46	114.16
1	142.989	139.455	6.4	44.13	28.888	28.888	2.9	19.92	−251.59	138.37

根据上述计算结果，绘出 15 轴框架在多遇水平地震（左震）作用下的弯矩图、剪力图和轴力图，见图 9-39～图 9-41。柱受压轴力图画在左侧，柱受拉轴力图画在右侧。

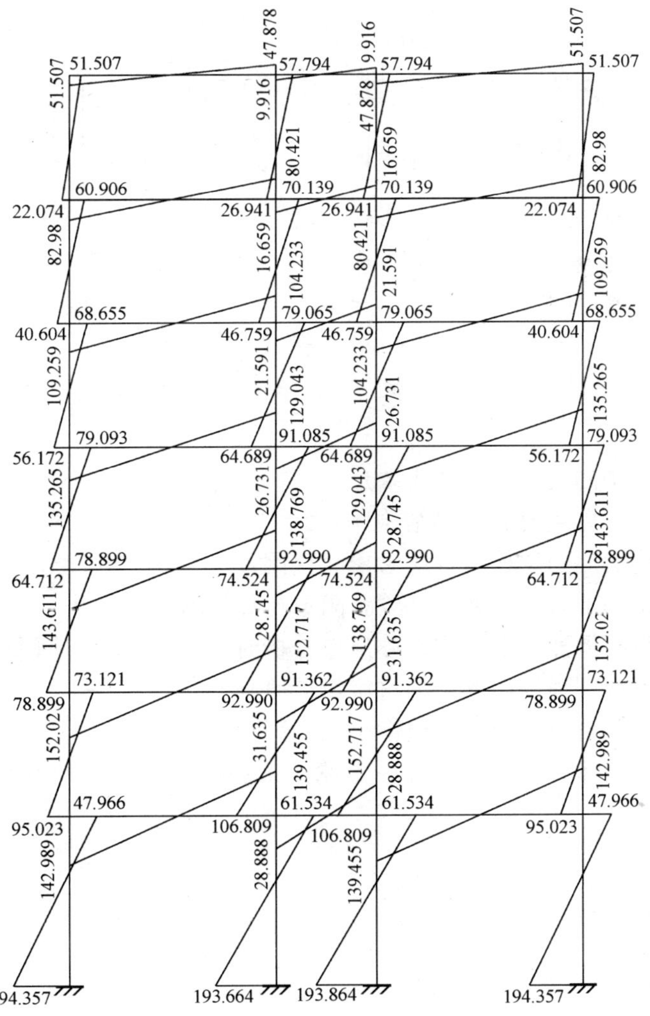

图 9-39　水平地震力作用下 15 轴框架弯矩图（单位：kN·m）

以下计算同第八章第五节设计案例计算过程，在此省略计算步骤。

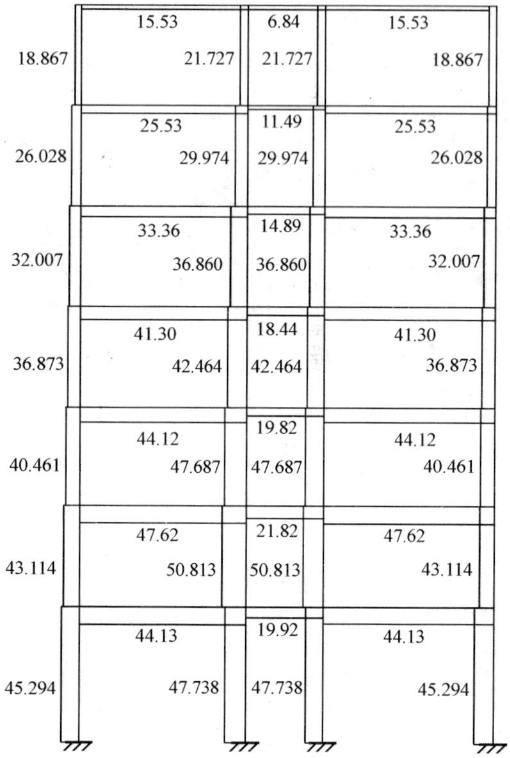

15.53 6.84 15.53
18.867 21.727 21.727 18.867
25.53 11.49 25.53
26.028 29.974 29.974 26.028
33.36 14.89 33.36
32.007 36.860 36.860 32.007
41.30 18.44 41.30
36.873 42.464 42.464 36.873
44.12 19.82 44.12
40.461 47.687 47.687 40.461
47.62 21.82 47.62
43.114 50.813 50.813 43.114
44.13 19.92 44.13
45.294 47.738 47.738 45.294

图 9-40 水平地震力作用下 15 轴框架剪力图（单位：kN）

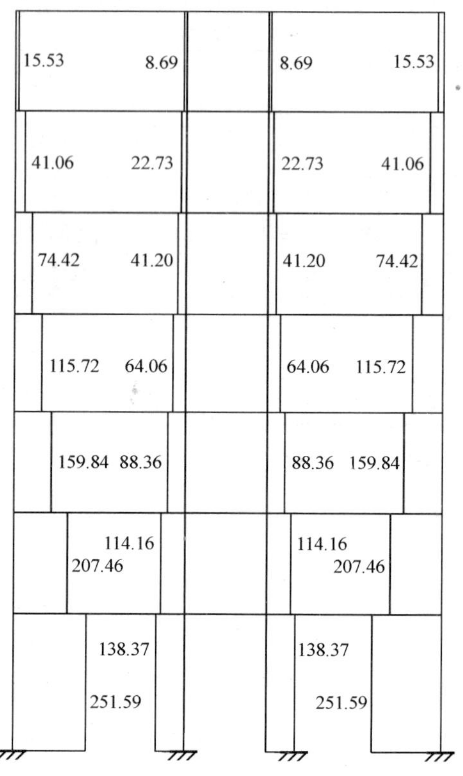

图 9-41 水平地震力作用下 15 轴框架轴力图（单位：kN）

思 考 题

1. 钢结构在地震中的震害有哪些主要形式？
2. 多高层钢结构房屋主要有哪些结构体系？
3. 多高层钢结构房屋的结构布置应考虑哪些因素？
4. 多高层钢结构的地震作用如何计算？阻尼比如何取值？
5. 为什么在进行罕遇烈度下结构地震反应分析时不考虑楼板与钢梁的共同作用？
6. 如何实现钢框架“强柱弱梁”的抗震设计原则？
7. 如何考虑重力二阶效应对多高层钢结构的影响？
8. 框架—中心支撑体系和框架—偏心支撑体系的抗震作用机理各有何特点？抗震设计时应注意哪些问题？

第十章　隔震结构设计

第一节　隔震结构的原理与隔震结构的特点

传统的结构抗震是通过增强结构本身的抗震性能（强度、刚度、延性）来抵御地震作用的，即由结构本身储存和消耗地震能量，这是被动、消极的抗震对策。由于人们还不能准确地估计未来地震灾害作用的强度和特性，按传统抗震设计方法设计的结构不具备自我调节的能力。因此，结构很可能不能满足安全性的要求，而产生严重的破坏和倒塌，造成重大的经济损失和人员伤亡。合理、有效的抗震途径是对结构设置控制装置（系统），由控制装置与结构共同承受地震作用，即共同储存和耗散地震能量，以减轻结构的地震反应。本章立足于此种抗震思想，以隔震结构为例，着重讲述隔震结构基本原理及其设计方法，为结构抗震设计提供依据。

一、结构隔震的概念与原理

在建筑物基础与上部结构之间设置隔震装置（或系统）以形成隔震层，将房屋结构与基础隔离开来，利用隔震装置来隔离或耗散地震能量，以避免或减少地震能量向上部结构传输，从而减少建筑物的地震反应，实现地震时建筑物只发生轻微运动和变形，使建筑物在地震作用下不损坏或倒塌，这种抗震方法称为房屋基础隔震。图 10-1 为隔震结构的模型图。隔震系统一般由隔震器、阻尼器等构成，具有竖向刚度大、水平刚度小，能提供较大阻尼的特点。

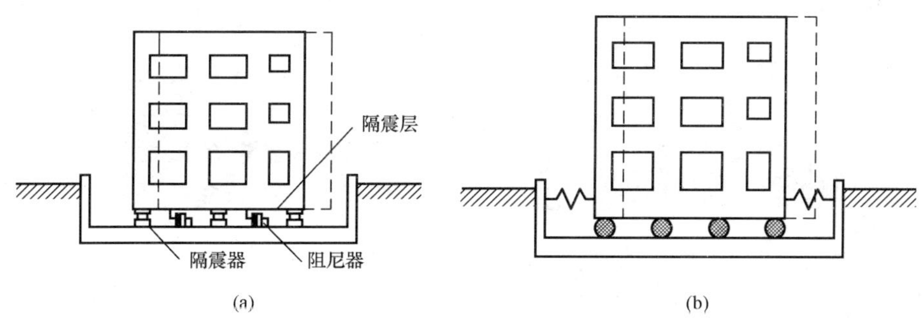

图 10-1　隔震结构的模型图

（a）隔震结构；（b）计算模型

基础隔震的原理可用建筑物的地震反应谱说明，图 10-2 分别为普通建筑物的加速度反应谱与位移反应谱。从图 10-2 中可以看出，建筑物的地震反应取决于自振周期和阻尼特性两个因素。一般中低层钢筋混凝土或砌体结构建筑物刚度大、周期短，基本周期正好与地震动的卓越周期相近，所以建筑物的加速度反应比地面运动的加速度（放）大若干倍，而位移反应则较小，如图 10-2 中 A 点所示。采用隔震措施后，建筑物的基本周期大大延长，避开了地震动的卓越周期，使建筑物的加速度大大降低，若阻尼保持不变，则位移反应增加，如图 10-2 中 B 点所示。这种结构的反应以第一振型为主，而该振型不与其他振型耦联，整个上部结构像一个刚体，加速度沿结构高度接近均匀分布，上部结构自身的相对位移很小。若增大结构的阻尼，则加速度反应继续减少，位移反应得到明显抑制，如图 10－2 中 C 点所示。

综上所述，基础隔震的原理是通过设置隔震装置系统形成隔震层，延长结构的周期，适当增加结构的阻尼，使结构的加速度反应大大减少，同时使结构的位移集中于隔震层，上部结构像刚体一样，自身相对位移很小，结构基本上处于弹性工作状态，建筑物也就不产生破坏或倒塌，见图 10－3（b）。

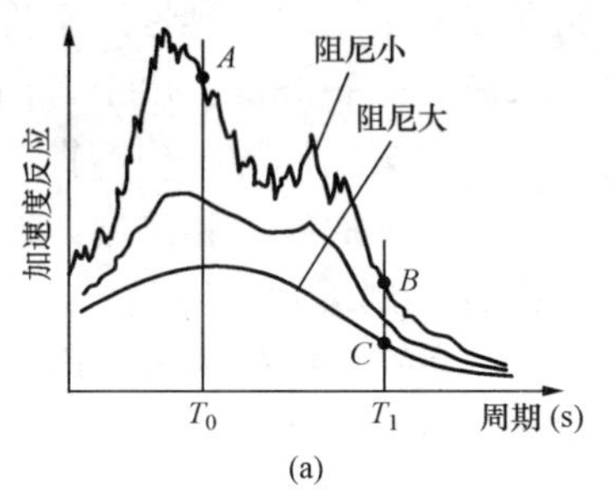

(a)

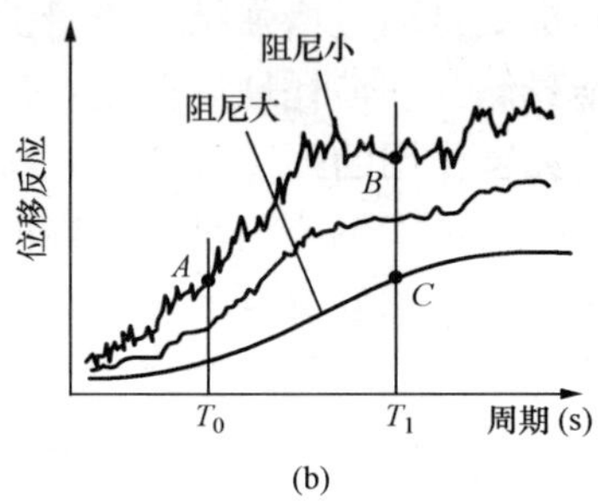

(b)

图 10－2　结构反应谱曲线

（a）加速度反应谱；（b）位移反应谱

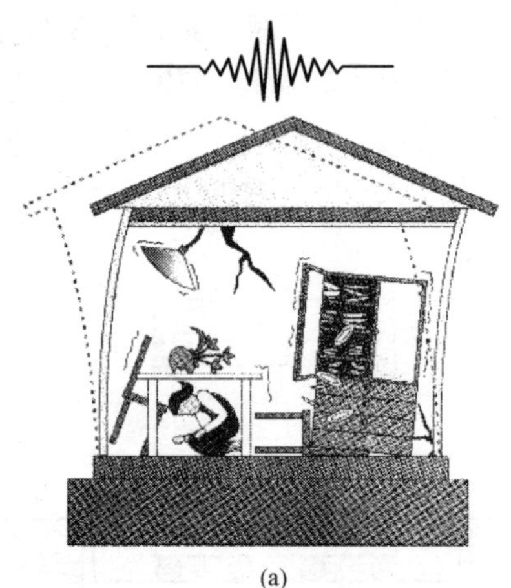
(a)

(b)

图 10－3　传统抗震房屋与隔震房屋在地震中的情况对比

（a）传统抗震房屋地震反应；（b）隔震房屋地震反应

二、隔震结构的特点

抗震设计的原则是在多遇地震作用下，建筑物基本上不产生损坏；在罕遇地震作用下，建筑物允许产生破坏但不倒塌。按抗震设计的建筑物，不能避免地震时的强烈晃动，当遭遇大地震时，虽然可以保证人身安全，但不能保证建筑物及其内部设备及设施安全，而且建筑物由于严重破坏常常不可修复，如果用隔震结构就可以避免这类情况发生。隔震结构通过隔震层的集中大变形和所提供的阻尼将地震能量隔离或耗散，地震能量不能向上部结构全部传输，因而，上部结构的地震反应大大减小，振动减轻，结构不产生破坏，人员安全和财产安全均可以得到保证。图 10－3 为传统抗震结构与隔震结构在地震时的反应对比。与传统抗震结构相比，隔震结构具有以下优点：

（1）提高了地震时结构的安全性。

（2）上部结构设计更加灵活，抗震措施简单明了。

（3）防止内部物品的振动、移动、翻倒，减少了次生灾害。

（4）防止非结构构件的损坏。

（5）抑制了振动时的不舒适感，提高了安全感和居住性。

（6）可以保证机械、仪表、器具等的功能不受损。

（7）震后无需修复，具有明显的社会效益和经济效益。

（8）经合理设计，可以降低工程造价。

第二节 隔震系统的组成与类型

一、隔震系统的组成

隔震系统一般由隔震器、阻尼器、地基微震动与风反应控制装置等部分组成。在实际应用中，通常可使几种功能由同一元件完成，以方便使用。

隔震器的主要作用是：在竖向支撑建筑物的重量，并且在水平方向具有弹性，能提供一定的水平刚度，延长建筑物的基本周期，以避开地震动的卓越周期，降低建筑物的地震反应，能提供较大的变形能力和自复位能力。

阻尼器的主要作用是吸收或耗散地震能量，抑制结构产生大的位移反应，同时在地震终了时帮助隔震器迅速复位。

地基微震动与风反应控制装置的主要作用是增加隔震系统的初始刚度，使建筑物在风荷载或轻微地震作用下保持稳定。

常用的隔震器有叠层橡胶支座、螺旋弹簧支座、摩擦滑移支座等。目前国内外应用最广泛的是叠层橡胶支座，它又可分为普通橡胶支座、铅芯橡胶支座、高阻尼橡胶支座等。

常用的阻尼器有弹塑性阻尼器、黏弹性阻尼器、黏滞阻尼器、摩擦阻尼器等。

常用的隔震系统主要有叠层橡胶支座隔震系统、摩擦滑移加阻尼器隔震系统、摩擦滑移摆隔震系统等。

目前，隔震系统形式多样，各有其优缺点，并且都在不断发展。其中叠层橡胶支座隔震系统技术相对成熟，应用最为广泛，尤其是铅芯橡胶支座和高阻尼橡胶支座系统，由于不用另附阻尼器，施工简便易行，在国际上十分流行。我国《建筑抗震设计规范》和《叠层橡胶支座隔震技术规程》仅针对橡胶隔震支座给出了有关的设计要求，因此下面主要介绍叠层橡胶支座的类型与性能。

二、叠层橡胶支座的性能及参数

隔震装置首先要能承受上部建筑物的重量，并且在竖向荷载作用下不能有过大变形；其次，为了延长结构的振动周期，减小上部结构的加速度反应，水平向需具有充分的柔度；再次，为了使振动衰减，限制结构的位移，还必须有一定的阻尼。因此，隔震装置应具有以下基本的性能：足够的竖向承载力和竖向刚度、小的水平刚度和适当的阻尼衰减特性。此外，建筑物的设计使用寿命为50年或更长时间，在此期间，无论环境如何变化，如温度升降、地基沉陷和氧化等，隔震装置都应能正常工作，或在偶然发生的情况下，如地震、火灾等，隔震装置要在一定时间内仍能发挥作用。综上所述，隔震装置的性能包括以下几个方面：竖向性能、水平性能、阻尼性能、耐久性、耐火性及各种相关性能等。

叠层橡胶支座的剖面如图 10-4 所示，其常用的截面形状一般为圆形和矩形，建筑中多采用圆形，因为圆形与方向无关。支座型号标记如图 10-5 所示。例如，GZP400 表示有效直径为 400mm 的圆形普通叠层橡胶支座，而 GZY500 表示有效直径为 500mm 的圆形铅芯叠层橡胶支座。

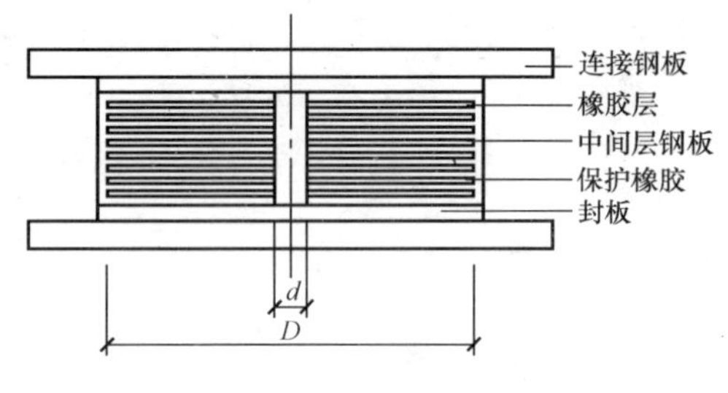

图 10-4 叠层橡胶支座剖面

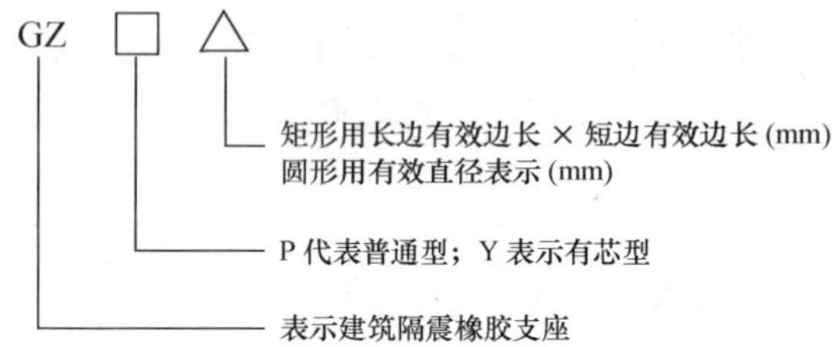

图 10-5 叠层橡胶支座型号标记

叠层橡胶支座中心为空心孔，从受力角度而言是不利的，但从制作角度而言，由于叠层橡胶支座在制造时加硫过程需从外部加热，有孔可以保证受热均匀，此外若在空中加入铅芯，就会成为铅芯叠层橡胶支座。连接钢板与橡胶之间还有一层较厚的钢板，称为封板，封板内部有螺栓孔，可以用螺栓与连接钢板相连。叠层橡胶支座外部有 1～2cm 的橡胶保护层，可防止内部橡胶老化。

叠层橡胶支座由钢板与橡胶叠合而成，橡胶的材料特性是弹性低、变形能力大，而钢板弹性高、变形能力小。将两者配合使用后，当支座竖向受压时，橡胶片与钢板均沿径向变形，但钢板的变形比橡胶小，即橡胶受到钢板的约束，支座的中心部分近似为三轴受压的状态，因此支座有较高的竖向承载能力，且竖向压缩变形也很小；当支座受水平作用时，中间钢板不能约束橡胶的剪切变形，支座的水平变形近似为各橡胶片水平变形的叠加，因此支座的水平变形很大。用一根钢筋混凝土柱与叠层橡胶支座作比较，就可以很容易地理解叠层橡胶支座的特性。例如，一个普通的叠层橡胶支座的直径为 600mm，钢筋混凝土柱截面为 600mm×600mm，长度 L 为 4m，混凝土强度等级为 C30，弹性模量 $E=3.0\times10^4\text{N/mm}^2$，泊松比取 0.5。某厂家生产的直径为 600mm 的普通叠层橡胶支座竖向刚度为 2800kN/mm，水平刚度为 1.62kN/mm。钢筋混凝土柱的竖向刚度为 $EA/L=2700\text{kN/mm}$，水平刚度为 $GA/L=0.5\times3.0\times10^4\times600\times600/4000=1350\text{kN/mm}$。

从以上可看出，叠层橡胶支座的竖向刚度基本相当于一根与其截面大致相同的钢筋混凝土柱，而水平刚度仅为该柱的 1/1000 左右。因此，叠层橡胶支座可以与柱一样作为结构构件，既支撑建筑物，又可以减小水平地震作用。

叠层橡胶支座的竖向刚度与橡胶硬度和橡胶层厚度有很大的关系，即橡胶硬度越大竖向刚度越大，橡胶层总厚度越小竖向刚度越大。但橡胶层的总厚度有两种情况，如表 10-1 所示。

从表 10-1 中可以看出，虽然橡胶层总厚度一样，即 $t_r=nt_{r1}$，但第二种情况的竖向刚度要大于第一种情况。这说明竖向刚度还与每层的橡胶厚度有关，此时可用参数——第一形状系数 s_1 来定义这个区别。对于圆形截面，$s_1=(D-d)/4t_{r1}$，式中 D 为橡胶层有效承压面的面积；d 为橡胶层中间开孔的直径；t_{r1} 为每层橡胶层的厚度。可以看出，每层橡胶层厚度 t_{r1}

越小，s_1 越大，则支座的竖向刚度越大。此外，s_1 还与支座的有效直径有关，s_1 越大，说明支座的形状矮而粗，则支座的弯曲刚度也越大。s_1 与支座的竖向刚度和稳定性有关，因此为了保证支座的稳定，一般情况下，s_1 应不小于 15。

表 10-1　　橡胶层总厚度相同时两种不同的竖向刚度

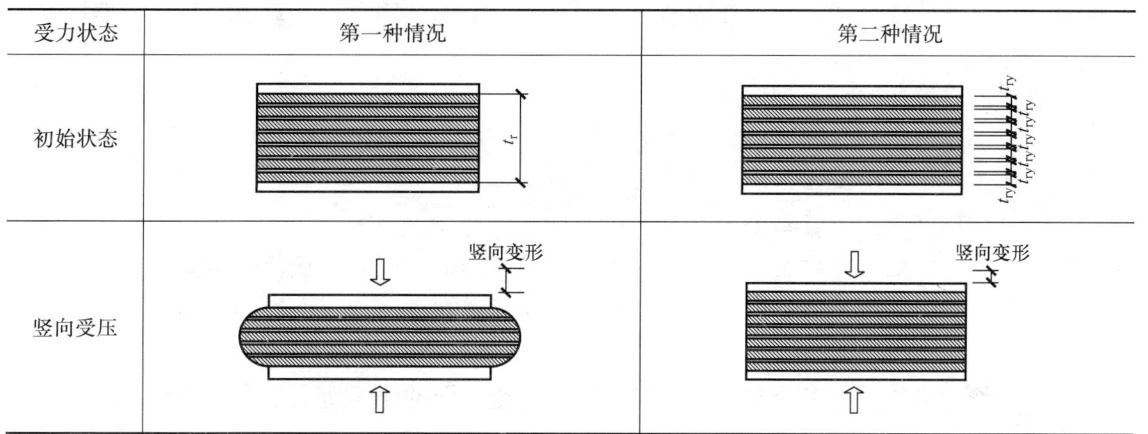

另外，对于叠层橡胶支座的水平刚度，其大小与橡胶的硬度和支座形状有关，橡胶越硬，支座的水平刚度越大；支座的形状越细长，水平刚度越小。表 10-2 中显示了支座形状对水平刚度的影响，可以看出，在支座橡胶层数不同，其他条件均相同的情况下，细长型支座的水平变形大于矮粗型支座。因此，引入参数——第二形状系数 s_2 来区别不同的支座形状。$s_2=D/t_r$，式中 t_r 为橡胶层总厚度。一般情况下，s_2 不宜小于 5.0。

表 10-2　　不同支座形状对水平刚度的影响

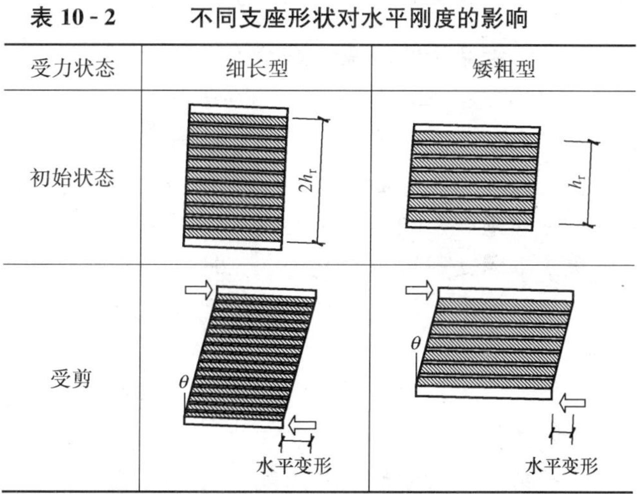

第三节　隔震结构的设计要求

一、隔震结构方案的选择

隔震主要用于高烈度地区或对使用功能有特别要求的建筑，以及符合以下各项要求的建筑：

（1）不隔震时，结构基本周期小于 1.0s 的多层砌体房屋、钢筋混凝土框架房屋等。

（2）体型基本规则，且抗震计算可采用底部剪力法的房屋。

（3）建筑场地宜为Ⅰ、Ⅱ、Ⅲ类，并应选用稳定性较好的基础类型。

（4）风荷载和其他非地震作用的水平荷载标准值产生的总水平力不宜超过结构总重力的 10％。

隔震建筑方案的采用，应根据建筑抗震设防类别、设防烈度、场地条件、建筑结构方案和建筑使用要求，进行技术、经济可行性综合分析后确定。

二、隔震层的设置

隔震层宜设置在结构第一层以下的部位。当隔震层位于第一层及第一层以上时，结构体系的特点与普通隔震结构可能有较大差异，隔震层以下的结构设计计算也更复杂，需作专门研究。

隔震层的布置应符合下列要求：

(1) 隔震层可由隔震支座、阻尼装置和抗风装置组成。阻尼装置和抗风装置可与隔震支座合为一体，也可单独设置，必要时可设置限位装置。

(2) 隔震层刚度中心宜与上部结构的质量中心重合。

(3) 隔震支座的平面布置宜与上部结构和下部结构的竖向受力构件的平面位置相对应。

(4) 同一房屋选用多种规格的隔震支座时，应注意充分发挥每个橡胶支座的承载力和水平变形能力。

(5) 同一支承处选用多个隔震支座时，隔震支座之间的净距应大于安装操作所需要的空间要求。

(6) 设置在隔震层的抗风装置宜对称、分散地布置在建筑物的周边或附近。

三、上部结构的地震作用和抗震措施

目前的叠层橡胶隔震支座只具有隔离或耗散水平地震的功能，对竖向地震隔震效果不明显，为了反映隔震建筑隔震层以上结构水平地震反应减小这一情况，引入水平向减震系数。

在进行地震作用计算时，应对水平地震影响系数最大值进行折减，即乘以水平向减震系数，但竖向地震影响系数最大值不应折减。

当水平向减震系数不大于 0.5 时，丙类建筑的多层砌体房屋的层数、总高度和高宽比限值可按规范要求中降低 1 度的有关规定采用。

第四节　隔震结构的抗震计算

一、橡胶隔震支座的竖向承载力

橡胶支座的压应力既是确保橡胶隔震支座在无地震时正常使用的重要指标，也是直接影响橡胶隔震支座在地震作用时其他各种力学性能的重要指标，是设计或选用隔震支座的关键因素之一。在永久荷载和可变荷载作用下组合的竖向平均压应力设计值，不应超过表 10 - 3 的规定，在罕遇地震作用下，不宜出现拉应力。

表 10 - 3　　橡胶隔震支座平均压应力限值　　(MPa)

建筑类别	甲类建筑	乙类建筑	丙类建筑
平均压应力限值	10	12	15

注　1　对需验算倾覆的结构，平均压应力设计值应包括水平地震作用效应设计值。

2　对需进行竖向地震作用计算的结构，平均压应力设计值应包括竖向地震作用效应。

3　当橡胶支座的第二形状系数 s_2 小于 5.0 时，应降低平均压应力限值。当 $4 \leqslant s_2 < 5$ 时，降低 20%；当 $3 \leqslant s_2 < 4$ 时，降低 40%。对直径小于 300mm 的橡胶支座，其平均压应力限值对丙类建筑为 12MPa。

规定隔震支座中不宜出现拉应力，主要是考虑以下因素：

(1) 橡胶受拉后内部出现损伤，降低了支座的弹性性能。

(2) 隔震支座出现拉应力意味着上部结构存在倾覆危险。

(3) 橡胶隔震支座在拉伸应力下的滞回特性实物试验条件还不充分。

二、隔震结构的地震作用与地震反应计算

1. 隔震结构周期的计算

砌体结构及与其基本周期相当的结构，隔震后的基本周期 T_1 可按式（10-1）计算，即

$$T_1 = 2\pi\sqrt{\frac{G}{K_{\mathrm{h}}g}} \tag{10-1}$$

式中　G——隔震层以上结构的重力荷载代表值；

K_{h}——隔震层的水平动刚度，可按式（10-2）确定；

g——重力加速度。

隔震层的水平动刚度 K_{h} 和等效黏滞阻尼比 ζ_{eq} 按式（10-2）与式（10-3）确定，即

$$K_{\mathrm{h}} = \sum K_j \tag{10-2}$$

$$\zeta_{\mathrm{eq}} = \sum \frac{K_j\zeta_j}{K_{\mathrm{h}}} \tag{10-3}$$

式中　K_j、ζ_j——第 j 隔震支座的水平动刚度和等效黏滞阻尼比。

验算多遇地震时，K_j、ζ_j 宜采用隔震支座剪切变形为 50%时的水平动刚度和等效黏滞阻尼比；验算罕遇地震时，对直径小于 600mm 的隔震支座，K_j、ζ_j 宜采用隔震支座剪切变形不小于 250%时的水平动刚度和等效黏滞阻尼比；对直径不小于 600mm 的隔震支座，K_j、ζ_j 宜采用隔震支座剪切变形为 100%时的水平动刚度和等效黏滞阻尼比。

由试验确定上述参数时，竖向荷载保持表 10-3 中的值，水平加载频率在上述三种情况时分别采用 0.3、0.1、0.2Hz。

2. 水平向减震系数的计算

一般情况下，水平向减震系数应通过结构隔震与非隔震两种情况下各层最大层间剪力的分析对比确定，见表 10-4。层间剪力的对比分析宜采用多遇地震作用下的时程分析，并且需注意以下两点：

(1) 计算模型的确定。对于一般建筑，可采用层间剪切模型，考虑隔震层的有效刚度和有效阻尼比。隔震结构上部结构和下部结构的荷载—位移关系特性可采用线弹性模型，且若结构体系复杂，其剪切模型应计入扭转变形的影响。

(2) 计算结果的处理。采用多条地震波进行时程分析，计算结果宜取其平均值。当处于发震断层 10km 以内时，若输入地震波未计近场影响，对甲、乙类建筑，其计算结果还应乘以近场影响系数（5km 以内取 1.5，5km 以外取 1.25）。

平面不规则结构的隔震层水平位移可采用时程分析法进行三维计算，隔震层水平位移为考虑偏心的最大位移。

对于时程分析法的计算结果，当需要考虑双向水平地震作用下的扭转地震作用效应时，其值可按下式中的较大值确定，即

$$\left.\begin{aligned} s &= \sqrt{s_x^2 + (0.85s_y)^2} \\ s &= \sqrt{s_y^2 + (0.85s_x)^2} \end{aligned}\right\} \tag{10-4}$$

式中 s_x——仅考虑 x 向水平地震作用时的地震作用效应；

s_y——仅考虑 y 向水平地震作用时的地震作用效应。

当上部结构考虑竖向地震作用时，在 8 度和 9 度时竖向地震作用标准值分别不应小于隔震层以上结构总重力荷载代表值的 20%和 40%。

表 10-4 层间剪力最大比值与水平向减震系数的对应关系

层间剪力最大比值	0.53	0.35	0.26	0.18
水平向减震系数	0.75	0.50	0.38	0.25

砌体结构的水平向减震系数宜根据隔震后整个体系的基本周期，按式（10-5）确定，即

$$\varphi=\sqrt{2}\eta_2\left(\frac{T_{gm}}{T_1}\right)^{\gamma} \tag{10-5}$$

$$\eta_2=1+\frac{0.05-\zeta}{0.08+1.6\zeta}$$

$$\gamma=0.9+\frac{0.05-\zeta}{0.3+6\zeta}$$

式中 φ——水平向减震系数；

η_2——地震影响系数的阻尼调整系数；

γ——地震影响系数的曲线下降段衰减指数；

T_{gm}——砌体结构采用隔震方案时的设计特征周期，当小于 0.4 时应按 0.4 采用，s；

T_1——隔震后体系的基本周期，不应大于 2.0 和 5 倍特征周期值两者中的较大值，s。

与砌体结构周期相当的结构，其水平向减震系数宜根据隔震后整个体系的基本周期，按式（10-6）确定，即

$$\varphi=\sqrt{2}\eta_2\left(\frac{T_g}{T_1}\right)^{\gamma}\left(\frac{T_0}{T_g}\right)^{0.9} \tag{10-6}$$

式中 T_0——非隔震结构的计算周期，当小于特征周期时应采用特征周期的较大值；

T_1——隔震后体系的基本周期，不应大于特征周期值的 5 倍；

T_g——特征周期。

其余符号同式（10-5）。

水平向减震系数不宜低于 0.25，且隔震后结构的总水平地震作用不得低于非隔震结构在 6 度设防时的总水平地震作用。

3. 上部结构地震作用的计算

确定隔震层以上结构的水平地震作用时，可采用底部剪力法进行计算，且其地震作用沿高度呈矩形分布，具体可按式（10-7）～式（10-9）计算。

砌体结构为

$$F_{Ek}=\varphi\alpha_{max}G_{eq} \tag{10-7}$$

与砌体结构周期相当的结构为

$$F_{Ek}=\varphi\alpha_0G_{eq} \tag{10-8}$$

$$F_i=\frac{G_i}{\sum_{i=1}^{n}G_i}F_{Ek}\qquad(i=1,2\cdots,n) \tag{10-9}$$

$$G_{eq} = 0.85\sum_{i=1}^{n} G_i$$

式中　F_{Ek}——结构总水平地震作用标准值，即结构底部剪力的标准值；

α_{max}——水平地震影响系数最大值；

α_0——非隔震结构基本自振周期的水平地震影响系数；

G_{eq}——结构等效总重力荷载。

4. 隔震支座在罕遇地震作用下的水平位移验算

隔震支座在罕遇地震作用下的水平位移按式（10-11）进行验算，即

$$u_i \leqslant [u_i] \tag{10-10}$$

$$u_i = \beta_i u_c \tag{10-11}$$

式中　u_i——罕遇地震作用下第 i 个隔震支座考虑扭转的水平位移；

$[u_i]$——第 i 个隔震支座的水平位移限值，对橡胶隔震支座，不宜超过该橡胶支座直径的 0.55 倍和支座橡胶总厚度的 3 倍两者中的较小值；

u_c——罕遇地震隔震层质心处或不考虑扭转的水平位移；

β_i——第 i 个隔震支座的扭转影响系数。

罕遇地震下的水平位移宜采用时程分析法计算，对砌体结构及与其基本周期相当的结构，隔震层质心处在罕遇地震下的水平位移可按式（10-12）计算，即

$$u_c = \frac{\lambda_s \alpha_1(\zeta_{eq})G}{K_h} \tag{10-12}$$

式中　λ_s——近场系数（甲、乙类建筑距发震断层 5km 以内取 1.5；5～10km 取 1.25；10km 以外取 1.0；丙类建筑可取 1.0）；

$\alpha_1(\zeta_{eq})$——罕遇地震下的地震影响系数值，可根据地震影响系数曲线确定；

K_h——罕遇地震下隔震层的水平动刚度，按式（10-2）确定。

隔震层扭转影响系数，应取考虑扭转和不考虑扭转时第 i 个支座计算位移的比值。当隔震支座的平面布置为矩形或接近矩形时，可按下列方法确定：

（1）当隔震层以上结构的质心与隔震层刚度中心在两个主轴方向均无偏心时，边支座的扭转影响系数不宜小于 1.15。

（2）仅考虑单向地震作用的扭转时，扭转影响系数可按下式估计，即

$$\beta_i = 1 + \frac{12es_i}{a^2 + b^2} \tag{10-13}$$

式中　e——上部结构质心与隔震层刚度中心在垂直于地震作用方向的偏心距；

s_i——第 i 个隔震支座与隔震层刚度中心在垂直于地震作用方向的距离，如图 10-6 所示；

a、b——隔震层平面的两个边长。

当隔震层和上部结构采取有效的抗扭措施后或扭转周期小于平动周期的 70%时，扭转影响系数可取 1.15。

（3）同时考虑双向地震作用的扭转时，扭转影响系数可仍按式（10-14）计算，但式中的偏心距 e 应采用下列两公式计算结果中的较大值代替，即

$$\left.\begin{aligned} e &= \sqrt{e_x^2 + (0.85e_y)^2} \\ e &= \sqrt{e_y^2 + (0.85e_x)^2} \end{aligned}\right\} \tag{10-14}$$

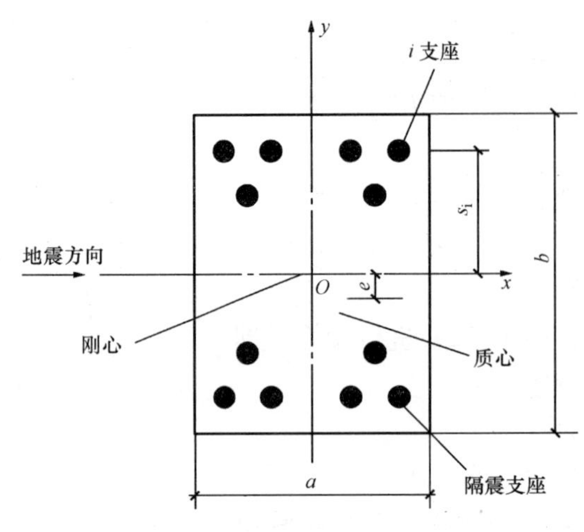

图 10-6 隔震层扭转计算简图

式中 e_x——y 方向地震作用时的偏心距；

e_y——x 方向地震作用时的偏心距。

对边支座，其扭转影响系数不宜小于 1.2。

5. 上部结构的设计

由于隔震层对竖向隔震效果不明显，故当设防烈度为 9 度时和 8 度且水平向减震系数为 0.25 时，隔震层以上的结构应进行竖向地震作用的计算；当设防烈度为 8 度且水平向减震系数不大于 0.5 时，也宜进行此项计算。

对砌体结构的墙体截面进行抗震验算时，其砌体抗震抗剪强度的正应力影响系数宜按减去竖向地震作用效应后的平均压应力取值。

上部结构为框架等钢筋混凝土结构时，隔震层顶部的纵、横梁和楼板体系应作为上部结构的一部分按设防烈度进行计算和设计。

上部结构为砌体结构时，隔震层顶部各纵、横梁均可按受均布荷载的单跨简支梁或多跨连续梁计算。当按连续梁算出的正弯矩小于单跨简支梁跨中弯矩的 0.8 倍时，应按 0.8 倍单跨简支梁跨中弯矩配筋。

6. 隔震层以下的结构设计

隔震层以下结构（包括地下室）的地震作用和抗震验算，应采用罕遇地震下隔震支座底部的竖向力、水平力和力矩进行计算。

隔震建筑基础的验算和地基处理仍应按原设防烈度进行，甲、乙类建筑的抗液化措施应按提高一个液化等级确定，直至全部消除液化沉陷。

第五节 隔震结构的构造要求

一、隔震层的构造要求

隔震层应由隔震支座、阻尼器和为地基微震动与风荷载提供初刚度的部件组成，阻尼器可与隔震支座为一体，也可单独设计，必要时宜设置防风锁定装置。隔震支座和阻尼器的连接构造应符合下列要求：

（1）隔震墙下隔震支座的间距不宜大于 2.0m。

（2）隔震支座和阻尼器应安装在便于维护人员接近的部位。

（3）隔震支座与上部结构、基础结构之间的连接件，应能传递支座的最大水平剪力。

（4）外露的预埋件应有可靠的防锈措施。预埋件的锚固钢筋应与钢板牢固连接；锚固钢筋的锚固长度应大于 20 倍锚固钢筋直径，且不应小于 250mm。

隔震支座连接定位时，支座底部中心的标高偏差不大于 5mm，平面位置的偏差不大于 3mm，单个支座的倾斜度不大于 1/300。

隔震建筑应采取不阻碍隔震层在罕遇地震下发生大变形的措施。上部结构的周边应设置防震缝，缝宽不宜小于各隔震支座在罕遇地震下最大水平位移值的 1.2 倍。上部结构（包括与其相连的任何构件）与地面（包括地下室和与其相连的构件）之间宜设置明确的水平隔离缝；当设置水平隔离缝确有困难时，应设置可靠的水平滑移垫层。在走廊、楼梯、电梯等部位，应无任何障碍物。

穿过隔震层的设备管、配线应采用柔性连接等，以适应隔震层在罕遇地震下水平位移的需要；采用钢筋或刚架接地的避雷设备时，应设置跨越隔震层的接地配线。

二、隔震层顶部梁板体系的构造要求

为了保证隔震层能够整体协调工作，隔震层顶部应设置平面内刚度足够大的梁板体系。当采用装配整体式钢筋混凝土板时，为使纵、横梁体系能够传递竖向荷载，并协调横向剪力在每个隔震支座的分配，支座上方的纵、横梁应采用现浇，同时为增大梁板的平面内刚度，需加大梁的截面尺寸和配筋。上部结构为砌体时，其构造应符合砌体结构有关底部框架砖房的钢筋混凝土托梁的要求；上部结构为框架等钢筋混凝土结构时，其构造宜符合第八章关于框支层的有关要求。现浇面积厚度不应小于 50mm，且应双向配置直径为 6～8mm、间距为 150～250mm 的钢筋网。

隔震支座附近的梁柱受力状态复杂，地震时还会受到冲切，因此应考虑冲切作用和局部承压，加密箍筋，并根据需要配置网状钢筋。

第六节　隔震结构工程设计实例

一、工程概况

某中学教学楼，地上 5 层，每层高度皆为 3.6m，总高 18m，隔震支座设置于基础顶部。上部结构为全现浇钢筋混凝土框架结构，楼盖为普通梁板体系，基础采用肋梁式筏板基础。丙类建筑，设防烈度为 8 度，设计基本加速度为 0.15g，场地类别为Ⅱ类，地震分组为第一组，不考虑近场影响。

根据现行《中小学校建筑设计规范》、《混凝土结构设计规范》、《建筑结构荷载规范》、《建筑抗震设计规范》中的相关规定对上部结构进行设计，其结构柱网布置如图 10 - 7 所示。各层的重量及抗侧刚度如表 10 - 5 所示。

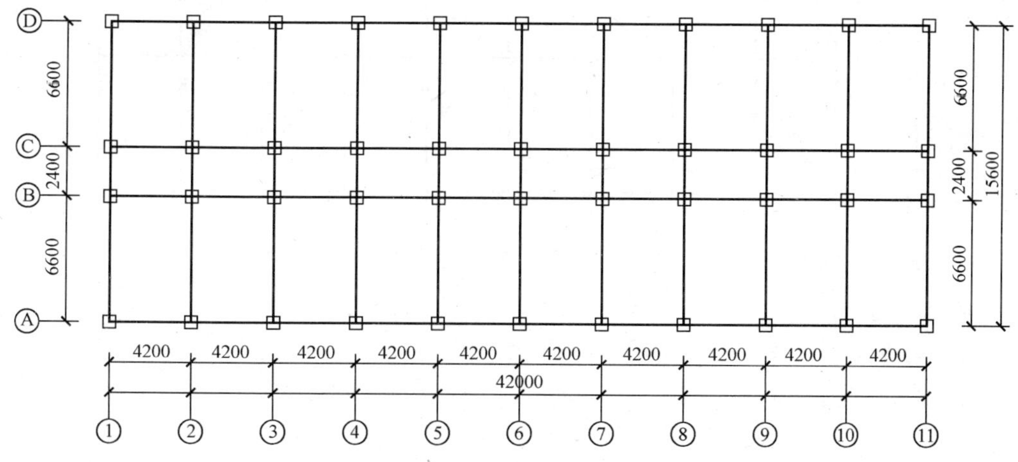

图 10 - 7　框架平面柱网布置图（单位：mm）

表 10-5 上部结构重量及抗侧刚度

层号	重力荷载代表值（kN）	抗侧刚度（kN/mm）
1	6095.78	678
2	6095.78	597
3	6095.78	597
4	5897.86	597
5	5600.45	597

二、初步设计

1. 是否采用隔震方案

（1）不隔震时，该建筑物的基本周期为 0.45s，小于 1.0s。

（2）该建筑物总高度为 18m，层数为 5 层，符合《建筑抗震设计规范》的有关规定。

（3）建筑场地为Ⅱ类场地，无液化。

（4）风荷载和其他非地震作用的水平荷载未超过结构总重力的 10%。

以上几条均满足规范中关于建筑物采用隔震方案的规定。

2. 确定隔震层的位置

隔震层设在基础顶部，橡胶隔震支座设置在受力较大的位置，其规格、数量和分布根据竖向承载力、侧向刚度和阻尼的要求通过计算确定。隔震层在罕遇地震下应保持稳定，不宜出现不可恢复的变形。隔震层橡胶支座在罕遇地震作用下，不宜出现拉应力。

3. 隔震层上部重力设计

上部总重力如表 10-5 所示。

三、隔震支座的选型和布置

确定目标水平向减震系数为 0.50，进行上部结构的设计，并计算出每个支座上的轴向力。根据抗震规范的相应要求，丙类建筑隔震支座平均应力限值不应大于 15MPa，由此确定每个支座的直径。隔震装置平面布置如图 10-8 所示，图中各柱底部分别安置橡胶支座。

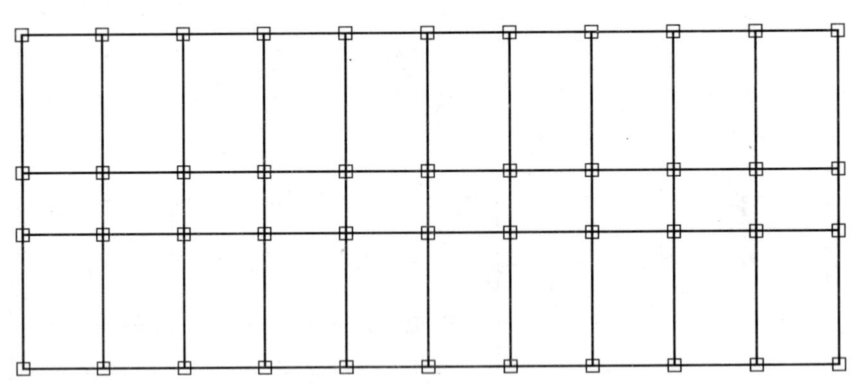

图 10-8 隔震装置平面布置图

1. 确定轴向力

竖向地震作用 $F_{Evk}=\alpha_v G$

柱底轴力设计值

$$N=1.2\times（恒载+0.5\times活载）+1.3\times竖向地震作用=53\ 608.25\ (kN)$$

中柱柱底轴力 $N_{中}=1546.39kN$

边柱柱底轴力 $N_{边}=1134.02kN$

2. 确定隔震支座类型及数目

中柱支座：GZY400 型，竖向承载力为 1884kN，共 22 个。

边柱支座：GZY400 型，竖向承载力为 1884kN，共 22 个。

其支座型号及参数见表 10－6。

表 10－6　隔震支座参数

型号	设计承载力（kN）	竖向刚度（kN/mm）	水平刚度（kN/mm）		等效阻尼	
			$\gamma=50\%$	$\gamma=250\%$	$\gamma=50\%$	$\gamma=250\%$
GZY400	1884	1679	2.092	1.216	0.292	0.131

四、水平向减震系数 φ 的计算

多遇地震时，采用隔震支座剪切变形为 50％的水平刚度和等效黏滞阻尼比。

由式（10－2）得

$$K_{\mathrm{h}}=\sum K_j=2.092\times 44=92.048(\mathrm{kN/mm})$$

由式（10－3）得

$$\zeta_{\mathrm{eg}}=\frac{\sum K_j\zeta_{\mathrm{j}}}{K_{\mathrm{h}}}=\frac{44\times 2.092\times 0.292}{92.048}=0.292$$

由式（10－1）得

$$T_1=2\pi\sqrt{\frac{G}{K_{\mathrm{h}}g}}=1.27S<5T_{\mathrm{g}}=5\times 0.4=2.0(\mathrm{s})$$

$$\eta_2=1+\frac{0.05-\zeta_{\mathrm{eg}}}{0.08+1.6\zeta_{\mathrm{eg}}}=0.56$$

$$\gamma=0.9+\frac{0.05-\zeta_{\mathrm{eg}}}{0.3+6\zeta_{\mathrm{eg}}}=0.76$$

由式（10－6）得

$$\varphi=\sqrt{2}\eta_2\left(\frac{T_{\mathrm{g}}}{T_1}\right)^{\gamma}\left(\frac{T_0}{T_{\mathrm{g}}}\right)^{0.9}=0.37<0.5$$

因此水平向减震系数满足预期效果。

五、上部结构计算

1. 水平地震作用标准值

非隔震结构水平地震影响系数为

$$\alpha_0=\left(\frac{T_{\mathrm{g}}}{T_1}\right)^{\gamma}\eta_2\alpha_{\max}=\left(\frac{0.40}{0.45}\right)^{0.9}\times 1.0\times 0.24=0.216$$

由式（10－8）得

$$F_{\mathrm{Ek}}=\varphi\alpha_0G_{\mathrm{eq}}=0.37\times 0.216\times 25\,317.8=2023.4(\mathrm{kN})$$

2. 隔震层分布的层间剪力标准值

由式（10－9）计算层间剪力标准值，其结果见表 10－7。

3. 上部结构层间位移角

上部结构层间位移角见表 10－8。

由表 10－8 可知，上部结构满足抗震设计要求。

表 10-7 上部结构层间剪力标准值 (kN)

层数	G_i	$\sum G_i$	F_{ek}	F_i	V_i
5	5600.45	29 785.65	2023.40	380.45	380.45
4	5897.86			400.65	781.10
3	6095.78			414.10	1195.20
2	6095.78			414.10	1609.30
1	6095.78			414.10	2023.40

表 10-8 上部结构层间位移角

层数	V_i/（kN）	抗侧刚度（kN/mm）	层间位移（mm）	层高（mm）	层间位移角	限值
5	380.45	597	0.64	3600	1/5650	1/550
4	781.10	597	1.31	3600	1/2752	
3	1195.20	597	2.00	3600	1/1799	
2	1609.30	597	2.70	3600	1/1336	
1	2023.40	597	3.00	3600	1/1207	

六、隔震层水平位移验算

罕遇地震时，采用隔震支座剪切变形不小于250%时的剪切刚度和等效黏滞阻尼比。

1. 计算隔震层偏心距 e

本结构和隔震装置对称布置，偏心距 $e=0$。

2. 隔震层质心处的水平位移计算

根据场地条件，特征周期为 $T_g=0.4s$。

由式（10-2）得

$$K_h=\sum K_j=1.216\times 44=53.504(\text{kN/mm})$$

由式（10-3）得

$$\zeta_{eg}=\frac{\sum K_j\zeta_j}{K_h}=\frac{44\times 1.216\times 0.131}{53.504}=0.131$$

由式（10-1）得

$$T_1=2\pi\sqrt{\frac{G}{K_h g}}=1.66(\text{s})$$

$$\eta_2=1+\frac{0.05-\zeta_{eg}}{0.08+1.6\zeta_{eg}}=1+\frac{0.05-0.131}{0.08+1.6\times 0.131}=0.72$$

$$\gamma=0.9+\frac{0.05-\zeta_{eg}}{0.3+6\zeta_{eg}}=0.9+\frac{0.05-0.131}{0.3+6\times 0.131}=0.80$$

设防烈度为8度（0.15g）罕遇地震下 $\alpha_{max}=1.20$。

$$\alpha_1(\zeta_{eq})=\left(\frac{T_g}{T_1}\right)^{\gamma}\eta_2\alpha_{max}=\left(\frac{0.4}{1.66}\right)^{0.80}\times 0.72\times 1.20=0.277$$

由式（10-12）得

$$u_c = \frac{\lambda_s \alpha_1(\zeta_{eq})G}{K_h} = 0.179(\text{m}) = 179(\text{mm})$$

3. 水平位移验算（验算最不利支座）

本工程隔震层无偏心，对边支座 $\beta_i = 1.15$。

由式（10-11）得

$$u_i = \beta_i u_c = 1.15 \times 179 = 205.85(\text{mm})$$

验算支座 GZY400，即

$$u_i = 205.85\text{mm} < [u_i] = 220\text{mm}$$

故支座变形满足要求。

七、隔震层下部计算

各隔震支座的剪力按水平刚度分配。隔震层在罕遇地震作用下的水平剪力计算为 $V_c = \lambda_s \alpha_1(\zeta)G = 9601.49\text{kN}$，隔震层的总刚度为53 504kN/m。每个 GZY400 隔震支座受到的水平剪力为 218.22kN。

八、隔震结构时程分析验算

1. 分析模型

隔震结构时程分析模型见图 10-9。

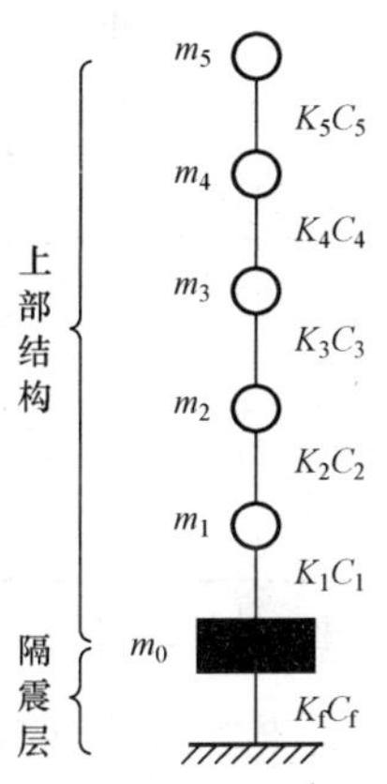

图 10-9　隔震结构时程分析模型

2. 输入地震波

本工程为 8 度（0.15g）设防，时程分析所用地震加速度时程曲线的最大值取为：多遇地震 1.10m/s^2；罕遇地震 5.10m/s^2。

输入地震波参数见表 10-9。

表 10-9　　时程分析地震波参数

地震波	相位特性	时间间隔(s)	时长(s)	最大加速度(m/s^2)	峰值时刻(s)
ART EL CENTRO	EL CENTRO 1940 NS	0.01	82	419.0	2.22
ART HACHINOHE	HACHINOHE 1969 EW	0.01	163.84	392.62	17.3
ART KOBE	JMA KOBE 1995 NS	0.01	163.8	394	5.56

3. 时程分析结果

采用时程分析程序进行结构在多遇地震下结构隔震与非隔震的时程分析，以及在罕遇地震下隔震结构的位移反应时程分析。

多遇地震下时程分析的主要计算结果见表 10-10。

表 10-10　　多遇地震下时程分析的主要计算结果

项目	波形	非隔震结构					隔震结构					
		1层	2层	3层	4层	5层	隔震层	1层	2层	3层	4层	5层
层间剪力(kN)	EL	3334	3036	2912	2219	1217	1403.2	1191.7	998.1	805.1	568.8	290.1
	HA	4583	4173	3345	2397	1268	1834.6	1471.8	1153.2	902.6	621.0	321.5
	KO	4436	3720	2835	2306	1324	1775.6	1587.2	1385.9	1138.5	808.3	414.2

续表

项目	波形	非隔震结构					隔震结构					
		1层	2层	3层	4层	5层	隔震层	1层	2层	3层	4层	5层
加速度（m/s^2）	EL	1.21	1.87	2.13	2.41	2.58	1.12	1.10	1.13	1.21	1.27	1.31
	HA	1.13	1.72	1.97	1.99	2.42	1.41	1.52	1.57	1.56	1.53	1.50
	KO	1.34	2.15	2.46	2.27	2.23	1.31	1.38	1.45	1.53	1.55	1.60
速度（m/s）	EL	0.06	0.10	0.14	0.18	0.20	0.12	0.13	0.14	0.15	0.16	0.16
	HA	0.06	0.12	0.17	0.20	0.22	0.15	0.16	0.19	0.20	0.22	0.23
	KO	0.06	0.13	0.17	0.20	0.23	0.14	0.16	0.17	0.18	0.19	0.20
位移（mm）	EL	4.92	9.85	13.69	17.23	19.13	23.78	26.52	29.08	31.02	32.30	32.92
	HA	6.76	13.75	19.24	22.98	24.81	31.09	34.48	37.44	39.51	40.78	41.36
	KO	6.54	12.77	17.12	19.80	21.30	30.09	33.69	37.23	40.09	42.10	43.15

注 加速度时程曲线最大值为 1.1m/s^2。

通过结构隔震与非隔震两种情况下各层最大层间剪力的分析对比，来确定隔震结构的水平向减震系数，其计算结果见表 10-11。

表 10-11 隔震结构水平向减震系数

层号	波形	隔震剪力（kN）	非隔震剪力（kN）	剪力比值	平均值	最大值
5	EL	290.1	1217.0	0.238	0.268	0.345
	HA	321.5	1268.0	0.254		
	KO	414.2	1324.0	0.313		
4	EL	568.8	2219.0	0.256	0.289	
	HA	621.0	2397.0	0.259		
	KO	808.3	2306.0	0.350		
3	EL	805.1	2912.0	0.276	0.316	
	HA	902.6	3345.0	0.270		
	KO	1138.5	2835.0	0.402		
2	EL	998.1	3036.0	0.329	0.323	
	HA	1153.2	4173.0	0.276		
	KO	1385.9	3720.0	0.373		
1	EL	1191.7	3334.0	0.357	0.345	
	HA	1471.8	4583.0	0.321		
	KO	1587.2	4436.0	0.358		

由表 10-10 可知，结构在隔震与非隔震两种情况下，各层最大层间剪力比值为 0.345。本工程水平向减震系数设计为 0.5，按表 10-4 规定，当水平向减震系数为 0.5 时，层间剪力最大比值为 0.35。而表 10-10 中，其值 0.345 未超过层间剪力比限值，因而认为该隔震结构满足水平向减震系数的要求。

隔震后上部结构层间位移角见表 10-12。

罕遇地震下隔震结构的最大水平位移见表 10-13。

表 10-12 隔震后上部结构层间位移角

层次	波形	层间位移（mm）	层高（mm）	层间位移角	限值
5	EL	32.92	3600	1/5807	1/550
	HA	41.36	3600	1/6207	
	KO	43.15	3600	1/3429	
4	EL	32.30	3600	1/2813	
	HA	40.78	3600	1/2835	
	KO	42.10	3600	1/1792	
3	EL	31.02	3600	1/1856	
	HA	39.51	3600	1/1740	
	KO	40.09	3600	1/1259	
2	EL	29.08	3600	1/1407	
	HA	37.44	3600	1/1217	
	KO	37.23	3600	1/1017	
1	EL	26.52	3600	1/1314	
	HA	34.48	3600	1/1062	
	KO	33.69	3600	1/1000	

表 10-13 罕遇地震下隔震结构最大水平位移 （mm）

输入波形	隔震层	1层	2层	3层	4层	5层
ART EL CENTRO	192	205	217	225	231	234
ART HACHINOHE	175	186	197	205	210	212
ART KOBE	204	218	230	239	245	248
平均	190	203	215	223	229	231

注 加速度时程曲线最大值为 5.1m/s^2。

由表 10-13 可知，隔震层在罕遇地震作用下的最大水平位移为 190mm＜220mm，满足最大位移限值要求。

钢筋混凝土框架结构在罕遇地震作用下的层间位移角限值为 1/50，而本工程采用隔震结构，弹塑性位移角限值取规定值的 1/2，即 1/100。由表 10-13 的计算可知，本工程层间最大位移为 12mm，位移角为 12/3600=1/300，满足要求。

各地震波时程分析得到的层间最大位移见图 10-10～图 10-12。

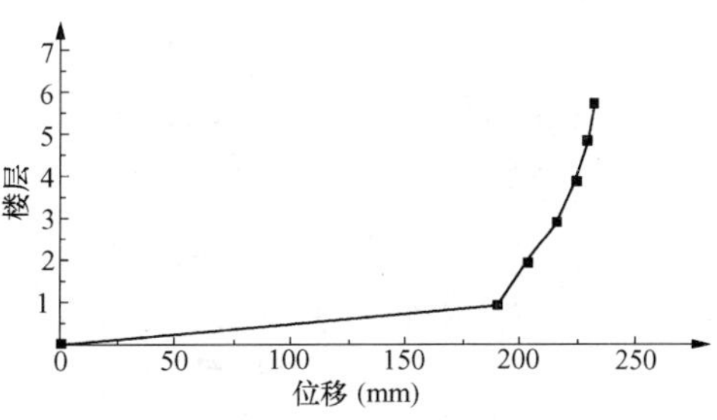

图 10-10 ART EL CENTRO 波时程分析位移最大值

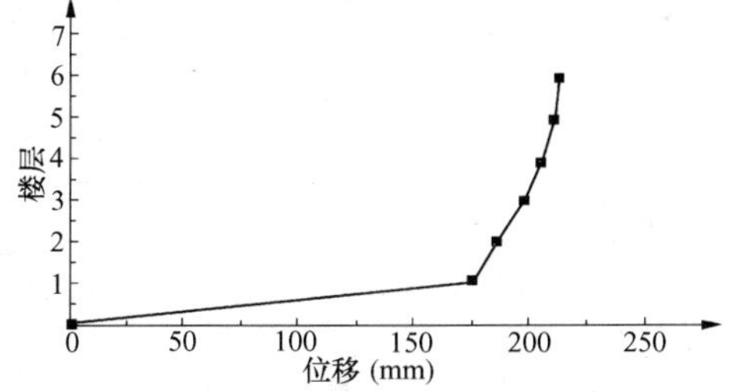

图 10-11 ART HACHINOHE 波时程分析位移最大值

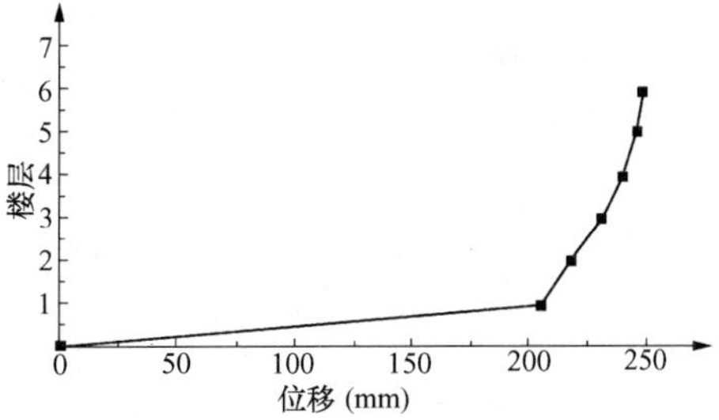

图 10-12 ART KOBE 波时程分析位移最大值

隔震结构在地震作用下隔震层产生较大位移，同时消耗地震能量，极大地减少了输入上部结构的能量。上部结构的变形很小，基本保持弹性而不发生严重的破坏，结构设计合理。

思　考　题

1. 简述隔震结构原理。
2. 简述隔震结构特点。
3. 隔震层由哪些部件组成。
4. 什么是水平向减震系数？如何取值？
5. 隔振结构的布置应满足哪些要求？
6. 如何进行隔振结构在罕遇地震作用下的变形验算？

习　　题

某宿舍楼，地下1层，地上7层，局部8层，总高度为26.25m，1～7层为3.15m，8层为4.2m，高宽比为1.78。隔震支座设置在地下室柱顶。上不结构为全现浇框架结构，楼盖为普通梁板体系，基础采用人工程控灌注桩。该楼为丙类建筑，设防烈度为8度，设计基本加速度为0.20g，场地类别为Ⅱ类，设计分组为第二组，不考虑近场影响。结构各层的重量及抗侧刚度如表10-14所示，各隔震支座的性能参数如表10-15所示，其中使用GZY500V4A 13个、GZY600V4A 8个、GZY700V4A 24个。

试计算：

(1) 多遇地震下不隔震时结构的周期，(设 $\varphi_t=0.7$)。
(2) 多遇、罕遇地震下隔震层的水平刚度和等效阻尼比。
(3) 多遇地震下隔震时结构的周期。
(4) 结构的水平向减震系数。
(5) 上部结构的总水平地震作用。
(6) 上部结构各层的水平地震作用。
(7) 罕遇地震下隔震结构的周期。
(8) 罕遇地震下隔震层的水平剪力。
(9) 罕遇地震下隔震层的水平位移。

表10-14 上部结构重量及抗侧刚度 (kN)

层号	重力荷载代表值	抗侧刚度	层号	重力荷载代表值	抗侧刚度
1	13 068.0	1 717 043	5	12 866.0	1 042 795
2	13 068.0	1 266 635	6	12 866.0	1 021 530
3	13 068.0	1 266 635	7	9 409.6	977 277
4	13 068.0	1 266 635	8	477.0	71 282
隔震层	11 325.6				

表 10-15　**各隔震支座性能参数**

型号	水平刚度（kN/m）		等效阻尼比 ζ_{eq}	
	$\gamma=50\%$	$\gamma=250\%$ （$\gamma=100\%$）	$\gamma=50\%$	$\gamma=250\%$ （$\gamma=100\%$）
GZY500V4A	2443	948	0.33	0.15
GZY600V4A	3056	1956	0.33	0.15
GZY500V4A	3512	2339	0.29	0.15

第十一章　消能减震结构设计

第一节　消能减震的原理

结构消能减震技术是在结构物的某些部位（如支撑、剪力墙、节点、连接缝或连接件、楼层空间、相邻建筑间、主附结构间等）设置消能（阻尼）装置（或元件），通过消能（阻尼）装置产生摩擦，弯曲（或剪切、扭转）弹塑（或黏滞、黏弹）性滞回变形来耗散或吸收地震输入结构中的能量，以减小主体结构的地震反应，从而避免结构产生破坏或倒塌，达到减震、控震的目的。消能（阻尼）装置（元件）和支撑构件构成消能部件，装有消能部件的结构称为消能减震结构。

消能减震结构在小震和设计风荷载作用下，其消能部件基本处于弹性状态，给主体结构提供足够的刚度，使消能减震结构满足正常使用要求；在中震、大震及强震作用下，消能（阻尼）装置（元件）率先进入消能状态，产生较大的阻尼，大量耗散输入结构中的能量，迅速衰减结构的动力反应，而主体结构不出现明显非弹性，从而确保结构在强震或强风中的安全性和正常使用。传统抗震结构与消能减震结构的抗震性能比较见表 11 - 1。

表 11 - 1　　传统抗震结构与消能减震结构的抗震性能比较

地震影响	传统抗震结构	消能减震结构
小震	弹性	弹性
中震	弹性或塑性	弹性
大震	塑性	弹性或塑性
中、大震后	拆除损坏部分，影响建筑使用	检查阻尼器，更换不影响建筑物的使用

消能减震的原理可以从能量的角度来描述，如图 11 - 1 所示，结构在地震中任意时刻的能量方程如下：

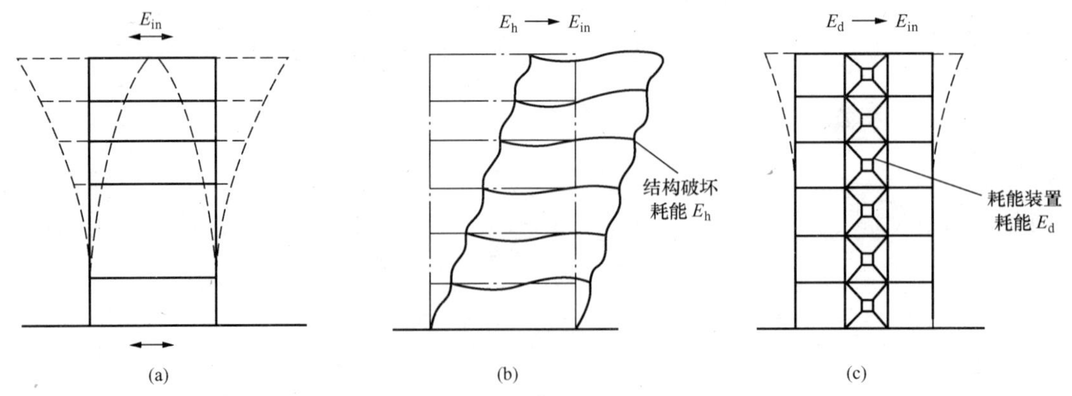

图 11 - 1　结构能量转换途径对比
(a) 地震输入；(b) 传统抗震结构；(c) 消能减震结构

对于传统抗震结构为

$$E_{in}=E_e+E_k+E_c+E_h \tag{11-1}$$

对于消能减震结构为

$$E'_{in}=E'_e+E'_k+E'_c+E'_h+E_d \tag{11-2}$$

式中　E_{in}、E'_{in}——地震过程中输入传统结构、消能减震结构体系的总能量；

E_e、E'_e——传统结构、消能减震结构体系的弹性应变能；

E_k、E'_k——传统结构、消能减震结构体系的动能；

E_c、E'_c——传统结构、消能减震结构体系的黏滞阻尼耗能；

E_h、E'_h——传统结构、消能减震结构体系的滞回耗能；

E_d——消能装置或消能元件吸收或耗散的能量。

在上述能量方程中，E_e、E_k 和 E'_e、E'_k 仅是能量的转换，不会产生能量消耗，E_c 和 E'_c 一般只占总能量的很小一部分（5%左右），可忽略不计。对于传统的抗震结构，主要依靠 E_h 消耗输入结构的地震能量，因此结构构件在利用自身变形耗能的同时，构件本身将遭到损伤甚至破坏，而且消能越多，破坏越严重；而对于消能减震结构，消能减震器或消能元件在主体结构进入非弹性状态前就率先进入耗能工作状态，充分发挥消能装置的作用，耗散大量输入结构的地震能量，因而结构本身需耗散的能量很少，结构反应将大大减小，从而有效地保护了主体结构，使其免受损伤和破坏。

一般来说，结构损伤与结构的最大变形 Δ_{max} 和滞回耗能（或累积塑性变形）E_h 成正比，可以表达为

$$D_s=f(\Delta_{max},E_h) \tag{11-3}$$

在消能减震结构中，由于最大变形 Δ'_{max} 和构件的滞回耗能 E'_h 较传统抗震结构的最大变形 Δ_{max} 和滞回耗能 E_h 大为减小，因此结构的损伤也大大减少了。

消能减震结构具有减震机理明确、减震效果显著、安全可靠、经济合理、技术先进、适用范围广等特点，目前已被成功地用于工程结构的减震控制中。

第二节　减震装置种类与基本参数

消能减震装置可以用不同的材料、不同的耗能机制、不同的构造来制造。目前研究开发的消能减震器种类很多，根据消能机制的不同，可分为摩擦耗能器、钢弹塑性耗能器，铅挤压阻尼器、黏弹性阻尼器和黏滞阻尼器等；根据消能减震器与位移、速度的相关性，可以分为位移相关型消能减震器、速度相关型消能减震器、位移与速度相关型（复合型）消能减震器；根据消能减震器制造所用的材料，可以分为金属阻尼器、黏弹性阻尼器、黏滞阻尼器和智能材料阻尼器；根据消能器受力的形式，可以分为弯曲型、剪切型、扭转型、弯剪型和挤压型。

一、黏滞阻尼器

黏滞阻尼器主要有黏滞流体阻尼器、黏滞阻尼墙系统等。黏滞流体阻尼器是一种速度相关型的阻尼器，其滞回曲线见图 11 - 2，其阻尼力的主要影响因素是活塞的运动速度。液压缸间隙式黏滞流体阻尼器（见图 11 - 3）的计算模型为

$$F_d=c_dV^m \tag{11-4}$$

式中　c_d——与液压缸直径、活塞直径、导杆直径和流体黏度等有关的常数；

m——介于 0.79～0.87 之间的指数。

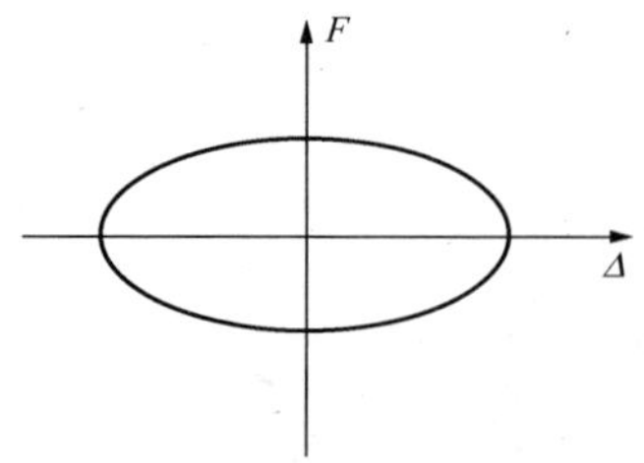

图 11-2 黏滞流体阻尼器滞回曲线

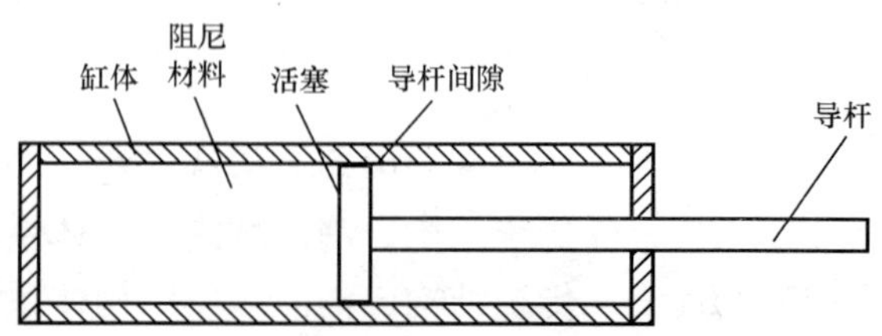

图 11-3 液压缸间隙式黏滞流体阻尼器结构示意图

二、软钢阻尼器

软钢阻尼器是利用软钢作为能量吸收材料的阻尼器，可根据能量吸收用钢材的屈服机制进行分类，其主要形式有：轴向屈服型中的软钢沿构件长度方向设置，产生轴向变形并屈服，其形态类似于支撑；剪切屈服型中的软钢按平板设置，产生平面内剪切变形并屈服，其形态类似于腹板。此外还有利用软钢的弯曲屈服和扭转屈服的阻尼器，已形成产品的代表性软钢阻尼器有支撑型、剪切连接型、墙型、中间柱型。

软钢阻尼器的力学特性随阻尼器形式和装置的不同而异，但其基本的力学特性取决于能量吸收部分阻尼器用钢的力学特性。因此，在叙述阻尼器的特性前，先就阻尼器用钢的规格及其基本力学特性进行概述。

1. 阻尼器用钢的规格

软钢阻尼器利用软钢作为能量吸收材料，利用钢材的屈服即塑性变形吸收振动能量。软钢阻尼器的阻尼力主要是由软钢的塑性应变量，即塑性位移所决定的，故属于位移相关型。以往用于能量吸收的传统钢材有钢结构中一般使用的结构用钢（SS 钢：JIS G3101-2001）、焊接结构用钢（SM 钢：JIS G3106-2001）和建筑结构用钢（SN 钢：JIS G3136-2001）等。但是当将之用于阻尼器时，由于钢材屈服点的偏差对阻尼性能的偏差造成很大影响，同时其受拉性能等力学特性尤为重要等原因，通过对上述钢材特性的改善已经开发出软钢阻尼器的专用钢材（LY100、LY225），目前主要使用这两种阻尼器用钢作为能量吸收材料。阻尼器用钢的各种规格产品随着不同的钢材生产厂和不同的用途，其屈服承载力的级别多样，主要在 100～225N/mm^2 范围内。以（社）日本铁钢联盟为中心的代表性阻尼器用钢规格是 LY100（屈服承载力 100N/mm^2）和 LY225（屈服承载力 225N/mm^2）两种钢材。表 11-2 为两种阻尼器用钢的屈服承载力和抗拉强度。

表 11-2 两种阻尼器用钢的屈服承载力、抗拉强度（N/mm^2）

阻尼器用钢规格	屈服承载力或屈服点下限	抗拉强度
LY100	100±20	200～300
LY225	225±20	300～400

在国内，根据同济大学有关软钢阻尼器用钢的相关研究，其可以分为两大系列，分别是低屈服点钢系列和低碳钢系列，其中低碳钢主要是 Q235、Q195 的钢材，低屈服点钢主要是 BLY160、BLY225 的钢材。低屈服点钢是一种新的钢种，其主要特点是屈服点稳定，波动范围一般控制在±20MPa 的范围内，此外具有更好的延伸率。低屈服点钢材常见型号的屈服点强度为 160、225MPa 两种。国产低屈服点钢板的材料力学性能见表

11-3，从表中可知，LY225 钢材与国产的 BLY225 钢材的力学性能相近。

表 11-3　　BLY160 和 BLY225 钢材力学性能

钢材型号	板厚 (mm)	屈服强度 R_p0.2 (MPa)	抗拉强度 R_m (MPa)	屈强比 YR (%)	伸长率 A (50mm,%)	0℃冲击功 A_{kv} (J)
BLY160	规定值	160±20	220—320	≤80	≥45	≥27
	20	161、176	294、298	55、60	68、72	250、282
	40	150	285	53	61	277
BLY225	规定值	225±20	300—400	≤80	≥40	≥27
	30	216—219	311—307	70—72	45、47	45、51
	55	225—210	315—315	71—67	45、45	125、252

2. 基本原理与构造

根据软钢阻尼器钢材的屈服形式，可分为轴向屈服型、剪切屈服型、弯曲屈服型、扭转屈服型等。以下对其中使用最多的轴向屈服型进行简要说明。

轴向屈服型中的支撑型阻尼器简称软钢耗能支撑，它是利用软钢芯棒轴向拉压受力时的塑性变形吸收振动能量，其构造见图 11-4。一般细长比或宽厚比大的材料在受压变形时，在发生屈服前首先发生承载力下降的屈曲现象。芯棒受压变形时若发生总体屈曲或局部屈曲，除将导致刚度急剧下降外，还将在屈曲部位较早地发生低周疲劳破坏，致使得不到稳定的恢复力特性和充分吸收能量的能力。为此，一般采用鞘形的防屈曲加劲构件，以防止芯棒的屈曲。但假如由于防屈曲加劲构件承担了芯棒的轴力而使刚度和承载力提高，则将造成受压变形与受拉变形之间刚度与承载力的不对称。为使受压变形与受拉变形时能获得对称且稳定的恢复力特性，已开发出使芯棒的轴力不传递给防屈曲加劲构件的防屈曲软钢阻尼器。

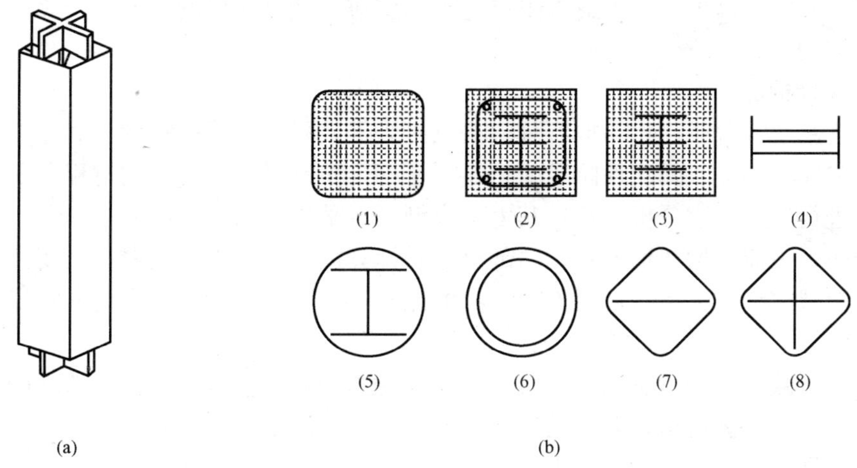

图 11-4　软钢耗能支撑阻尼器

(a) 构造图；(b) 截面图

软钢阻尼器的力学性能受阻尼器形状和多种几何参数的影响。

当按照一定的初始刚度加载至阻尼器屈服后，阻尼器仍然具有一定的钢化强度，其滞回

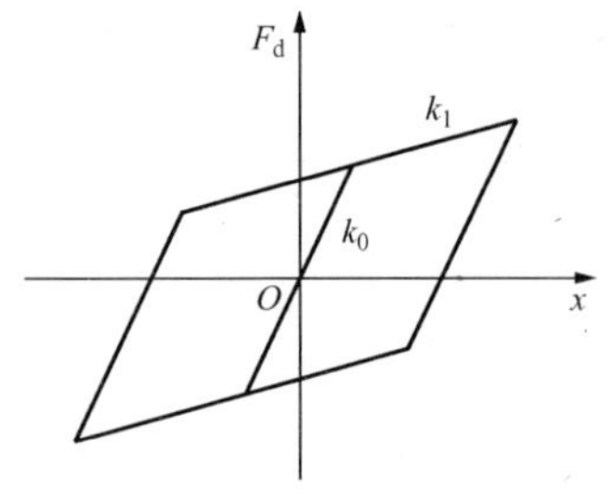

图 11-5 软钢阻尼器双线性模型

曲线近似为一平行四边形，因此其恢复力模型可以采用双线性模型模拟，如图 11-5 所示。

软钢阻尼器的力学模型为

$$F_d = K_s x \quad (11-5)$$

式中 F_d——软钢阻尼器的输出力；

x——软钢阻尼器的两端相对位移；

K_s 为软钢阻尼器的恢复力刚度，按下式计算，即

$$\text{对于双线性模型 } K_s = \begin{cases} K_0\text{(屈服前)} \\ K_1\text{(屈服后)} \end{cases}$$

式中 K_0、K_1——阻尼器屈服前和屈服后的刚度。

第三节 消能减震结构的设计方法

消能减震结构体系的抗震计算分析，一般情况下，宜采用静力非线性分析或非线性时程分析方法。当消能减震体系的主要结构构件基本处于弹性工作阶段时，可采取线性分析方法作简化估算，并根据结构的变形特征和高度等，分别采用底部剪力法、振型分解反应谱法和时程分析法。

近 30 年来发展起来的被动消能减震结构控制体系是提高城市和建筑物抗震能力的经济、有效方法之一，消能减震结构在理论以及试验研究方面均取得了许多优异的成果。消能减震结构抗震设计方法主要有以下几种。

一、基于等价线性化的振型分解法

消能减震结构体系的运动方程是一非线性方程，为简化地震反应分析，可对其进行等效线性化后按振型分解法求解。在进行实际结构设计时，可在振型分解法的基础上，结合运用单自由度体系的反应谱理论，考虑大阻尼、长周期对设计反应谱的影响，按照修正后的反应谱计算出结构的地震反应。

二、时程分析法

采用前述基于等价线性化的振型分解法只有当等效阻尼比不是特别大时才能保证良好的精确度。当主体结构进入弹塑性阶段或消能器非均匀布置时，必须采用时程分析法对消能减震结构体系进行地震反应分析计算，其力学模型可以采用层间模型或杆系模型。消能减震结构体系可分解为主体结构和消能系统两部分，其计算模型可分别由两者的恢复力模型叠加形成。根据消能减震结构体系的运动方程，将消能装置所引起的随时间变化的刚度和阻尼增量加到原结构中，通过如线性加速度法、wilson θ 法等对动力微分方程求解，可得到整个地震持续时间内消能减震结构体系在任意时刻的结构地震反应（位移、速度、加速度等）。若其不满足规范的要求，则需重新调整或选择消能装置直至满足要求。

消能减震结构体系的运动方程为

$$M\ddot{x} + C\dot{x} + Kx = -M\{1\}\ddot{x}_g \quad (11-6)$$

三、能量分析法

能量分析法的思想是在地震过程中输入消能减震结构体系的能量必须与结构体系内部能量的存储、转换和消能相平衡。工程设计中，为确保主体结构的安全，可近似简化为地震能

量全部由消能减震装置吸收或耗散，即地震过程中输入消能体系的总能量要小于消能装置的消能量。这种简化一方面是为了简化计算，另一方面可作为结构的安全储备。

四、基于等效线性化理论的减震结构设计方法

基于等效线性化理论的减震结构设计方法主要运用等效线性化理论、设计用反应谱以及减震性能曲线对结构进行减震设计，是一种新兴的方法。由于附加的阻尼器不同，使得各种减震结构的能量吸收机理和滞回曲线的形状各不相同，但其共同的特点是给建筑物附加刚度和阻尼，其附加的程度可用储存刚度和损失刚度来表示。基于等效线性化理论的减震结构设计方法先评估出储存刚度和损失刚度，进而求得等效自振周期和阻尼比，利用这些结果及地震反应谱，则不必进行时程分析便可简便地预测地震输入下的最大反应。

在这里主要介绍附加支撑型软钢阻尼器（软钢耗能支撑）减震结构的设计方法，主要利用基于等效线性化理论的减震结构设计方法计算出结构所需附加的金属阻尼量，在设计过程中主要用到等效线性化理论、设计反应谱以及减震性能曲线。

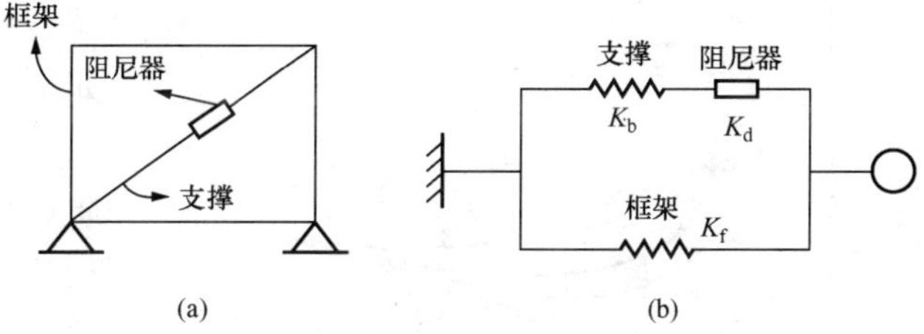

图 11-6 消能减震系统模型

（a）消能减震系统的组成；（b）计算模型

附加支撑型软钢阻尼器的消能减震系统由支撑、阻尼器和主结构组成，如图 11-6（a）所示。支撑（刚度为 K_b）和阻尼器（刚度为 K_d）组成结构的附加体系（刚度为 K_a），主结构刚度为 K_f，附加体系和主结构组成消能减震系统，其刚度为 K，刚度计算模型如图11-6（b）所示。附加体系和系统的刚度利用式（11-7）、式（11-8）计算，即

$$K_a = \frac{1}{1/K_b + 1/K_d} \tag{11-7}$$

$$K = K_a + K_f \tag{11-8}$$

减震性能曲线是利用系统的两个基本参数，即系统的延性系数 $\mu = u_{a,max}/u_{ay}$ 和系统的弹性刚度比 K_a/K_f 来表示消能减震结构位移降低率 R_d 和剪力降低率 R_a 的函数图形，如图 11-7 所示。将位移和剪力的降低率与仅有主结构的最大位移和最大剪力相乘，就可以得到消能减震系统的最大位移和剪力。位移降低率 R_d 和剪力降低率 R_a 计算公式见式（11-9）和式（11-10）。

$$R_d = D_h \frac{T_{eq}}{T_f} \frac{T_{eq} + T_0}{T_f} \tag{11-9}$$

$$R_a = R_d \left(\frac{T_f}{T_{eq}} \right)^2 \tag{11-10}$$

其中，阻尼效应系数 D_h 定义为

$$D_h = \sqrt{\frac{1 + \alpha\zeta_0}{1 + \alpha\zeta_{eq}}} \tag{11-11}$$

$$\zeta_{eq} = \zeta_0 + \frac{2}{\mu\pi p} \ln \frac{1 + p(\mu - 1)}{\mu^p} \tag{11-12}$$

$$p = \frac{1}{1 + K_a/K_f} \tag{11-13}$$

式中 ζ_0——主结构的初始阻尼比；

ζ_{eq}——系统等效阻尼比。

模拟波 α 可取 40，天然波 α 可取 10。

系统的弹性周期 T_0 和等效周期 T_{eq} 为

$$T_0 = T_f \sqrt{\frac{1}{1+K_a/K_f}} \quad (11-14)$$

$$T_{eq} = T_f \sqrt{\frac{\mu}{\mu+K_a/K_f}} \quad (11-15)$$

式中 T_f——主结构的基本周期。

从以上公式中可以看出，利用 μ 和 K_a/K_f 参数可以表示消能减震系统的动态特性。

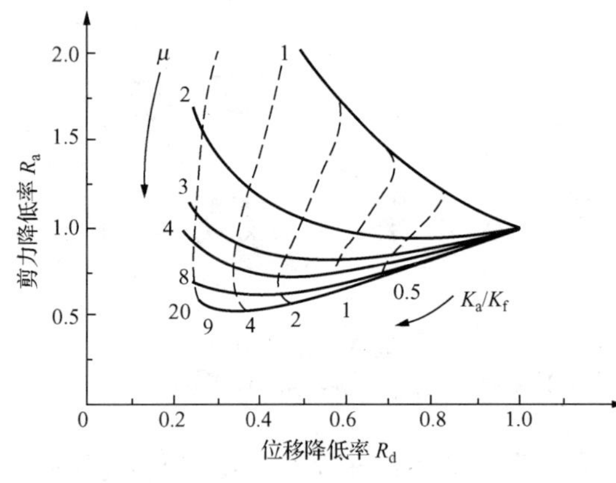

图 11-7 减震性能曲线

利用减震性能曲线和地震反应谱，消能减震结构附加金属阻尼器的阻尼量计算步骤如下：

(1) 建立主结构的振动模型（文中采用质点系模型），对结构进行静力弹塑性分析，利用标准三折线模型模拟结构的恢复力特性，计算出结构每一层的弹性抗侧刚度 K_{fi}。

(2) 利用雅可比方法计算结构的基本周期 T_f，设定主结构的初始阻尼比 ζ_0 和目标位移角 θ_{max}及设计条件。

(3) 由式 (11-16) 计算将主结构简化为等效单质点体系的等效高度 H_{eff}，即

$$H_{eff} = \frac{\sum(m_i H_i^2)}{\sum(m_i H_i)} \quad (11-16)$$

式中 m_i、H_i——第 i 层的质量、第 i 层的计算高度。

(4) 基于设计条件绘制设计位移谱 S_d，并从位移谱计算最大位移 $S_d(T_f, \zeta_0)$，利用式 $S_d = H_{eff}\theta_f$，求出结构的层间位移角 θ_f。

(5) 利用式 (11-17) 计算等效单质点体系的目标位移降低率 R'_d，即目标层间角位移与层间角位移之比。

$$R'_d = \frac{\theta_{max}}{\theta_f} \quad (11-17)$$

(6) 设定 μ 后，按式 (11-9) 不断调整K_a/K_f值，使位移降低率 R_d 与目标位移降低率 R'_d 之差为零，计算结构的位移降低率。R_d 确定后，利用式 (11-10) 计算 R_a。

(7) 弹性刚度比 K_a/K_f 是等效单质点体系消能减震结构满足需求性能的必需阻尼量。当将该结果应用于多质点体系的设计时，可采用第 i 层的附加体系与该层主结构的弹性刚度比 K_{ai}/K_{fi}为定值 $(=K_a/K_f)$ 的方法进行分配。由式 (11-18) 求得各层需求阻尼量，即

$$K_{ai} = \frac{Q_i}{h_i} \frac{\sum_{i=1}^{n}(K_{fi}h^2)}{\sum_{i=1}^{n}(Q_i h_i)} \left(\mu + \frac{K_a}{K_f}\right) - \mu K_{fi} \quad (K_{ai} \geqslant 0) \quad (11-18)$$

式中 W_i——第 i 层重力；

Q_i——主结构第 i 层的剪力；

K_{fi}——主结构第 i 层的刚度。

（8）假定结构各层的延性系数相同，按式（11-19）、式（11-20）计算附加体系水平方向的屈服变形和屈服力，即

$$u_{ayi}=\theta_{\max}gh_i/\mu_a \tag{11-19}$$

$$F_{ayi}=K_{ai}gu_{ayi} \tag{11-20}$$

（9）将水平方向附加体系的弹性刚度、屈服变形、屈服力变换到阻尼器轴向上，并设计阻尼器。

（10）利用地震响应弹塑性时程分析方法检验消能减震系统的层间位移角和层剪力分布等抗震性能。

第四节 计 算 实 例

由于利用振型分解法、时程分析法、能量分析法对消能减震结构进行设计的实例很多，因此在这里主要根据基于等效线性化理论的减震结构设计方法对结构进行设计，并给出计算实例。

本章选取某十二层钢框架结构，某平面图、横向立面图如图 11-8 所示。底层层高为 5.5m，其余层层高均为 4m。柱子采用箱型截面，梁采用 H 型截面，钢材型号为 Q345，弹性模量为 200GPa。梁柱截面尺寸、截面面积见表 11-4。本章讨论的为横向一榀框架，假设每层的质量取 1000kg/m²。

文中只讨论在横向方向地震动作用下阻尼器对结构的消能减震作用。图 11-9 表示按照我国抗震规范，设防烈度为 8 度、设计地震分组为第一组、场地类别为Ⅱ类的区域，当其阻尼比 $\zeta_0=0.02$ 时的设计用位移反应谱。

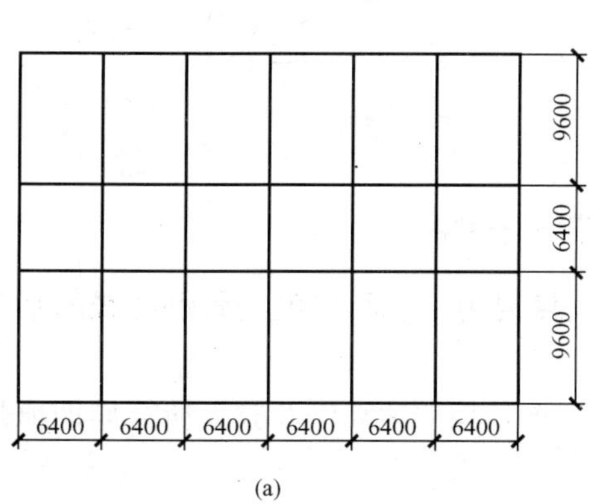

(a)

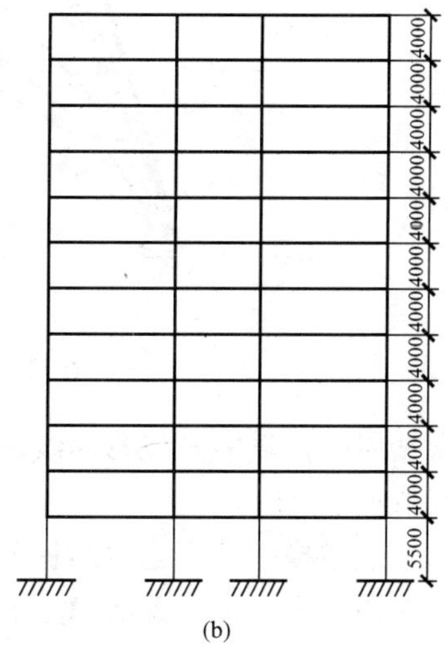

(b)

图 11-8 计算模型结构示意图（单位：mm）

（a）平面图；（b）立面图

表 11-4 结构构件的截面几何特性

层数	构件	截面尺寸（mm）	截面面积 A/（m²）
1～4	柱	□－500×500×28	5.29E－2
	梁	H－500×350×16×28	3.27E－2
5～8	柱	□－450×450×25	4.25E－2
	梁	H－500×350×12×22	2.57E－2
9～12	柱	□－400×400×25	3.75E－2
	梁	H－450×300×9×16	1.87E－2

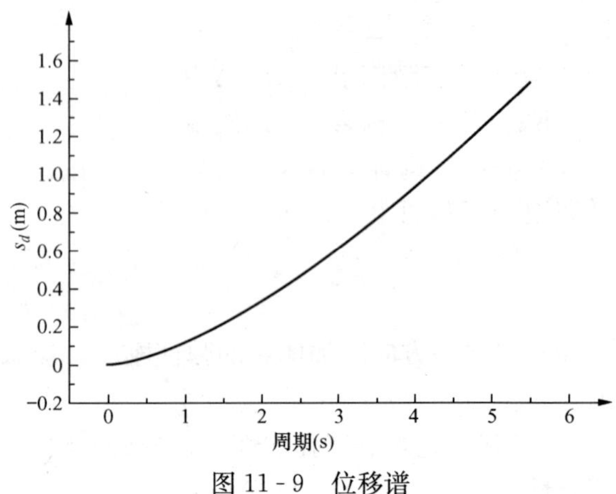

图 11-9 位移谱

按照基于等效线性化理论的减震结构设计方法进行计算，其步骤如下：

(1) 确定主结构的弹性刚度。对结构进行静力弹塑性分析，每层楼的恢复力位移图如图 11-10 所示。

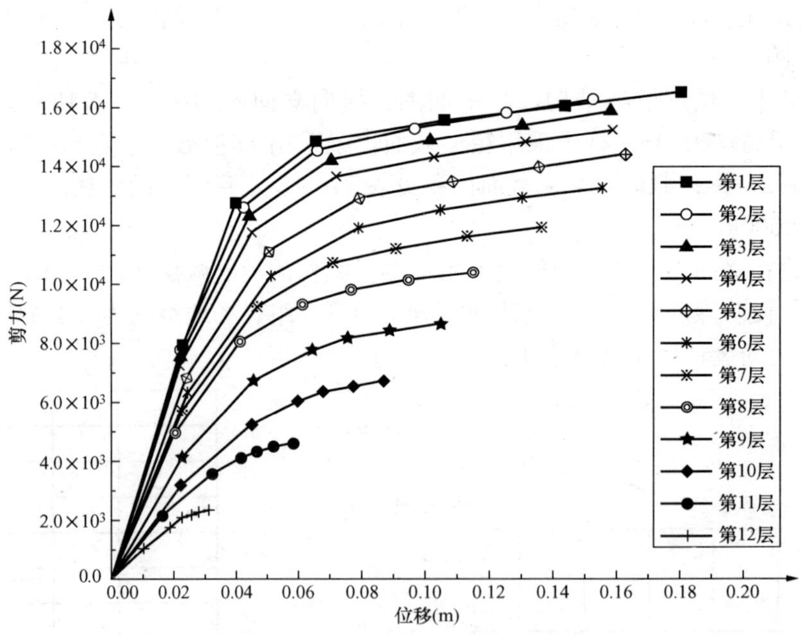

图 11-10 各层的层间恢复力—位移曲线

根据层间恢复力—位移曲线图可以确定表示层间恢复力—位移模型的骨骼曲线的基本参数，其值见表 11-5。

(2) 经过模态分析，主结构的基本周期 $T_f=3.239$s，按照表 11-6 验算所算周期值是否正确。在该表中，剪力系数 A_i 的计算公式为

$$A_i = 1 + \left(\frac{1}{\sqrt{\alpha_i}} - \alpha_i\right)\frac{2T_f}{1+3T_f} \tag{11-21}$$

式中 α_i——质量规格化系数，表示第 i 层及以上各层的质量和与总质量之比。

表 11-5　各层层间恢复力—位移模型的骨骼曲线的基本参数

层数	δ_1 (m)	δ_2 (m)	k_1 (N/m)	k_2 (N/m)	k_3 (N/m)
1	0.040	0.065	3.24E+08	7.89E+07	1.47E+07
2	0.042	0.066	3.02E+08	8.32E+07	1.93E+07
3	0.044	0.070	2.79E+08	7.41E+07	1.86E+07
4	0.045	0.072	2.65E+08	6.82E+07	1.80E+07
5	0.051	0.079	2.20E+08	6.20E+07	1.76E+07
6	0.052	0.079	2.00E+08	5.93E+07	1.34E+07
7	0.046	0.071	2.01E+08	5.98E+07	1.34E+07
8	0.041	0.076	1.99E+08	4.77E+07	1.33E+07
9	0.045	0.075	1.49E+08	4.74E+07	9.96E+06
10	0.044	0.077	1.19E+08	4.05E+07	7.92E+06
11	0.041	0.080	1.01E+08	3.38E+07	6.76E+06
12	0.031	0.080	7.58E+07	2.53E+07	5.05E+06

注　k_1 为每一层的弹性抗侧刚度；k_2 为第二分支刚度；k_3 为第三分支刚度；δ_1 为屈服位移；δ_2 为第二屈服位移。

框架一阶自振周期的计算公式为

$$T_f = 2\pi\sqrt{\frac{\sum(M_i u_i^2)}{\sum(F_i u_i)}} \tag{11-22}$$

从表 11-6 可见，两者结果相近。

按照表 11-7 的减震目标性能，在罕遇地震作用下顶板位移角的限值为 1/150，在例题中设定目标层间位移角为 $\theta_{max}=1/150$。

（3）将主结构简化为等效单质点体系，等效高度为 $H_{eff}=34.43$m，等效高度的计算方法见表 11-8。利用设计用位移反应谱确定等效单质点体系的位移响应值为 S_d（T_f，ζ_0）$=$ 0.588m，计算出主结构层间位移角为 $\theta_f=0.017$。

（4）设定目标位移降低率为

$$R'_d = \frac{\theta_{max}}{\theta_f} = 0.39$$

（5）调整延性系数和系统弹性刚度比，使目标位移降低率和计算位移降低率差值约为 0。当 $\mu=4.00$ 时，$K_a/K_f=2.60$，满足这一条件。此时计算位移降低率 $R_d=0.390$，剪力降低率 $R_a=0.66$，调整的表格如表 11-9 所示。

（6）利用式（11-18）计算需要附加在主结构每层的刚度值，见表 11-10。将此刚度分布定义为消能减震结构附加金属阻尼器优化阻尼量。此时附加体系底层（金属阻尼器）的屈服位移为 0.007m，第 2～30 层的屈服位移为 0.009m。

（7）变换阻尼器轴向及阻尼器的设计。

1）图 11-11 中，根据支撑安装倾角 ϕ_i，将水平方向的附加体系弹性刚度 K_{ai}、屈服变形 u_{ayi}、屈服力 F_{ayi}变换到阻尼器轴向上，并设计阻尼器。阻尼器轴向的附加体系弹性刚度、屈服变形、屈服力和附加体系最大变形分别用 $\hat{K}_{ai}$、$\hat{u}_{ayi}$、$\hat{F}_{ayi}$、$\hat{u}_{ai,max}$来表示，其转换公式为

$$\hat{K}_{ai} = \frac{K_{ai}}{\cos^2\phi_i} \tag{11-23}$$

表 11-6　　确定一阶自振周期及分析模型

层数 i	每层重量 W_i (N)	每层质量 M_i (kg)	质量和 $\sum_i^n M$ (kg)	质量规格化 α_i	剪力系数 A_i	剪力 Q_i (N)	外力 F_i (N)	剪力分布 Q_i/Q_1	原构剪刚 K_{fi} (N/m)	刚度分布 K_{fi}/K_{f1}	层间位移 Δu_i (m)	层绝对位移 u_i (m)	$M_iu_i^2$	F_iu_i	mu_i
12	9.63E+06	9.83E+05	9.83E+05	0.08	3.0	2.94E+07	2.94E+07	0.25	7.58E+07	0.23	0.39	5.17	2.63E+07	1.52E+08	5.08E+06
11	9.63E+06	9.83E+05	1.97E+06	0.17	2.4	4.59E+07	1.66E+07	0.40	1.01E+08	0.31	0.45	4.78	2.25E+07	7.92E+07	4.70E+06
10	9.63E+06	9.83E+05	2.95E+06	0.25	2.1	5.95E+07	1.36E+07	0.51	1.19E+08	0.37	0.50	4.33	1.84E+07	5.90E+07	4.26E+06
9	9.63E+06	9.83E+05	3.93E+06	0.33	1.9	7.12E+07	1.17E+07	0.62	1.49E+08	0.46	0.48	3.83	1.44E+07	4.46E+07	3.76E+06
8	9.63E+06	9.83E+05	4.92E+06	0.42	1.7	8.12E+07	1.00E+07	0.70	1.99E+08	0.61	0.41	3.35	1.10E+07	3.37E+07	3.30E+06
7	9.63E+06	9.83E+05	5.90E+06	0.50	1.6	8.98E+07	8.61E+06	0.78	2.01E+08	0.62	0.45	2.94	8.52E+06	2.54E+07	2.89E+06
6	9.63E+06	9.83E+05	6.88E+06	0.58	1.4	9.71E+07	7.29E+06	0.84	2.00E+08	0.62	0.48	2.50	6.13E+06	1.82E+07	2.46E+06
5	9.63E+06	9.83E+05	7.86E+06	0.67	1.3	1.03E+08	6.05E+06	0.89	2.20E+08	0.68	0.47	2.01	3.98E+06	1.22E+07	1.98E+06
4	9.63E+06	9.83E+05	8.85E+06	0.75	1.2	1.08E+08	4.85E+06	0.93	2.65E+08	0.82	0.41	1.54	2.34E+06	7.49E+06	1.52E+06
3	9.63E+06	9.83E+05	9.83E+06	0.83	1.2	1.12E+08	3.69E+06	0.97	2.79E+08	0.86	0.40	1.14	1.27E+06	4.19E+06	1.12E+06
2	9.63E+06	9.83E+05	1.08E+07	0.92	1.1	1.14E+08	2.56E+06	0.99	3.02E+08	0.93	0.38	0.74	5.32E+05	1.88E+06	7.23E+05
1	9.63E+06	9.83E+05	1.18E+07	1.00	1.0	1.16E+08	1.45E+06	1.00	3.24E+08	1.00	0.36	0.36	1.25E+05	5.18E+05	3.51E+05
T_f					有效质量 M_e								Σ	Σ	Σ
3.23					8.94E+06								1.16E+08	4.38E+08	3.21E+07

注　$Q_i=A_i\sum_i^n M$；$\Delta u_i=Q_i/K_{fi}$

表 11-7　　减震目标性能

地震水准		多遇地震	罕遇地震
目标性能	主结构	损伤极限以下	安全极限以下
	减震结构	损伤极限以下	安全极限以下
	楼面加速度反应（m/s^2）	5	10
	层间位移角	1/200	1/100
	层间速度（m/s）	0.1	0.2
	顶部位移角	1/250	1/150

表 11-8　　有效高度的计算

层数 i	每层质量 M_i (kg)	层位移 u_i (m)	高度 H_i (m)	$M_iH_i^2$ (kg·m^2)	M_iH_i (kg·m)	有效高度 H_{eff} (m)
12	983040	5.17	49.5	2.41E+09	4.87E+07	34.43
11	983040	4.78	45.5	2.04E+09	4.47E+07	
10	983040	4.33	41.5	1.69E+09	4.08E+07	
9	983040	3.83	37.5	1.38E+09	3.69E+07	
8	983040	3.35	33.5	1.10E+09	3.29E+07	
7	983040	2.94	29.5	8.55E+08	2.90E+07	
6	983040	2.50	25.5	6.39E+08	2.51E+07	
5	983040	2.01	21.5	4.54E+08	2.11E+07	
4	983040	1.54	17.5	3.01E+08	1.72E+07	
3	983040	1.14	13.5	1.79E+08	1.33E+07	
2	983040	0.74	9.5	8.87E+07	9.34E+06	
1	983040	0.36	5.5	2.97E+07	5.41E+06	
求和				1.12E+10	3.24E+08	

表 11-9　　调整延性系数和附加弹性刚度比表格

延性系数 μ	附加体系弹性刚度比 K_a/K_f	等效周期比 T_{eq}/T_f	等效阻尼比系数 p	等效阻尼比 ζ_{eq}	阻尼效应系数 D_h	计算位移降低率 R_d	加速度降低率 R_a	目标位移降低率 R'_d	差值 $R_d-R'_d$
4.200	2.600	0.770	0.267	0.150	0.507	0.390	0.658	0.390	0.000

表 11-10　　附加体系弹性刚度和屈服强度的计算

层数 i	层高 h_i (m)	目标层间位移 $\theta_{max}h_i$	附加体系延性系数 μ_a（$=\mu$）	附加系统屈服位移 u_{ayi} (m)	附加体系弹性刚度 K_{ay} (N/m)	附加系统屈服强度 F_{ayi} (N)
12	4	0.027	4	0.007	2.00E+08	1.34E+06
11	4	0.027	4	0.007	3.83E+08	2.55E+06
10	4	0.027	4	0.007	5.48E+08	3.65E+06
9	4	0.027	4	0.007	6.25E+08	4.17E+06

续表

层数 i	层高 h_i (m)	目标层间位移 $\theta_{\max}h_i$	附加体系延性系数 μ_a $(=\mu)$	附加系统屈服位移 u_{ayi} (m)	附加体系弹性刚度 K_{ay} (N/m)	附加系统屈服强度 F_{ayi} (N)
8	4	0.027	4	0.007	5.99E+08	3.99E+06
7	4	0.027	4	0.007	7.39E+08	4.93E+06
6	4	0.027	4	0.007	8.67E+08	5.78E+06
5	4	0.027	4	0.007	8.91E+08	5.94E+06
4	4	0.027	4	0.007	7.97E+08	5.31E+06
3	4	0.027	4	0.007	8.03E+08	5.35E+06
2	4	0.027	4	0.007	7.55E+08	5.03E+06
1	5.5	0.037	4	0.009	1.50E+08	1.38E+06

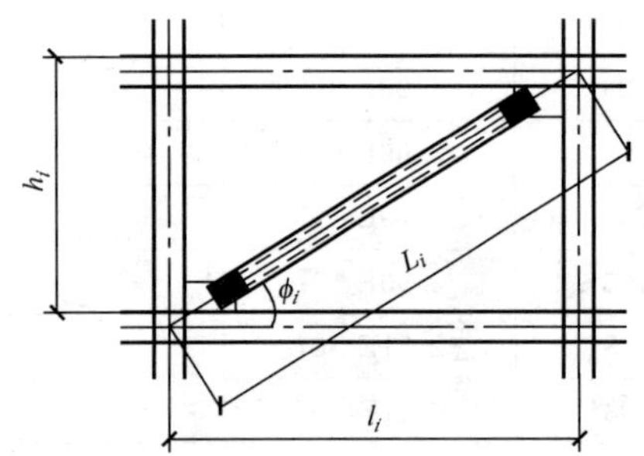

图 11-11　支撑型阻尼器设置

$$\hat{u}_{ayi}=u_{ayi}\cos\phi_i \tag{11-24}$$

$$\hat{F}_{ayi}=\frac{F_{ayi}}{\cos\phi_i} \tag{11-25}$$

$$\hat{u}_{ai,\max}=\mu_a\hat{u}_{ayi} \tag{11-26}$$

L_i 为支撑节点间距，取梁柱轴线交点间距；l_i 为阻尼器的设置跨度。

2）选择阻尼器使用的钢材类型，在这里阻尼器钢材选取 LY225，确定其屈服应力和弹性模量，见表 11-11。

3）L_{ri}为阻尼器的刚域长度，设计实例中取刚域长度为支撑节点间距的 10%；阻尼器弹性部分与弹塑性部分截面面积比 A'_{di}/A，设计实例中取 2.5。设计过程中各字母所代表的含义见图 11-12。

表 11-11　　所使用钢材的相关数值

钢材种类	屈服应力 σ_y (N/mm²)	弹性模量 E (N/mm²)	屈服应变 ε_y
LY225	220.6	2.06E+05	0.00107

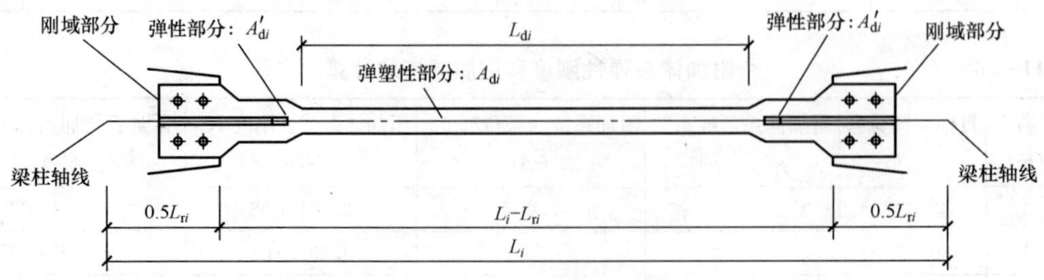

图 11-12　支撑型阻尼器构成图

4）L_{di}为阻尼器弹塑性部分长度，按下式计算，即

$$L_{di}=\frac{(A'_{di}/A_{di})(\hat{u}_{ayi}/\varepsilon_y)-(L_i-L_{ri})}{A'_{di}/A_{di}-1} \tag{11-27}$$

计算后需验证阻尼器弹塑性部分长度处于判断标准 $0.2L_i \leqslant L_{di} \leqslant 0.8L_i$ 的范围内。

5）输入阻尼器的个数 N_i，计算单个阻尼器的弹塑性部分截面积 A_{di}、屈服力 $\hat{F}_{ayi}/N_i$、延性系数 μ_{di}，其中 A_{di}、μ_{di}分别按下式计算，即

$$A_{di}=\frac{\hat{F}_{ayi}}{N_i\sigma_y} \tag{11-28}$$

$$\mu_{di}=\frac{\hat{u}_{ai,\max}/\varepsilon_y-(A_{di}/A'_{di})(L_i-L_{ri}-L_{di})}{L_{di}} \tag{11-29}$$

在确认弹塑性部分的延性系数处于容许范围（一般为 1～20）内后，设计完成，其设计过程见表 11-12。

（8）将所计算出的附加体系的刚度附加于原结构，对该消能减震系统进行时程分析，研究其减震效果，见图 11-13～图 11-16，图中虚线代表消能减震结构的响应值分布，实线代表原结构的响应值分布。从图中可知，附加了阻尼器的消能减震结构的位移、速度和主结构剪力响应值要比原结构小，加速度值相近。由于附加金属阻尼器增加了结构的刚度，因此加速度值与原结构相近。总体来说，附加阻尼器的消能减震结构减震效果较好。

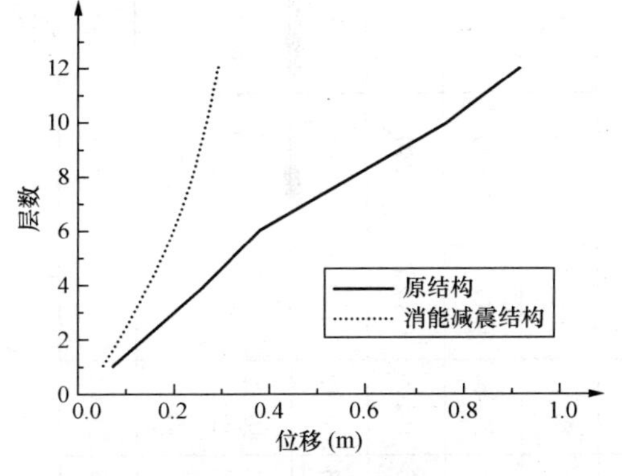

图 11-13　位移分布

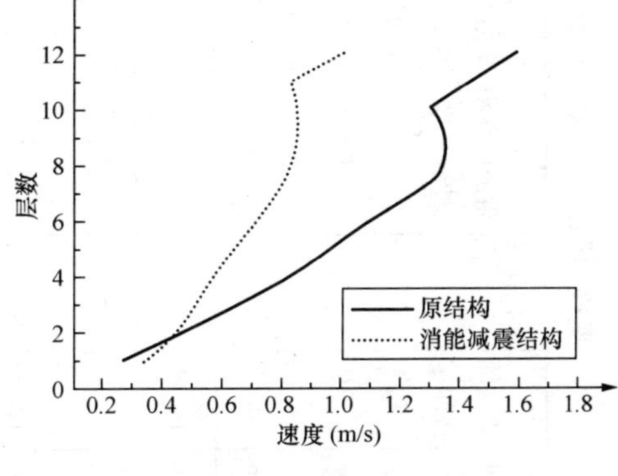

图 11-14　速度分布

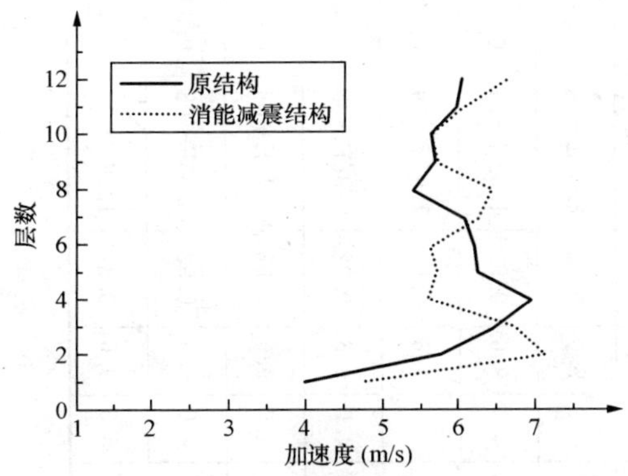

图 11-15　加速度分布

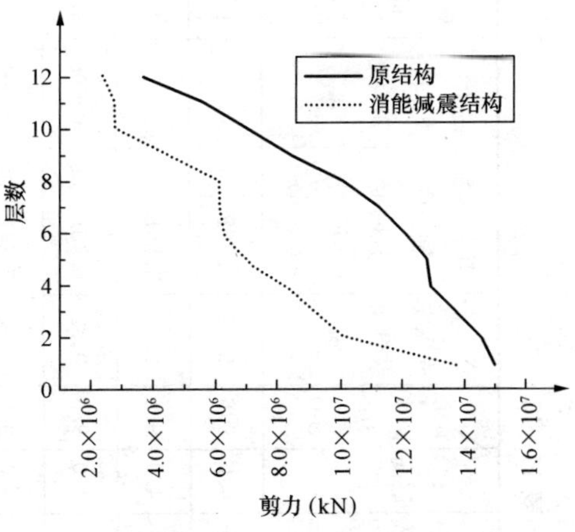

图 11-16　主结构剪力分布

表 11-12 变换到阻尼器轴向并设计阻尼器

层数 i	层高 h_i	设置跨度 l_i (m)	支撑安装倾角 ϕ_i	附加体系轴向弹性刚度 $\hat{K}_{ai}$ (N/m)	附加体系轴向屈服变形 $\hat{u}_{ayi}$ (m)	附加体系轴向屈服力 $\hat{F}_{ayi}$ (N)	梁柱轴线间距 L_i (m)	附加体系轴向最大变形 $\hat{u}_{ai,\max}$ (m)	附加体系刚性域长度 L_{ri} (m)	附加体系弹性部分与弹塑性部分截面积比 A'_{di}/A	弹塑性部分长度 L_{di} (m)	阻尼器数量 N_i (个)	弹塑性部分截面积 A_{di} (cm^2)	单个阻尼器弹塑性部分截面积屈服力 $\hat{F}_{ayi}/N_i$ (N)	阻尼器弹塑性部分延性系数 μ_{di}	阻尼器换算弹性模量 E' (N/m^2)
12	4.0	9.6	0.92	2.36E+08	0.006	1.45E+06	10.40	0.025	1.040	2.5	3.34	2	32.89	7.25E+05	2.37	3.73E+11
11	4.0	9.6	0.92	4.50E+08	0.006	2.77E+06	10.40	0.025	1.040	2.5	3.34	6	20.90	4.61E+05	2.37	3.73E+11
10	4.0	9.6	0.92	6.43E+08	0.006	3.96E+06	10.40	0.025	1.040	2.5	3.34	6	29.88	6.59E+05	2.37	3.73E+11
9	4.0	9.6	0.92	7.34E+08	0.006	4.51E+06	10.40	0.025	1.040	2.5	3.34	6	34.11	7.52E+05	2.37	3.73E+11
8	4.0	9.6	0.92	7.03E+08	0.006	4.32E+06	10.40	0.025	1.040	2.5	3.34	6	32.67	7.21E+05	2.37	3.73E+11
7	4.0	9.6	0.92	8.67E+08	0.006	5.34E+06	10.40	0.025	1.040	2.5	3.34	6	40.32	8.89E+05	2.37	3.73E+11
6	4.0	9.6	0.92	1.02E+09	0.006	6.26E+06	10.40	0.025	1.040	2.5	3.34	6	47.32	1.04E+06	2.37	3.73E+11
5	4.0	9.6	0.92	1.05E+09	0.006	6.44E+06	10.40	0.025	1.040	2.5	3.34	6	48.63	1.07E+06	2.37	3.73E+11
4	4.0	9.6	0.92	9.36E+08	0.006	5.76E+06	10.40	0.025	1.040	2.5	3.34	6	43.50	9.60E+05	2.37	3.73E+11
3	4.0	9.6	0.92	9.43E+08	0.006	5.80E+06	10.40	0.025	1.040	2.5	3.34	6	43.82	9.67E+05	2.37	3.73E+11
2	4.0	9.6	0.92	8.86E+08	0.006	5.45E+06	10.40	0.025	1.040	2.5	3.34	6	41.19	9.09E+05	2.37	3.73E+11
1	5.5	9.6	0.87	1.99E+08	0.008	1.58E+06	11.06	0.032	1.106	2.5	5.75	2	35.91	2.64E+05	3.34	3.07E+11

思　考　题

1. 何谓能量方程？
2. 什么是消能减震技术？
3. 消能减震结构与传统结构相比，有哪些优越性？
4. 消能减震装置的分类有哪些？
5. 何谓减震性能曲线？
6. 耗能部件附加给耗能减震结构的有效刚度和有效阻尼比应如何取值？

习　　题

某十层钢框架结构如图 11-17 所示，底层层高为 4.0m，其余层层高均为 3.6m。柱子采用箱形截面，梁采用 H 形截面，钢材型号为 Q345，弹性模量为 206GPa。梁柱截面尺寸见表 11-13，假设每层的质量取 $1000kg/m^2$。试计算该结构横向方向所需附加金属阻尼器的阻尼量。

结构所在场地条件：设防烈度为 8 度，设计地震分组为第二组，场地类别为Ⅱ类区域。

表 11-13　梁柱截面尺寸

层数	构件	截面尺寸（mm）
1～5	柱	450×450×28
	梁	400×350×16×22
6～10	柱	450×450×25
	梁	400×350×16×22

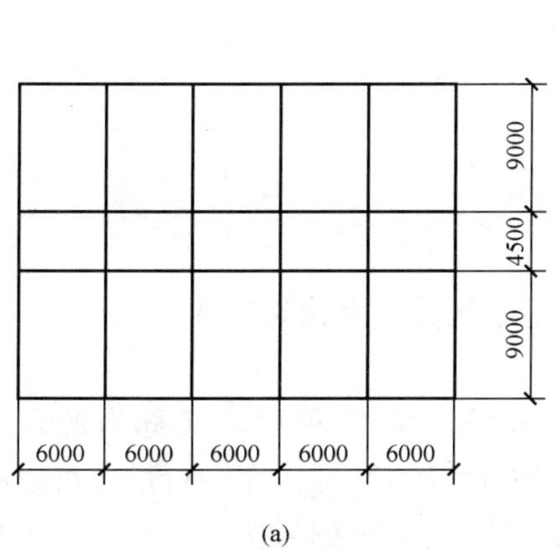

(a)

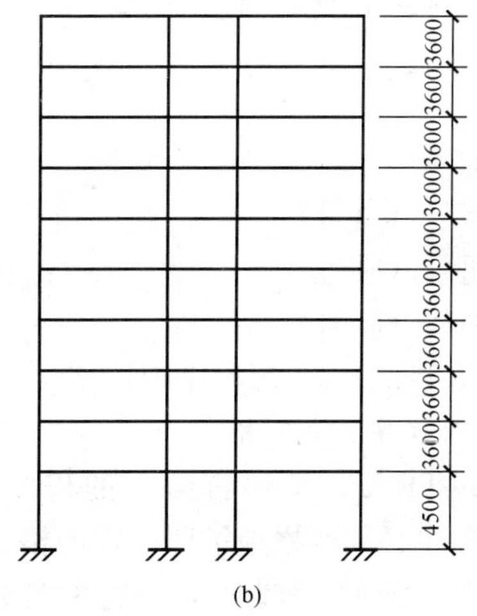

(b)

图 11-17　习题（单位：mm）

(a) 结构平面图；(b) 结构立面图

附录1 FORTRAN 77 语言简介

本附录将以国家标准 GB 3057—82“程序设计语言 FORTRAN”为依据来介绍 FORTRAN 77 语言及其程序设计方法。FORTRAN 是“FORmula TRANslation”（公式翻译）的字首和词。它是 1954 年被提出来的，1956 年美国首先在 IBM704 型计算机上实现了 FORTRANⅡ语言的编译程序。FORTRAN 是目前国际上广泛流行的一种高级程序语言，最初是为科学计算而设计的，至今仍然主要用于求解数学、工程与科学方面的问题。

一、FORTRAN 源程序基本结构

（一）FORTRAN 字符集

FORTRAN 字符集由 26 个字母、10 个数字和 13 个特殊字符，总共 49 个字符组成。

1. 字母

字母是下列 26 个字符之一：

A B C D E F G H I J K L M N O P Q R S T U V W X Y Z

2. 数字

数字是下列 10 个字符之一：

0 1 2 3 4 5 6 7 8 9

对数字串要解释为数值时，应解释为十进制数。

3. 特殊字符

特殊字符是下列 13 个字符之一：

	空格	)	右括号	(	左括号
=	等号	,	逗号		
+	加号（正号）	.	小数点		
-	减号（负号）	‘	撇号		
*	星号（乘号）	:	冒号		
/	斜线（除号）	$	币号		

在 FORTRAN 77 源程序中，字母的大小写不予区分，空格符也无意义。

（二）源程序的书写格式

用 FORTRAN 77 语言编写的程序称为 FORTRAN 77 程序，又称为源程序。FORTRAN 源程序必须严格地按照一定的格式书写。FORTRAN 源程序一行最多可以有 80 个字符。行中的字符位置称为列，一行中各列从左至右依次连续编号为 1～80。这 80 列分为 4 个区，分别书写不同的内容。第 1～5 列为标号区，用来给语句标上标号；第 6 列为续行标志区；第 7～72 列为语句区，第 73～80 列为注释区。

在一行的语句区中最多只能写一个 FORTRAN 语句。当一个语句在一行中写不下时，可以在下一行的语句区中继续写。称一个语句的第 1 行为始行，其他行称为续行。FORTRAN 规定一个语句不能多于 19 个续行，也就是说一个语句不能包含多于 1320 个字符。始行的第 1～5 列可含有语句标号或全是空格符，而第 6 列必须是空格符或数字 0；续行的第 1～5 列必须全是空格符，而第 6 列必须是除空格符或数字 0 以外的 FORTRAN 字符集的任意字符。始行与其

续行必须写在连续的行上，中间不允许插入除注释行之外的任何其他语句行。

若一行上的第1列是字母C或星号“*”，则表示该行为注释行。注释行的内容写在第2～72列上，其内容可以由处理系统能接受的任何字符组成。注释行完全不影响可执行程序，它可用于对源程序作一些说明，以增强源程序的可读性。注释行可以出现在源程序的任何地方，可置于一个语句的始行之前，也可置于始行和第一个续行之前，或两个续行之间。

语句标号可提供引用语句的标志，或作为控制语句转向的目标。因此，FORTRAN语句和作为控制语句转移到达的语句必须有标号，其他语句的标号可有可无，并不影响程序的执行。语句标号书写在始行的标号区中，可以由1～5位数字组成，可以是1～99999的无负号整数。在区分语句标号时，空格或前导零没有意义。例如下列标号：

⋃⋃150　　1⋃5⋃0　　0150⋃　　150　　00150

编译系统认为是相同的标号。在程序中，语句标号出现的次序与其数值大小无关。在一个程序单位中，同一个语句标号不得标识一个以上的语句。除执行控制转向外，程序均是按可执行语句在程序单位中出现的次序执行的，与标号值的大小或出现与否均无关。

（三）源程序的基本结构

1. 程序单位

一个可执行的FORTRAN程序由一个或多个程序单位组成。程序单位由语句和任选注释行的序列组成。一个程序单位可以是一个主程序或者是一个辅程序。一个程序单位的语句标号仅在该程序单位内有效。程序单位必须是以END语句结束。

2. END语句

END语句的形式如下：

END

END语句是可执行语句，是程序单位的最后一个语句，表明了一个程序单位的语句和注释行序列的结束。它必须写在始行的第7～72列，END语句不允许有续行。

3. 主程序

主程序一般是以PROGRAM语句开头，以END语句结束的一个程序单位。PROGRAM语句的形式如下：

PROGRAM name

其中，name是出现PROGRAM语句时主程序的符号名，它不应与其他被使用的名字相同。

4. 辅程序

辅程序包括下列3种：

(1) 函数辅程序：以FUNCTION语句开头，END语句结尾。

(2) 子程序辅程序：以SUBROUTIN语句开头，END语句结尾。

(3) 数据块辅程序：以BLOCK DATA语句开头，END语句结尾。

一个可执行的PROGRAM程序有且仅有1个主程序，但可以有零个到多个辅程序。程序的执行是从主程序的第一个可执行语句开始的。

二、FORTRAN 数据类型与赋值

数据类型是程序设计语言所允许的变量种类，也就是说数据类型是变量可能取的值和可能进行的运算的总称。FORTRAN 77 提供了以下6种数据类型：

（1）整型（INTEGER）。

（2）实型（ REAL）。

（3）双精度型（DOUBLE PRECISION）。

（4）复型（COMPLEX）。

（5）逻辑型（LOGICAL）。

（6）字符型（CHARACTER）。

（一）常数

1. 整常数

整常数是整数值的精确表示，可以有正值、负值或零。例如 237、000、0028、－0、＋0、28 是合法的整常数，其中 000、－0、＋0 的值是相同的，都表示零值，0028 与 28 是等值的。

下面这些则不是整常数：

23.0：不允许有小数点。

－3，500：不允许有逗号。

10^3：出现了指数。

＄203：“＄”作为前导。

3E4：包含了非数字。

2. 实常数

实常数有以下三种不同的形式：

（1）基本实常数。基本实常数的组成顺序依次为 1 个任选的符号、1 个整数部分、1 个小数点和 1 个小数部分，整数部分和小数部分两者都是数字串。例如：2.163、＋0.、－.59、＋28.、－101.34 是合法的基本实常数。

以下则不是基本实常数：

2，163.2：部允许出现逗号。

59：没有小数点。

（2）基本实常数后跟一个实指数。实指数的形式为字母 E 后跟任选带符号整常数。实指数代表 10 的方幂，所以基本实常数后跟一个实指数的值为基本实常数乘以十进制指数的值。例如：

＋0.000285E＋5：等于 0.00028$\times 10^5$。

－10135E－2：等于－10135$\times 10^{-2}$。

.002163E3：等于 .002163$\times 10^3$。

以下则不是实常数：

E10：不允许单个实指数 1E10，应写成 1E10。

.59E2.5：E 后面不是整常数。

－4.9E4＋2：E 后面不是整常数。

（3）整常数后跟一个实指数。整常数后跟一个实常数的值是整常数乘以十进指数的值。例如：

83900E－2：等于 83900$\times 10^{-2}$。

79E5：等于 79$\times 10^5$。

1E－8；等于 10^{-8}。

（二）变量及其类型说明

变量是在程序运行过程中其值可以改变的量。FORTRAN 77 中的变量与前面讲述的数据类型相应也有 6 种类型，即整型、实型、双精度型、复型、逻辑型和字符型。

1. 符号名

变量名用符号名来标识。符号名采取 1～6 个字母或数字序列的形式，其中第一个必须是字母。例如 B24AC、D、ALPHA、XEQ16、FNX1、FNX2、M4、K6X29Z 都是正确的符号名，而下面几个则不是符号名：

2X139：首字符是数字。

PRODUCT：多于 6 个字符。

MK3/1：出现了不是字母或数字的其他字符。

顺便指出，在有些处理系统中的符号名可以超过 6 个字符，但建议读者还是遵守不超过 6 个字符的限定，以免出错。

FORTRAN 77 规定，一个变量名只在定义它的程序单位中有效。因此，在不同程序单位中的变量可以同名，但它们的含义可以是不同的。

2. 变量的类型说明

FORTRAN 77 中变量的类型说明有以下 3 种方式：

（1）显式说明。用类型语句作显式说明，其形式为：

```
INTEGER   X，Y，A1，B2
REAL      NO1，NO2
```

说明 X、Y、A1、B2 是整型变量；NO1、NO2 是实型变量。应当注意，类型语句应置于程序单位第一个可执行语句之前。

（2）隐式说明。显式说明必须对各个变量加以说明，隐式说明则可对一批变量进行说明（符号名开头的字母相同）。用 IMPLICIT 语句作隐式说明，其形式为：

```
IMPLICIT   INTEGER（R－T），REAL（I－L）
```

表示除类型语句中被显式说明的符号名外，凡以 R、S、T 开头的符号名都是整型的，凡以 I、J、K、L、M 或 N 开头的符号名都是实型的。

（3）预隐含规则（I－N 规则）。若一个符号名不出现在类型语句中，它的首字母也不出现在 IMPLICIT 语句中，那么凡是以 I、J、K、L、M、N 为首字母的符号名都被认为是整型的，以其他字母开头的符号名都被认为是实型的。这就是预隐含规则，又称为 I－N 规则，此规则仅适用于整型和实型。

（三）赋值语句

赋值语句的作用是将一个表达式的值赋给一个变量，而表达式是用运算符和括号把操作数据按一定规则连接起来的式子。FORTRAN 77 有以下 4 种表达式：①算术表达式；②关系表达式；③逻辑表达式；④字符表达式。

赋值语句把算术表达式的值赋给一个数值变量（整型、实型、双精度型和复型），把逻辑表达式的值赋给一个逻辑变量，把字符表达式的值赋给一个字符变量。

1. 算术表达式与算术赋值语句

算术表达式中的操作数都是算数量，使用的运算符只能是算数运算符。算术表达式的求值产生一个数值。

(1) 算术运算符。FORTRAN 77 可以使用的 5 个算术运算符见附表 1-1。

(2) 算术表达式的形式。算术表达式涉及算术运算符和括号的用法，具体见附表 1-2。

附表 1-1 FORTRAN 77 可以使用的 5 个算术运算符

运算符	表示
* *	指数
/	除
*	乘
−	减或负
+	加或正

附表 1-2 算术运算符的用法和解释

运算符的用法	解释	运算符的用法	解释
X* *Y	X 的 Y 次幂	−Y	负的 Y
X/Y	X 被 Y 除	X+Y	X 加 Y
X*Y	X 乘 Y	+Y	与 Y 的值相同
X−Y	X 减 Y		

(3) 算术赋值语句。算术赋值语句的形式为：

V=e

其中，V 是整型、实型、双精度型、复型变量名或数组元素名；e 是算数表达式。

算术赋值语句的执行是先计算 e 的值，然后将 e 的值转换成 V 具有的类型，并将此结果赋值给 V。

2. 算术关系表达式

算术关系表达式用来比较两个算术表达式的值。

(1) 关系运算符见附表 1-3。

附表 1-3 关系运算符

关系运算符	所代表的数学符号	英语含义
.LT.	< (小于)	less than
.LE.	≤ (小于或等于)	less than or equal to
.EQ.	= (等于)	equal to
.NE.	≠ (不等于)	not equal to
.GT.	> (大于)	greater than
.GE.	≥ (大于或等于)	greater than or equal to

(2) 算术关系表达式的形式是：

e1 relop e2

其中，e1 和 e2 是整型、实型、双精度型或复型表达式；Relop 是关系运算符。

例如：

B*B−4.0*A*C.LT.0.0：表示 $B^2-4AC<0$。

SIN (X) .GE.0.5：表示 $\sin x \geqslant 0.5$。

X1.LE.X2：表示 $x_1 \leqslant x_2$。

I.NE.100：表示 $I \neq 100$。

(四) 内部函数

FORTRAN 77 提供的一些常用内部函数见附表 1-4。

附表 1-4　**常用内部函数**

函数名	含义	应用例子	相当数学上的运算
ABS	绝对值	ABS (X)	$\|X\|$
EXP	指数	EXP (X)	e^x
SQRT	平方根	SQRT (X)	$\sqrt{x}$
SIN	正弦	SIN (X)	$\sin x$
COS	余弦	COS (X)	$\cos x$
LOG	自然对数	LOG (X)	$\ln x$
INT	转换为整型数	INT (X)	int(x)，取 x 的整数部分
REAL	转换为实型数	REAL (X)	
MAX	选最大值	MAX (X1，X2，X3)	max(x_1，x_2，x_3)
MIN	选最小值	MIN (X1，X2，X3)	min(x_1，x_2，x_3)

三、输入与输出

对于一个完整的程序，输入、输出语句是必不可少的。

用于输入、输出的语句如下：

(1) 输入：READ 语句。

(2) 输出：PRINT 语句和 WRITE 语句。

输入、输出有以下两种格式：

(1) 表控格式（又称为自由格式）输入、输出。

(2) 有格式的输入、输出，按用户所要求的格式组织输入、输出数据。

由此可见，要进行输入或输出，需要确定以下几个因素：

(1) 数据传送的方向，即指出是输入还是输出。

(2) 在什么外部设备上输入或输出。

(3) 用什么格式输入或输出。

(4) 从或向哪些量传送数据。

(一) 表控格式输入

表控格式输入的一般形式为：

READ *，输入表

或　READ (*，*) 输入表

输入表中的各表项都用逗号相隔。

【例 1】　说明下面语句的功能。

READ *，I，X，Y，D，J

解　如果采用的是键盘输入，则可以从键盘上输入以下信息，在输入的各数据之间要用逗号或空格分隔，即

10，10.78，6.5，6.5，6

或

10 10.78 6.5 6.5 6

这样就把它们分别输入到 I、X、Y、D 和 J 中了，即

10⇒I　10.78⇒X　6.5⇒Y　6.5⇒D　6⇒J

表控格式输入使用起来很方便，不需要编程者规定每个输入数据的格式，因而容易掌握和接受，不宜出错，建议初学者尽量使用这种自由格式的输入方式。

有的计算机系统不接受这种形式的 READ 语句，可改用 READ（*，*）形式，其中第一个“*”表示系统隐含指定的输入设备（一般指终端显示器的键盘)，第二个“*”表示表控输入。

（二）表控格式输出

与表控格式输入一样，表控格式输出使用起来也是很方便的。可以用以下两种语句来实现表控格式输出：

（1）PRINT *，输出表。

（2）WRITE（*，*）输出表。

1. 用 PRINT 语句实现表控格式输出

【例 2】 在某一程序单元中有以下语句，变量的类型符合 I—N 规则。

M=3

N=5

X=30.6

PRINT *，M，N，X，M*N+X

解 这里的最后一个语句就是表控格式输出语句。PRINT 是输出语句的标志，“*”表示输出格式为表控格式，M，N，X，M*N+X 构成输出表，输出表表示输出的内容。该语句的作用是把输出表中的变量 M、N、X 和表达式 M*N+X 的值通过系统规定的设备以一定的格式输出，输出设备由计算机系统隐含指定，通常指终端显示器或打印机。该输出语句执行的结果为

3　　　5　　　30.600000　　　45.600000

需要指出的是，表控格式输出并不是无格式输出，而是以系统规定的格式进行输出。不同的系统有不同的规定。

如果在 PTINT 语句中不出现输出列表，例如：

PRINT *

则打印出一个空白行，所以常利用它实现隔行打印。

2. 用 WRITE 语句实现表控格式输出

PRINT 语句只能在打印机（显示器）上输出数据，而有时往往又需要将数据输出到其他外部介质上（如 U 盘)。WRITE 语句既可以用来将数据输出到打印纸上，又可以将数据输出到计算机所能使用的任何一种外部介质上。

WRITE 语句表控格式的一般形式为：

WRITE（*，*）X，Y，N

这就是一个用 WRITE 语句实现的表控格式输出的例子，和 PRINT 语句不同，WRITE 后面的括号内有两个星号，第一个“*”表示在系统隐含指定的输出设备（一般指打印机）上输出，第二个“*”表示按系统隐含指定的格式输出，所以这第二个“*”和 PRINT 语句中的“*”作用相同，而“WRITEH”和第一个“*”的作用就相当于“PRINT”。

除了可以用“*”指出输出设备以外，还可以用“设备号”指定输出设备。设备号是指逻辑设备的编号，每一个计算机系统都与多个外部设备相联，可通过设备号的选择来指定某一个外部设备。不少系统以设备号“6”代表打印机或显示器，因此

WRITE（6，*）X，Y，N

的作用是指在打印机（或显示器）上以表控格式输出 X、Y、N 的值。如果需要在其他输出设备上输出，只需选择与此设备对应的设备号即可实现。

（三）格式输出

前面所讲的表控格式输出是按系统隐含指定的格式进行输出，如果希望能按照所需要的格式来输出数据，例如一个数据占几列，输出一个实数要规定取小数点后几位，各行间要求小数点对齐等，这就需要用到格式输出。

格式输出的基本方法如下：

(1) 用格式语句来定义输出格式。

(2) 用输出语句来引用格式语句所定义的格式。

格式语句的书写格式包括标号、格式语句的名字以及括号中的格式定义符三个部分，其形式如下：

标号　FORMAT（格式定义符）

它是一个非执行语句，本身不产生任何操作，只是提供输入或输出的格式。FORMAT 语句可以出现在程序中的 PROGRAM（此语句可以省略）语句之后和 END 语句之前的任何位置上，同一个 FORMAT 语句可由任意多个输入、输出语句引用。

假如要将实型变量 A 的值输出，并希望在打印时数字占 10 格，其中小数点后占 1 位，则可以写成以下形式：

WRITE（*，20）A

20 FORMAT（1X，F10.1）

WRITE 语句中，括弧内的第一个“*”的作用与前面所讲的表控格式中的相同，即指定数据是在系统隐含指定的输出设备上输出；而括弧内的第二项不再是“*”，是数字，例如“20”。这个“20”是一个格式语句的标号，用它来指出 WRITE 语句中的输出项 A 是按标号为 20 的 FORMAT 语句指定的格式输出。

语句中括弧内的内容是格式定义符（简称编辑符），是用来制订输入、输出格式的，其作用是对数据进行编辑加工，然后打印输出。FORTRAN 提供了多种编辑符，以适应各种不同类型数据的输入、输出，以及完成其他的输入、输出功能。下面将常用的编辑符进行介绍。

1. I 编辑符

I 编辑符的功能是用于整型量的输入或输出。它的一般形式有以下两种：

IW

或

IW. m

IW 中的 I 代表 Integer（整数）；W 表示字段宽度，是非零无符号整常数。例如 I7，表示该整型数应占的列数为 7 列。

IW. m 形式中的 I 和 W 的含义同前；m 表示需要打印的数字的最少位数。例如：

M=－2769

WRITE（*,'（1X，I9，I9.6)'）M，M

END

则输出结果为

∨∨∨∨－2769∨∨－002769

2.F 编辑符

F 编辑符的功能是用于实型量的输入或输出。它的一般形式为

FW.d

其中，F 是 Float（浮点数）的缩写；W 为字段宽度，为非零无符号整常数；d 为该数的小数位数，为无符号整常数。W 一般至少应比 d 大 3。例如：

X=92.04

Y=－1687.56

Z=3240.08

W=645.83

PRINT '（1X，F6.2，F9.3，F9.4，F7.2)'，X，Y，Z，W

END

此程序的输出结果为

∨92.04－1687.5603240.0800∨645.83

3.E 编辑符

E 编辑符的功能是用于实型量的输入或输出。用 E 编辑符输出的实数是以指数形式表示的。它的一般形式为

EW.d

其中，E 是 Exponent（指数）的缩写；W 是整个字段宽度；d 是数据的数值部分（即 E 前面的部分）中小数的位数。输出的字段中指数部分必占 4 列，其中“E”占 1 列，符号占 1 列，指数占 2 列。

在输出时，E 编辑符输出的是以指数形式表示的实数。例如：

X=92.04

Y=－1687.56

PRINT '（1X，E12.4，E15.5)'，X，Y

END

此程序的输出结果为

∨∨∨.9204E+02∨∨∨∨－.16876E+04

对于指数形式的输出，一律以标准化的指数形式表示，即小数点前无非零整数，小数点后第一位为非零数字。用 E 编辑符指定输出数据的格式，可以避免“大数印错，小数印丢”的情况，它能表示范围广泛的数。

4.X 编辑符

X 编辑符的一般形式为：

nX

其功能如下：在输入时将跳过外部介质上的 n 个字符；在输出时是 n 个空格。为了避免相邻的两个数据紧连在一起，可以用 X 编辑符在数据之间插入一些空格。在输出语句的格式说

明中，一般第一个描述为1X，1X表示跳过一个空格。这是因为在输出时，每一输出行的第一个字符位被系统用于行控制（也叫做走纸控制），所以在输出的格式说明中，应给系统空出这第一个字符位，否则第一位若有数据就会被系统“吃掉”，从而影响输出结果的正确性。例如：

```
A=12.3456
I=123
J=-4567
PRINT '(1X, I3, 2X, I5, 2X, F8.3)', I, J, A
END
```

此程序的输出结果为

123∨∨-4567∨∨∨∨12.346

（四）格式输入

格式输入就是按用户自己指定的格式来输入数据，一般是用READ语句和FORMAT语句实现格式输入。语句的一般形式为：

READ（输入设备号，语句标号）输入表列

标号　FORMAT（格式说明）

和格式输出一样，一般用“*”代表系统隐含指定的输入设备。格式输入比表控格式（自由格式）输入麻烦，除了特殊情况以外，一般不采用。

（五）文件形式输入、输出语句

前面我们讨论了一些简单的程序，这些程序都有一个共性，程序的运行结果在显示器上输出，需要的原始数据从键盘上输入。这种方法在输入的数据和运行结果数据较少的情况下是可行的，但是若需要的原始数据量很大，程序的运行结果数据量也很大，而且需要长时间保存时，这种方法就很不可取了。因为由键盘输入的数据有错时不能修改，显示器输出的结果很难保存。为此，程序设计语言一般都采用文件的方式存储输入、输出的数据，程序运行时，从这些文件读入数据，并将运行结果存入文件中，以便长期保存。

文件是指存放在计算机外存上有名字的一组相关信息的集合。用于存放源程序的文件叫源文件，存放数据的文件叫数据文件。实际上，在FORTRAN程序中，数据的输入、输出操作都是以文件的方式进行的。

FORTRAN语言中的文件是指数据文件，这些文件存放的是程序运行时需要的原始数据或程序的运行结果，是为程序服务的。根据文件中数据流动的方向，可以将数据文件分为输入文件和输出文件。输入文件是用来向程序提供数据的，输出文件是用来存放程序的输出结果。

FORTRAN语言中，对文件的操作需要一些特殊的语句，这些语句都涉及设备号。FORTRAN语言共设有99个逻辑设备，编号为1～99，其中有几个是系统指定的设备，如设备号6是指计算机的显示器或键盘。

1. 文件的打开与关闭

FORTRAN语言程序中若使用文件，必须要事先指明文件的名字、存储方式、存取方式等属性，另外还要说明文件与哪个逻辑设备相连。这个操作称为打开文件，使用打开语句OPEN来完成。OPEN语句的一般格式为：

OPEN（[UNIT=]设备号，文件说明表）

其中，设备号指某逻辑设备号，是不可省略的，而且只能有一个；文件说明表用来说明文件的属性。文件说明表中可以包含以下说明符：

（1）文件名说明符 FILE=fin。OPEN 语句使用 FILE=fin 来指定文件名。Fin 是字符表达式，此字符表达式的值去掉尾部后缀后就是与设备号连接的文件名。若用字符常量作文件名，文件名一定要用单引号括起来。例如 FILE= ‘PEI. DAT’，这里 PEI 为文件名，DAT 为文件后缀，标明为数据文件。

（2）文件状态说明符 STATUS=sta。文件状态是指文件的存在状态。文件可以是已存在或不存在或不确定的。sta 是用户给定的一个字符表达式，它可以是下列四种字符串之一：

‘NEW’：表示制订的文件尚不存在。执行 OPEN 语句时，计算机系统在外存储器上建立该文件，同时将文件的状态改为‘OLD’。此时的文件为空文件，没有内容。‘NEW’状态一般用于建立一个新的输出文件。

‘OLD’：表示制订的文件是一个已经存在的文件。指定输入文件时，文件的状态一定是‘OLD’。如果状态为‘OLD’的文件不存在，则计算机系统会给出错误信息。

‘SCRATCH’：表示与设备号连接的文件在关闭时将自动删除。注意，此状态不能与说明符 FILE=fin 共存。

‘UNKNOWN’：表示由计算机系统根据实际情况来指定文件的状态。

除了上述两种说明符以外，还有存取方式说明符、记录格式说明符、记录长度说明符、出错处理说明符、出错状态说明符、空格含义说明符等，这里不一一介绍。

用 OPEN 语句打开的文件，使用结束后一般要关闭，使文件与设备的连接终止。这个操作要使用关闭文件语句 CLOSE。CLOSE 语句的一般形式是：

CLOSE（[UNIT=] 设备号，说明项表）

CLOSE 语句中除设备号必须予以说明外，其他说明符都是任选的。例如：

OPE N（15，FILE= ‘DATA10’）

⋮

CLOSE（15）

与第 15 个逻辑设备号连接的文件被关闭后要保存。

如果不使用 CLOSE 语句，程序运行结束时，设备与文件的连接也会自动终止。

2. 文件的读写

一个文件用 OPEN 语句打开后，对其主要的操作是读写。文件的读写使用 FORTRAN 语言的标准输入、输出语句 READ 和 WRITE。

（1）读文件。读文件使用输入语句 READ，读入的数据来自输入文件。输入语句的格式为：

READ（说明项表）[输入项表]

说明项表用来指定输入数据的来源以及数据的输入格式等。说明项表中有若干说明符，各说明符之间用逗号间隔，常用的有以下两个：

1）设备说明符 [UNIT=] 设备号。设备号是与要读的文件连接的设备号，即用来打开输入文件的 OPEN 语句中的设备号。在 READ 语句中只能有一个设备号；如果省略‘UNIT=’，则设备号必须在说明表的首位。

2）格式说明符 [FMT=] 格式说明。格式说明符可以是‘ * ’号、程序语句标号或格式说明字符串。只有在对格式文件进行输入时才采用格式说明符；对无格式文件进行输入操作时，不允许出现格式说明符。

输入项表中各项可以是变量名、数组名、数组元素名，各项之间用逗号间隔。

(2) 写文件操作语句。写文件操作用 WRITE 语句实现，用于建立输出文件。作为输出用的文件可以是新的文件，也可以是一个已存在的文件。写文件语句的格式为：

WRITE（说明项表）[输出项表]

各说明项的具体作用和使用方式与 READ 语句中对应的各说明项相似。

输出项表中的各项可以是常量、变量、数组元素、数组名、表达式，各项之间用逗号间隔。

下面举例说明文件形式输入、输出语句的常用形式。

【例 3】　试说明以下程序：

```
      OPEN (1, FILE= 'NRES.DAT', STATUS= 'OLD')
      OPEN (2, FILE= '结果.DAT', STATUS= 'NEW')
      READ (1, *) N, DT, NN, ID1, ID2
      CLOSE (1)
               ⋮
WRITE (2, 10) T (M), EK (M)
      10 FORMAT (1X, E10.4, 1X, E10.4)
      STOP
      END
```

说明：

第一行：文件名为‘NRES’的数据文件已经存在，利用第 1 逻辑设备，把‘NRES’文件和源程序连接起来。

第二行：打开一个新的输出文件，其文件名为‘结果（数据文件）’，并利用第 3 逻辑设备，把‘结果’文件和源程序连接起来。

第三行：通过第 1 逻辑设备号通道，以自由格式（表控格式）从 NRES. DAT 文件中将与变量 N、DT、NN、ID1、ID2 对应的数据读进来。

第四行：关闭 NRES 数据文件，并保存其数据。

第五行：程序体。

第六行：按照标号 10 指定的格式将 T（M）和 EK（M）通过第 3 逻辑设备号通道写出来。

第七行：首先空一格，按照 E10.4 格式将 T（M）写出以后，再空一格，又按照 E10.4 格式写出 EK（M）。

第八行：程序运行结束。

四、分支结构

FORTRAN 程序一般是按语句的书写顺序逐一执行的。但在针对实际问题编制程序时，往往要根据具体情况做一些判断处理，这就要在程序中加上控制语句来实现这些判断的完成。

（一）GO TO语句

GO TO语句有三种，即无条件GO TO语句、计算GO TO语句、赋值GO TO语句。在学习GO TO语句之前，需要指出的是，按照结构化程序设计的原则，应尽量减少GO TO语句的使用，滥用GO TO语句会使程序结构混乱，甚至引起错误。但也需要指出，GO TO语句，特别是无条件GO TO语句，使用非常方便，只要使用得当，便可简化程序，提高程序效率。

1. 无条件GO TO语句

无条件GO TO语句的形式为：

GO TO S

其中，S是与无条件GO TO语句在同一程序单位中的可执行语句的标号；GO TO语句用来改变程序的执行顺序。当程序执行到GO TO语句时，将无条件地转去执行语句标号S所指定的语句，并从那条语句开始向下运行。

2. 计算GO TO语句

计算GO TO语句的形式为：

GO TO（S1，S2，…）[，] I

其中，S*i*是与该计算GO TO语句在同一程序单位中的可执行语句的标号，同一个语句标号可以在同一个计算GO TO语句中出现多次；I为整形表达式。

该条语句在执行中，首先计算整型表达式I的值，然后根据这个值进行控制转移。下一步执行语句标号表中的第I个标号标志的语句，规定$1\leqslant I\leqslant n$。其中，n是语句标号表中语句标号的个数，若$I<1$或$I>n$，则执行下一个语句。

计算GO TO语句相当于具有分线开关的功能，根据I值的不同，来闭合不同的开关，接通不同的程序执行线路。需要注意的是，在计算GO TO语句执行之前，整型表达式中的变量必须预先被赋值。

3. 赋值GO TO语句

此处略。

（二）算术IF语句与逻辑IF语句

1. 算术IF语句

算术IF语句的形式为：

IF（e）S1，S2，S3

其中，e为算术表达式；S1，S2，S3为同一程序单位中的可执行语句的语句标号。算术IF语句在执行时，首先计算算术表达式e的值，根据e的值做以下操作：

（1）若$e<0$时，转向S1所标识的语句执行。

（2）若$e=0$时，转向S2所标识的语句执行。

（3）若$e>0$时，转向S3所标识的语句执行。

2. 逻辑IF语句

逻辑IF语句的形式为：

IF（e）S

其中，e为逻辑表达式；S为除DO语句、块IF语句、ELSEIF语句、ELSE语句、ENDIF语句、END语句或另一个逻辑IF语句之外的任何可执行语句。在执行逻辑IF语句时，首先判断逻辑表达式的值。若 e 为真（e＝.TRUE.），则执行 S 语句；若 e 为假（e＝.FALSE.），则不执行 S 语句，而直接执行逻辑 IF 的下一条语句。

（三）块 IF 结构

结构化程序设计的一个基本出发点是使编制出来的程序模块化。即从整体问题出发，然后将整个问题划分成几个独立的逻辑部分，对每一个独立的逻辑部分编制成一个程序模块。在模块中涉及判定的逻辑结构，主要是用块 IF 结构来实现结构化。块 IF 结构在结构化程序设计中占有极为重要的地位，块 IF 结构的正确使用，可以使程序结构清晰、合理、易于阅读、便于维护。

1. 基本块 IF 结构

基本块 IF 结构的形式如下：

```
IF (e) THEN
BLOCK1
ENDIF
```

其中，e 为逻辑表达式；BLOCK1 为一语句序列，即为一条或多条语句；ENDIF 标识块 IF 结构的结束。基本块 IF 结构的执行情况如下：若 e 为真（e＝.TRUE.），则首先执行 BLOCK1 中的语句，然后执行 ENDIF 的下一条语句；若 e 为假（e＝.FALSE.），则不执行 BLOCK1 中的语句，而直接执行 ENDIF 的下一条语句。

2. ELSE 语句

块 IF 结构中，当表达式 e 的值为假时，需要做另一部分的程序处理工作，这时就需要有 ELSE 语句。ELSE 语句的形式为：

```
ELSE
```

块 IF 结构包含有 ELSE 语句时，呈以下形式：

```
IF (e) THEN
BLOCK1
ELSE
BLOCK2
ENDIF
```

其中，BLOCK2 也是一个语句序列（即一条或多条语句）。这时，块 IF 结构的执行过程是：若 e 为真（e＝.TRUE.），则执行 BLOCK1 中的语句，然后执行 ENDIF 后的语句；若 c 为假（e＝.FALSE.），则执行 BLOCK2 中的语句，然后执行 ENDIF 后的语句。

3. 块 IF 小结

块 IF 结构在结构化程序设计中占有重要地位。在结构化程序设计中，应尽量减少使用 GO TO 语句，对于条件判定则最好使用块 IF 结构，以使程序结构清楚、易读、易调试。

在使用块 IF 结构时，应注意以下问题：

（1）块 IF 结构具有很强的整体结构性。BLOCK1 或 BLOCK2 以及 ELSE 是可省略的，但是 IF、THEN、ENDIF 是不能省略的，特别是一个 IF 必有一个 ENDIF 相对应，否则块 IF 结构是不完整的。

（2）由于块 IF 结构的完整性，BLOCK1 和 BLOCK2 必须被看做是结构中的两个整体，这两个整体对于进入来说是封闭的。也就是说，在块 IF 结构中，BLOCK1（或 BLOCK2）

块不允许从 BLOCK1 块外向块内转移。但可以向外转移。

在处理许多实际问题时，常常需要对多个条件进行判定，以决定程序的执行。这种对三个或更多的条件判定问题，就称之为多路判定问题。解决多路判定问题，FORTRAN 77 提供了一条效率较高的语句，ELSEIF 语句。ELSEIF 语句处在 IF（e）THEN 语句和 ELSE 语句之间，其形式为：

```
IF (e1) THEN
        BLOCK1
ELSEIF (e2) THEN
        BLOCK2
ELSEIF (e3) THEN
        ⋮
ELSEIF (en) THEN
        BLOCKn
ELSE
        BLOCKn+1
ENDIF
```

其中，e1，e2，…，en 均为逻辑表达式；BLOCK1，BLOCK2，…，BLOCKn，BLOCK+1 均为可执行语句序列。执行过程如下：当 e1 为真时，执行 BLOCK1，然后执行 ENDIF 的下一条语句；当 e1 为假时，执行 ELSEIF 语句，判定 e2 的真假。若 e2 的值为真，则执行 BLOCK2，然后执行 ENDIF 的下一条语句；若 e2 为假，则执行下一个 ELSEIF 语句，……。当 e1，e2，…，en 均为假时，执行 BLOCKn＋1，然后执行 ENDIF 的下一条语句。

由以上讨论可以看出，只要当 e1，e2，…，en 中的某一个 ei($1\leqslant i\leqslant n$)为真值，程序就执行相应的 BLOCKi，然后立即跳出块 IF 结构，这显然比对于所有的 ei 都用 IF - THEN - ELSE - ENDIF 结构的情况效率高得多。

五、循环结构与数组

（一）循环结构概念

在编制程序来解决一个实际问题时，常常遇到以下情况，即程序中某一段语句序列按一定的规则多次重复执行，类似这样的程序结构常被称为循环结构。循环结构由以下两部分组成：

（1）循环体，即被重复执行的语句序列。

（2）循环控制机构，即一般用以决定循环是否产生并判定何时结束的机制。

在处理循环问题时，循环体的循环次数有时是已知的，有时是未知的。对于循环次数未知的情况，通常分为两类来讨论，即“当……做循环”型和“做循环……直到”型。“当……做循环”型循环结构的特点是先判断，后执行，即首先判定循环条件，当条件满足时，再执行循环体。“做循环……直到”型循环结构的特点是先执行，后判定，即先执行循环体，再对循环条件进行判定。这种类型的循环结构与“当……做循环”型结构的不同之处在于，在“当……做循环”型结构下，当判定条件不满足循环要求时，循环体至少也执行一次。

（二）数组的定义及引用

在计算和处理问题时，常会遇到按一定顺序排列且具有相同性质的数据，一般采用数组来描述这些数据。

1. 数组及数组元素

(1) 数组是数据的非空序列。数组有数组名，数组名同变量名的命名规则相同，并且也服从 I—N 规则。而表示数组中某一具体的数据，则需通过数组元素来指定，数组元素只需在数组名后加一括号，括号内注明下标即可。例如有 30 个实验数据，可定义一个 X 数组来存放这 30 个数据。这时，数组名为 X，且 X(1)，X(2)，X(3)，…分别表示 X 数组的第 1，2，3，…个元素，X(1)，X(2)，X(3)，…中分别存放这 30 个数据的第 1，2，3，…个数据。如数组被定义为整型数组，则该数组所包含的所有数组元素也为整型。

(2) 数组说明符。在一个程序单位内，数组说明符指明了标识数组的符号名，并且指明了该数组的某些特性。在一个程序单位内，一个数组名只允许有一个数组说明符。

下面举例说明数组说明符的形式：

1) 一维数组 X（6），有 6 个数组元素，即 X(1)，X(2)，X(3)，X(4)，X(5)，X(6)。

2) 二维数组 A（2，3），有 6 个元素，即 A(1，1)，A(1，2)，A(1，3)，A(2，1)，A(2，2)，A(2，3)。

2. 数组说明语句

数组在使用之前，必须先加以说明。FORTRAN 77 认为未被说明而直接使用数组是错误的。数组说明语句的一般形式为：

DIMENSION a（d）[，a（d）]…

其中，每个 a（d）都是一个数组说明符。例如：

DIMENSION A（5，3），B（−3：3）

这条语句定义了以下两个数组：

(1) A 为二维数组，第一个下标范围为 1～5，第二个下标范围为 1～3，共有 15 个数组元素。

(2) B 为一维数组，下标范围为 −3～+3，共有 7 个数组元素。

3. 利用 DATA 语句给数组赋初值

FORTRAN 77 中，可以利用 DATA 语句方便地给一个数组赋初值。

例如：

```
DIMENSION   A（10，20）
DATA   A/200*0.0/
```

该例中，将 A 中所有的元素赋零。

例如：

```
DIMENSION   X(3，5)
DATA   X（1，1），X(2，1)，X（3，1）/3*1.0/
```

该例中，将 X 数组中的第一列元素均赋值 1.0。

（三）DO 循环

在 1.5.1 中已对循环次数未定的两种循环结构（“当……做循环”型和“做循环……直到”型）给予说明，这里将对循环次数已知的情况进行讨论。

1. DO 语句

FORTRAN 77 对处理循环次数已知的循环结构提供了一条专门的循环语句结构，即DO 语句结构，其形式如下：

DO S [,] I=e1，e2 [，e3]

其中，S 为一可执行语句标号，所标明的语句即为循环体的最后一条语句。这条语句通常为继续语句，格式如下：

CONTINUE

I 为一整型、实型或双精度变量名，称为 DO 变量（也称作循环控制变量）。e1、e2 及 e3 均为整型、实型或双精度型表达式。其中：

e1 的值（M1）称为初值，即循环开始时，DO 变量所具有的值。

e2 的值（M2）称为终值，即循环要结束时，DO 变量应具有的值。

e3 的值（M3）称为步长，即每循环一次，DO 变量的增值。当 M3＝1 时，e3 可以省略。

在 DO 循环中，循环的次数分别由 M1、M2、M3 来确定，增量 e3 可以大于零，也可以小于零。

2. DO 循环的执行过程

DO 循环的执行过程可分为以下三步：

第一步：计算 e1、e2、e3 的值 M1、M2、M3，并将初值 M1 送入 DO 变量，即 M1→I，同时计算出循环次数 MAX（INT（（M2－M1＋M3）/M3），0）。

第二步：循环次数若大于零，则执行循环体一次；否则，不执行循环体，而执行循环终止语句标号表明的语句的下一条语句，也就是结束循环。

第三步：执行循环体一次后做增值处理，即 DO 变量加 M3→DO 变量，同时循环次数减 1，转移到第二步执行。

3. DO 循环使用的限制

（1）DO 循环的终止语句不得为无条件 GO TO、赋值 GO TO、算术 IF、块 IF、ELSEIF、ELSE、ENDIF、RETURN、STOP、END 以及 DO 语句，但逻辑 IF 语句是可以的。

（2）DO 变量在循环体内只能被引用，而不能被赋值。

（3）循环体内的判定结构必须是完整的，但要注意转移时不得以 DO 语句本身作为转移目标。

（4）在循环体外不得用转移语句不经过 DO 语句而进入循环题，但由循环体内可转移到循环体外。

4. 多重循环

当 DO 循环的循环体内包含有另外一个 DO 循环时，就称之为多重循环或循环的嵌套。

【例 4】 打印乘法九九表。

解 程序如下：

```
    DO  100   I=1, 9
    DO  200  J=1, 9
    M=I*J
    PRINT'(1X, 5X, I2, 1H*, I2, 1H=, I2)', I, J, M
200 CONTINUE
```

```
100 CONTINUE
    STOP
    END
```

在例子中，语句（DO 100 I＝1，9）和语句（100 CONTINUE）形成外循环，在外循环内又有内循环（DO 200 J＝1，9；200 CONTINUE），这就是循环的嵌套，这个例子反映了二重循环的情况。在 FORTRAN 77 中，允许使用多重循环，但多重循环的层次太多将会降低计算机的运行速度。

多重循环使用时的规定为：

（1）循环的嵌套不得产生交叉。

（2）多重循环中，各个层的循环变量不得同名。

（3）多重循环根据实际的问题可共用一个终端语句。

（4）各层的循环体都应是完整的，且均不允许从循环体外直接转向循环体内。

六、主程序与子程序

（一）主程序

主程序一般是以 PROGRAM 语句开头，以 END 语句结束的一个程序单位。PROGRAM 语句的形式是：

PROGRAM name

其中，name 是出现 PROGRAM 语句时主程序的符号名，它不应与其他被使用的名字相同。

主程序命名并不是必要的，所以主程序中 PROGRAM 语句可有可无。但是如果要写 PROGRAM 语句，就必须是主程序的第一个语句，而且要起一个名字。

一个可执行的 PROGRAM 程序仅有 1 个主程序，但可以有零个到多个子程序。

（二）子例行程序

FORTRAN 语言的子程序有两大类：一类是内部函数，这类子程序是计算机软件生产厂商提供给用户的，用户可以直接调用，不必自己编写，成为内部子程序；另外一类是用户自己编写的子程序，这类子程序有函数子程序、子例行程序和数据块子程序三种。这里只介绍子例行程序。子例行程序必须以 SUBROUTIN 语句开头，以 END 语句结束。SUEROUTINE 语句的形式如下：

SUEROUTINE 子例行程序名（虚拟参数）

几点说明：

（1）SUEROUTINE 语句是子程序开始语句。子例行程序名的取名方法与变量名相同，但是子例行程序名只是用来标识一个子例行程序，不代表任何值。

（2）子例行程序名后一对括号内的虚拟参数是子例行程序与调用单位之间进行数据传递的主要渠道。

（3）SUEROUTINE 语句之后，END 语句之前的语句构成子程序程序体。该程序的说明部分应包括对虚拟参数和子程序中所用变量、数组的说明；其执行部分完成子程序的运算和操作功能。

子例行程序中的 END 或 RETURN 使程序执行流程返回到引用单位去继续执行引用语句后的语句。

（4）子例行程序的符号名仅标识子程序，没有值的意义，所以没有数据类型之分，也不能在本子例行程序体内出现，而且它是全局名，不能与程序中任何其他项目的符号同名。

子例行程序一旦被定义之后，便可在其他程序单位中进行调用。子例行程序由专门的CALL语句调用。

CALL语句的形式是：

CALL 子例行程序名（实在参数）

调用子例行程序的实在参数必须在次序、个数、类型上与被调用的子例行程序的虚拟参数相一致。

CALL语句的执行触发子例行程序的执行，其调用过程如下：

(1) 若实在参数是表达式，则先求该表达式的值。

(2) 实在参数与对应的虚拟参数相结合。

(3) 执行子例行程序体，直到遇到RETURN语句或END语句后，再返回到调用它的CALL语句的下一条语句，继续执行原来的程序。

【例5】 利用子例行程序，计算

$$y=\frac{(1+2+3)+(1+2+3+4)+(1+2+3+4+5)}{(1+2+3+4+5+6)+(1+2+3+4+5+6+7)}$$

的值。

解 程序如下：

```
      PROGRAM PEI2
      CALL SUM (3, Y1)
      CALL SUM (4, Y2)
      CALL SUM (5, Y3)
      CALL SUM (6, Y4)
      CALL SUM (7, Y5)
      Y= (Y1+Y2+Y3) / (Y4+Y5)
      WRITE (*, 100) 'Y=', Y
  100 FORMAT (1X, E13.6)
      END

      SUBROUTINE SUM (N, S)
      INTEGER N
      REAL S
      S=0
      DO 10 I=1, N
      S=S+I
  10  CONTINUE
  END
```

运行结果为

Y=0.632653E+00

附录 2　计算结构动力特性源程序

【程序主要功能】

利用程序 MOCH（Modal Characteristics of Multi-Degree-of-Freedom System），在已知质量矩阵和刚度矩阵的条件下，能够计算无阻尼多质点体系的固有圆频率和固有周期等体系自振特性。

【使用方法】

（1）调用方法：

CALL MOCH（N，EM，EK，W，U，ND，IND，VW1，VW2）

其具体参数说明见表附表 2-1。

附表 2-1　　**参 数 说 明**

参数	类　型	调用程序时所含内容	返回值内容
N	I	体系质点数	不变
EM	R 二维数组（ND，ND）	质量矩阵（kg）	不变
EK	R 二维数组（ND，ND）	刚度矩阵（N/m）	不变
W	R 一维数组（ND）	可以不输入	固有圆频率（rad/s）
U	R 二维数组（ND，ND）	可以不输入	振型矩阵
ND	I	主程序中 EM、EK、W、U、VW1、VW2 的维数	不变
IND	I	IND=0 时，对振型矩阵不进行标准化 IND≠0 时，计算［βU］矩阵	不变
VW1	R 二维数组（ND，ND）	可以不输入	工作区域
VW2	R 二维数组（ND，ND）	可以不输入	工作区域

（2）必要的子程序。

EIGR（eigen values-real）

EIGR 是求解特征值方程式$[k]\{u\}=p^2[m]\{u\}$的子程序。

CONG（congruence transform）

CONG 是计算$[C]=[B]^T[A][B]$的子程序，其调用方法为：

CALL CONG（N，A，B，C，ND）

【程序一览表】

```
SUBROUTINE   MOCH(N,EM,EK,W,U,ND,IND,VW1,VW2)
DIMENSION EM(60,60),EK(60,60),U(60,60),VW1(60,60),VW2(60,60),T(60),W(60)
DO 120   I=1,N
DO 110   J=1,N
```

```
      VW1(I,J)=EK(I,J)
      VW2(I,J)=EM(I,J)
110   CONTINUE
120   CONTINUE
      CALL EIGR(N,VW1,VW2,W,U,ND)
      DO 140  J=1,N
      W(J)=SQRT(W(J))
      VW1(1,J)=REAL(J)+0.1
      DO 130 I=1,N
      VW2(I,J)=U(I,J)
130   CONTINUE
140   CONTINUE
      DO 160  K=1,N-1
      DO 150  J=1,N-K
      IF (W(J).LT.W(J+1)) GO TO 150
      TEMP=W(J)
      W(J)=W(J+1)
      W(J+1)=TEMP
      TEMP=VW1(1,J)
      VW1(1,J)=VW1(1,J+1)
      VW1(1,J+1)=TEMP
150   CONTINUE
160   CONTINUE
      DO 180 J=1,N
      J1=INT(VW1(1,J))
      DO 170 I=1,N
      U(I,J)=VW2(I,J1)
170   CONTINUE
180   CONTINUE
      IF(IND.EQ.0.0)    RETURN
      DO 220 J=1,N
      UTMU=0.0
      UTM1=0.0
      DO 200 K=1,N
      UTM=0.0
      DO 190 L=1,N
      UTM=UTM+U(L,J)*EM(L,K)
```

```
190 CONTINUE
UTMU=UTMU+UTM * U(K,J)
    UTM1=UTM1+UTM
200 CONTINUE
    BETA=UTM1/UTMU
    DO 210 I=1,N
    U(I,J)=BETA * U(I,J)
210 CONTINUE
220 CONTINUE
    RETURN
    END
    SUBROUTINE   EIGR(N,VW1,VW2,W,S,ND)
    DIMENSION EM(60,60),EK(60,60),U(60,60),A(60,60),S(60,60),
    &              VW1(60,60),VW2(60,60)
    DIMENSION T(60),W(60),R(60)

    EPS=1.0E-6
    DO 270 I=1,N
    R(I)=SQRT(VW2(I,I))
270 CONTINUE
    DO 21 I=1,N
    DO 22 J=1,N
    A(I,J)=0.0
22  CONTINUE
21  CONTINUE
    DO 520 I=1,N
    A(I,I)=VW1(I,I)/VW2(I,I)
520 CONTINUE
    DO 51 I=1,N
    J=I+1
    A(I,J)=VW1(I,J)/R(I)/R(I+1)
    A(J,I)=A(I,J)
51  CONTINUE
    DO 190 I=1,N
    DO 190 J=1,N
S(I,J)=0.0
    190  S(I,I)=1.0
```

```
      G=0.0
      DO 20 I=2,N
      DO 20 J=1,I-1
      G=G+2.0*A(I,J)*A(I,J)
20    CONTINUE
      T1=SQRT(G)
      T2=EPS*T1/N
      T3=T1
      L=0
30    T3=T3/N
40    DO 80 Q=2,N
      DO 80 P=1,Q-1
      IF (ABS(A(P,Q)).GE.T3) THEN
      L=1
      V1=A(P,P)
      V2=A(P,Q)
      V3=A(Q,Q)
      UT=0.5*(V1-V3)
      IF(UT.EQ.0.0)    G=1.0
      IF(ABS(UT).GE.1.0E-10) G=-SIGN(1.0,UT)*V2/(SQRT(V2*V2+UT*UT))
      ST=G/SQRT(2.0*(1.0+SQRT(1.0-G*G)))
      CT=SQRT(1.0-ST*ST)
      DO 90 I=1,N
      G=A(I,P)*CT-A(I,Q)*ST
      A(I,Q)=A(I,P)*ST+A(I,Q)*CT
      A(I,P)=G
      G=S(I,P)*CT-S(I,Q)*ST
      S(I,Q)=S(I,P)*ST+S(I,Q)*CT
      S(I,P)=G
90    CONTINUE
      DO 100 I=1,N
      A(P,I)=A(I,P)
      A(Q,I)=A(I,Q)
100   CONTINUE
      A(P,P)=V1*CT*CT+V3*ST*ST-2.0*V2*ST*CT
      A(Q,Q)=V1*ST*ST+V3*CT*CT+2.0*V2*ST*CT
      A(P,Q)=0.00
```

```
      A(Q,P)=0.0
      END IF
80    CONTINUE
      IF (L.EQ.1) THEN
      L=0
      GO TO 40
      ELSE IF(T3.GT.T2) THEN
      GO TO 30
      END IF
      DO 10 I=1,N
      W(I)=A(I,I)
      DO 10 J=1,N
      S(I,J)=S(I,J)/R(I)
10    CONTINUE
      RETURN
      END
      SUBROUTINE CONG(N,A,B,C,ND)
      DIMENSION A(ND,ND),B(ND,ND),C(ND,ND)

      DO 140   I=1,N
      DO 130   J=1,N
      SS=0.0
      DO 120   K=1,N
      S=0.0
      DO 110   L=1,N
      S=S+B(L,I)*A(L,K)
110   CONTINUE
      SS=SS+S*B(K,J)
120   CONTINUE
      C(I,J)=SS
      C(J,I)=SS
130   CONTINUE
140   CONTINUE
      RETURN
END
```

【例 1】 如附图 2-1 所示十层框架结构，假设满足楼板刚性条件，则振动模型可以简化为剪切型模型，每层质量、侧移刚度和层高如图所示。试求结构的固有周期、固有圆频率、固有频率、特征向量、广义质量 $m^{(j)}$ 和广义刚度 $k^{(j)}$ 。

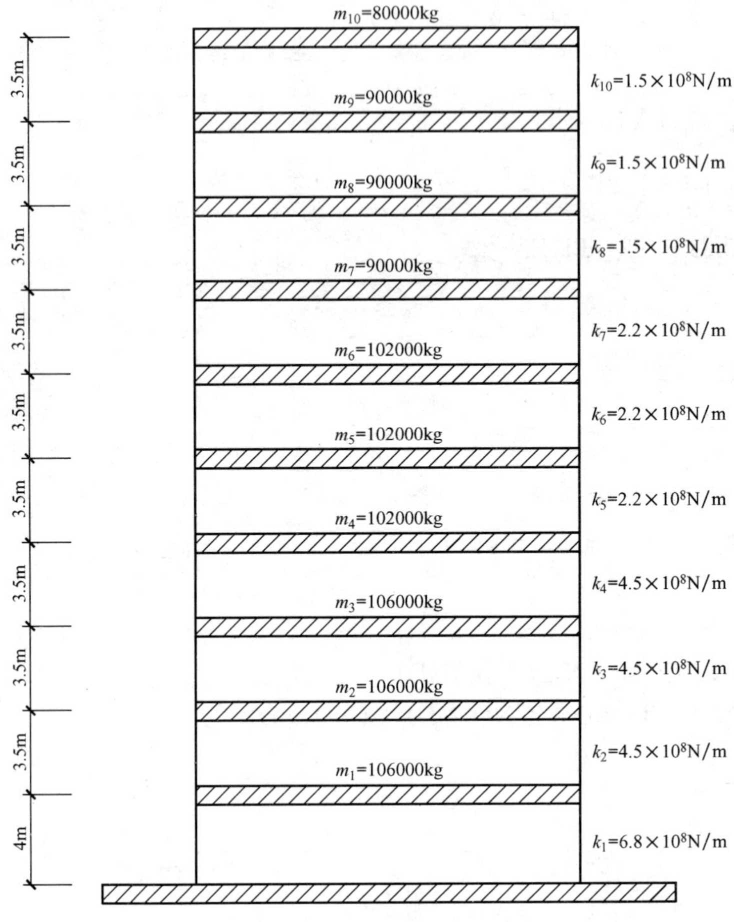

附图 2-1　十层框架结构示意图

解　主程序为:

```
DIMENSION EM(60,60),EK(60,60),W(60),U(60,60),M(60),K(60)
&         ,VW1(60,60),VW2(60,60),EMJ(60,60),EKJ(60,60),T(60)
REAL M,K
PARAMETER (P2=6.283185)
N=10; IND=0
OPEN(1,FILE='MOCH.DAT',STATUS='OLD')
READ(1,*)(M(I),I=1,N)
READ (1,*)(K(I),I=1,N)
CLOSE(1, STATUS ='KEEP')
OPEN (3, FILE ='MOCH—结果',STATUS='UNKNOWN')
DO  5  I=1,N
```

```
      DO 10 J=1,N
      EM(I,J)=0.0
      EK(I,J)=0.0
10    CONTINUE
5     CONTINUE
      DO 15 I=1,N
      EM(I,I)=M(I)
15    CONTINUE
      EK(1,1)=K(1)
      DO 20 I=2,N
      EK(I,I)=K(I-1)+K(I)
20    CONTINUE
      DO 25 I=1,N
      J=I+1
      EK(I,J)=-K(I)
      EK(J,I)=EK(I,J)
      CALL MOCH(N,EM,EK,W,U,60,IND,VW1,VW2)
      WRITE(6,*) 'W(',J,')=',W(J)
      T(J)=P2/W(J)
      WRITE(6,*) 'T(',J,')=',T(J)
150   CONTINUE
      CALL CONG(N,EM,U,EMJ,60)
      CALL CONG(N,EK,U,EKJ,60)
      DO 45 II=1,N
      DO 40 I=1,N
      WRITE(3,*) 'U(',I,',',II,')=',U(I,II)
      WRITE(3,*) 'EMJ(',I,',',II,')=',EMJ(I,II)
      WRITE(3,*) 'EKJ(',I,',',II,')=',EKJ(I,II)
40    CONTINUE
45    CONTINUE
      STOP
      END
```

程序运行以后，矩阵[EMJ]对角线上的元素就是广义质量 $m^{(j)}$；矩阵[EkJ]对角线上的元素就是广义刚度 $k^{(j)}$。

固有周期和固有圆频率见附表 2 - 2。

附表 2-2　　固有周期和固有（圆）频率

阶数	ω（圆频率）	v（频率）	T（周期）
1	9.054	1.441	0.694
2	23.041	3.667	0.273
3	36.812	5.859	0.171
4	50.716	8.072	0.124
5	63.722	10.142	0.099
6	73.565	11.708	0.085
7	79.824	12.704	0.079
8	88.347	14.061	0.071
9	107.832	17.162	0.058
10	125.192	19.925	0.050

附录 3　求解线性方程组源程序

【程序主要功能】

程序 CHOLE（cholesky's solution of linear equation）是利用 *LU* 三角分解法来求解线性方程组 $[A]\{x\}=\{b\}$ 的子程序。

【使用方法】

调用方法：

CALL CHOL（N，A，B，X，ND，IND）

其具体参数说明见附表 3-1。

附表 3-1　参数说明

参数	类型	调用程序时的内容	返回值内容
N	I	联立方程组的次数	不变
A	R 二维数组（ND，ND）	方程组左边的系数矩阵（主对角线下半部可不输入）	已经被破坏（主对角线上半部被三角化后的下三角转置矩阵转换，下半部不变）
B	R 一维数组（ND）	方程式右边的定常向量	已经被破坏
X	R 一维数组（ND）	不输入也可以	联立方程式的解
ND	I	主程序中的 A、B、X 的维数	不变
IND	I	IND=0 时，有必要计算三角化矩阵 IND≠0 时，已经计算出三角化矩阵	不变

【程序一览表】

```
      SUBROUTINE CHOL(N,A,B,X,ND,IND)
      DIMENSION    A(ND,ND),B(ND),X(ND)
      IF(IND.NE.0)    GO TO 160
C     FORMATION OF TRIANGULAR MATRIX
      A(1,1)=SQRT(A(1,1))
      IF(N.EQ.1)    GO TO 160
      DO 110    J=2,N
      A(1,J)=A(1,J)/A(1,1)
110   CONTINUE
      DO 150    I=2,N
      IM1=I-1
      IP1=I+1
      S=A(I,I)
      DO 120    K=1,IM1
```

```
      S=S-A(K,I)**2
  120 CONTINUE
      A(I,I)=SQRT(S)
      IF(I.EQ.N)   GO TO 160
      DO 140   J=IP1,N
      S=A(I,J)
      DO 130   K=1,IM1
      S=S-A(K,I)*A(K,J)
  130 CONTINUE
      A(I,J)=S/A(I,I)
  140 CONTINUE
  150 CONTINUE
C     SOLUTION OF EQUATIONS
  160 B(1)=B(1)/A(1,1)
      IF(N.EQ.1)   GO TO 190
      DO 180 I=2,N
      IM1=I-1
      S=B(I)
      DO 170   K=1,IM1
      S=S-A(K,I)*B(K)
  170 CONTINUE
      B(I)=S/A(I,I)
  180 CONTINUE
  190 X(N)=B(N)/A(N,N)
      IF(N.EQ.1) RETURN
      NM1=N-1
      DO 210   I=1,NM1
      NMI=N-I
      S=B(NMI)
      NMIP1=NMI+1
      DO 200 K=NMIP1,N
      S=S-A(NMI,K)*X(K)
  200 CONTINUE
      X(NMI)=S/A(NMI,NMI)
  210 CONTINUE
      RETURN
      END
```

【例 1】 求解下列4元1次联立方程组：

$$\begin{cases}4.00x_1+2.40x_2=8.400\\2.40x_1+5.44x_2+4.00x_3=17.840\\4.00x_2+6.25x_3+4.95x_4=26.525\\4.95x_3+19.89x_4=48.195\end{cases}$$

解 主程序为：

```
DIMENSION A(10,10),B(10),X(10)
N=4
IND=0
OPEN(1,FILE='CHOL.DAT',STATUS='OLD')
READ(1,*) ((A(I,J),J=1,N),I=1,N)
READ(1,*) (B(I),I=1,N)
CLOSE(1,STATUS=' KEEP')
CALL CHOL(N,A,B,X,10,0)
WRITE(6,*) 'X(I):'
WRITE(6,*) (X(I),I=1,N)
STOP
END
```

运行结果为 $x_1=1.20$ ，$x_2=1.50$ ，$x_3=1.70$ ，$x_4=2.00$。

附录4 求解阻尼矩阵源程序

【程序主要功能】

在已知多质点体系的质量矩阵、刚度矩阵、固有圆频率和阻尼比的条件下，可以讨论3种模型的阻尼矩阵。

【使用方法】

(1) 调用方法：

CALL DAMP (N, EM, EK, H, W, U, IND, EC, ND, VW1, VW2)

其具体参数说明见附表4-1。

附表4-1 参数说明

参数	类型	调用程序时的内容	返回值内容
N	I	自由度（质点数）	不变
EM	R二维数组（ND，ND）	质量矩阵（kg）	不变
EK	R二维数组（ND，ND）	刚度矩阵（N/m）	不变
H	R一维数组（ND）	阻尼比（无量纲）	不变
W	R一维数组（ND2）	固有圆频率（rad/s）	不变
U	R二维数组（ND，ND）	振型矩阵	不变
IND	I	指定阻尼类型：质量比例型、刚度比例型、瑞雷型	不变
EC	R二维数组（ND，ND）	可以不输入	阻尼矩阵（N·s^2/m）
ND	I	主程序中EM、EK、H、W、U、EC、VW1、VW2的维数	不变
VW1	R二维数组（ND，ND）	可以不输入	工作区域
VW2	R二维数组（ND，ND）	可以不输入	工作区域

(2) 注意事项：在调用DAMP程序之前，首先必须利用子程序MOCH，确定好固有圆频率$\omega^{(j)}$。

【程序一览表】

```
      SUBROUTINE   DAMP(N,EM,EK,H,W,U,IND,EC,ND,VW1,VW2)
      DIMENSION EM(ND,ND),EK(ND,ND),H(ND),W(ND),U(ND,ND),EC(ND,ND),
     &                    VW1(ND,ND),VW2(ND,ND)
      GO TO (110,140,170) IND
C
C  MASS—PROPORTIONAL DAMPING
C
110   A0=H(1)*2.*W(1)
```

```
      DO    130 I=1,N
      DO    120 J=1,N
      EC(I,J)=A0*EM(I,J)
120   CONTINUE
130   CONTINUE
      RETURN
C
C   STIFFNESS-PROPORTIONAL DAMPING
C
140   A1=H(1)*2./W(1)
      DO    160 I=1,N
      DO    150 J=1,N
      EC(I,J)=A1*EK(I,J)
150   CONTINUE
160   CONTINUE
      RETURN
C
C   RAYLEIGH TYPE DAMPING
C
170   DENOM=W(2)**2-W(1)**2
      A0=2.*W(1)*W(2)*(H(1)*W(2)-H(2)*W(1))/DENOM
      A1=2.*(H(2)*W(2)-H(1)*W(1))/DENOM
      DO    190 I=1,N
      DO    180 J=1,N
      EC(I,J)=A0*EM(I,J)+A1*EK(I,J)
180   CONTINUE
190   CONTINUE
      RETURN
```

【例 1】 如附图 2-1 所示框架结构，假设结构的阻尼为瑞雷型阻尼，计算其阻尼矩阵。设第一阶振型阻尼比和第二阶振型阻尼比各为 2%。

解 主程序为：

```
      DIMENSION EM (10,10),EC(10,10),EK(10,10),M(10),K(10),
      &             H(10),W(10),T(10),U(10,10),VW1(10,10),VW2(10,10)
      REAL M,K
      N=10
```

```
    ID=0
OPEN(1,FILE='DAMP.DAT',STATUS='OLD')
    READ(1,*) (M(I),I=1,N)
    READ(1,*) (K(I),I=1,N)
    CLOSE(1,STATUS='KEEP')
    CLOSE(2,STATUS='KEEP')
    OPEN(3,FILE='DAMP-结果.DAT',ACTION='WRITE')
    DO 5 I=1,N
    DO 10 J=1,N
    EM(I,J)=0.0
    EK(I,J)=0.0
10  CONTINUE
5  CONTINUE
    DO 15 I=1,N
    EM(I,I)=M(I)
15  CONTINUE
    EK(1,1)=K(1)
    DO 20 I=2,N
    EK(I,I)=K(I-1)+K(I)
20  CONTINUE
    DO 25 I=1,N
    J=I+1
    EK(I,J)=-K(I)
    EK(J,I)=EK(I,J)
25  CONTINUE
    CALL MOCH(N,EM,EK,W,U,10,ID,VW1,VW2)
    WRITE(6,*) 'W(I):'
    WRITE(6,*) (W(I),I=1,N)
    DO 12 J=1,N
    T(J)=2.0*3.14/W(J)
12  CONTINUE
    WRITE(6,*) 'T(I):'
    WRITE(6,*) (T(I),I=1,N)
    CALL DAMP(N,EM,EK,H,W,U,IND,EC,10,VW1,VW2)
    DO 35 II=1,N
    DO 30 I=1,N
    WRITE(3,*) 'EC(',I,',',II,')=',EC(I,II)
```

```
30  CONTINUE
35  CONTINUE
    STOP
    END
```

要计算瑞雷型阻尼，只要在上述主程序中令 ind = 3，h (1) = 0.02，h (2) = 0.02 即可。程序运行以后的计算结果为

$$
[C]=\begin{bmatrix}
2.08E+05 & -1.87E+05 & & & \\
-1.87E+05 & 3.97E+05 & -1.87E+05 & & \\
 & -1.87E+05 & 3.97E+05 & -1.87E+05 & \\
 & & -1.87E+05 & 4.85E+05 & -2.74E+05 \\
 & & & -2.74E+05 & 5.75E+05 \\
 & & & & -2.74E+05
\end{bmatrix}
$$

$$
\begin{bmatrix}
-2.74E+05 & & & & \\
5.75E+05 & & & & \\
-2.74E+05 & -2.74E+05 & & & \\
-2.74E+05 & 8.62E+05 & -5.61E+05 & & \\
 & -5.61E+05 & 1.15E+06 & -5.61E+05 & \\
 & & -5.61E+05 & 1.15E+06 & -5.61E+05 \\
 & & & -5.61E+05 & 1.44E+06
\end{bmatrix}
$$

参 考 文 献

[1] Anil K Chopra. 结构动力学理论及其在地震工程中的应用 . 2 版 . 谢礼立，吕大刚，等译 . 北京：高等教育出版社，2007.

[2] 沈聚敏，周锡元，高小旺，刘晶波 . 抗震工程学 . 北京：中国建筑工业出版社，2000.

[3] 李爱群，高振世 . 工程结构抗震设计 . 北京：中国建筑工业出版社，2005.

[4] 窦立军 . 建筑结构抗震 . 北京：机械工业出版社，2006.

[5] 尚守平，周福霖 . 结构抗震设计 . 北京：高等教育出版社，2003.

[6] 陈国兴，陈忠汉，马克俭，等 . 工程结构抗震设计原理 . 北京：中国水利水电出版社，2002.

[7] 丰定国 . 工程结构抗震 . 北京：地震出版社，2002.

[8] 丰定国，王社良 . 抗震结构设计 . 武汉：武汉理工大学出版社，2003.

[9] 吕西林，周德源，李思明，等 . 建筑结构抗震设计理论与实例 . 3 版 . 上海：同济大学出版社，2002.

[10] 郭继武 . 建筑抗震设计 . 3 版 . 北京：中国建筑工业出版社，2011.

[11] 高振世，朱继澄，唐九如，何达 . 建筑结构抗震设计 . 北京：中国建筑工业出版社，1997.

[12] 沈蒲生 . 高层建筑结构设计 . 北京：中国建筑工业出版社，2006.

[13] 张维斌 . 多层及高层钢筋混凝土结构设计释疑及工程实例 . 北京：中国建筑工业出版社，2005.

[14] 李国胜 . 多高层钢筋混凝土结构设计优化与合理构造 . 北京：中国建筑工业出版社，2008.

[15] 高立人，方鄂华，钱稼茹 . 高层建筑结构概念设计 . 北京：中国计划出版社，2005.

[16] 包世华 . 新编高层建筑结构 . 2 版 . 北京：中国水利水电出版社，知识产权出版社，2005.

[17] 方鄂华，钱稼茹，叶列平 . 高层建筑结构设计 . 北京：中国建筑工业出版社，2003.

[18] 东南大学，同济大学，天津大学 . 混凝土结构 . 北京：中国建筑工业出版社，2005.

[19] 清华大学，等 . 汶川地震建筑震害分析及设计对策 . 北京：中国建筑工业出版社，2009.

[20] 沈蒲生 . 建筑工程毕业设计指南 . 北京：高等教育出版社，2007.

[21] 李国强，李杰，苏小卒 . 建筑结构抗震设计 . 2 版 . 北京：中国建筑工业出版社，2008.

[22] 叶列平，等 . 提高建筑结构抗地震倒塌能力的设计思想与方法 . 建筑结构学报，2008，29（4）：42－50.

[23] 李爱群，周铁钢 . 汶川地震绵竹城区及村镇建筑震害纪实分析与思考 . 建筑结构，2008，38（7）：10－14.

[24] 清华大学土木工程结构专家组，等 . 汶川地震建筑震害分析 . 建筑结构学报，2008，29（4）：1－9.

[25] 黄炳生 . 日本神户地震中建筑钢结构的震害及启示 . 建筑结构，2000，30（9）：24－25.

[26] 童根树 . 钢结构设计方法 . 北京：中国建筑工业出版社，2007.

[27] 沈祖炎，陈以一，陈扬骥 . 房屋钢结构设计 . 北京：中国建筑工业出版社，2008.

[28] 郭兵，纪伟东，赵永生，宋振森 . 多层民用钢结构房屋设计 . 北京：中国建筑工业出版社，2005.

[29] 包世华，张铜生 . 高层建筑结构设计和计算（上、下册）. 北京：清华大学出版社，2005.

[30] 王社良 . 抗震结构设计 . 3 版 . 武汉：武汉理工大学出版社，2009.

[31] 党育，杜永峰，李慧 . 基础隔震结构设计及施工指南 . 北京：中国水利水电出版社，知识产权出版社，2007.

[32] 日本隔震结构协会 . 被动减震结构设计：施工手册 . 2 版 . 蒋通，译 . 北京：中国建筑工业出版社，2008.